高等职业教育土木建筑类专业
新形态一体化教材

# 建筑识图与构造

（第二版）

李晓东　编著

高等教育出版社·北京

内容提要

本书为高等职业院校任务型课程配套教材。按照以学生为主体的任务型课程改革的要求，选取典型（工业、民用）真实工程项目图纸的识读作为课程载体，以图纸识读的真实工作过程和真实工作任务为依据，科学制订课程的技能、知识目标，重新组合并形成不同于学科知识体系的，支撑技能目标实现的应用知识体系，以满足改革后的任务型课程实施的需要。

本书提供了利用 AutoCAD 软件绘制建筑工程施工图样的内容，以满足岗位实际工作的需要。

为满足教与学双方的需要，本书配套有例图集，并配套了丰富的数字教学资源，学习者可登录智慧职教网站（www.icve.com.cn）进行在线学习。

本书可作为高等职业院校建筑工程技术、建设工程管理、工程造价等专业的教材，也可作为企业生产一线技术管理人员的参考书。

授课教师如需要本书配套的教学课件资源，可发送邮件至邮箱 3290927848@qq.com 索取。

**图书在版编目（CIP）数据**

建筑识图与构造/李晓东编著.--2版.--北京：高等教育出版社，2019.8

ISBN 978-7-04-052096-5

Ⅰ.①建… Ⅱ.①李… Ⅲ.①建筑制图-识图-高等职业教育-教材 ②建筑构造-高等职业教育-教材 Ⅳ.①TU2

中国版本图书馆 CIP 数据核字（2019）第 105866 号

**建筑识图与构造（第二版）**

JIANZHU SHITU YU GOUZAO

策划编辑 温鹏飞　责任编辑 温鹏飞　特约编辑 李 立　封面设计 李树龙

版式设计 马 云　插图绘制 于 博　责任校对 胡美萍　责任印制 赵义民

出版发行 高等教育出版社

社　　址 北京市西城区德外大街4号

邮政编码 100120

印　　刷 鸿博昊天科技有限公司

开　　本 787mm×1092mm 1/16

印　　张 16.25

字　　数 410千字

插　　页 32

购书热线 010-58581118

咨询电话 400-810-0598

网　　址 http://www.hep.edu.cn

http://www.hep.com.cn

网上订购 http://www.hepmall.com.cn

http://www.hepmall.com

http://www.hepmall.cn

版　　次 2012年10月第1版

2019年8月第2版

印　　次 2019年8月第1次印刷

定　　价 43.80元



物 料 号 52096-00

# 智慧职教服务指南

基于“智慧职教”开发和应用的新形态一体化教材，素材丰富、资源立体，教师在备课中不断创造，学生在学习中享受过程，新旧媒体的融合生动演绎了教学内容，线上线下的平台支撑创新了教学方法，可完美打造优化教学流程、提高教学效果的“智慧课堂”。

“智慧职教”是由高等教育出版社建设和运营的职业教育数字教学资源共建共享平台和在线教学服务平台，包括职业教育数字化学习中心（www.icve.com.cn）、职教云（zjy2.icve.com.cn）和云课堂（APP）三个组件。其中：

- 职业教育数字化学习中心为学习者提供了包括“职业教育专业教学资源库”项目建设成果在内的大规模在线开放课程的展示学习。
- 职教云实现学习中心资源的共享，可构建适合学校和班级的小规模专属在线课程（SPOC）教学平台。
- 云课堂是对职教云的教学应用，可开展混合式教学，是以课堂互动性、参与感为重点贯穿课前、课中、课后的移动学习 APP 工具。

“智慧课堂”具体实现路径如下：

**1. 基本教学资源的便捷获取**

职业教育数字化学习中心为教师提供了丰富的数字化课程教学资源，包括与本书配套的微课、动画、教学课件、施工图库等。未在 www.icve.com.cn 网站注册的用户，请先注册。用户登录后，在首页或“课程”频道搜索本书对应课程“建筑识图与构造”，即可进入课程进行在线学习或资源下载。

**2. 个性化 SPOC 的重构**

教师可通过开通职教云 SPOC 空间，根据本校的教学需求，通过示范课程调用及个性化改造，快捷构建自己的 SPOC，也可灵活调用资源库资源和自有资源新建课程。

**3. 云课堂 APP 的移动应用**

云课堂 APP 无缝对接职教云，是“互联网+”时代的课堂互动教学工具，支持无线投屏、手势签到、随堂测验、课堂提问、讨论答疑、头脑风暴、电子白板、课业分享等，帮助激活课堂，教学相长。

# 配套视频资源索引

# 第二版前言

高等职业教育经过十余年的快速发展，已由原来的沿袭本科学科式压缩形式，经历了项目课程改革等教学改革过程，逐渐形成了今天以满足企业岗位工作需要的课程体系和课程内容，以满足企业岗位需求的技能、知识和态度作为课程目标，以学生为主体的教学模式。尤其近两年来，更是形成了“任务型”课程改革的有效课堂教学模式。但改革的同时，虽然市场上已经有很多形式上的“任务型课程”教材出现，但多数是沿袭了学科教材的内容，真正有效配套的教材却一直少见。本书正是为了满足这一实际需求而编写的“任务型课程”教材。

一、本书编写的背景和创新

我国的高等职业教育课程教学改革经历了十余年的高速发展，已经形成了以“做中学”为核心的，有效融入“互联网+”元素的，以学生为主体的教学理念。依据这些理念建设的培养模式、培养方案和课程体系得到了广泛认可。但作为课堂教学最为有效的载体——教材却始终落后于其他方面。本书的编写是在原有项目化教材基础上，迎合当前高职任务型课程实施的需要，选择典型、真实的工程项目施工图的识读作为课程载体，根据行业发展及建筑科技进步的情况，进一步完善原来已经形成的，支撑课程技能实现的应用知识体系，同时以多种形式提供教与学双方需要的线上及线下课程学习资源，以期达到以学习者为中心的目的。

为尽可能规范所涉及的专业名词的概念，本书依据现行规范和标准，给出了专业名词的释义。同时，为适应读者阅读英文图纸的需求，对专业名词给出了对应的英文对照。

二、教材的“立体化”构成

1. 本书的纸质内容包括主教材和例图集（两套真实工程建筑、结构部分图纸）。

2. 本书的配套数字资源将在高等教育出版社智慧职教课程平台呈现。为满足教与学双方的需求，数字资源的内容包括：课程整体设计、课程标准、电子课件、CAD 软件配套资源、微课视频、教学动画、平法图集、相关规范标准、施工图库及其他参考资料等。

三、教材的使用建议

1. 本书在每个项目中均列出了与此项目教学目标实现相关的“项目支撑知识”，但由于篇幅所限，其内容并不能包括所有与项目相关的知识内容，读者和教师应根据实际情况选择性地补充未包含的知识内容及拓展性知识内容，以达到真正读懂图纸的目的。

2. 由于本课程技能目标（能够识读建筑工程施工图和能够利用 AutoCAD 软件绘制工程图样）中包含 CAD 软件使用内容，建议读者自行准备计算机，并安装 AutoCAD 软件（2014 以上版本），以满足学习任务完成的需要。

3. 建议担任此课程教学任务的教师，除准备纸质版教材（主教材、例图集）外，还应准备纸质版相关现行规范和图集，内容包括：《混凝土结构工程平面整体表达方法制图规则和构造详图》（16G101-1、2、3）和《房屋建筑制图统一标准》（GB/T 50001—2017）。其他规范和图集可利用电子资源。本书提供的课程标准和课程整体设计是按照任务型课程要求进行的，教师应进一步进行课程单元设计（每一次课的教学活动设计），确保以“做中学”为理念的项目化教学方法和良好教学效果的实现。

4. 本书由于篇幅所限，所用案例为目前最常用的钢筋混凝土结构施工图，虽然其他结构形式建筑物的图纸表达方法和识读方法是相同的，但真实施工图当中仍具有各自的特殊性。如有需要，建议读者和教师自行寻找和补充相关案例，参照本书提供的识读方法学习相关内容。

本书的微课教学视频由宁波职业技术学院课程组成员制作完成。其中：AutoCAD 常用命令微课教学视频由余静、邱森和刘静雅制作；建筑平面图的绘制和单层工业厂房排架柱施工图绘制由周丽莉制作。在此向以上老师表示感谢。

本书编写过程中参考了一些书籍，在此向有关编著者表示衷心的感谢。

由于时间仓促，水平有限，教材的编写过程中难免出现不足和遗漏，恳请读者提出批评意见。

编著者

2019 年 2 月

# 目　　录

# 学习准备与就业

教学目标

技能目标：

1. 能够说出学习本书将掌握的技能内容；
2. 能够说出建筑行业的基本就业岗位设置。

知识目标：

1. 了解建筑行业的基本就业岗位设置；
2. 了解建筑行业的执业资格制度；
3. 了解学习本书将掌握的技能内容；
4. 了解本书内容的学习方法。

## 一、通过本书学习将掌握的技能

通过本书内容的学习，读者应掌握以下基本技能：

(1) 能够识读建筑工程施工图；

(2) 能够运用 AutoCAD 软件绘制建筑工程施工图样。

## 二、建筑行业主要企业类型及其岗位设置

目前，建筑行业的三大类企业包括设计企业、施工承包企业和监理企业，各企业中的主要工作岗位如图 0-1 所示。三大类企业及其岗位是当前建筑工程技术专业和建筑工程管理专业学生的主要就业去向和岗位。

## 三、各工作岗位与本书内容的关系

图 0-1 中所有岗位的工作内容均与本书内容关系密切。对设计单位的设计人员来说，图纸是表达设计意图的唯一有效途径；施工单位各岗位的施工人员和技术人员要实现设计意图并建成工程实体，必须要读懂图纸；监理人员对工程质量、进度和投资进行控制，必须阅读图纸了解控制标准才能完成任务。由此可见，就像人们日常生活用语言交流一样，在工程技术界本单位各岗位人员之间，各单位技术人员之间，在表达和沟通设计意图、解决技术问题时也需要用“语言”进行交流。但由于工程项目具体内容的复杂性，仅仅依靠口头语言交流是远远不够的，只有图纸上的“图样”才能准确、详细地记录与表

达设计师的意图和要求，明确施工、制作的依据和质量要求，所以工程图样就理所当然地成为工程技术界的“语言”，读懂图纸和绘制图样也就成为所有从事建筑行业的技术人员所必须掌握的基本能力之一。

## 四、“执业资格制度”与本书内容的关系

目前，我国对建筑行业所有从业人员实行“执业资格制度”，所有从业人员必须通过国家或地方的执业资格考试，获得相应的“执业资格证书”方能从事相应岗位的工作。无论是设计岗位、施工岗位或监理岗位的执业资格考试均把本课程内容作为必考内容(图 0-2~图 0-4)。

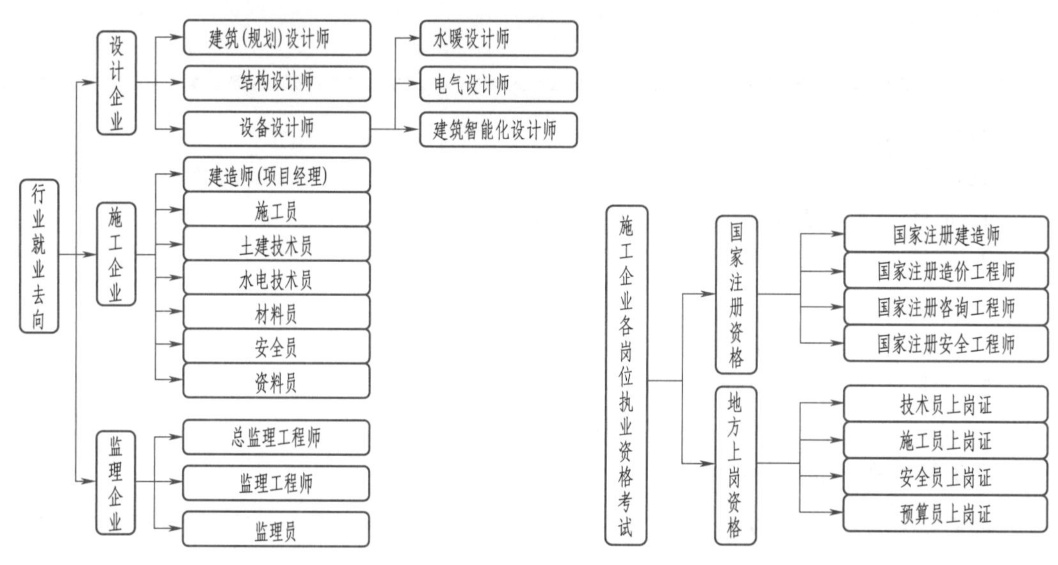


图 0-1　行业就业去向及岗位

图 0-2　施工企业各岗位执业资格证书

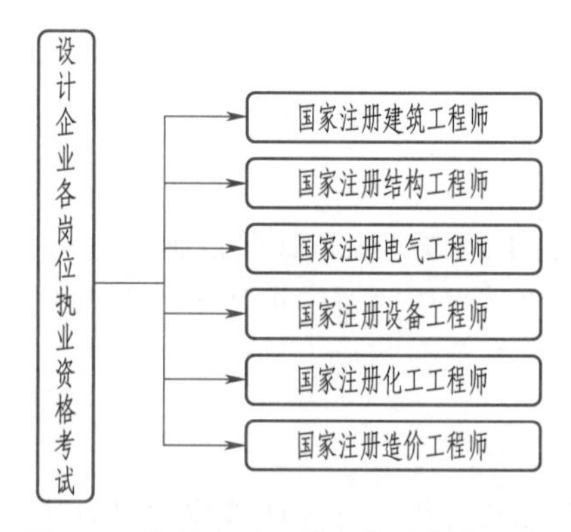


图 0-3　设计企业各岗位执业资格证书

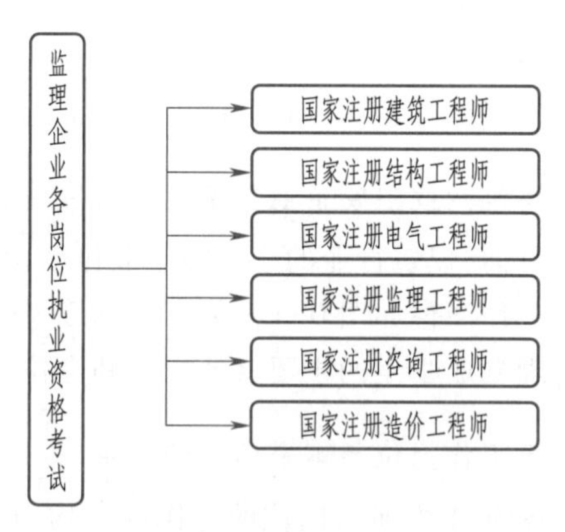


图 0-4　监理企业各岗位执业资格证书

## 五、其他课程的学习与本书内容的关系

本书的技能和知识内容是学习后续其他专业课程的基础，如“地基基础工程施工”“主体结构施工”“建筑工程计量与计价”等专业课程的学习均建立在本书内容的基础之上。

## 六、本书内容的学习方法

我国建筑业的基本法律《中华人民共和国建筑法》规定：建筑工程质量实行终身负责制度，是因为建筑工程质量直接关乎人民群众的生命财产安全。因此，从事建筑行业的工作要求必须养成严肃认真、一丝不苟的工作习惯。工作习惯的养成必须从学习阶段开始，同时，本书内容本身也存在特殊的规律，所以建议读者在学习本书内容时应遵照以下学习方法：

（1）多看、多想、多实践，平时注意观察周围的建筑物，积累感性认识；

（2）循序渐进，多做练习，一定要独立完成训练项目；

（3）有意识地培养空间想象能力，掌握实物与投影图的转换规律；

（4）正确处理看图与画图的关系，看图是画图的基础，画图可以加深对图纸的理解；

（5）耐心细致，严谨求实，养成严肃认真的工作态度和耐心细致的工作作风。

## 七、学习本书需准备的其他参考资料

由于本书篇幅所限，不能把建筑工程施工图所涉及的规程、规范和标准图集内容一一列出，而此类内容是构成完整施工图内容的必备部分，也是真正读懂施工图不可或缺的内容，同时掌握和使用规程、规范也是建筑行业从业者必备的职业素质。所以建议读者学习本书时准备以下参考资料：

（1）《房屋建筑制图统一标准》（GB/T 50001—2017）；

（2）《总图制图标准》（GB/T 50103—2010）；

（3）《建筑制图标准》（GB/T 50104—2010）；

（4）《建筑结构制图标准》（GB/T 50105—2010）；

（5）《混凝土结构设计规范（2015 年版）》（GB 50010—2010）；

（6）《混凝土结构施工图平面整体表达方法制图规则和构造详图》（16G101-1）；

（7）施工图例图中涉及的其他建筑、结构标准图集。

## 八、关于计算机的软、硬件准备

利用计算机绘制工程图样是本书要求读者掌握的两大技能之一，技能的形成需要以上机实践为基础，而且独立使用计算机进行练习尤为重要。建议读者做以下准备：

（1）安装 Windows7（10）系统的计算机一台；

（2）计算机需安装 AutoCAD 软件（2014 以上版本）及 Office 软件（2010 以上版本）。

项目一

# 1

# 建筑与建筑工程施工图的初识

**项目描述**

通过浏览真实建筑工程施工图(不含设备施工图),完成相关学习任务。

**教学目标**

技能目标:

1. 能够说出建筑物的基本组成并判别建筑物的基本类型;
2. 能够说出建筑工程施工图的组成及其作用;
3. 能够初步判别建筑物的结构形式。

知识目标:

1. 掌握建筑物的分类及房屋构造组成;
2. 掌握建筑工程施工图的主要内容;
3. 掌握建筑物的结构组成及其形式。

## 项目支撑知识

### 一、建筑物及构筑物

日常生活中所称的"建筑"大体可以分为两大类,即建筑物(building)和构筑物(construction)。建筑物是供人类居住和使用的场所,如办公楼、商场、厂房等(图 1-1);构筑物则是人类不直接在其中生产或生活的建筑,如电视发射塔、水塔、烟囱等(图 1-2)。

图 1-1　中央电视台新址大楼

图 1-2　风力发电厂

建筑物与构筑物的区别主要看人类是否在其中直接生产或生活,如图 1-3 所示。

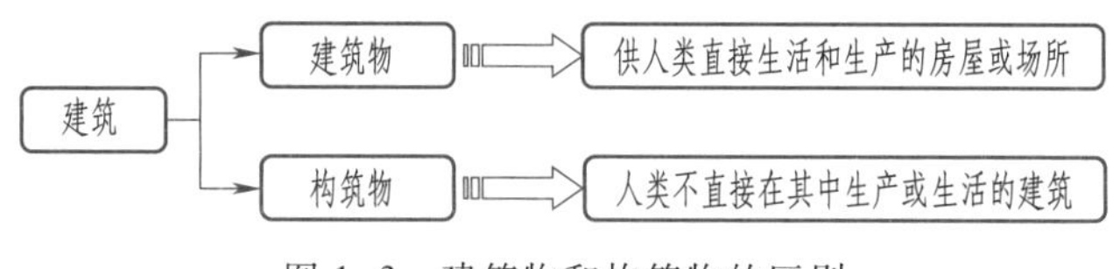


图 1-3 建筑物和构筑物的区别

## 二、建筑工程施工图的由来

所谓建筑工程施工图,是指设计者遵照约定的制图规定,用正投影的方法,详细、准确地表达建筑物的大小、位置、内外形状,以及各部分的结构、构造、装修和设备等内容,按照一定编排规律形成的一套“图样”,用于在建造过程中指导施工。

人们在长期的生产实践活动中发现,用“图样”来表达要建造的建筑物是一种非常有效的方法。我国古代劳动人民根据建筑工程的建造需要,在营造技术上早已广泛使用了类似现代所用的“投影”方法来绘制图样,用于在建造过程中指导施工。1977 年在河北省平山县一座古墓(公元前四世纪战国时期中山王墓)中发现的建筑平面图铜板,不仅采用了现代人使用的正投影原理绘图,而且还以当时的中山国长度计量单位标注了尺寸,并按 1∶500 的比例绘制了图样。据专家考证,这块铜板曾用于指导陵墓的施工,它有力地证明了中国在 2000 多年前已经能在施工之前进行设计和绘制工程图样。

公元前 12 世纪李诫编著的 34 卷《营造法式》,是世界上最早的建筑规范巨著,对建筑技术、用工用料估算以及建筑装饰等均有详细的论述(图 1-4)。书中共有 6 卷,1 000 余幅图样,“图样”一词从此确定下来并沿用至今。

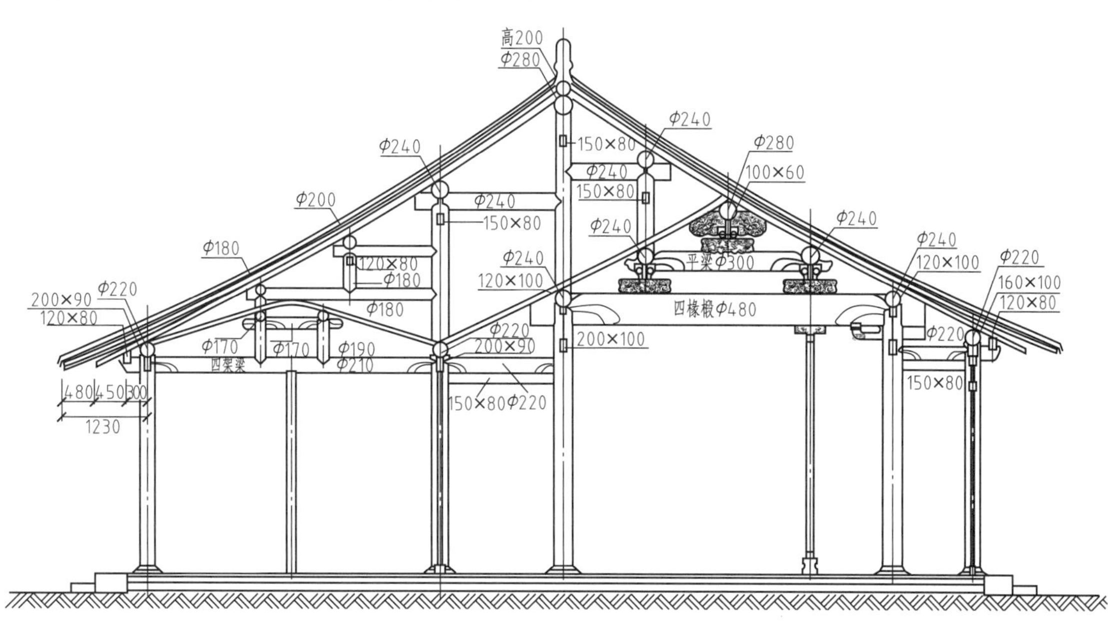


图 1-4 《营造法式》中的大殿剖面图

1795 年,法国数学家加斯帕得·蒙热创造了按多面正投影法绘制工程图的方法,并出版了画法几何著作,使制图的投影理论和方法系统化,为工程制图奠定了理论基础。

随着科学技术的发展,在现代化生产中,工程制图正朝着智能化方向发展,尤其是近年来计算机科学的普及和发展,进一步促进了制图理论和技术的发展,出现了很多绘图应用软件,如 AutoCAD 计算机辅助设计软件,建立在 AutoCAD 平台上的"天正建筑"软件以及 BIM 建筑模型及应用软件等。因此,我们不仅要学好制图基本理论,更应关注制图技术的发展趋势,掌握新的制图技术。

## 三、建筑物分类及高层建筑

建筑物可分为工业建筑(industrial building)和民用建筑(civil building)(图 1-5)。

按照现行规范《民用建筑设计通则》(GB 50352—2005)的规定,民用建筑又分为居住建筑(residential building)和公共建筑(public building)。居住建筑是指"供人们居住使用的建筑",公共建筑是指"供人们进行各种公共活动的建筑"。居住建筑按照层数不同又可分为低层住宅(1~3 层)、多层住宅(4~6 层)、中高层住宅(7~9)层及高层住宅(10 层及以上)。除住宅以外的民用建筑按照建筑物的高度又可分为单层、多层建筑(高度不大于 24 m),高层建筑(高度大于 24 m)以及超高层建筑(高度大于 100 m)。

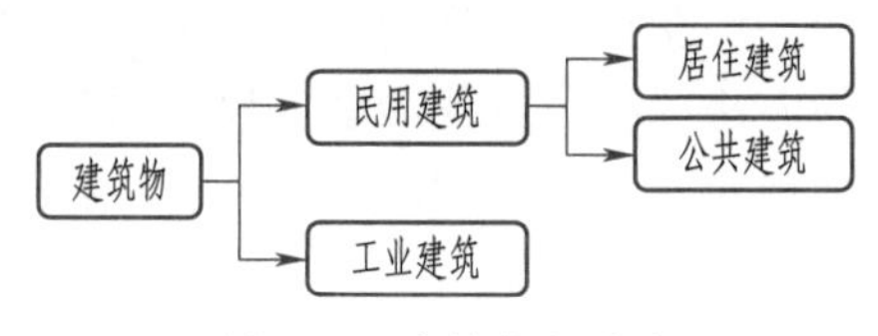


图 1-5　建筑物的分类

高层民用建筑是现代社会中常见的建筑类型,对钢筋混凝土结构的房屋,按照《高层建筑混凝土结构技术规程》(JGJ 3—2010)的规定,当其层数为 10 层及 10 层以上,或房屋高度大于 28 m 时,即称为高层建筑;对钢结构房屋,按照《高层民用建筑钢结构技术规程》(JGJ 99—2015)的规定,由于结构计算需要,当层数多于 12 层时即称为高层建筑。

## 四、民用建筑的组成

民用建筑通常由以下几个主要部分组成:基础、墙体或柱、楼板、楼梯、屋顶、地坪、门窗等,如图 1-6 所示。除上述 7 个主要组成部分之外,往往还有其他构配件和辅助设施,如阳台、雨篷、台阶、散水、通风道等。

基础(foundation):建筑物最下部的承重构件,承担建筑物的全部荷载,并把这些荷载传递给地基,是建筑物的重要组成部分。

墙体(wall):作为承重构件时,它承担屋顶和楼板传来的各种荷载,并把它们传递给地基;外墙具有围护功能,抵御自然界各种因素对室内的侵袭;内墙可起到划分建筑内部空间,创造适用的室内环境的作用。

柱(column):建筑物的竖向承重构件,主要承担建筑物其他部分传递过来的荷载及自身的荷载,并把这些荷载传递给地基。

楼板(floor slab):建筑物中的水平承重构件,同时还兼有竖向划分建筑内部空间的功能。

楼梯(stairs,staircase):建筑物中联系上下各层的垂直交通设施,平时作为使用者的竖向交通通道,紧急情况时供使用者安全疏散。

屋顶(roof):建筑物顶部的承重和围护构件,一般由屋面防水层、保温隔热层和承重结构层组成。

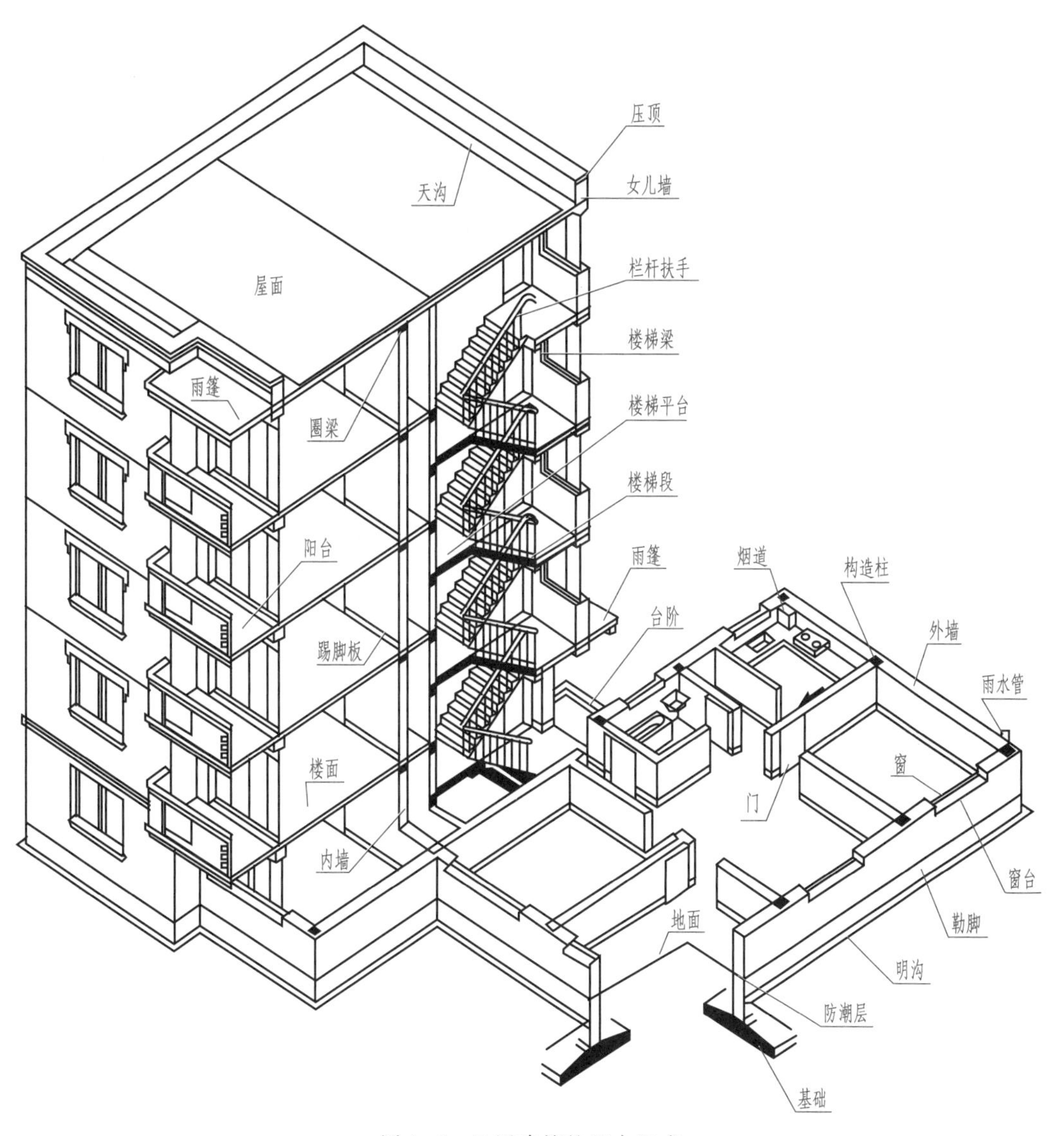


图 1-6 民用建筑的基本组成

地坪(floor-on-grade):建筑物底层房间与下部土层相接触的部分,承担底层房间的地面荷载,应具有耐磨、防水、防潮和保温的能力。

门窗(door and window):门(洞)是供人们室内外交通及搬运家具或设备之用,同时还兼有分隔房间及围护的作用,有时能起到采光和通风作用;窗的主要作用是采光和通风,属非承重构件。

## 五、工业建筑(单层工业厂房)的组成

图 1-7 以一幢单层工业厂房为例表示出工业建筑的基本组成。从图 1-7 中可以看出,单层工业厂房一般由主体结构构件(基础、基础梁、排架柱、山墙柱、屋架或屋面梁、屋面板、天窗、吊车梁等)、围护结构构件(围护墙体、圈梁、过梁、连系梁等)及附属构配件(门、窗、雨篷、坡道、散水、勒脚等)构成。

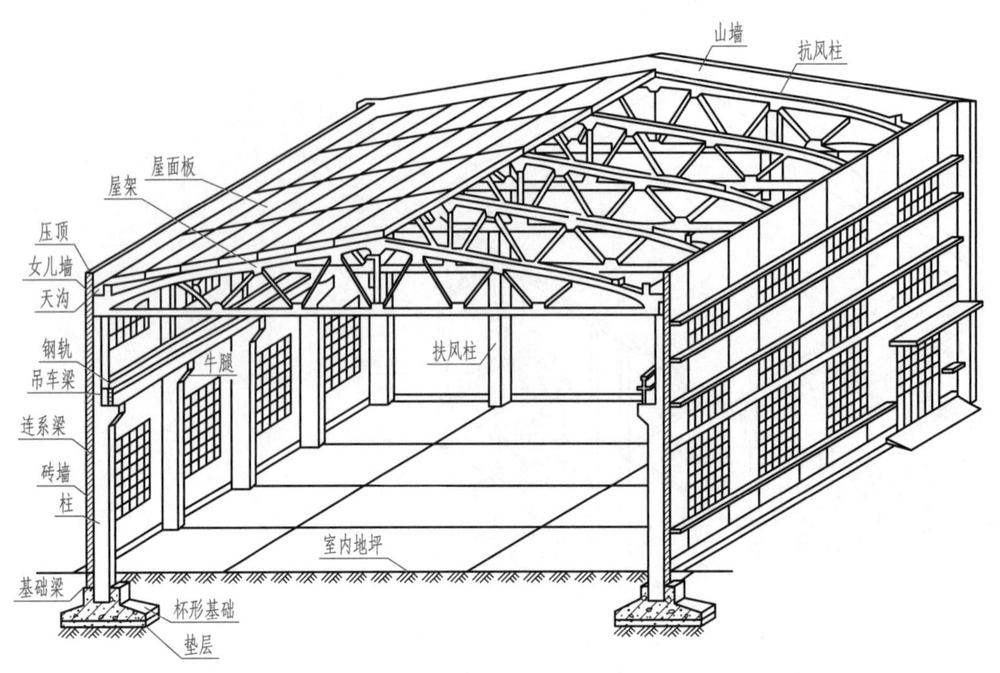


图 1-7　工业建筑（单层工业厂房）的基本组成

## 六、建筑工程施工图的组成

建筑施工图的组成如图 1-8 所示。

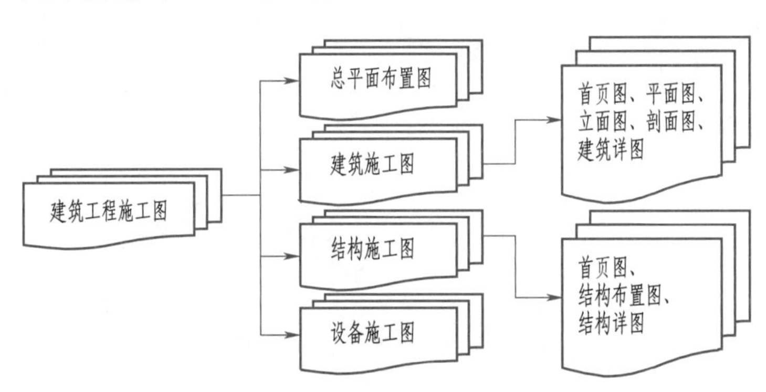


图 1-8　建筑施工图的组成

1. 总平面布置图（site plan）

表达建设区域内各建筑物、构筑物的位置，及建设区域内的道路、绿化和地下设施布置情况的图纸，如各建、构筑物的定位坐标、地面标高等。

2. 建筑施工图（architectural working drawing）

表达建筑物各层功能布置、房间大小、立面造型、装饰装修做法和细部构造等内容的图纸，如建筑平面图、立面图、剖面图和建筑详图等。

3. 结构施工图（structural working drawing）

表达组成建（构）筑物的结构构件（如梁、板、柱等）的摆放位置、各构件间连接方法和各构件的详细做法的图纸，如结构布置图和结构详图等。

4. 设备施工图(equipment construction drawings)

表达建筑正常使用所需设备的安装要求的图纸,如给水、排水施工图,电气照明施工图,网络通信和智能化施工图等。此部分施工图在本书中不作介绍。

## 七、建筑物的结构组成及结构形式

1. 建筑物的结构组成

所有的建(构)筑物,均是由不同的结构构件(基础、梁、板、柱等),通过适当的方式连接在一起,形成支撑建筑物的主体(或“骨架”),再辅以其他构配件(如门、窗等),最后组成完整的建筑物。

2. 常见建筑物的结构形式(structural style)

如图 1-9、图 1-10 所示的是按照建筑物的材料和连接方式的不同划分的结构形式,以及建筑物结构形式与构件连接方式之间的相互关系。

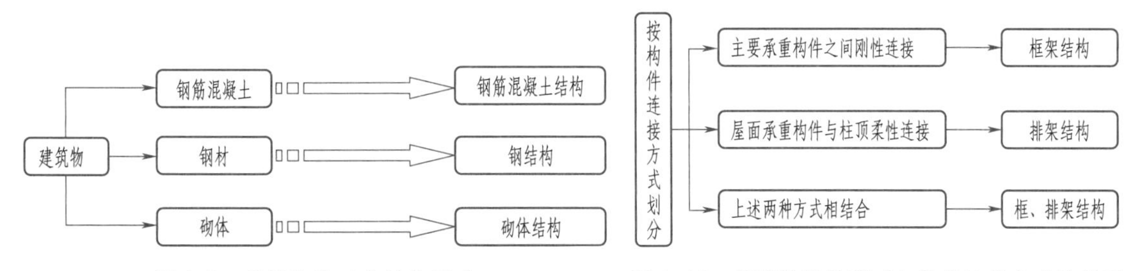


图 1-9　建筑物的三大结构形式

图 1-10　建筑物结构形式与构件连接方式的关系

3. 刚性连接和柔性连接

刚性连接——连接在一起的两个构件相互限制对方任意方向的变形和位移。整体浇筑在一起的梁和柱之间的连接方式为刚性连接,如图 1-11 所示。

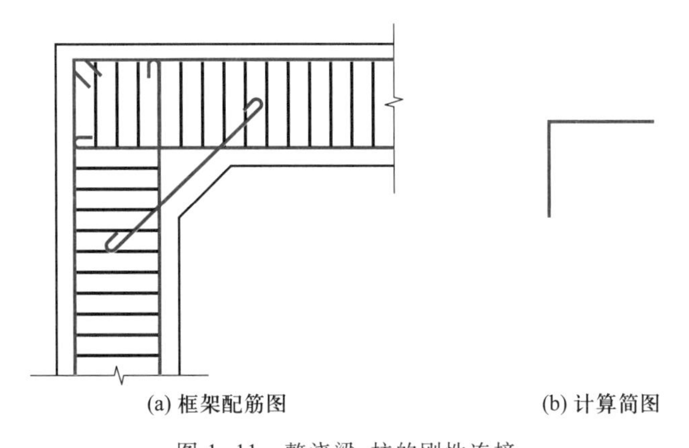

(a) 框架配筋图　　(b) 计算简图

图 1-11　整浇梁、柱的刚性连接

柔性连接——连接在一起的两个构件,在整个结构安全容许的前提下(即变形不至于引起整个结构的倒塌等),能够允许对方产生一定的位移和变形。如图 1-12 所示,屋架在柱顶采用螺栓连接或焊接,允许屋架在柱顶处“转动”,但不允许位移,即柔性连接或称铰接。

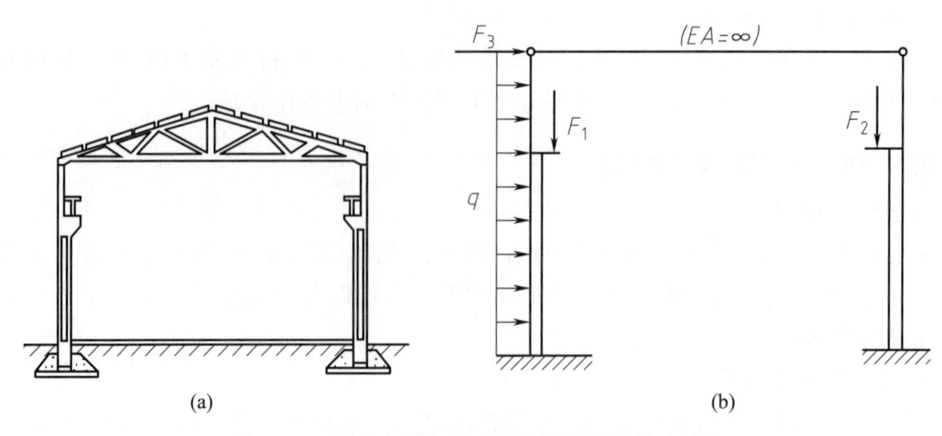


图 1-12 屋架与排架柱顶的“铰接”(柔性连接)

## 八、建筑物结构形式的判别

1. 判别结构形式需要确认的内容

判别建筑物结构形式需要确定的内容包括:结构构件的材料和结构构件之间的连接方式(刚性连接或柔性连接),如图 1-13 所示。

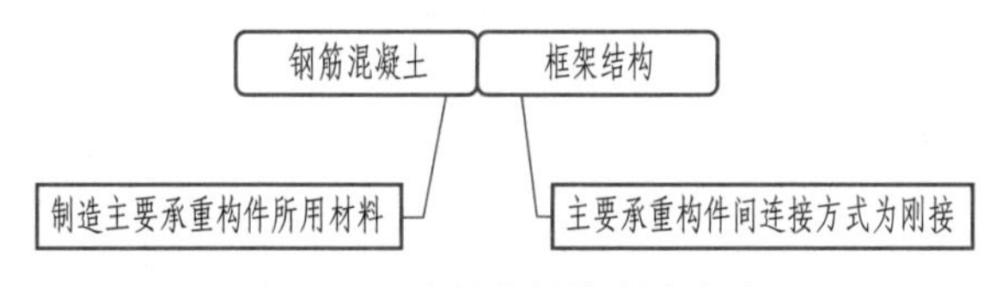


图 1-13 建筑物结构形式内容

2. 判别结构形式的步骤

建筑物结构形式的粗略判别可按下列步骤进行:

步骤 1:观察构件连接方式——可识读建筑剖面图。

步骤 2:确定承重构件材料——可识读结构首页图。

步骤 3:初步确认结构形式。

例如,单层工业厂房结构形式的粗略判别如图 1-14 所示。

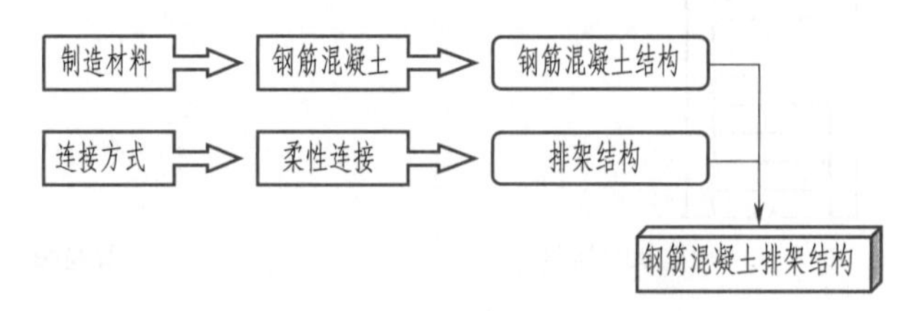


图 1-14 建筑物结构形式判断

项目二

# 2

# 建筑施工图目录及首页图的识读

**项目描述**

识读某工程建筑施工图的目录和首页图,完成相关学习任务。

**教学目标**

技能目标:

能识读建筑施工图目录及首页图。

知识目标:

1. 掌握《房屋建筑制图统一标准》(GB/T 50001—2017)中与“图纸”相关的规定;
2. 掌握建筑施工图的组成;
3. 掌握建筑施工图目录的内容;
4. 掌握建筑首页图的识读方法。

## 项目支撑知识

### 一、建筑施工图的构成

建筑施工图的构成如图 2-1 所示。

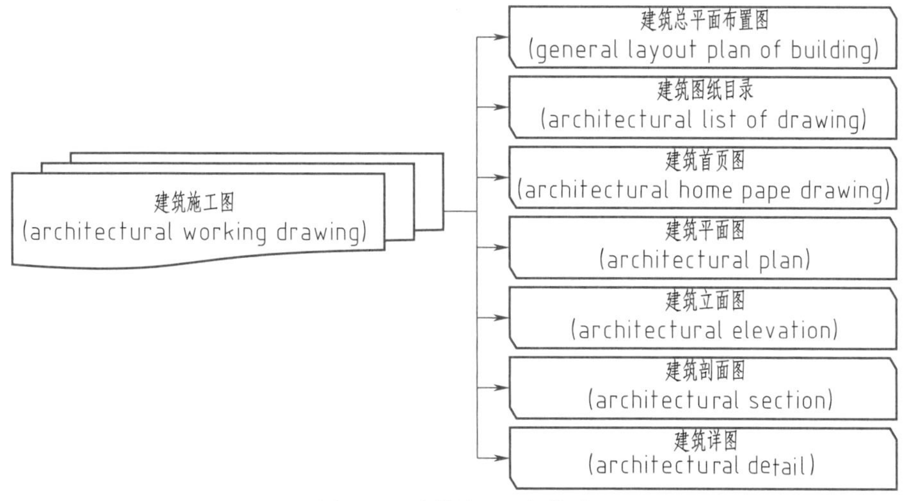


图 2-1 建筑施工图的构成

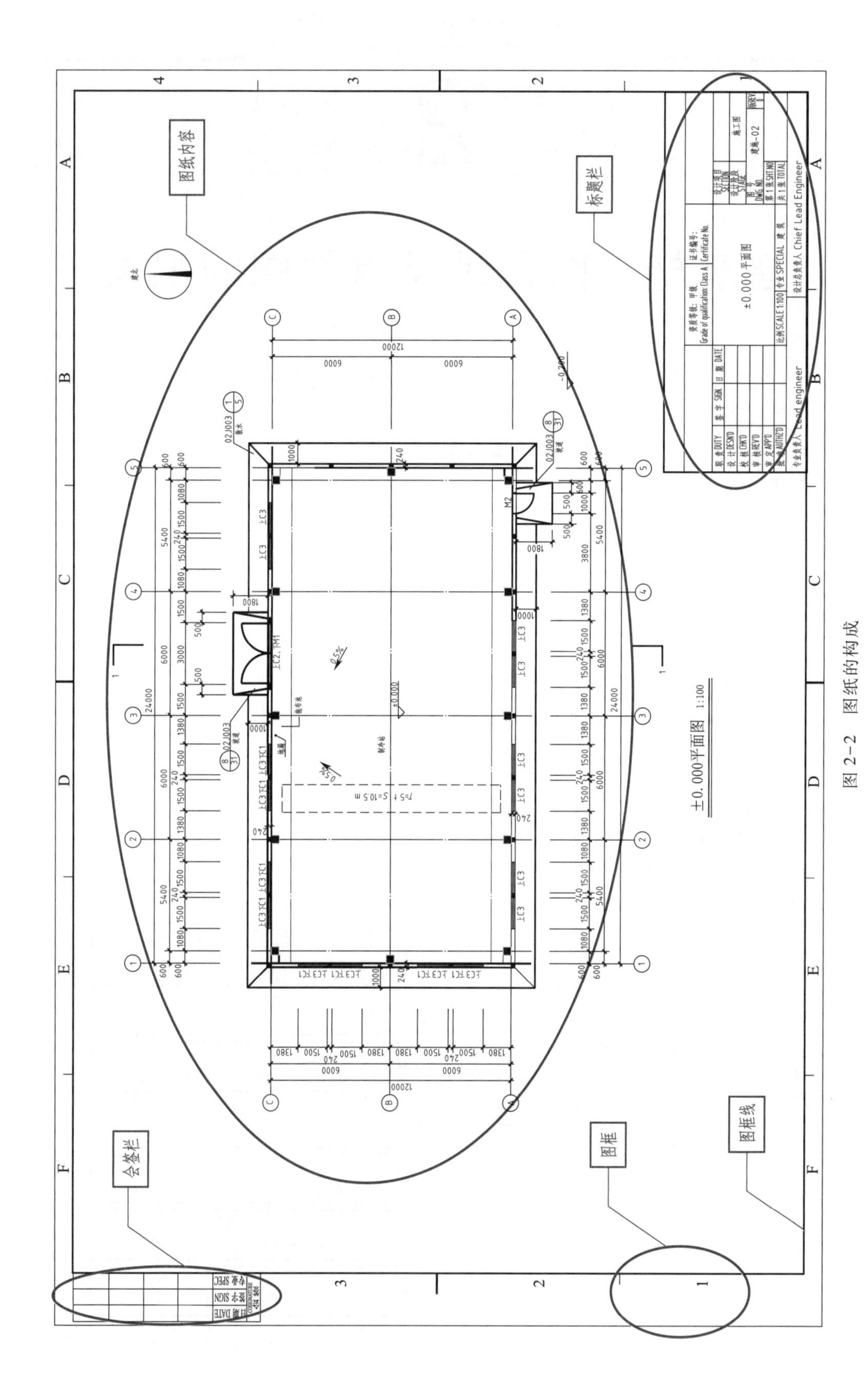


图 2-2　图纸的构成

## 二、图纸的构成

一张建筑工程施工图纸一般由图框(包括图幅线和图框线)、会签栏、标题栏(俗称图标)及图纸内容组成,如图 2-2 所示。

## 三、建筑施工图目录的内容

一套完整的建筑工程施工图应包括一张图纸目录(图 2-3),或将图纸目录按建筑施工图和结构施工图分成建筑图纸目录及结构图纸目录。其目的就像一本书的目录一样,将一套图纸中所包含的图纸张数、每张图纸的名称、图纸规格大小,以及工程名称和项目名称等信息表达出来,以方便总览整套图纸的内容。

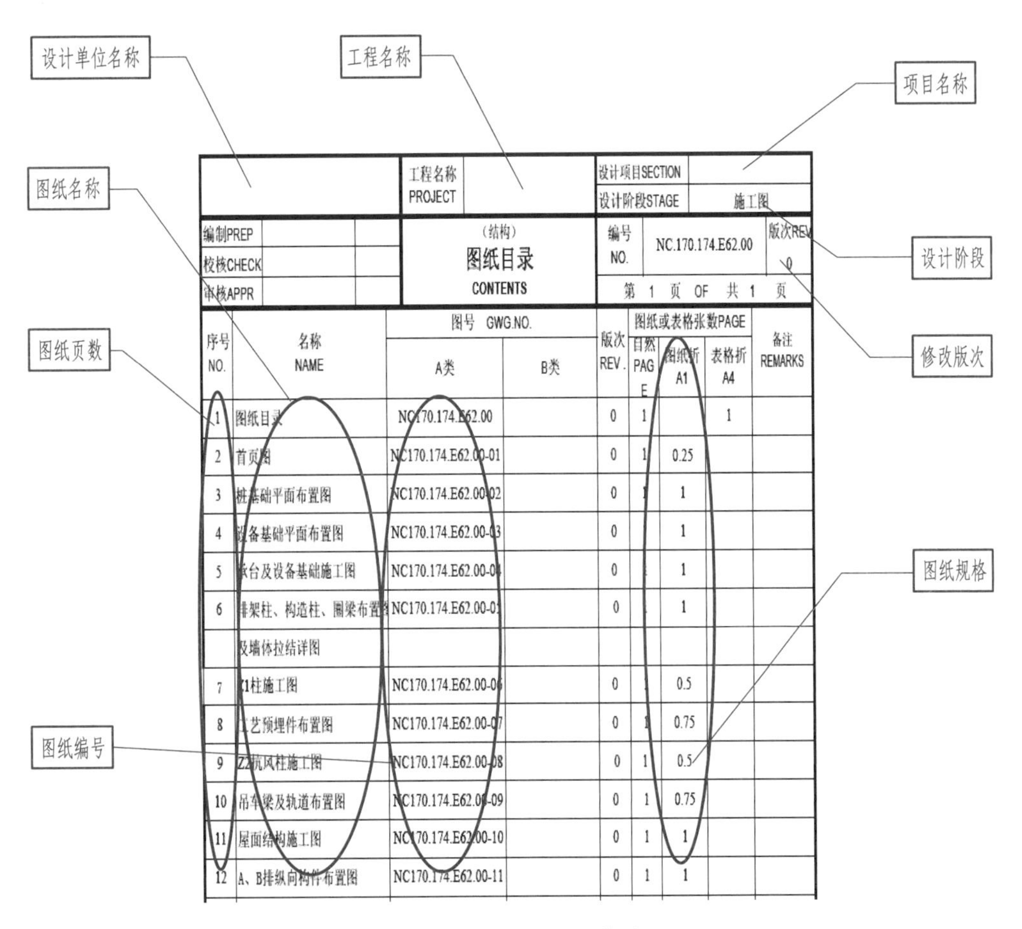


| | 工程名称 PROJECT | 设计项目SECTION | |
|---|---|---|---|
| | | 设计阶段STAGE | 施工图 |
| 编制PREP | (结构)<br>图纸目录<br>CONTENTS | 编号 NO. NC.170.174.E62.00 | 版次REV. 0 |
| 校核CHECK | | 第 1 页 OF 共 1 页 | |
| 审核APPR | | | |

| 序号 NO. | 名称 NAME | 图号 GWG.NO. A类 | 图号 GWG.NO. B类 | 版次 REV. | 图纸或表格张数PAGE 自然 PAGE | 图纸折 A1 | 表格折 A4 | 备注 REMARKS |
|---|---|---|---|---|---|---|---|---|
| 1 | 图纸目录 | NC170.174.E62.00 | | 0 | 1 | | 1 | |
| 2 | 首页图 | NC170.174.E62.00-01 | | 0 | 1 | 0.25 | | |
| 3 | 桩基础平面布置图 | NC170.174.E62.00-02 | | 0 | 1 | 1 | | |
| 4 | 设备基础平面布置图 | NC170.174.E62.00-03 | | 0 | | 1 | | |
| 5 | 承台及设备基础施工图 | NC170.174.E62.00-04 | | 0 | | 1 | | |
| 6 | 排架柱、构造柱、圈梁布置图及墙体拉结详图 | NC170.174.E62.00-05 | | 0 | | 1 | | |
| 7 | Z1柱施工图 | NC170.174.E62.00-06 | | 0 | | 0.5 | | |
| 8 | 工艺预埋件布置图 | NC170.174.E62.00-07 | | 0 | 1 | 0.75 | | |
| 9 | Z2抗风柱施工图 | NC170.174.E62.00-08 | | 0 | 1 | 0.5 | | |
| 10 | 吊车梁及轨道布置图 | NC170.174.E62.00-09 | | 0 | 1 | 0.75 | | |
| 11 | 屋面结构施工图 | NC170.174.E62.00-10 | | 0 | 1 | 1 | | |
| 12 | A、B排纵向构件布置图 | NC170.174.E62.00-11 | | 0 | 1 | 1 | | |

图 2-3　图纸目录的构成

## 四、建筑首页图的内容

建筑首页图一般为建筑施工图的第一张图纸(图 2-4),通常情况下包括工程说明、设计指标表、室内装修表、门窗表以及本套建筑施工图中选用的标准图集等内容,是识读建筑施工图时首要必读的图纸。图 2-4 中表达的各项内容分述如下:

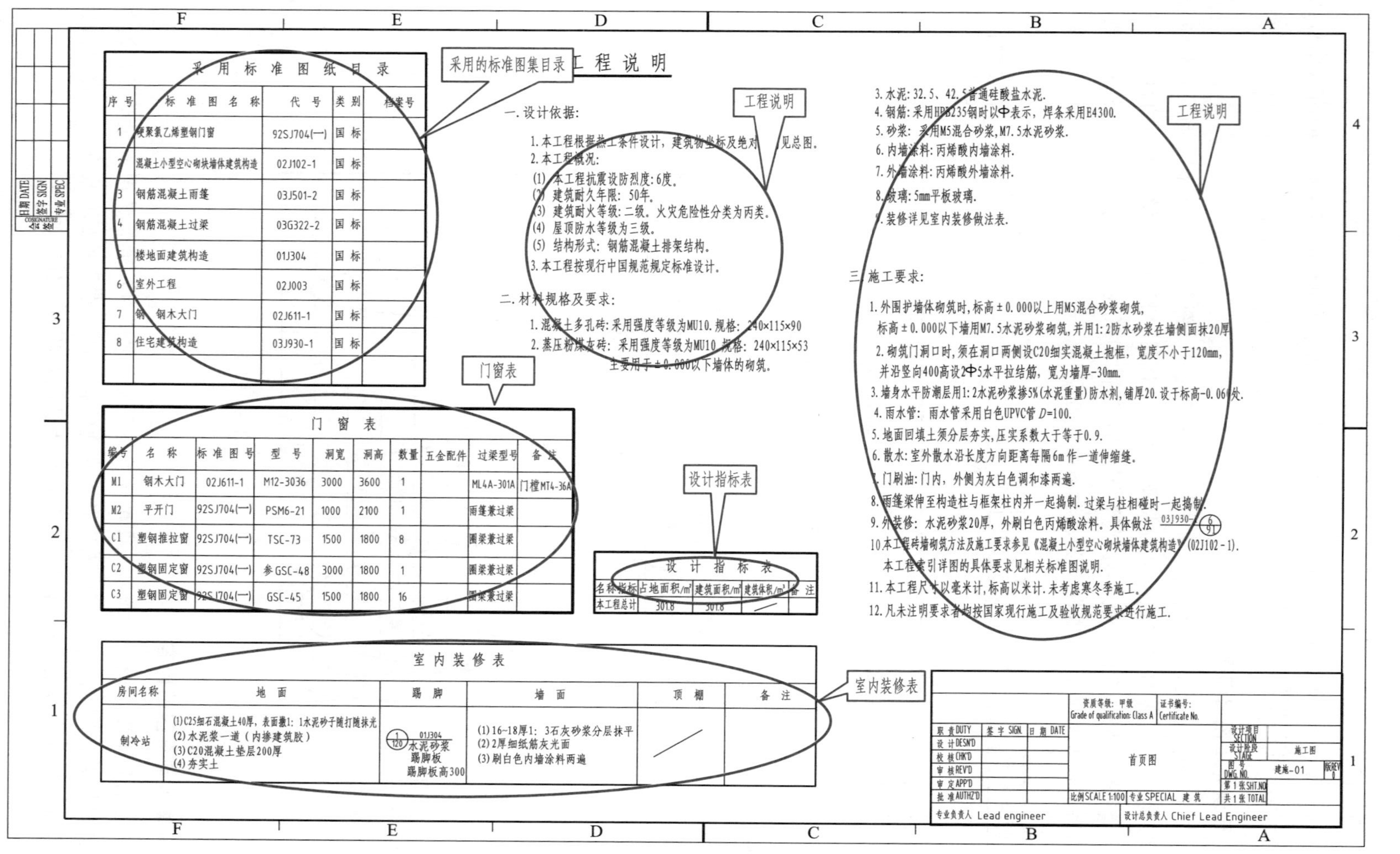


图2-4 建筑首页图的内容

建筑设计总说明(工程说明):表达图纸中未用图样表达而用文字表达的内容,一般包括工程概况、设计依据、建筑材料和构配件技术指标要求、特殊施工工艺要求等内容;

设计指标表:建筑物的占地面积和建筑面积等数据,供预算编制用;

室内装修表:表达室内各房间的地面、天棚、墙面等位置的装修要求,是室内装修施工的依据;

门窗表:汇总整个建筑物中所包含的门、窗类型及其制作要求的总信息表,是门、窗订货加工的依据;

标准图集:国家和地方将建筑详图标准做法分门别类汇总成册供设计选用,这种汇总成册的图样称为建筑标准图集。目前,建筑施工图中绝大多数的建筑详图均采用标准图集表达,不再另行绘制。

## 五、《房屋建筑制图统一标准》中与图纸相关的规定

建筑识图和制图所遵循的国家标准为《房屋建筑制图统一标准》(GB/T 50001—2017),是建筑工程施工图中的总平面布置图、建筑施工图、结构施工图及设备施工图等各专业施工图的识读和绘制的基本依据。

其中与图纸相关的主要内容规定如下。

1. 图纸的幅面(drawing format)

《房屋建筑制图统一标准》(GB/T 50001—2017)中对图纸幅面的定义为:图纸宽度与长度组成的图面。

根据《房屋建筑制图统一标准》(GB/T 50001—2017),图纸幅面及图框尺寸应符合表 2-1 的规定。

**表 2-1　幅面及图框尺寸**　　mm

| 幅面尺寸<br>尺寸代号 | A0 | A1 | A2 | A3 | A4 |
|---|---|---|---|---|---|
| $b\times l$ | 841×1 189 | 594×841 | 420×594 | 297×420 | 210×297 |
| $c$ | 10 | | | 5 | |
| $a$ | 25 | | | | |

注:表中 $b$ 为幅面短边尺寸,$l$ 为幅面长边尺寸,$c$ 为除装订边之外图框线与幅面线之间的宽度,$a$ 为装订边图框线与幅面线之间的宽度。

从表 2-1 可以看出,图纸共有 5 种标准幅面尺寸,即 A0、A1、A2、A3、A4。幅面短边尺寸指短边图幅线尺寸,各种幅面的装订边宽度($a$)统一为 25 mm(图 2-5),$c$ 值依不同幅面取值不同,需特别注意。

表 2-1 还可以看出,5 种标准图幅尺寸之间是有规律的,具体关系如图 2-6 所示。

2. 图幅的尺寸加大

当标准图幅尺寸不能满足图纸内容表达的要求时,可将标准图幅的长度方向尺寸加大,即加长,但不得任意加长。

《房屋建筑制图统一标准》(GB/T 50001—2017)第 3.1.3 条规定,图纸的短边尺寸不应加长,A0~A3 幅面长边尺寸可加长,但应符合表 2-2 的规定。

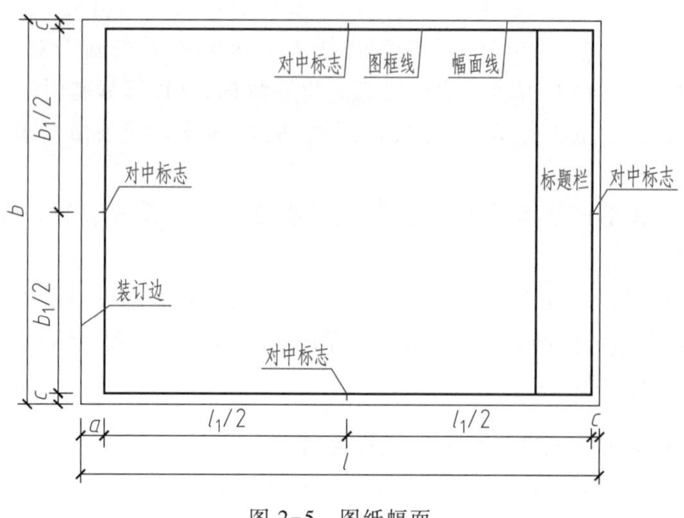


图 2-5　图纸幅面

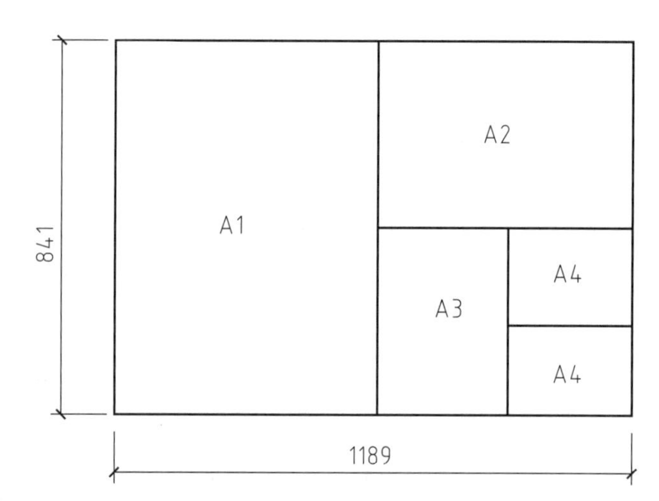


图 2-6　各标准图纸幅面尺寸间的关系

**表 2-2　图纸长边加长尺寸**

| 幅面代号 | 长边尺寸/mm | 加长规则 |
|---|---|---|
| A0 | 1 189 | A0+(1/4,1/2,3/4,1)$l$ |
| A1 | 841 | A1+(1/4,1/2,3/4,1,5/4,3/2)$l$ |
| A2 | 594 | A2+(1/4,1/2,3/4,1,5/4,3/2,7/4,2,9/4,5/2)$l$ |
| A3 | 420 | A3+(1/2,1,5/4,3/2,2,5/2,3,7/2)$l$ |

注:此表为规范简化形式,具体见《房屋建筑制图统一标准》(GB/T 50001—2017)中表 3.1.3。

## 第二课堂学习任务

任务内容:

观看 AutoCAD 图框绘制微课视频(可扫描项目 4 后对应二维码观看),用 AutoCAD

软件绘制 A3 图框。

成果内容：

A3 图框 AutoCAD 电子文件。

成果文件编制要求：

- 用 AutoCAD 软件绘制，上交电子文件，成果文件名为“姓名.dwg”；
- 用 Word 文档列出绘制 A3 图框所使用的 AutoCAD 命令(全称)。Word 文档字体使用“四号”“宋体”。

完成项目后思考的问题：

- 本建筑物的建筑面积是多少平方米？如何得知？
- 本建筑物的门、窗有哪些种类，依据什么加工制作？如何得知？
- 各房间的室内装修做法如何得知？
- 墙体材料的技术要求有哪些？

项目三

# 3

# 建筑平面图的识读

**项目描述**

识读单层工业厂房建筑平面图，浏览全套单层工业厂房施工图，完成相关学习任务。

**教学目标**

技能目标：

能够识读建筑平面图。

知识目标：

1. 掌握建筑平面图的形成原理；
2. 掌握投影及正投影法的原理；
3. 掌握建筑平面图表达的内容；
4. 掌握建筑平面图的识读方法；
5. 掌握建筑总平面布置图表达内容及识读方法。

## 项目支撑知识

### 一、投影法

动画 什么是投影？

日常生活中，当光线照射在人体上的时候，地面上就会产生自己的影子，并且影子会随着人的走动而移动，即所谓的“形影不离”现象。实际上，形影不离现象即为投影现象。经研究发现，如果具备光线、被投影的物体和投影面，就会产生投影，这种用光线照射形体，在投影面上产生影像的方法称为投影法。由图 3-1 可知，投影的产生需要三个要素，即光线（投影线）、被投影物体和投影面。

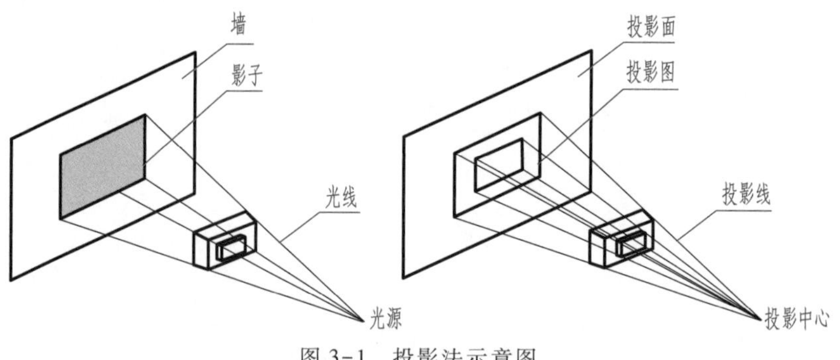


图 3-1 投影法示意图

## 二、投影法的种类

投影法按照投影线与投影面之间的角度不同可分为两类，即中心投影和平行投影。当投影线由一点发出（相互不平行）时称为中心投影（图 3-2）；投影线相互平行时为平行投影。当投影线相互平行且与投影面不垂直时称为斜投影（图 3-3）。

动画
什么是中心投影?

## 三、正投影法

从图 3-2 及图 3-3 可以看出，投影图不能反映出被投影物体的形状和尺寸，因此不能满足用投影图指导建造施工的目的。进一步研究发现，当投射线采用平行线且投射线与投影面垂直时，所得的投影图就能初步反映被投影物体的真实形状和尺寸，而所作出的平行投影即为正投影（图 3-4），作出正投影的方法为正投影法。

动画
什么是平行投影和正投影?

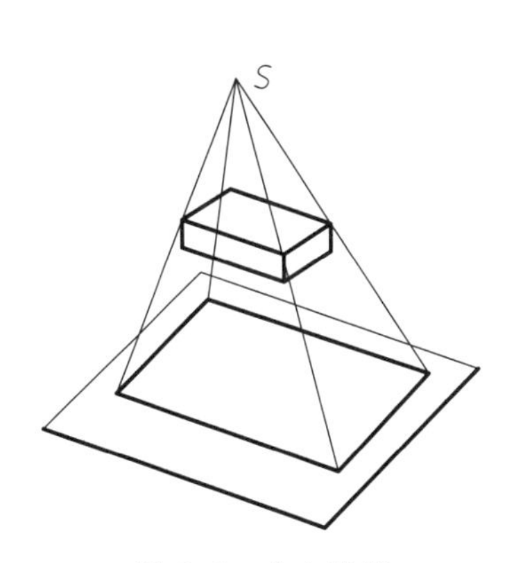

图 3-2　中心投影

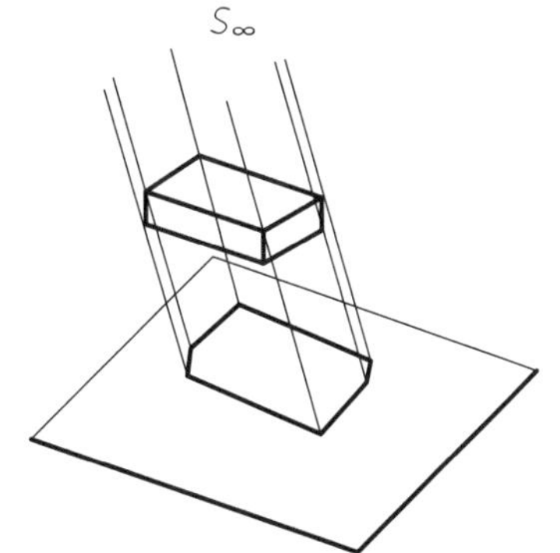


图 3-3　平行投影——斜投影

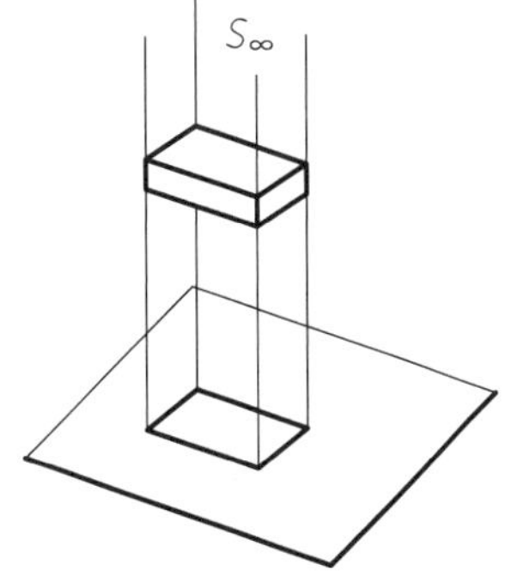


图 3-4　平行投影——正投影

正投影图的特点：虽然投影图直观性不强，但能准确反映形体的真实形状和大小尺寸，图形度量性好，便于尺寸标注，作图方便。因此，《房屋建筑制图统一标准》（GB/T 50001—2017）中规定建筑工程施工图均采用正投影法作出。

## 四、工程施工图样与投影的关系

从图 3-5 可以看出，在工程施工图形成的过程中，投影三要素中的光线为投影线；投影中的被投影物体为建筑物；投影为工程施工图样。特别要指出的是，工程施工图样必须为正投影图。

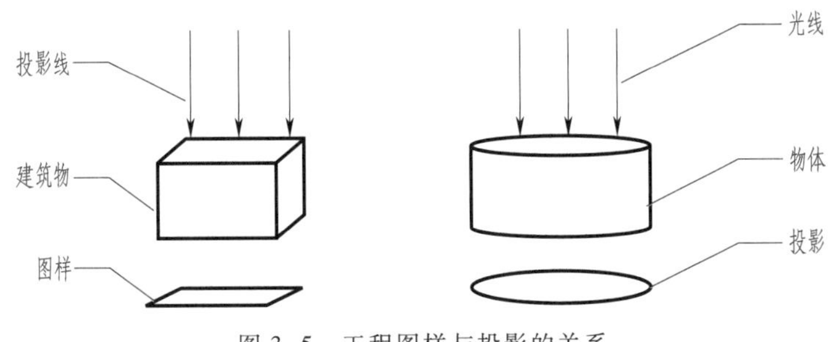


图 3-5　工程图样与投影的关系

这里还要说明的是，在建筑工程施工图中，还有其他两种图样，即轴测图样（图 3-6）

和透视图样(图 3-7)。这两种图样虽然不能直接作为指导施工的依据,但由于其图样具有直观易懂的特点,仍然在施工详图及方案图中得到广泛的应用(本书不作介绍)。

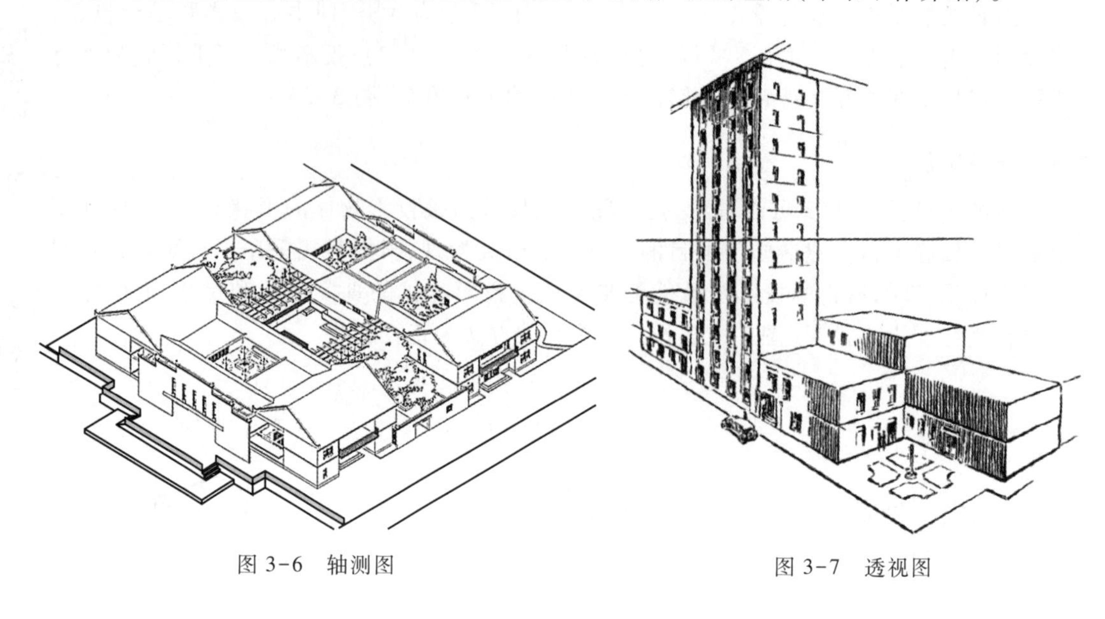

图 3-6 轴测图　　　　图 3-7 透视图

## 五、多面正投影与建筑工程施工图

绘制建筑工程施工图的目的就是要确切表达建筑物各部位的具体形状和真实尺寸。但我们在绘制形体的投影图时发现:依据形体的一次投影不能够确定其真实形状。

如图 3-8 所示,三个完全不同形状的形体,在同一个投影面上的投影却相同,说明仅仅根据一个投影是不能够完整地表达形体的形状和大小的。要确切表达形体的形状和大小,必须增加不同投射方向在不同投影面上的投影,才能达到完整表达形体的形状和大小的目的。因此,实际的建筑工程施工图均是采用多面正投影的方法绘制的。

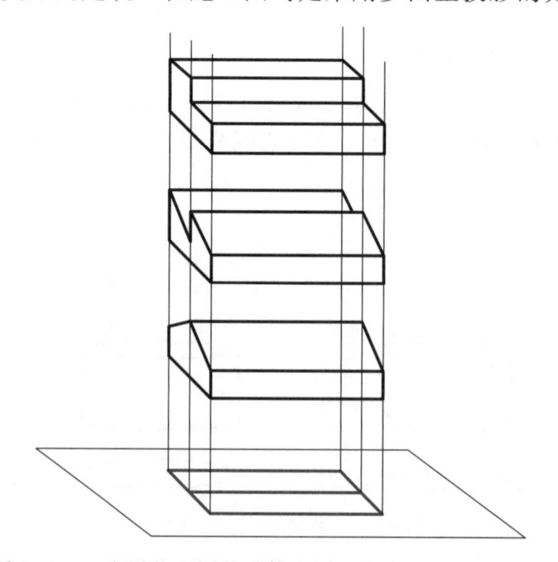

图 3-8 三个形状不同的形体在同一个投影面的投影相同

1. 多面正投影

由相互垂直的两个以上的投射方向和相应投影面得到的,表达同一形体的系列投影图称为多面投影图。实践证明,两面正投影有时也不能完全表达出形体的真实形状和尺寸(图 3-9),一般来说,三面正投影图可以满足表达形体的真实形状和尺寸的需要。

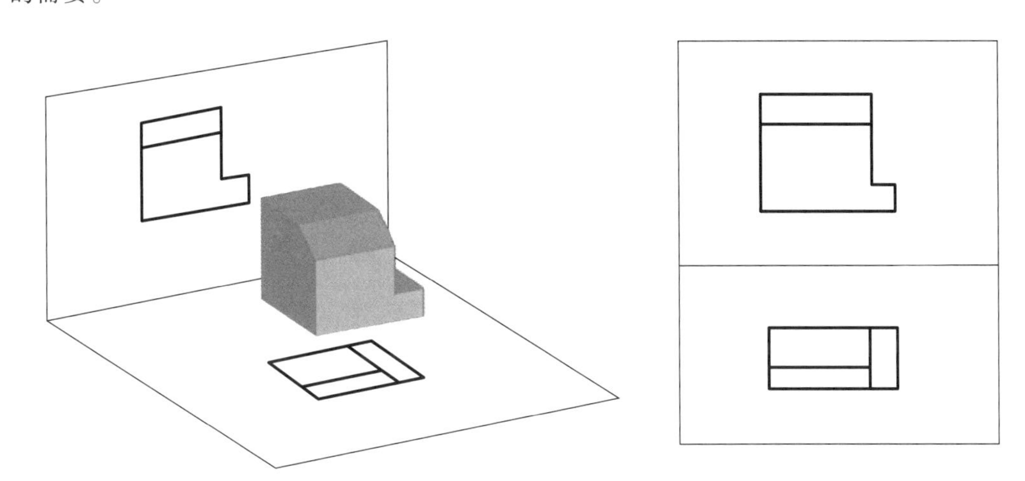

图 3-9　两面正投影图不能完整表达物体的形状

2. 三面正投影及其规律

三面投影是指由三个相互垂直的投影面形成的投影体系(图 3-10)。其中三个投影面分别称为:*H* 面(水平投影面)、*V* 面(正投影面)和 *W* 面(侧投影面)。

动画
投影体系的建立

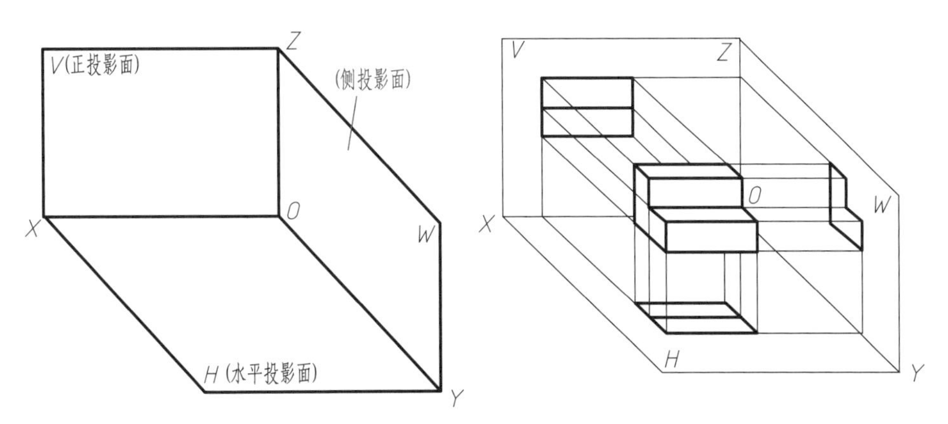


图 3-10　三面正投影直观示意图

动画
三面投影图的形成过程

在建筑工程施工图中,一般不采用直观投影图来表达(图 3-10),而是将三个投影图绘制在同一平面上,因此在绘制时需将相互垂直的三个投影面展开为一个平面。

动画
三面投影体系的展开

具体的展开方法:正平面(*V* 面)保持不动,将水平面绕 *OX* 轴向下旋转 90°,将侧平面绕 *OZ* 轴向右旋转 90°,把三个投影面(*V*、*H*、*W* 面)展开成以 *V* 面为基准投影面的同一投影面,进而形成绘制在同一平面内的三面投影图,如图 3-11 所示。

由图 3-12 可以看出,一个形体在三面投影体系中,三个投影图之间存在下述关系(或称为三面投影规律):

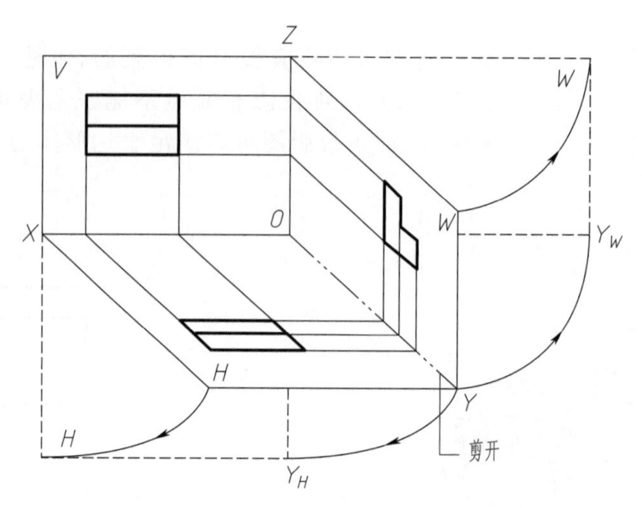


图 3-11 三面正投影图的形成及其投影规律(直观图)

(1) 正面投影图与水平投影图——长对正;

(2) 正面投影图与侧面投影图——高平齐;

(3) 水平投影图与侧面投影图——宽相等。

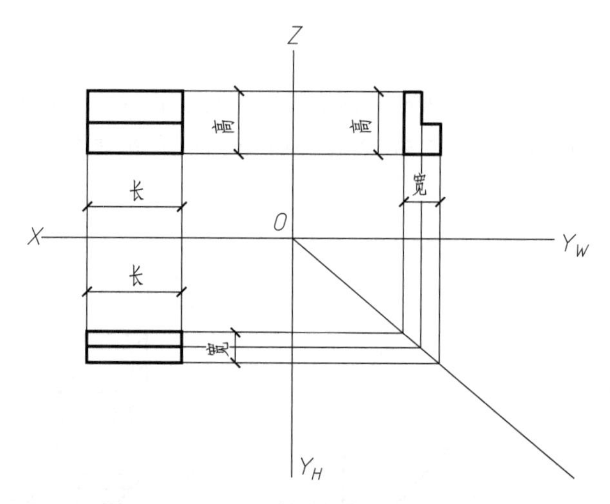


图 3-12 三面正投影图之间的投影规律

## 六、典型图素在三面投影体系中的特殊投影规律

1. 点的三面投影规律

从图 3-13 可以看出,点的三面投影规律如下:

(1) 点 $A$ 的水平投影 $a$ 与正投影 $a'$ 的连线与水平投影面和正投影面的交线 $OX$ 垂直;

(2) 点 $A$ 的正投影 $a'$ 与侧投影 $a''$ 的连线与正投影面和侧投影面的交线 $OZ$ 垂直;

(3) 水平投影 $a$ 至正投影面的距离 $aa_x$ 与侧投影 $a''$ 至正投影面的距离 $a''a_z$ 相等。

2. 直线的三面投影及其投影规律

直线按其在三面投影体系中的空间位置不同可作如下分类(图 3-14)。

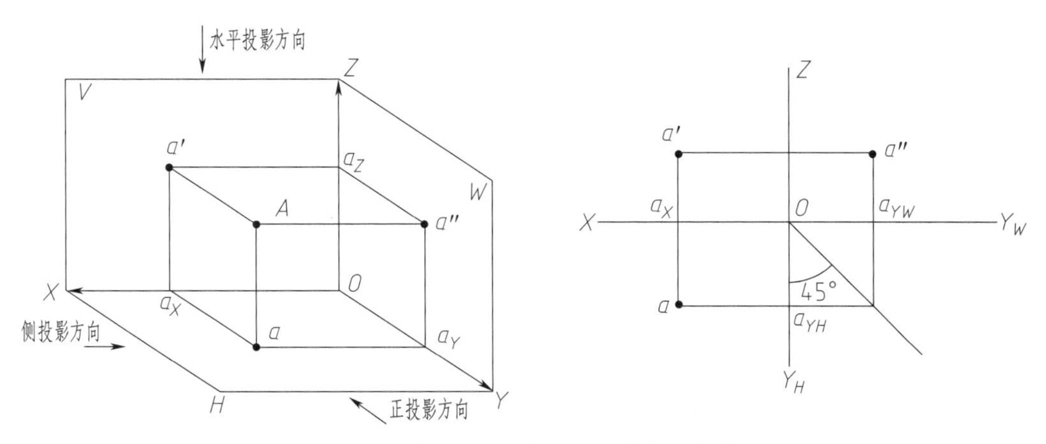


图 3-13　点的三面正投影图及其投影规律

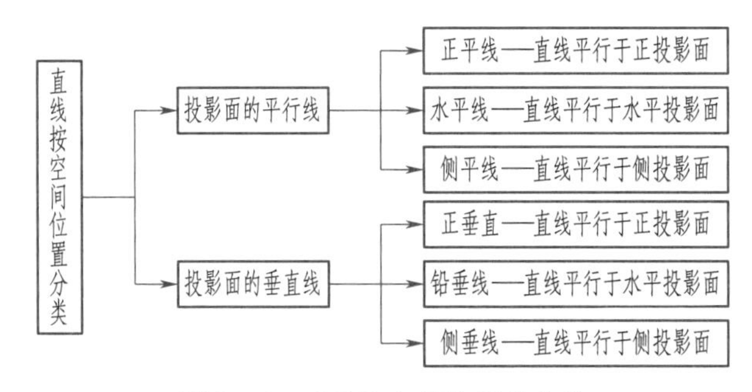


图 3-14　直线按空间位置的分类

由前述可知，绘制工程施工图样的目的，是要表达被投影的形体的真实形状和具体尺寸，要达到这一目的，则需将构成形体的点、直线和平面等图素置于“特殊”位置。所谓特殊位置，是指让图素平行或垂直于三面投影体系中的某一投影面，那么特殊位置的直线是指投影面的平行线或投影面的垂直线。

（1）正平线及其投影规律

所谓正平线，是指被投影的直线是平行于正投影面（$V$ 面）的直线（图 3-15）。其投影规律是：直线的正投影反映直线的实际长度。

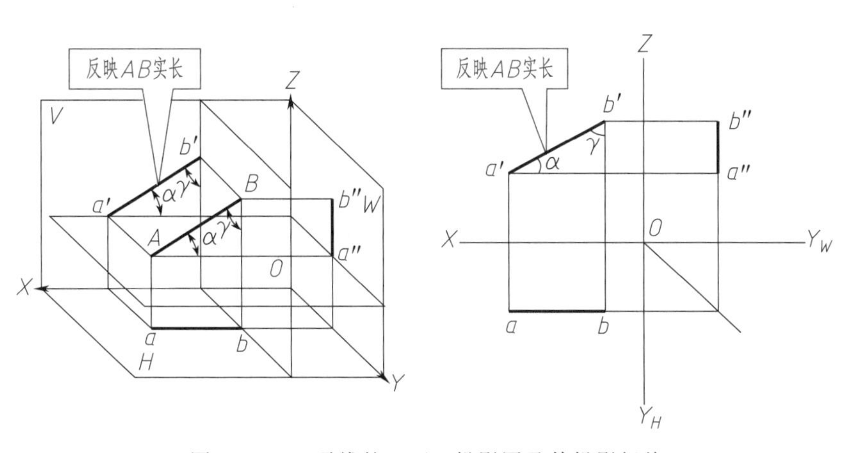


图 3-15　正平线的三面正投影图及其投影规律

动画
什么是水平线？

动画
水平线投影特性

(2) 水平线及其投影规律

所谓水平线，是指被投影的直线是平行于水平投影面（$H$ 面）的直线（图 3-16）。其投影规律是：直线的水平投影反映直线的实际长度。

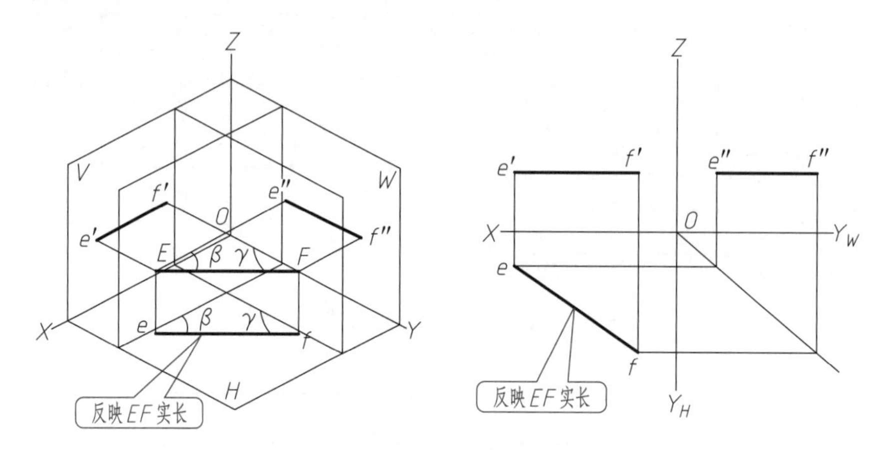


图 3-16　水平线的三面正投影图及其投影规律

动画
什么是侧平线？

动画
侧平线投影特性

(3) 侧平线及其投影规律

所谓侧平线，是指被投影的直线是平行于侧投影面（$W$ 面）的直线（图 3-17）。其投影规律是：直线的侧投影反映直线的实际长度。

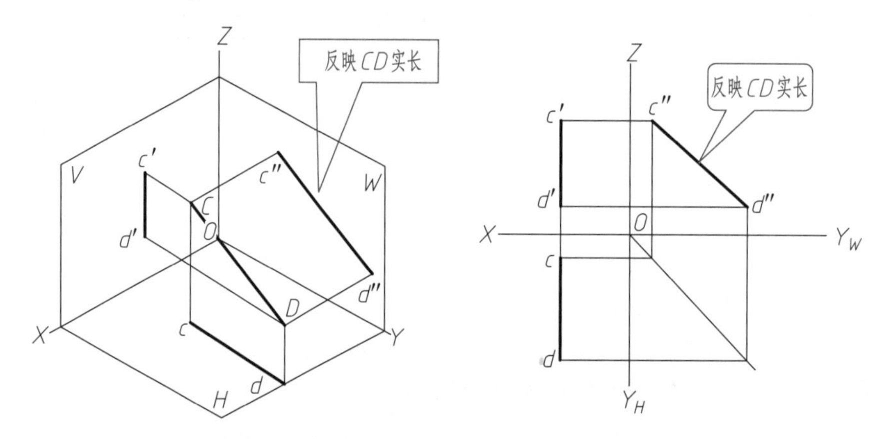


图 3-17　侧平线的三面正投影图及其投影规律

(4) 投影面垂直线及其投影规律

投影面的垂直线是指被投影的直线垂直于某一投影面，其投影规律如下：

① 当直线 $AB$ 垂直于投影面时，它在该投影面上的投影 $ab$ 变成一个点 $a \equiv b$，直线上任一点 $M$ 的投影 $m$ 也重合在这个点上，这种性质叫积聚性；

② 在另外两个投影面上的投影垂直于相应的投影轴，且反映实长。

3. 特殊位置平面的三面投影及其投影规律

由于一般位置平面的投影在建筑工程施工图中无实际意义，即其投影不能反映被投影平面的形状及长度，因此，这里只讨论特殊位置平面及其投影规律。特殊位置平面按其在三面投影体系中的空间位置不同可作如图 3-18 所示分类。

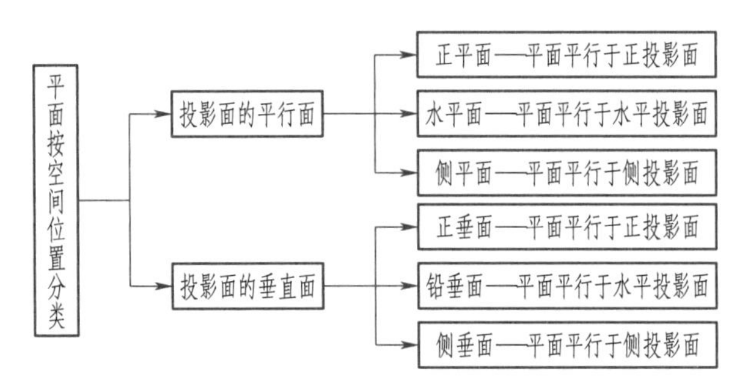


图 3-18　特殊位置平面的分类

(1) 正垂面及其投影规律

正垂面的投影规律是:平面在与其垂直的投影面($V$ 面)中的投影,积聚为一条直线(图 3-19)。

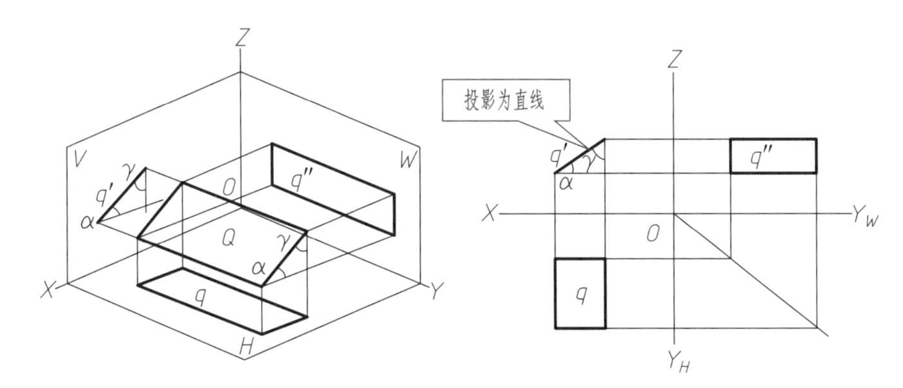


图 3-19　正垂面的三面正投影图及其投影规律

如果平面同时垂直于两个投影面,则其投影规律为:平面在与其垂直的两个投影面中的投影均为直线,而且该平面必然平行于第三个投影面,该平面在第三个投影面中的投影能够反映其实际形状和尺寸。

(2) 铅垂面及其投影规律

铅垂面的投影规律是:平面在与其垂直的投影面($H$ 面)中的投影,积聚为一条直线(图 3-20)。

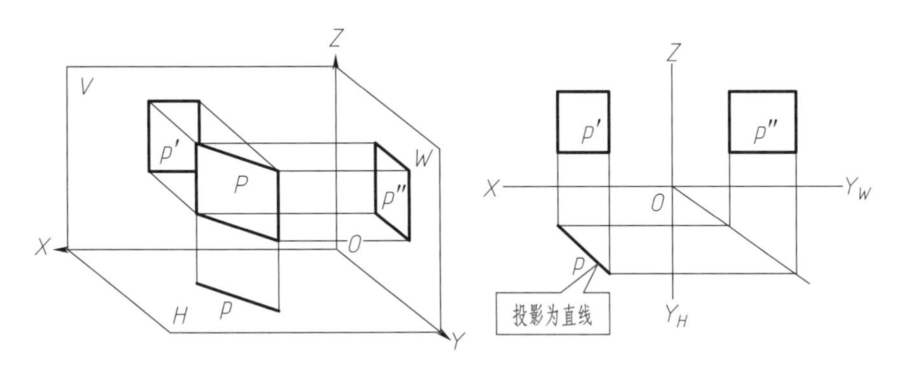


图 3-20　铅垂面的三面正投影图及其投影规律

（3）侧垂面及其投影规律

侧垂面的投影规律是：平面在与其垂直的投影面（*W*面）中的投影，积聚为一条直线（图 3-21）。

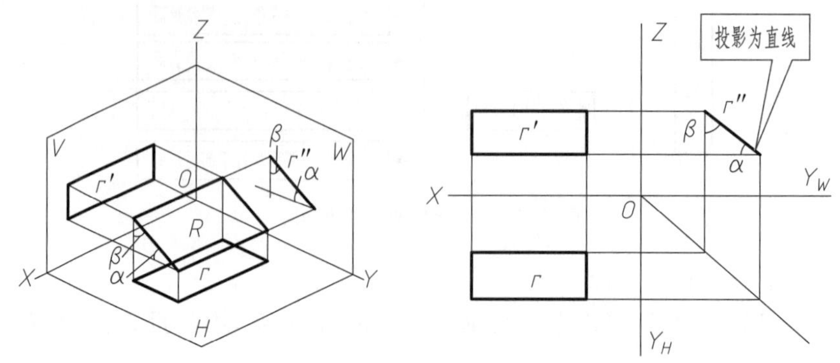


图 3-21　侧垂面的三面正投影图及其投影规律

（4）水平面及其投影规律

水平面的投影规律是：平面在与其平行的投影面（*H*面）中的投影，反映该平面的实际形状和实际尺寸（图 3-22）。此外，该平面一定垂直于其他两个投影面，并且在其他两个投影面中的投影积聚为两条直线。

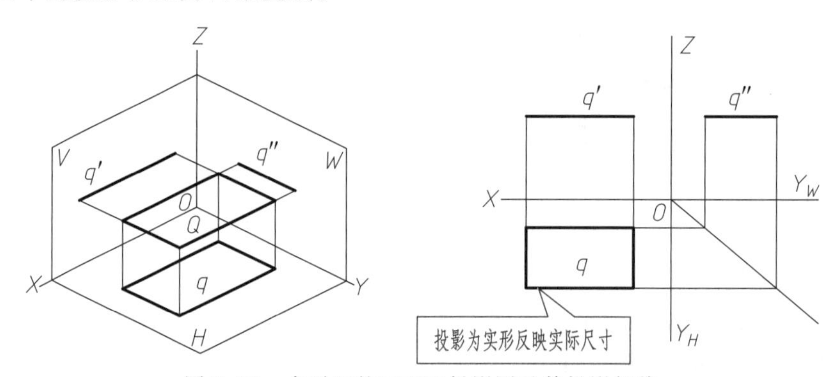


图 3-22　水平面的三面正投影图及其投影规律

（5）正平面及其投影规律

正平面的投影规律是：平面在与其平行的投影面（*V*面）中的投影，反映该平面的实际形状和实际尺寸（图 3-23）。

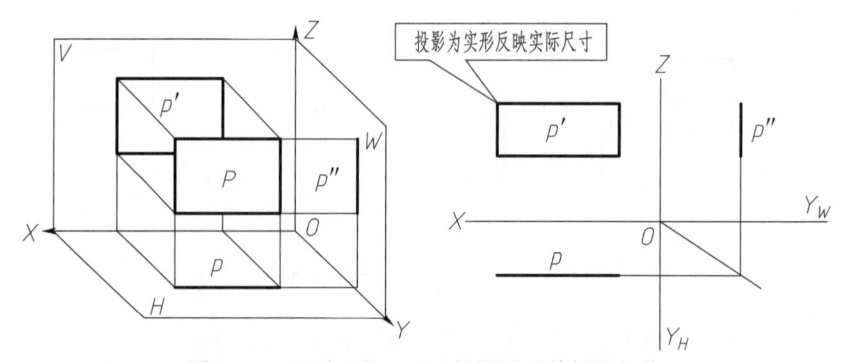


图 3-23　正平面的三面正投影图及其投影规律

(6) 侧平面及其投影规律

侧平面的投影规律是:

平面在与其平行的投影面($W$面)中的投影,反映该平面的实际形状和实际尺寸(图3-24)。

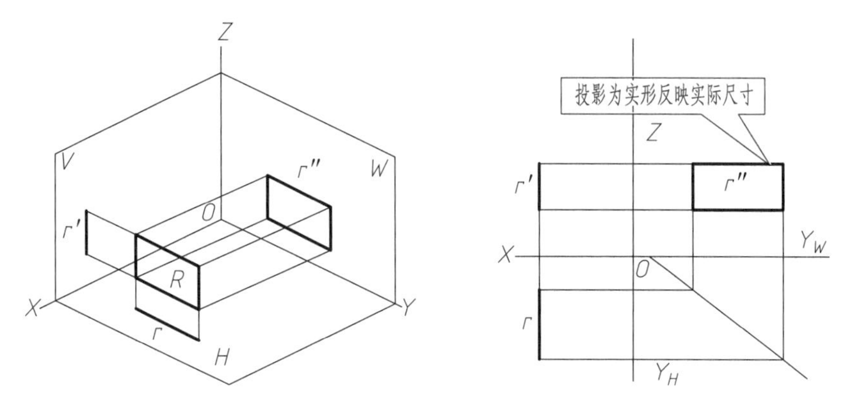


图3-24　侧平面的三面正投影图及其投影规律

## 七、平面和直线的投影特点——“三性”

总结上述图素投影的特点,直线和平面投影具有以下三个特殊的规律,即“三性”:

(1) 实形性,直线或平面平行于投影面时,投影反映实形;

(2) 积聚性,直线或平面垂直于投影面时,投影积聚成一个点或一条线;

(3) 类似性,直线或平面倾斜于投影面时,投影成为缩小的类似形。

## 八、建筑平面图的形成

从图3-25可以看出,建筑平面图的形成原理可分为以下几个步骤:首先用一个假想平面对建筑物进行水平方向的剖切,剖切的位置为建筑物每一层的门、窗洞口高度范围;然后“移去”被剖切的上部建筑物;对余下的建筑物下部向下作正投影,绘制正投影图,即得到被剖切层的建筑平面图。

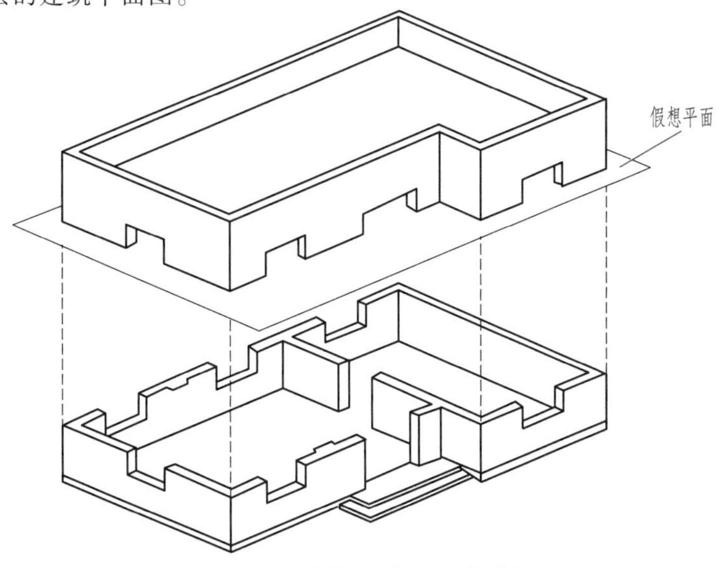


图3-25　建筑平面图的形成原理

建筑平面图的形成步骤可总结如图3-26所示。

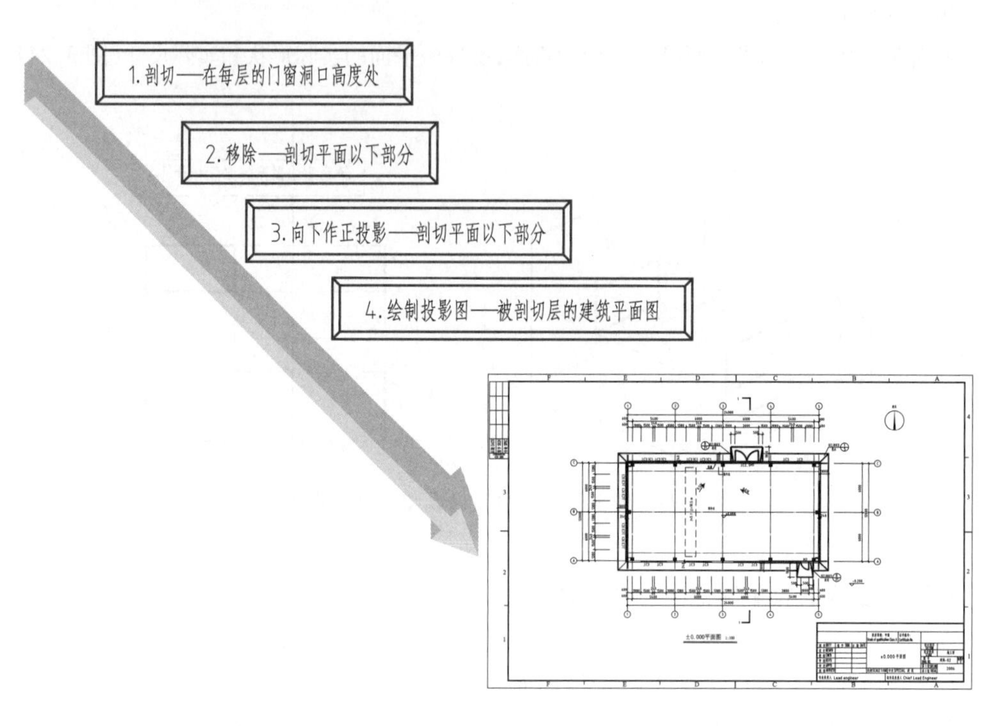


图3-26 建筑平面图的形成步骤

## 九、建筑平面图的图素组成

由图3-28可知,建筑平面图中一般包含的图素内容见图3-27。

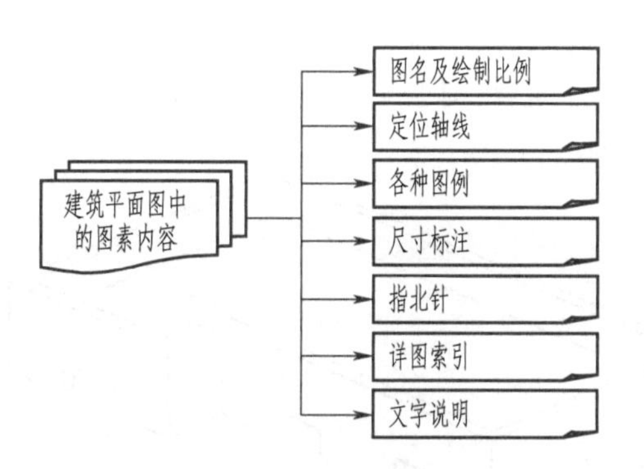


图3-27 建筑平面图中的图素内容

## 十、建筑平面图的图素绘制原则

1. 建筑平面图的命名

建筑平面图的命名,即其图名(图3-28)的命名,可采用两种方式(图3-29)。

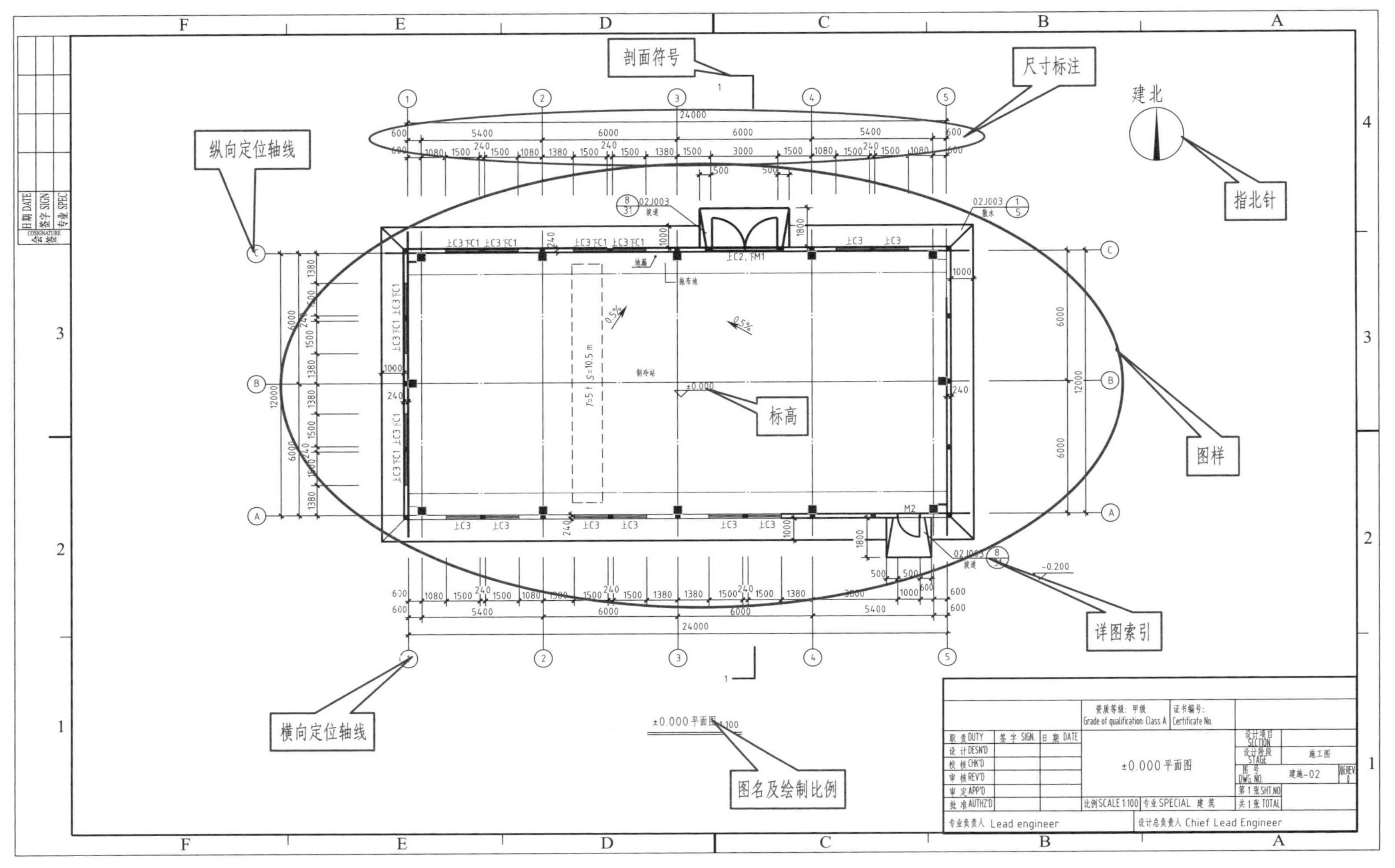


图 3-28 建筑平面图中的图素

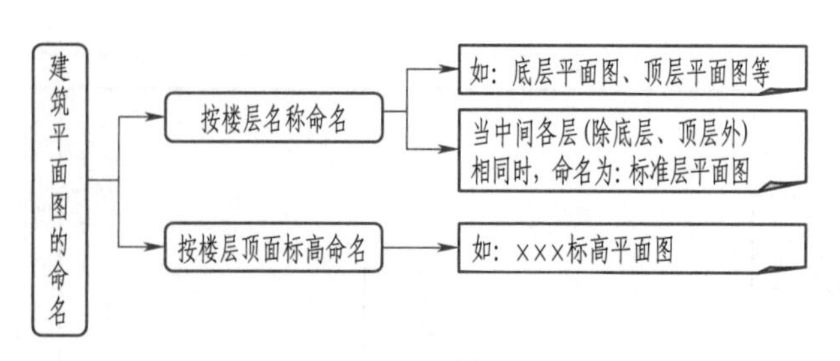


图3-29　建筑平面图中的命名

2. 建筑平面图的绘制比例

《房屋建筑制图统一标准》(GB/T 50001—2017)中对绘制比例的定义是：图中图形与其实物相应要素的线性尺寸之比。如1∶50指图中1 mm相当于实际尺寸50 mm。

根据《建筑制图标准》(GB/T 50104—2010)规定：建筑专业、室内设计专业制图选用的各种比例，宜符合表3-1的规定。

表3-1　比　　例

| 图名 | 比例 |
| --- | --- |
| 建筑物或构筑物的平面图、立面图、剖面图 | 1∶50、1∶100、1∶150、1∶200、1∶300 |
| 建筑物或构筑物的局部放大图 | 1∶10、1∶20、1∶25、1∶30、1∶50 |
| 配件及构造详图 | 1∶1、1∶2、1∶5、1∶10、1∶15、1∶20、1∶25、1∶30、1∶50 |

对建筑平面图来说，实际选用的绘制比例一般为1∶50~1∶100。

3. 定位轴线(positioning axis)

定位轴线是建筑物中建筑构、配件的定位线，是确定房屋结构构件位置和尺寸的基准线，也是建筑工程施工中定位和放线的依据。《房屋建筑制图统一标准》(GB/T 50001—2017)中有关定位轴线的主要规定如下。

(1) 第8.0.1条规定：轴线应用0.25$b$线宽的单点长画线绘制。

(2) 第8.0.2条规定：定位轴线应编号，编号应注写在轴线端部的圆内。圆应用0.25$b$线宽的实线绘制，直径宜为8~10 mm。定位轴线圆的圆心应在定位轴线的延长线上或延长线的折线上。

(3) 第8.0.3条规定：除较复杂需采用分区编号或圆形、折线形外，平面图上定位轴线的编号，宜标注在图样的下方及左侧，或在图样的四面标注。横向编号应用阿拉伯数字，从左至右顺序编写；竖向编号应用大写英文字母，从下至上顺序编写。

定位轴线分为横向定位轴线(transverse axis)和纵向定位轴线(longitudinal axis)(图3-30)。用阿拉伯数字从左至右编号者为横向定位轴线；用英文字母由下至上编号者为纵向定位轴线。

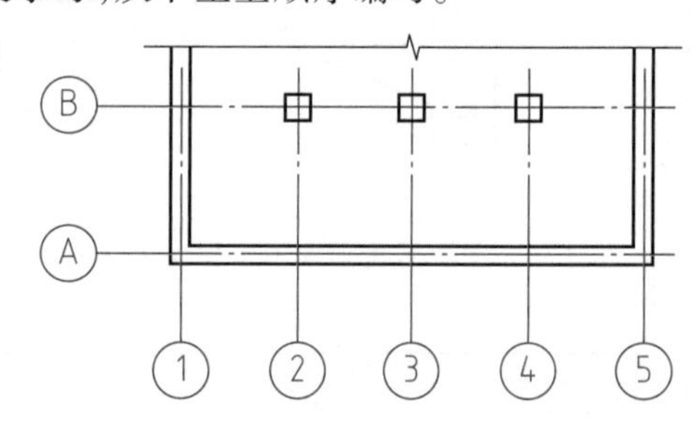


图3-30　定位轴线

(4) 第8.0.4条规定：英文字母作为轴线号时，应全部采用大写字母，不应用同一个字母的大小写来区分轴线号。英文字母的I、O、

Z 不得用作轴线编号。当字母数量不够使用时,可增用双字母或单字母加数字注脚。

此条中的“双字母或单字母加数字注脚”可理解如 AA、BA、…、YA 或 A1、B1、…、Y1。

由于建筑物平面布置情况较为复杂,有时候在主轴线之间还有其他构件需要定位,此时会用增加“附加轴线”的方法来解决。

(5) 第 8.0.6 条规定:附加定位轴线的编号应以分数形式表示,并应符合下列规定:① 两根轴线的附加轴线,应以分母表示前一轴线的编号,分子表示附加轴线的编号,编号宜用阿拉伯数字顺序编写;② 1 号轴线或 A 号轴线之前的附加轴线的分母应以 01 或 0A 表示。

例如:$\frac{1}{2}$ 表示 2 号轴线之后附加的第一根轴线

$\frac{3}{C}$ 表示 C 号轴线之后附加的第三根轴线

$\frac{1}{01}$ 表示 1 号轴线之前附加的第一根轴线

$\frac{3}{0A}$ 表示 A 号轴线之前附加的第三根轴线

上述列出的内容仅仅是《房屋建筑制图统一标准》(GB/T 50001—2017)中的基本条文内容,实际工程实践中,由于建筑物平面大小、形状、构件布置差别巨大,设计采用的定位轴线形式也多种多样,其他有关定位轴线的规定见第 8.0.1 条 ~ 第 8.0.10 条的相关规定。

4. 尺寸标注(dimensions)

《房屋建筑制图统一标准》(GB/T 50001—2017)中有关尺寸标注的主要规定如下。

(1) 第 11.1.1 条规定:图样中的尺寸,应包括尺寸界线、尺寸线、尺寸起止符号和尺寸数字,如图 3-31 所示。

(2) 第 11.1.2 条规定:尺寸界线应用细实线绘制,应与被注长度垂直,其一端应离开图样轮廓线不小于 2 mm,另一端宜超出尺寸线 2~3 mm,图样轮廓线可用作尺寸界线(图 3-32)。

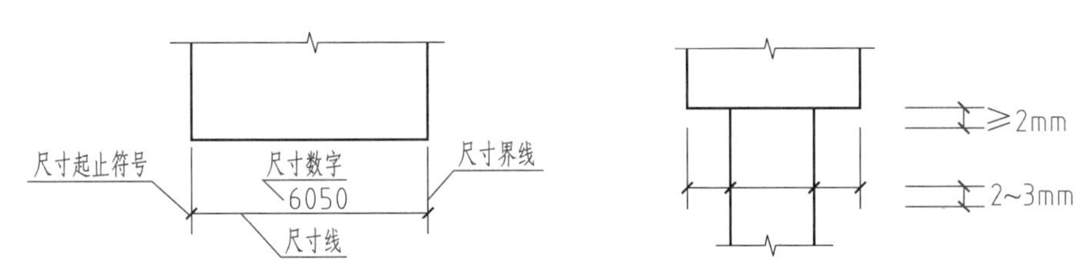


图 3-31 尺寸四要素

图 3-32 尺寸线、尺寸界线与尺寸起止符号

(3) 第 11.1.3 条规定:尺寸线应采用细实线绘制,应与被注长度平行,两端宜以尺寸界线为边界,也可超出尺寸界线 2~3 mm。图样本身的任何图线不得用作尺寸线。

(4) 第 11.1.4 条规定:尺寸起止符号用中粗斜短线绘制,其倾斜方向应与尺寸界线成顺时针 45°角,长度宜为 2~3 mm。轴测图中用小圆点表示尺寸起止符号,小圆点直径 1mm。半径、直径、角度与弧长的尺寸起止符号,宜用箭头表示,箭头宽度 $b$ 不小于 1 mm。

(5) 第 11.2.1 条规定：图样上的尺寸，应以尺寸数字为准，不应从图上直接量取。

此条内容是指当图中已经注明绘制比例，但个别位置的尺寸没有标注尺寸（即没有尺寸数字）的情况。由于存在设计者不按比例标注尺寸数字的情况，因此本条文规定不允许按比例直接从图上量取。

(6) 第 11.2.2 条规定：图样上的尺寸单位，除标高及总平面以米为单位外，其他必须以毫米为单位。

(7) 第 11.2.4 条规定：尺寸数字应依据其方向注写在靠近尺寸线的上方中部。如果没有足够的注写位置，最外边的尺寸数字可注写在尺寸界线的外侧，中间相邻的尺寸数字可上下错开注写，可用引出线表示标注尺寸的位置（图 3-33）。

(8) 第 11.3.1 规定：尺寸宜标注在图样轮廓以外，不宜与图线、文字及符号等相交。

此条内容是考虑图面清晰和易读所定，避免误读情况出现（图 3-34）。

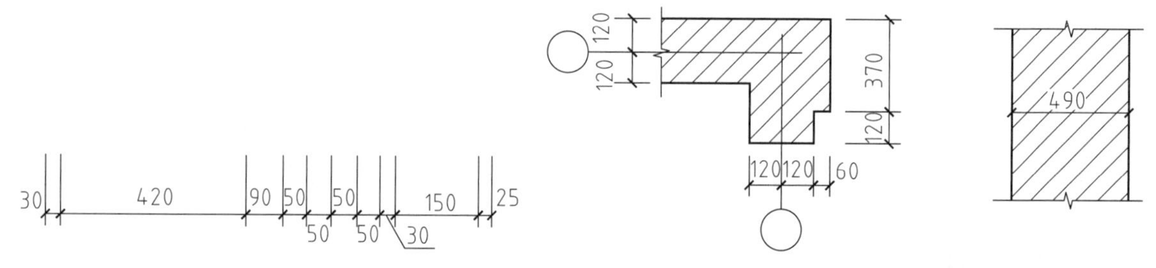


图 3-33　尺寸标注的位置

图 3-34　尺寸标注“清晰”的要求

5. 建筑平面图中的尺寸标注

《房屋建筑制图统一标准》（GB/T 50001—2017）中有关建筑平面图中的尺寸标注的主要规定如下。

(1) 第 11.3.2 条规定：互相平行的尺寸线，应从被注写的图样轮廓线由近向远整齐排列，较小尺寸应离轮廓线较近，较大尺寸应离轮廓线较远（图 3-35）。

注：条文中所述“较小尺寸”是指尺寸数字的数值较小（图 3-35 中的窗洞口尺寸）“较大尺寸”是指尺寸数字的数值较大（图 3-35 中的轴线尺寸和外轮廓尺寸）。

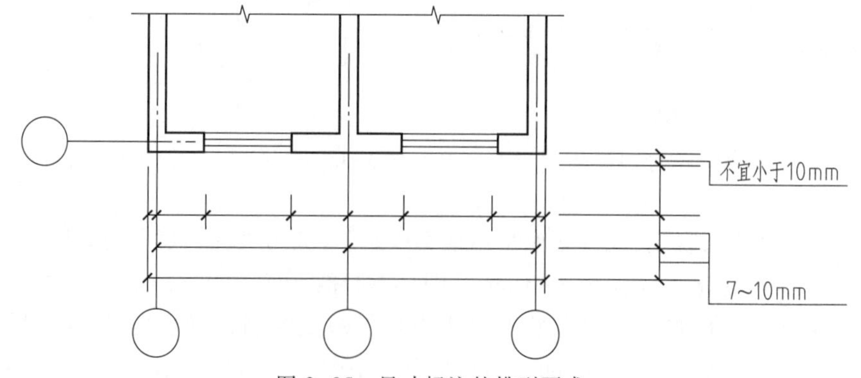


图 3-35　尺寸标注的排列要求

（2）第 11.3.3 条规定：图样轮廓线以外的尺寸界线，距图样最外轮廓之间的距离不宜小于 10 mm。平行排列的尺寸线间距宜为 7～10 mm，并应保持一致（图 3-35）。

（3）第 11.3.4 条规定：总尺寸的尺寸界线应靠近所指部位，中间分尺寸的尺寸界线可稍短，但其长度应相等（图 3-35）。

（4）建筑平面图的尺寸标注一般分为三类尺寸：外部尺寸、内部尺寸和具体构造尺寸。

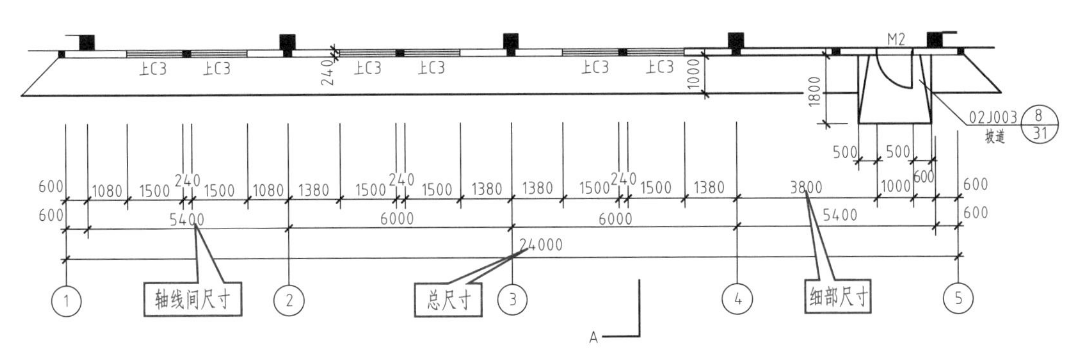


图 3-36　建筑平面图的外部尺寸内容

依据《房屋建筑制图统一标准》（GB/T 50001—2017）第 11.3.2 条规定：建筑平面图的外部尺寸标注在图样的外部四周，一般标注三道尺寸（图 3-36）。

① 第 1 道尺寸为靠近图样的尺寸，称为细部尺寸。它标注的内容是外墙的门窗洞口的定形、定位尺寸，以及窗间墙、柱和外墙轴线到墙外皮的尺寸。

② 第 2 道尺寸为各定位轴线之间的尺寸，它表达的是房间的开间和进深尺寸（开间为房间的横向宽度，即横向定位轴线间尺寸；进深为房间的竖向宽度，即纵向定位轴线间尺寸）。

③ 第 3 道尺寸为房屋的总长和总宽尺寸，通常称为房屋的外包尺寸。

a. 内部尺寸。内部尺寸包括建筑物内部不同类型各房间的净长、净宽尺寸，内墙的门窗洞口定形定位尺寸，墙体厚度尺寸等。

b. 具体构造尺寸。外墙以外的台阶、花池、散水，以及室内固定设施的大小、位置尺寸。

对于圆形、弧形等图样的尺寸标注方法，《房屋建筑制图统一标准》（GB/T 50001—2017）中均有具体规定，请读者自行阅读第 11.1 条～第 11.7 条各条文的内容。

6. 指北针

指北针是用来指导建筑物定位的符号（图 3-37），一般标注在底层建筑平面图或总平面布置图中。《房屋建筑制图统一标准》（GB/T 50001—2017）第 7.4.3 条规定：其圆的直径宜为 24mm，用细实线绘制；指针尾部的宽度宜为 3mm，指针头部应注“北”或“N”字。需用较大直径绘制指北针时，指针尾部的宽度宜为直径的 1/8。

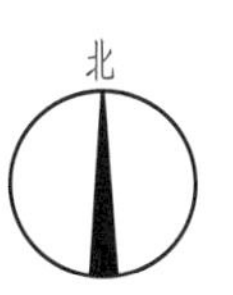


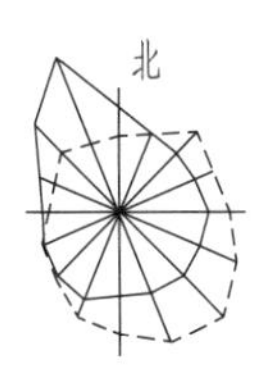


图 3-37　指北针及风玫瑰图

7. 详图索引

详图是给出建筑物各构件和连接的具体做法的图样，一般需单独绘出，或选用标准图集。详图索引符号的作用就是告知读图者详图图样的编号及所在图纸页码。具体内容和规定见本书项目 6。

8. 标高

（1）建筑工程施工图中标高的分类

建筑工程施工图中标高分为四类：相对标高、绝对标高，建筑标高、结构标高。

① 相对标高——以建筑物底层地面标高为基准的建筑物各部分的高度。建筑物底层地面一般为定位本建筑物的相对标高的零点，即±0.000 m 标高。

② 绝对标高——根据规定，以我国山东省青岛市的黄海平均海平面为基准标高的标高，称为绝对标高。相对标高与绝对标高的关系如图 3-38 所示。

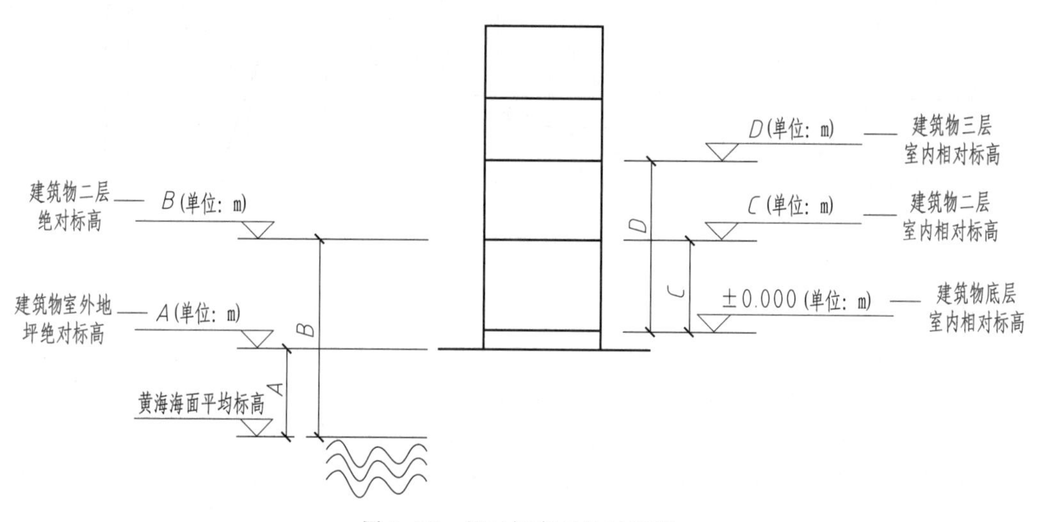


图 3-38　相对标高与绝对标高

图 3-38 中，$A$ 值为建筑物室外地坪的绝对标高；$B$ 值为建筑物二层楼面的绝对标高；$C$ 值为二层楼面相对标高；$D$ 值为三层楼面相对标高。

③ 建筑标高——在建筑施工图中标注的，建筑物某处经装饰装修后的最终标高。

④ 结构标高——在结构施工图中标注的，建筑物未经装饰装修的结构构件原始标高。建筑标高和结构标高的关系如图 3-39 所示。

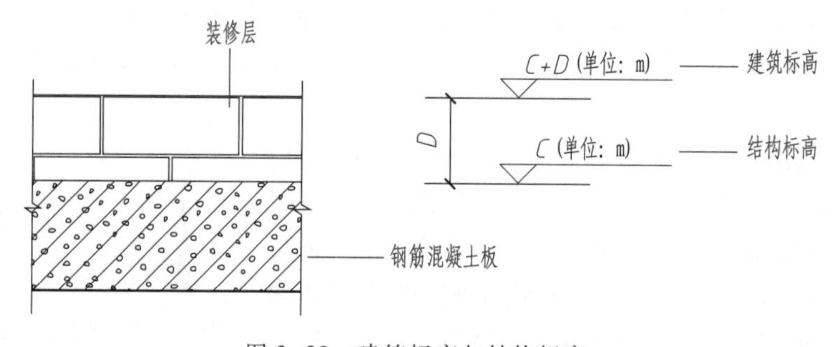


图 3-39　建筑标高与结构标高

（2）《房屋建筑制图统一标准》（GB/T 50001—2017）对标高的相关规定

① 第 11.8.1 条规定：标高符号应以等腰直角三角形表示，并应按图 3-40（a）所示形

式用细实线绘制，如标注位置不够，也可按图 3-40(b)所示形式绘制。标高符号的具体画法可按图 3-40(c)、(d)所示。

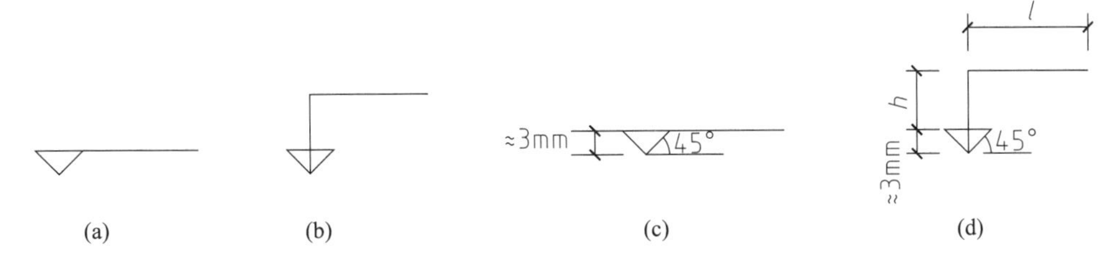


图 3-40　标高符号

*l*—取适当长度注写标高数字；*h*—根据需要取适当高度

② 第 11.8.2 条规定：总平面图室外地坪标高符号宜用涂黑的三角形表示，具体画法可按图 3-41 所示。

③ 第 11.8.3 条规定：标高符号的尖端应指向被注高度的位置，尖端宜向下，也可向上。标高数字应注写在标高符号的上侧或下侧(图 3-42)。

④ 第 11.8.4 条规定：标高数字应以米为单位，注写到小数点以后第三位。在总平面图中，可注写到小数点以后第二位。

⑤ 第 11.8.5 条规定：零点标高应注写成±0.000，正数标高不注"+"，负数标高应注"-"，例如 3.000、-0.600。

⑥ 第 11.8.6 条规定：在图样的同一位置需表示几个不同标高时，标高数字可按图 3-43 的形式注写。

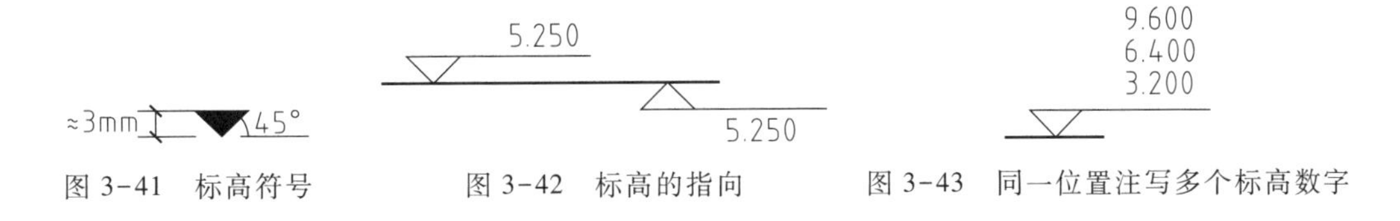


图 3-41　标高符号　　图 3-42　标高的指向　　图 3-43　同一位置注写多个标高数字

## 十一、建筑平面图的数量

一套建筑施工图中应该绘制的建筑平面图的数量，可以按照以下原则确定。

建筑物各层布置不同时：

数量＝地下室层数+底层+中间层数+屋面

中间存在标准层时：

数量＝地下室层数+底层+标准层数+屋面

所谓标准层，是指建筑物各层内的构件及房间布置完全相同的楼层。

## 十二、建筑屋顶平面图及屋面排水方式

特别指出，建筑施工图中的"屋顶平面图"并非其他类型的图样，而是建筑平面图特例，也是"建筑平面图"。只不过它表达的内容主要是建筑物屋顶的排水方式，即排水坡向和坡度。

1. 建筑物屋顶类型

建筑物的屋顶分为3种类型:平屋顶、坡屋顶和曲面屋顶。

(1) 平屋顶。指坡度小于5%的屋顶,一般情况下坡度为2%~3%(图3-44、图3-45)。

(2) 坡屋顶。指坡度大于10%的屋顶(图3-46)。

(3) 曲面屋顶。指空间结构建筑的不规则屋顶。

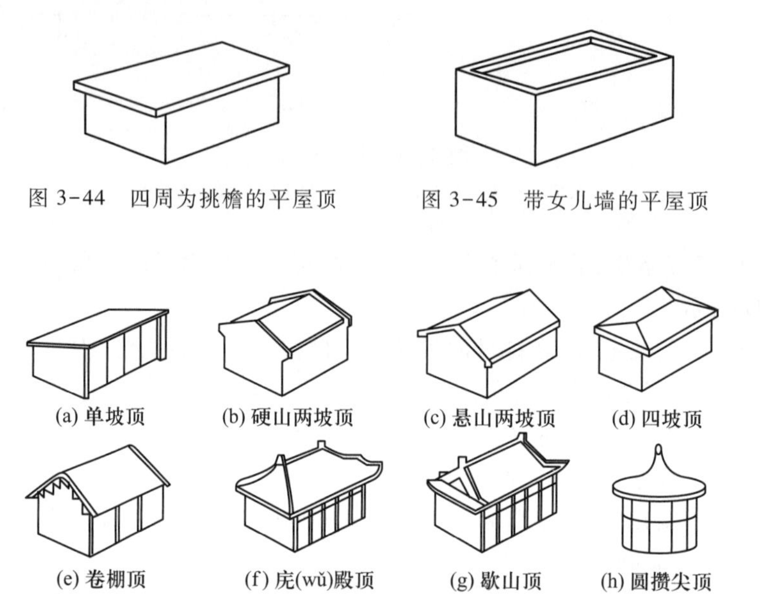


图3-44 四周为挑檐的平屋顶

图3-45 带女儿墙的平屋顶

图3-46 各类坡屋顶

2. 屋面的排水方式

屋面的排水方式分为两种,即无组织排水和有组织排水。

(1) 无组织排水。无组织排水又称自由落水,是指屋顶雨水直接从檐口落下到室外地面的一种排水方式。这种做法具有构造简单、造价低廉的优点,但屋顶雨水自由落下会溅湿墙面,外墙墙脚常被飞溅的雨水侵蚀,影响到外墙的坚固耐久,并可能影响人行道的交通。无组织排水方式主要适用于少雨地区或一般低层建筑,不宜用于临街建筑和高度较高的建筑。

(2) 有组织排水。有组织排水是指屋顶雨水通过排水系统的天沟、雨水口、雨水管等,有组织地排至地面或地下管沟的一种排水方式。有组织排水又可分为内排水和外排水两种类型。外排水是指雨水管装在建筑外墙以外,屋面不设雨水斗,建筑内部没有雨水管道的雨水排放形式的一种排水方案,构造简单,雨水管不进入室内,有利于室内美观和减少渗漏,使用广泛,尤其适用于湿陷性黄土地区,可以避免水落管渗漏造成地基沉陷,南方地区多优先采用。内排水是指排水管设置在室内的情况。

3. 屋面坡度的表达方法

《房屋建筑制图统一标准》(GB/T 50001—2017)第11.6.3条规定:标注坡度时,应加注坡度符号"←"或"↼"[图3-47(a)、(b)],箭头应指向下坡方向[图3-47(c)、(d)]。坡度也可以用直角三角形的形式标注[图3-47(e)、(f)]。

从图3-47可以看出,屋面坡度常见的表达方法分为两种,即百分比法或斜率法。

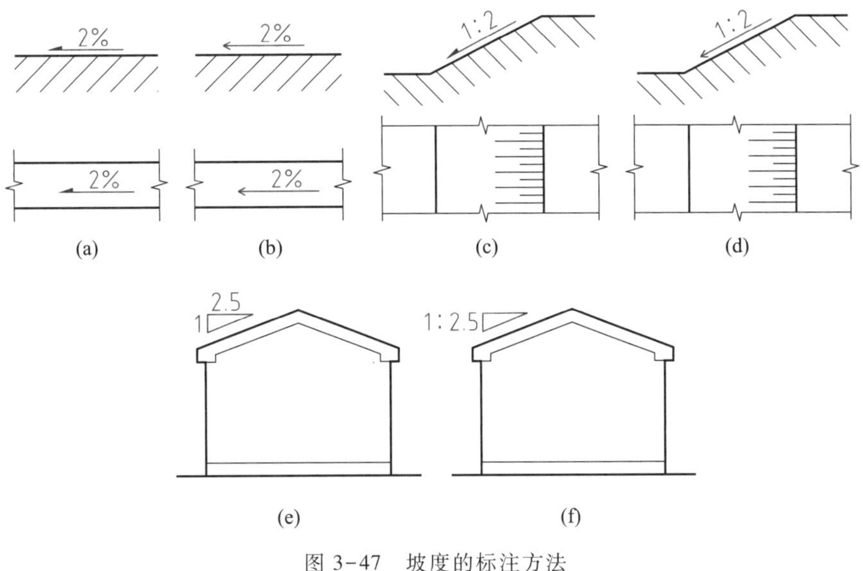


图 3-47 坡度的标注方法

## 十三、建筑平面图表达的内容

建筑平面图表达的内容如图 3-48 所示。

图 3-48 中各项内容的含义如下：

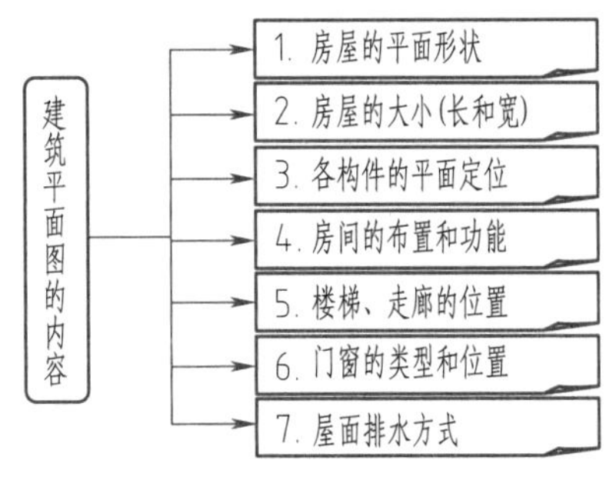


图 3-48 建筑平面图表达的内容

建筑平面图的内容及表达方法

(1) 由于建筑平面图是对建筑物每一层进行剖切后得到的水平投影图，因此准确地表达了建筑物每一层的几何形状。

(2) 建筑平面图表达的所谓“房屋的大小”有较丰富的含义，相关的内容包括：房屋的平面总长度及总宽度(首尾轴线间距离)、房屋的外包总长度及总宽度(轴线距离加上轴线外墙体宽度)、每个房间的“开间”和“进深”等。

(3) “各构件的平面定位”在建筑平面图中是通过横、纵向定位轴线表达的，柱、墙体等构件均与两个方向的定位轴线通过尺寸标注给出了具体位置(不包括高度方向的位置)，即每两个方向的定位轴线形成一个直角坐标系，尺寸标注给出的是平面坐标，平面坐标即平面定位。在建筑平面图中可以找到图中所示构件与横、纵定位轴线间的距离(定位坐标)，或者说可以依据建筑平面图对所示构件进行平面定位。

(4) “房间的布置和功能”是建筑平面图中必须表达的内容。所谓“布置”，是指每个房间的位置均能依据横、纵定位轴线确定其平面位置；所谓“功能”，是指在图中均能找到每一个房间的用途(如卫生间、楼梯间等)。

(5) “楼梯、走廊的位置”的含义与第(4)条相似。在每一张建筑平面图中，根据定位轴线都能确定每一楼层中楼梯间和走廊水平及垂直交通通道的具体位置(与两个方向定位轴线的关系)。

(6) “门窗的类型和位置”的含义是，在每一层的建筑平面图中，所有的门窗在平面图中均有编号(门代号为 M×××,窗代号为 C×××),每一个门、窗洞口均与定位轴线标注了定位尺寸。可以依据上述信息确定每一个门窗洞口的具体平面位置,确定本层各类型门窗的数量。对照首页图中的“门窗表”,确定订货数量。

## 十四、建筑平面图的识读方法

(1) 看图名——了解平面图的位置。由于每一张建筑平面图的剖切位置是在该楼层门窗洞口的高度范围内,据此可以知道该高度方向位置上有哪些具体构配件存在。

(2) 看外部尺寸——了解平面大小,外围护墙、门窗及其他洞口的位置、宽度等信息。建筑平面图的外部尺寸一般由三道尺寸构成。最外边尺寸用于了解建筑物各方向的外包尺寸;中间的第二道尺寸用于了解各定位轴线间具体尺寸;靠近建筑物的尺寸则用于了解外围护墙体、门窗洞口等与轴线间的位置关系,以及门窗洞口和墙垛的宽度信息。

(3) 看内部尺寸——了解楼梯布置,内部门窗及洞口的位置、门窗洞口宽度、内墙与定位轴线的位置关系(内墙宽度等)。

(4)看附属构件——了解本层(或底层)的入口台阶、花池、散水、阳台、雨篷等构件的位置及尺寸。对于台阶、花池、散水等附属构件在底层建筑平面图中可以了解其位置(与轴线间尺寸关系)。对于阳台、雨篷等构件,则在其他层建筑平面图中可以了解其位置,结合对应的建筑详图可以了解其具体尺寸等信息。

(5) 看屋顶平面——了解屋面构造做法及排水情况。屋顶建筑平面图一般会给出其屋顶类型(平屋面或坡屋面)、排水坡向及坡度、排水类型(有组织或无组织)、排水口的具体位置等。

(6) 看文字说明和标准图集——了解细部构造做法及构件做法。建筑平面图的文字说明内容一般包括:本图中详图所在的施工图号(单独绘出的详图可能在本图或其他施工图中,具体看详图索引给出的信息);选用的标准图集信息等。

## 十五、建筑总平面图(general layout drawing)

用水平投影法和相应的图例,在画有等高线或加上坐标方格网的地形图上,画出新建、拟建、原有和将要拆除的建筑物、构筑物的图样称为总平面图(图 3-49)。

建筑总平面图在整个工程项目的实施过程中起着先导作用,包括建筑物的平面及标高定位放线等均以它为依据。尤其是在建设项目的规划阶段,它是唯一的设计文件。

1. 总平面图表达的主要内容

(1) 建设场地内的新建建筑物相关信息

图中一般会给出新建建筑物的定位坐标、±0.000 绝对标高、室外地坪绝对标高、与周边建筑物及道路等距离、建筑物层数等信息。新建建筑物一般采用粗实线,按照建筑物的外轮廓水平投影形状绘制成封闭的图形来表达,并在封闭图形内标注建筑物的层数(如 2F 表示 2 层等)。其定位用建筑物 2~3 各角点坐标来表达,南北方向为 $X$ 轴,东西方向为 $Y$ 轴。

(2) 建设场地内原有、拆除、拟建、预留建筑物相关信息

在图中会给出建设场地内原有建筑物与新建建筑物之间的位置关系。由于新建等原因,会明确需拆除的原有建筑物,也会在明确预留的建筑物或场地的规划。

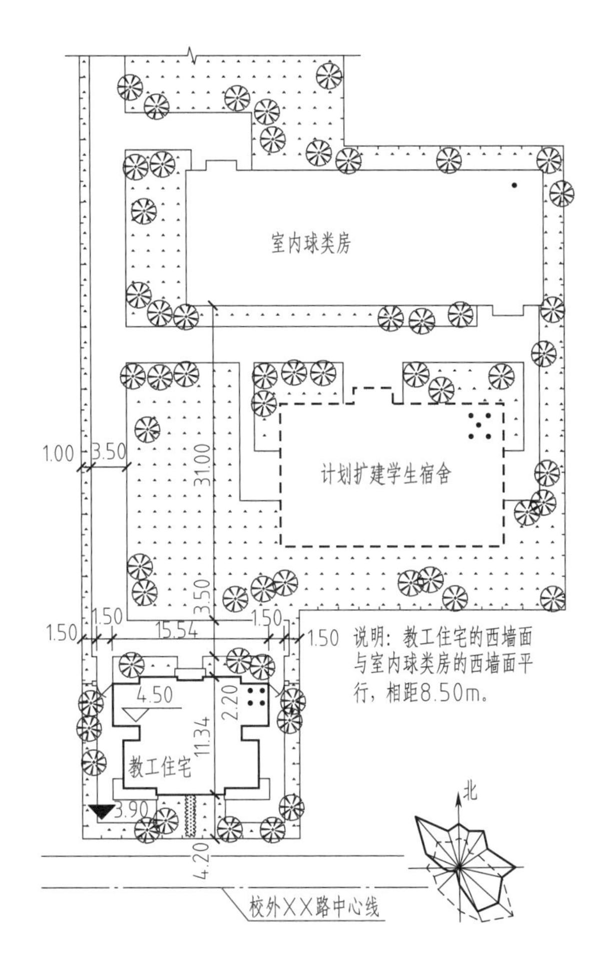


图 3-49　建筑总平面布置图

动画
总平面图的表达方法及内容

（3）建设场地内的地形地物相关信息

建设场地内的地形信息（等高线）、道路、水沟、河流、池塘、土坡及绿化等地物信息会在图中给出，将作为场地平整、道路及护坡施工等工作的依据。

（4）整个建设场地的地下设施信息

包括给水管道、排水管道、电力电缆、通信设施等内容的具体定位布置和施工详图将作为室外地下设施施工的依据。

2. 总平面图的绘制规则

（1）绘制比例

根据《总图制图标准》（GB/T 50103—2010）规定，总图制图所采用的比例宜符合表 3-2 的规定。

**表 3-2　比　　例**

| 图名 | 比例 |
|---|---|
| 现状图 | 1∶500，1∶1 000，1∶2 000 |

续表

| 图名 | 比例 |
| --- | --- |
| 地理交通位置图 | 1∶25 000,1∶200 000 |
| 总体规划、总体布置、区域位置图 | 1∶2 000,1∶5 000,1∶10 000,1∶25 000,1∶50 000 |
| 总平面图、竖向布置图、管线综合图、土方图、铁路平面图、道路平面图 | 1∶300,1∶500,1∶1 000,1∶2 000 |
| 场地园林景观总平面图、场地园林景观竖向布置图、种植总平面图 | 1∶300,1∶500,1∶1 000 |
| 铁路、道路纵断面图 | 垂直:1∶100,1∶200,1∶500<br>水平:1∶1 000,1∶2 000,1∶5 000 |
| 铁路、道路横断面图 | 1∶20,1∶50,1∶100,1∶200 |
| 场地断面图 | 1∶100,1∶200,1∶500,1∶1 000 |
| 详图 | 1∶1,1∶2,1∶5,1∶10,1∶20,1∶50,1∶100,1∶200 |

(2) 图中尺寸的单位

《总图制图标准》(GB/T 50103—2010)第 2.3 条规定:

① 第 2.3.1 条:总图中的坐标、标高、距离以米为单位。坐标以小数点后三位数标注,不足以“0”补齐;标高、距离以小数点后两位数标注,不足以“0”补齐。详图可以毫米为单位。

② 第 2.3.2 条:建筑物、构筑物、铁路、道路方位角(或方向角)和铁路、道路转向角的度数,宜注写到“秒”,特殊情况应另加说明。

③ 第 2.3.3 条:铁路纵坡度宜以千分计,道路纵坡度、场地平整坡度、排水沟沟底纵坡度宜以百分计,并应取小数点后一位,不足时以“0” 补齐。

(3) 图例

总图中包括原有、新建、拆除等类型建筑物,《总图制图标准》(GB/T 50103—2010)规定采用不同的图例来表达,总平面图例见表 3-3。

3. 总平面图中的风玫瑰图及指北针

《总图制图标准》(GB/T 50103—2010)第 2.4.1 条规定:总图应按上北下南方向绘制。根据场地形状和布局,可向左或向右偏转,但不宜超过 45°。总图中应绘制指北针或风玫瑰图。

指北针的绘制要求见《房屋建筑制图统一标准》(GB/T 50001—2017)。

**表 3-3　总平面图例(部分)**

| 序号 | 名称 | 图例 | 备注 |
| --- | --- | --- | --- |
| 1 | 新建建筑物 |  | 新建建筑物以粗实线表示与室外地坪相接处±0.00 外墙定位轮廓线<br>地下建筑物以粗虚线表示其轮廓 |

续表

| 序号 | 名称 | 图例 | 备注 |
| --- | --- | --- | --- |
| 2 | 原有建筑物 |  | 用细实线表示 |
| 3 | 计划扩建的预留地或建筑物 |  | 用中粗虚线表示 |
| 4 | 拆除的建筑物 |  | 用细实线表示 |
| 5 | 室内地坪标高 | 1.200 ±0.000 | 数字平行于建筑物书写 |
| 6 | 室外地坪标高 | 143.00 | 室外标高也可采用等高线 |
| 7 | 新建的道路 | 0.30% 100.00 R=6.00 107.50 | “R=6.00”表示道路转弯半径；“107.5”表示道路中心交叉点设计标高；“0.30%”表示道路坡度“⇀”表示坡向 |

风玫瑰图也叫风向频率玫瑰图，它是根据某一地区多年平均统计的各个风向和风速的百分数值，并按一定比例绘制，一般多用 8 个或 16 个罗盘方位表示。由于该图的形状形似玫瑰花朵，故名风玫瑰。玫瑰图上所表示风的吹向（即风的来向），是指从外面吹向地区中心的方向，见图 3-50。

风玫瑰图分为风向玫瑰图和风速玫瑰图两种，一般多用风向玫瑰图（图 3-51）。风向玫瑰图表示风向和风向的频率。风向频率是在一定时间内各种风向出现的次数占所有观察次数的百分比，根据各方向风的出现频率，以相应的比例长度，按风向从外向中心吹，描在用8个或16个方位所表示的图上，然后将各相邻方向的端点用直线连接起来，绘成一个形式宛如玫瑰的闭合折线，就是风玫瑰图（图3-51）。

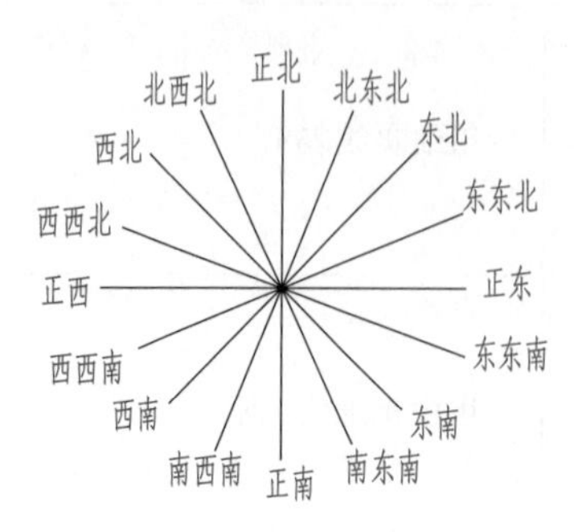

图3-50 风玫瑰图的16个罗盘方位

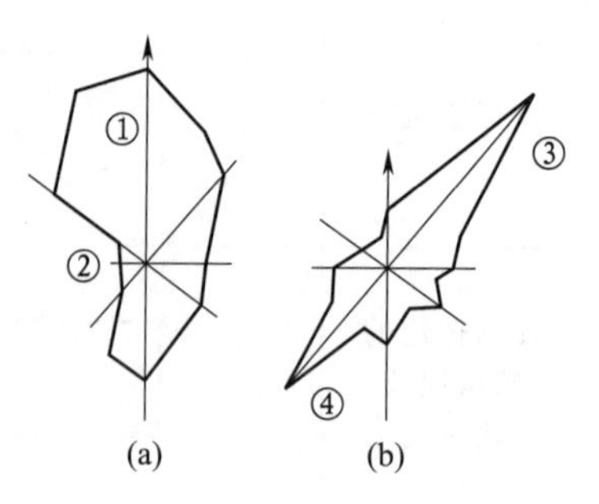

图3-51 风(向)玫瑰图

图3-51中线段最长者，即外面到中心的距离越大，表示该方向风频越大，其为当地主导风向。外面到中心的距离越小，表示该方向风频越小，其为当地最小风频。

图3-51(a)：①>②，①外面到中心的距离较大，为当地主导风向。

图3-51(b)：其主导风向为东北—西南方向。

由于风向玫瑰图也能表明房屋和地物的朝向情况，所以在已经绘制了风向玫瑰图的图样上不必再绘制指北针。在建筑总平面图上，通常应绘制当地的风向玫瑰图。没有风向玫瑰图的城市和地区，则在建筑总平面图上画上指北针。风向频率图最大的方位为该地区的主导风向。

4. 总平面图中的坐标

总平面图中可有两种坐标系：建筑坐标系和测量坐标系（图3-52）。在图3-52中建筑坐标系用坐标网格表示。《总图制图标准》（GB/T 50103—2010）的相关规定如下。

第2.4.2条：坐标网格应以细实线表示。测量坐标网应画成交叉十字线，坐标代号宜用"*X*、*Y*"表示；建筑坐标网应画成网格通线，自设坐标代号应用"*A*、*B*"表示（图3-52）。坐标值为负数时，应标注"-"号，为正数时，"+"号可以省略。

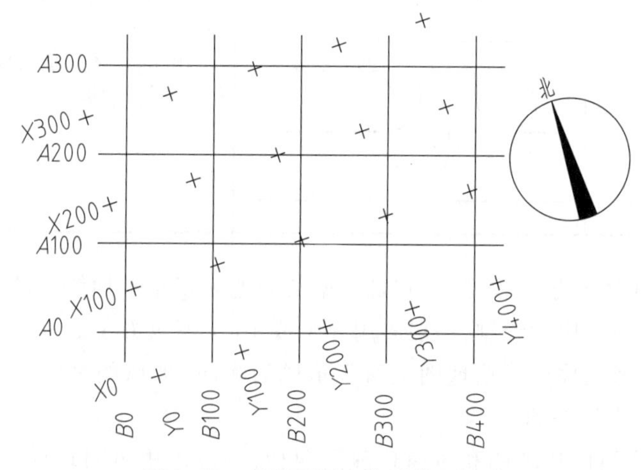

图3-52 总平面图中的两种坐标系

注：图中*X*为南北方向轴线，*X*的增量在*X*轴线上；*Y*为东西方向轴线，*Y*的增量在*Y*轴线上。*A*轴相当于测量坐标网中的*X*轴，*B*轴相当于测量坐标网中的*Y*轴。

第 2.4.2 条：总平面图上有测量和建筑两种坐标系统时，应在附注中注明两种坐标系统的换算公式。

第 2.4.3 条：表示建筑物、构筑物位置的坐标应根据设计不同阶段要求标注，当建筑物与构筑物与坐标轴线平行时，可注其对角坐标。与坐标轴线成角度或建筑平面复杂时，宜标注三个以上坐标，坐标宜标注在图纸上。根据工程具体情况，建筑物、构筑物也可用相对尺寸定位。

第 2.4.5 条：一张图上，主要建筑物、构筑物用坐标定位时，根据工程具体情况也可用相对尺寸定位。

## 第二课堂学习任务

任务内容：

观看“建筑平面图”绘制微课视频（可扫描项目 4 后对应二维码观看），用 AutoCAD 软件绘制项目 4“某传达室底层建筑平面图”。

成果内容：

“某传达室底层建筑平面图”AutoCAD 电子文件。

项目成果文件编制要求：

- 用 AutoCAD 软件完成成果文件编制；
- 成果文件名建议为“姓名.dwg”，尺寸数字及文字采用 AutoCAD 专用“大字体”，尺寸数字字高 3 mm，字体宽高比为 0.7。

完成项目后思考的问题：

- 建筑平面图是怎么形成的？一般表达哪些内容？
- 一个建筑物一般需要绘制几张建筑平面图？
- 轴线在建筑平面图中起什么作用？应该用什么线型绘制？
- 轴线编号的原则是什么？
- 如何命名建筑平面图的图名？

项目四

# 4

# 建筑平面图的绘制

**项目描述**

利用 AutoCAD 软件识读并绘制简单建筑平面图，完成相关学习任务。

**教学目标**

技能目标：

能利用 AutoCAD 软件绘制简单建筑平面图。

知识目标：

1. 掌握《房屋建筑制图统一标准》(GB/T 50001—2017)中有关建筑平面图绘制的相关规定；

2.掌握相关 CAD 制图技巧；

3.掌握建筑平面图的绘制步骤。

## 项目支撑知识

### 一、用 AutoCAD 软件绘制建筑平面图的步骤

下面以图 4-1 为例，介绍利用 AutoCAD 软件绘制建筑平面图的步骤。

1. 确定绘制比例及图幅规格

按照项目要求，绘制比例为 1∶100(图中长度 1 mm，相当于实物长度 100 mm)。根据图样中的尺寸大小计算，采用 A4 图幅(图幅尺寸为 210 mm×297 mm)可以绘制图样内容。

2. 绘制图框及标题栏

步骤 1：命名绘制文件并保存至指定位置

假设 AutoCAD2018 已经正确安装，此时双击桌面快捷方式图标打开软件。

单击“保存”按钮(或输入命令 qsave)，给文件命名并保存至指定位置(图 4-2、图 4-3)。

此时应特别注意，为文件安全起见，前述的“指定位置”是指除计算机系统盘以外的存储位置，并在确定的安全盘符下建立新的工作用文件夹。

步骤 2：绘制图框

① 输入命令 line，绘制第一条水平直线，重复命令(按回车键会重复上一个命令)绘制第二条垂直直线(图 4-4、图 4-5)。

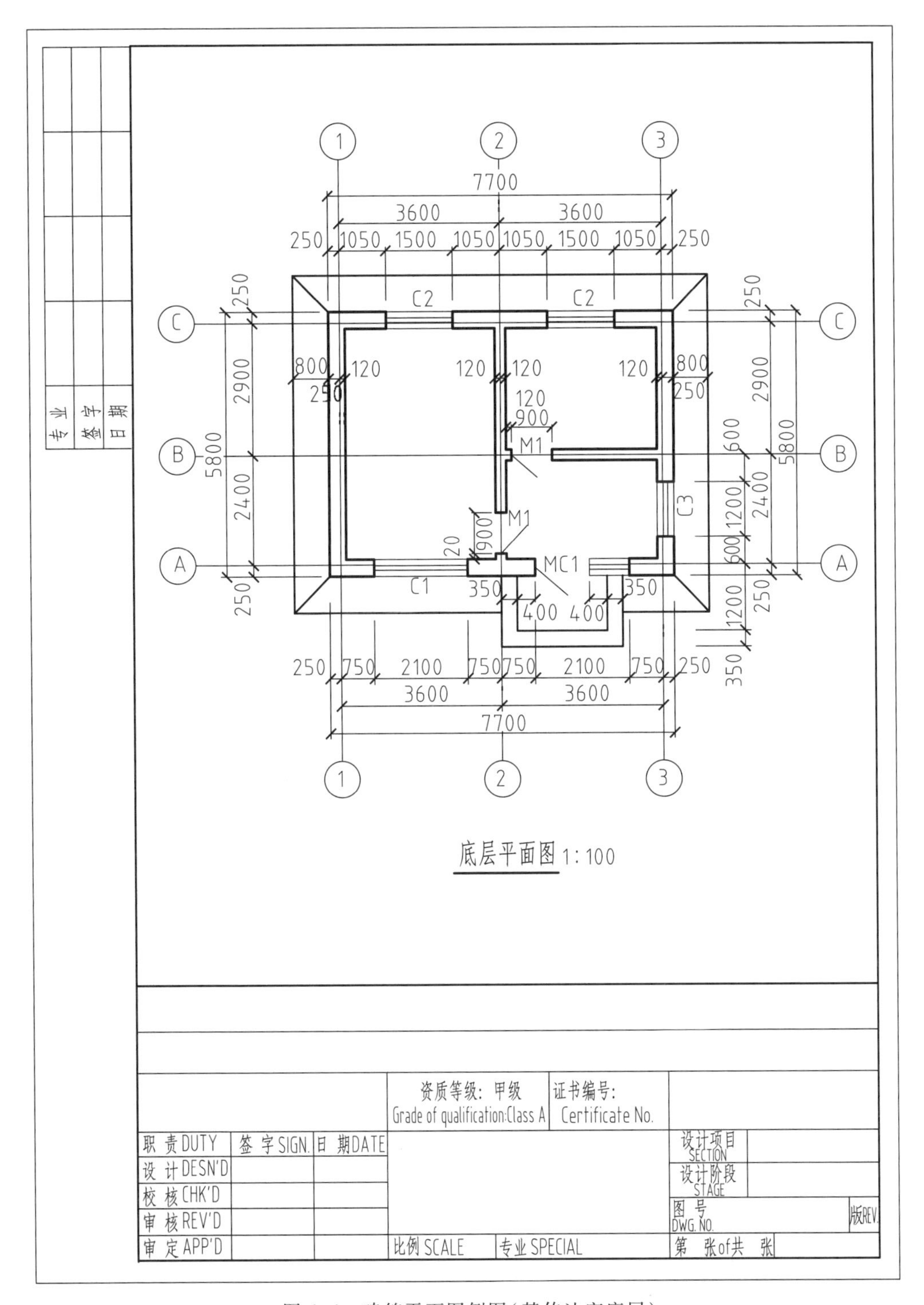


图 4-1 建筑平面图例图(某传达室底层)

② 输入命令 offset,平行复制第一条直线(图幅线),即向右复制,输入复制距离 210 mm(图 4-6)。

③ 重复命令 offset,平行复制第二条直线,向上复制,距离 297 mm(图 4-7)。

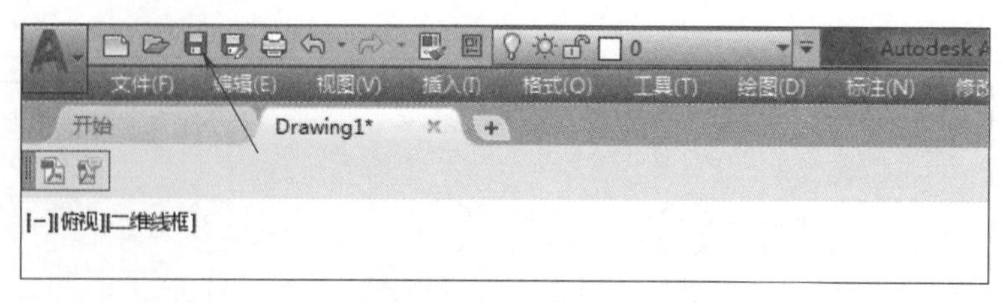


图 4-2　保存文件

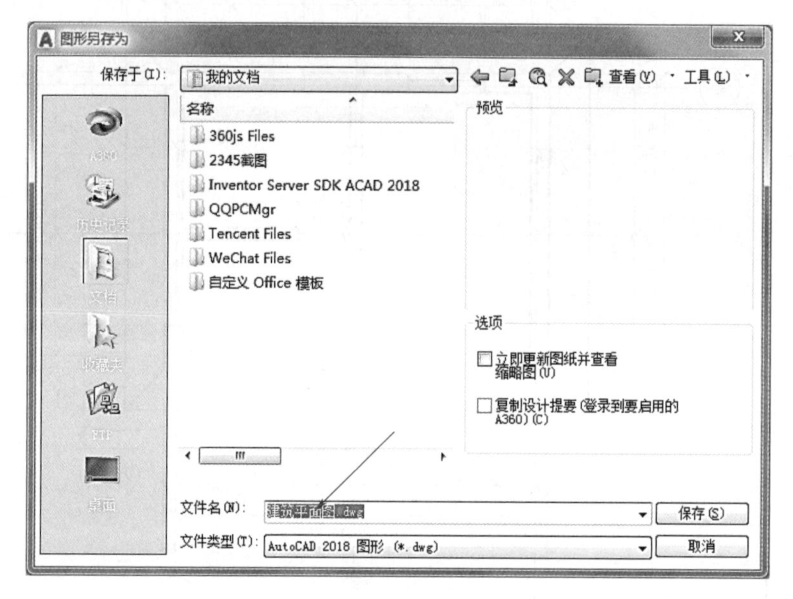


图 4-3　指定保存位置并命名文件

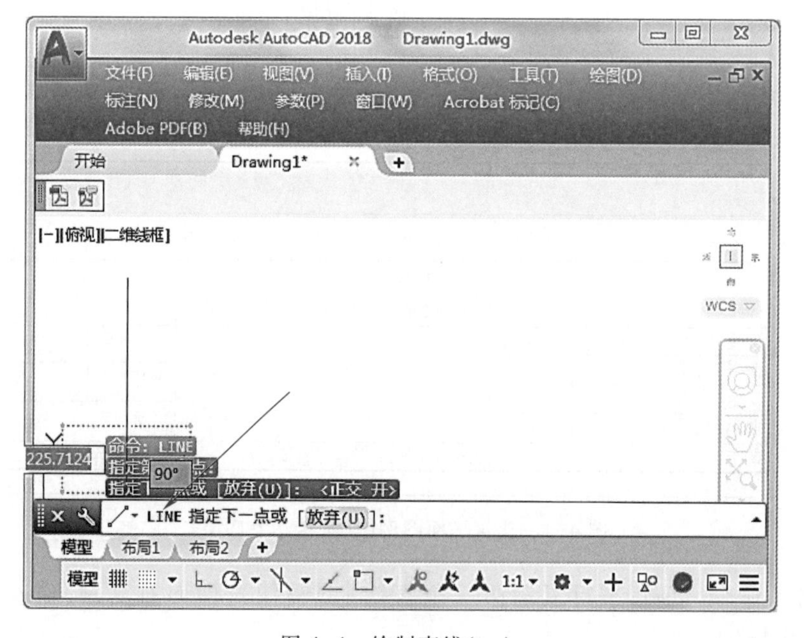


图 4-4　绘制直线(一)

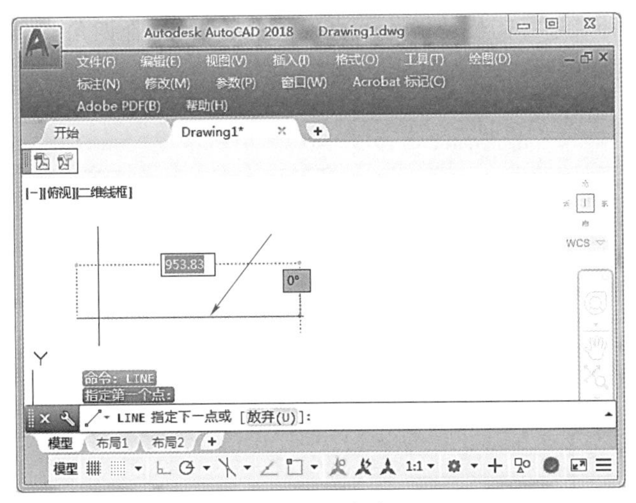


图 4-5　绘制直线(二)

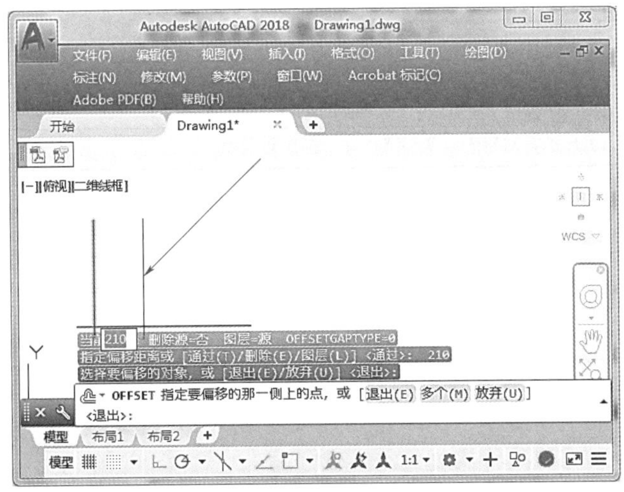


图 4-6　偏移复制直线(向右 210)

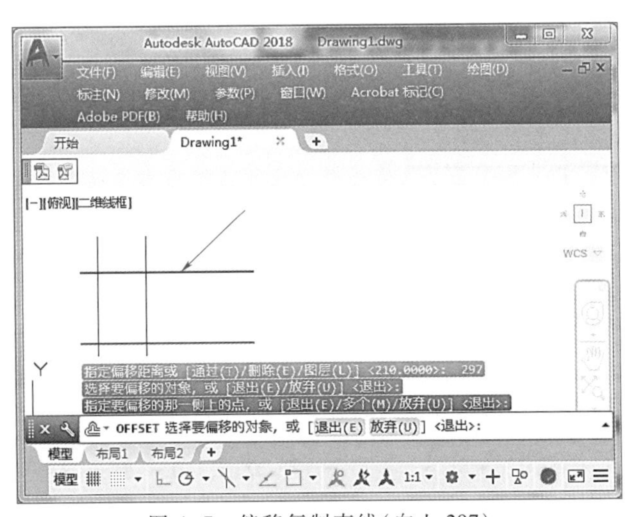


图 4-7　偏移复制直线(向上 297)

④ 输入命令 trim，选择需修剪的 4 条直线（图 4-8），选择四角多余线，去掉四角多余线，完成 A4 图幅的图幅线（图 4-9、图 4-10）。

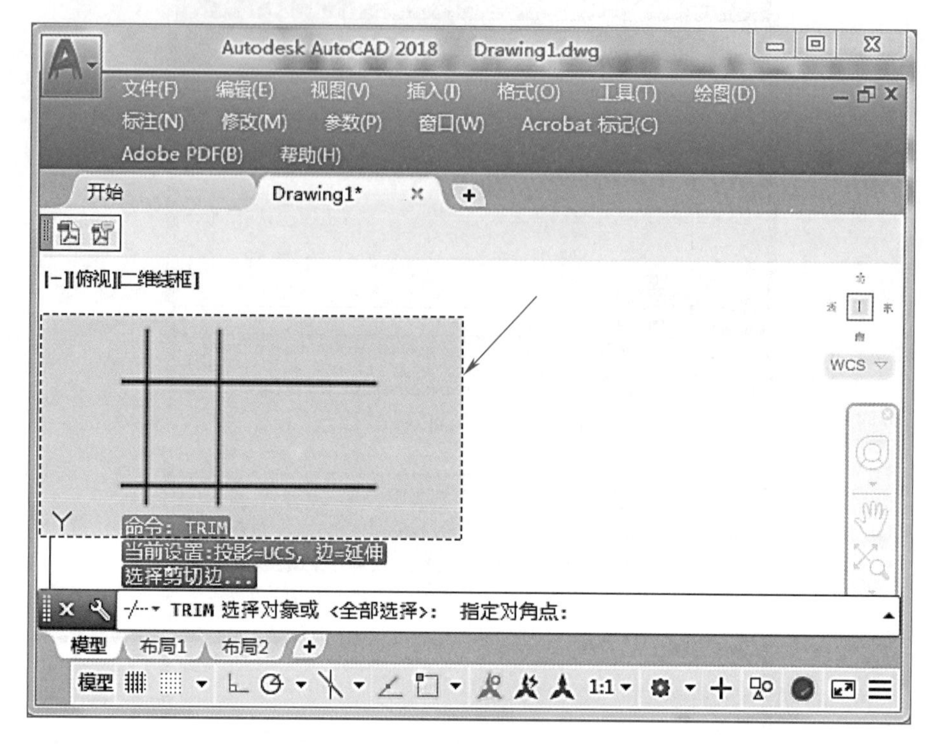


图 4-8　选择需修剪直线

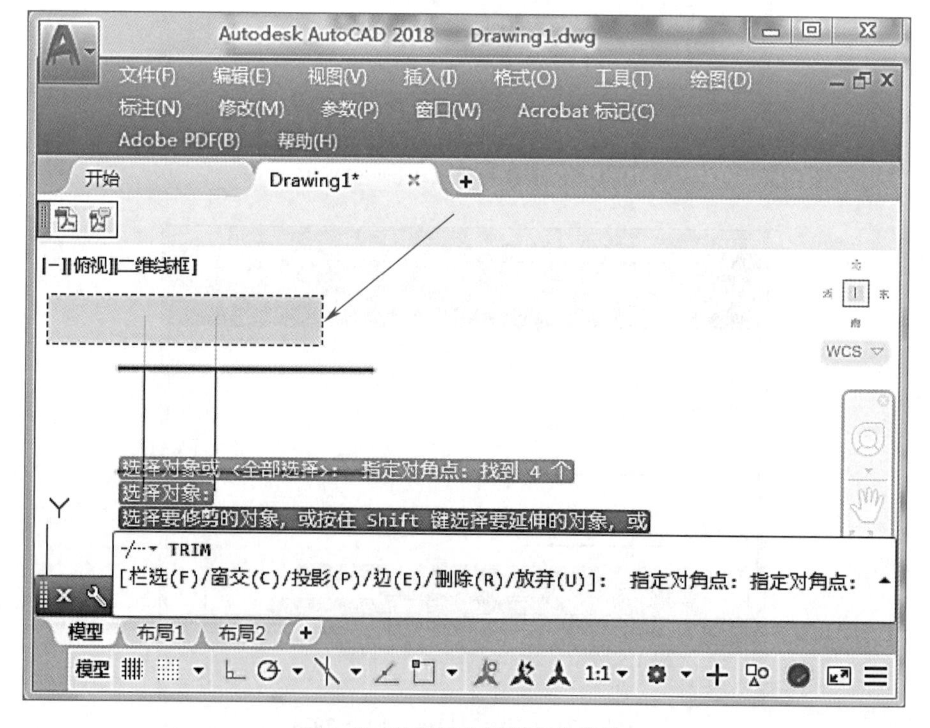


图 4-9　选择需去掉的多余直线

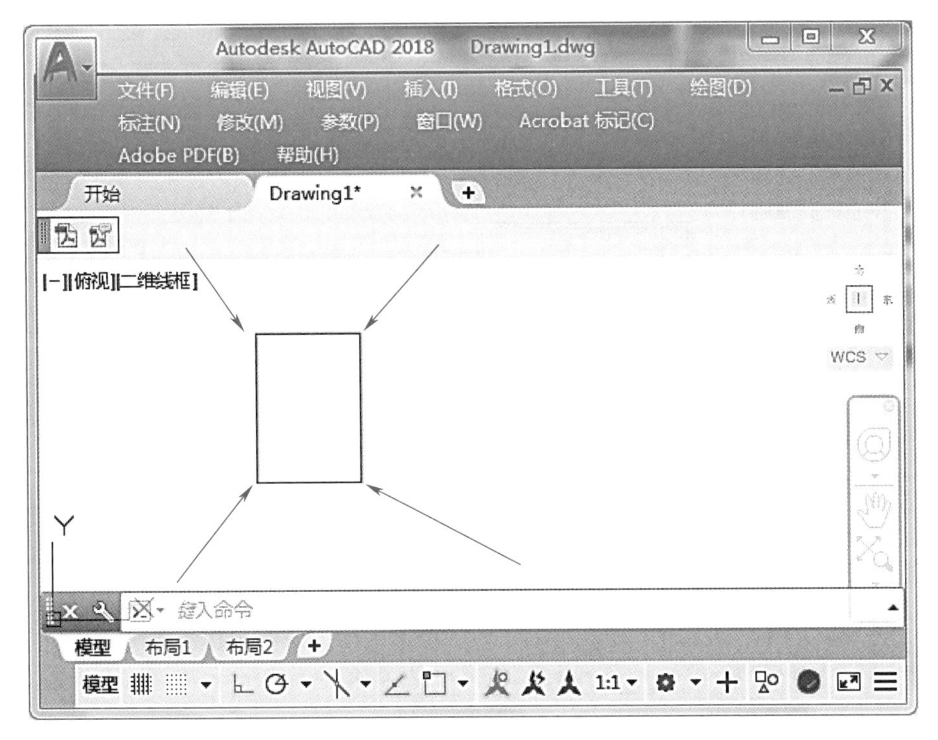


图 4-10　得到图幅线(多余直线被去掉)

⑤ 输入命令 offset,选择图幅线,右侧线向内偏移 25 mm,其他三侧向内偏移 5 mm,完成图框基准线绘制(图 4-11、图 4-12)。

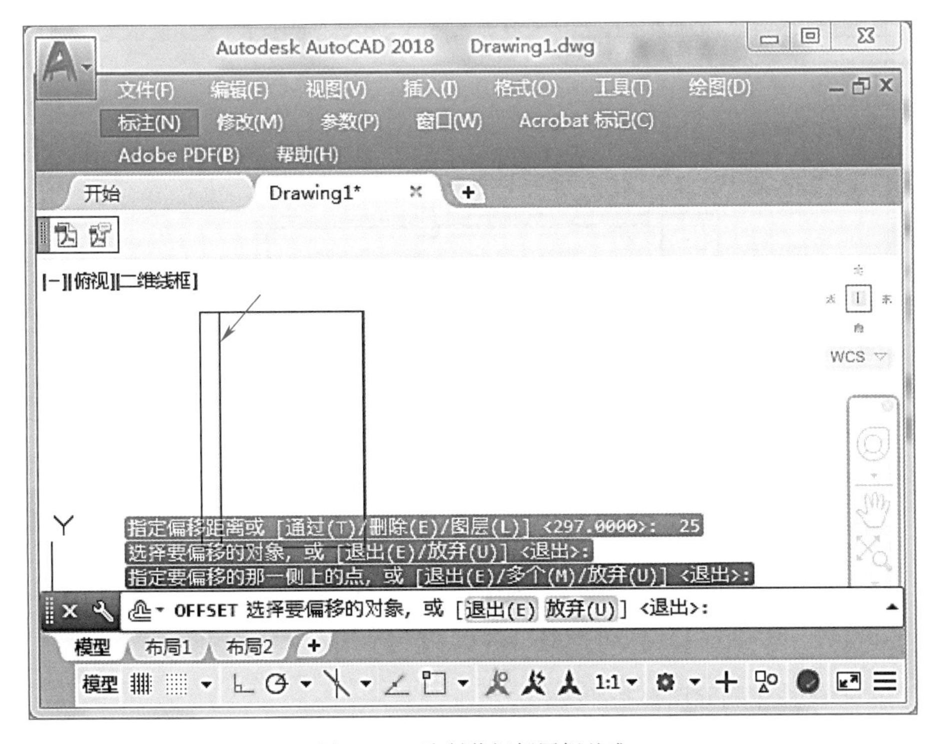


图 4-11　绘制装订侧图框基准

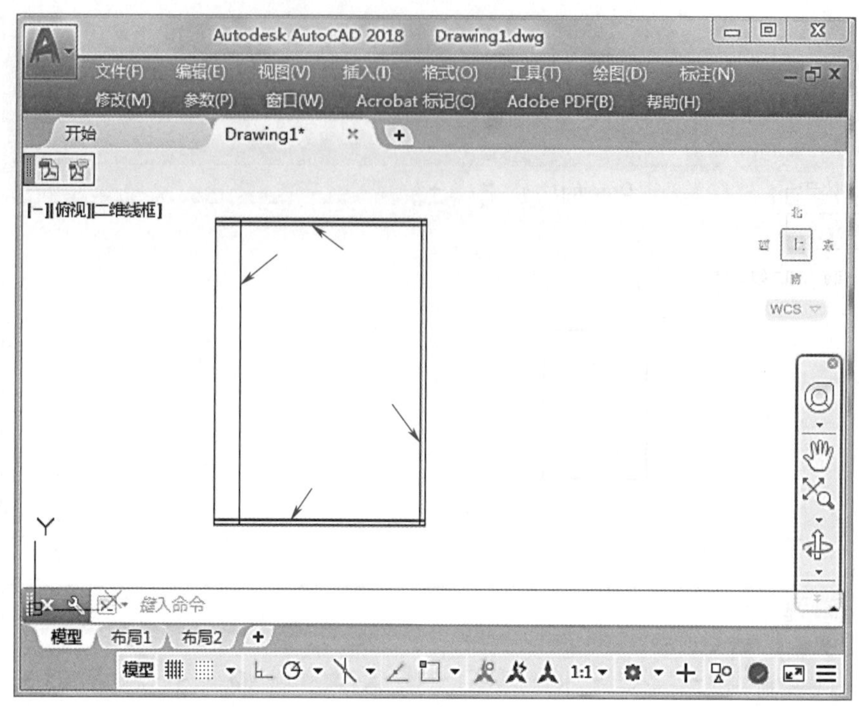


图 4-12　完成图框基准线绘制

⑥ 输入命令 polyline，沿图框线四个角点绘制宽度为 1 mm 的粗实线（图 4-13）。

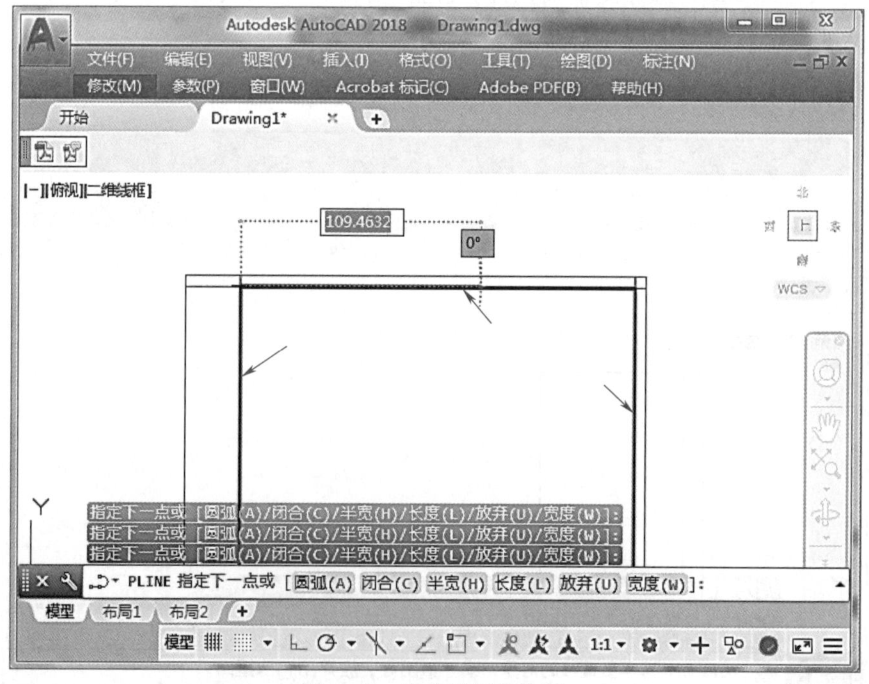


图 4-13　完成图框线绘制

⑦ 用 erase 命令删除图框基准线。

⑧ 完成 A4 图框的绘制（图 4-14）。

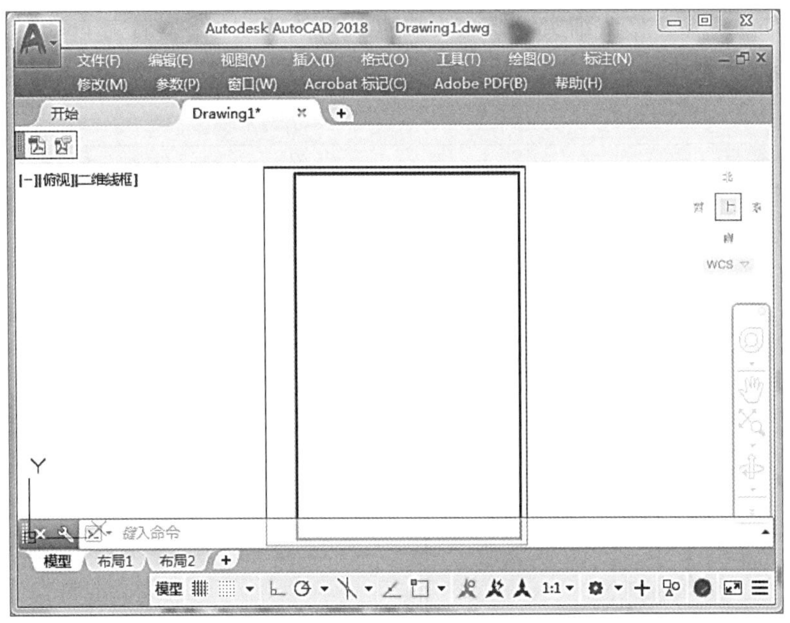


图 4-14　完成 A4 图框

步骤 3:绘制标题栏

① 在绘制好的 A4 图框基础上,确定图 4-1 中标题栏的细部尺寸。

② 利用前述使用过的命令 polyline 绘制标题栏的外框线(线宽 0.6 mm)。

③ 利用 line 及 offset 命令绘制标题栏内部分隔线,完成标题栏绘制。

3. 绘制定位轴线并编号

步骤 1:绘制横向定位轴线

① 利用 line 命令在图框内绘制竖向直线,向右平行复制 36 mm(按选定比例将实际尺寸 3 600 mm 缩小至 36 mm),绘出 3 条竖向直线(图 4-15)。

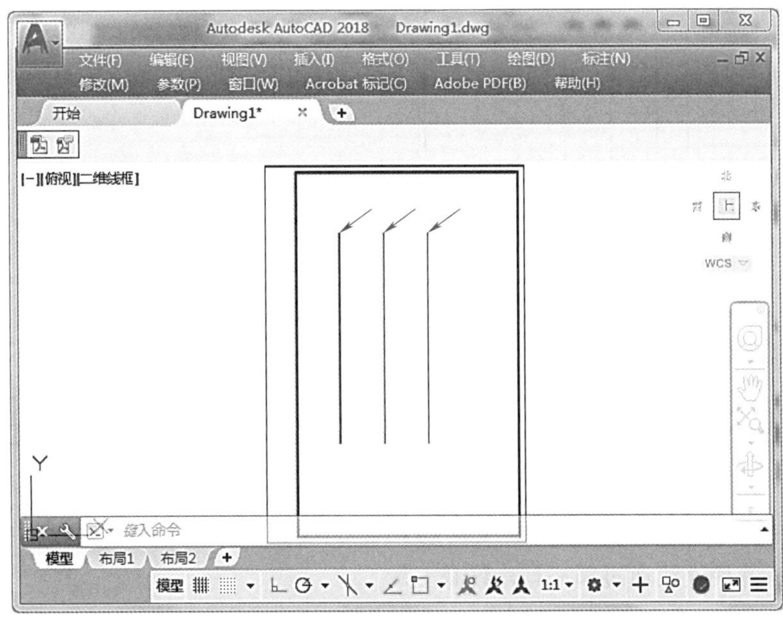


图 4-15　A4 图框 3 条间距 36 mm 的直线

② 用 change 命令修改细实线线型为单点长画线线型(线型名为 center)。用 ltscale 命令反复修改线型比例,直至单点长画线线型为肉眼可见(图 4-16、图 4-17)。

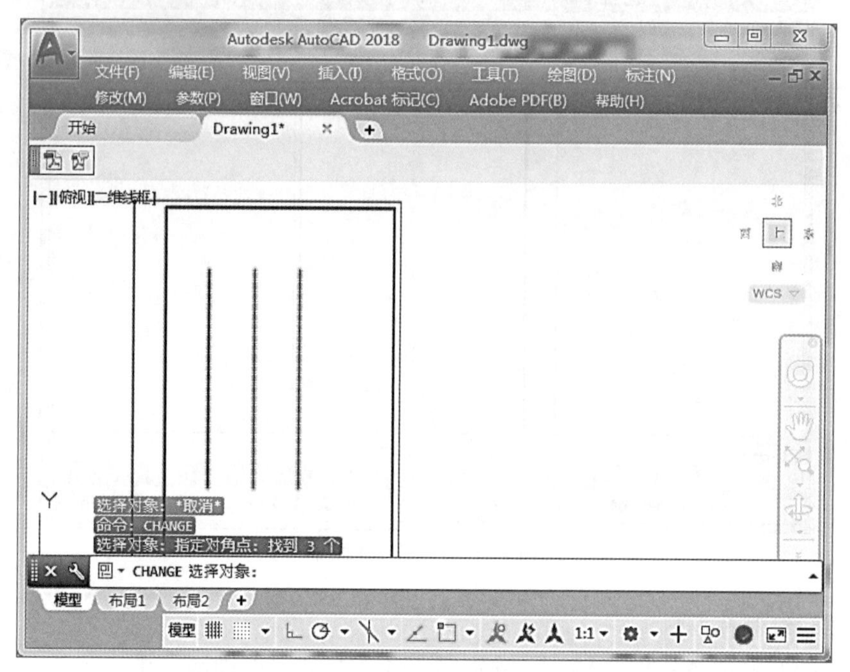


图 4-16　change 命令将 3 直线改为 center 线型

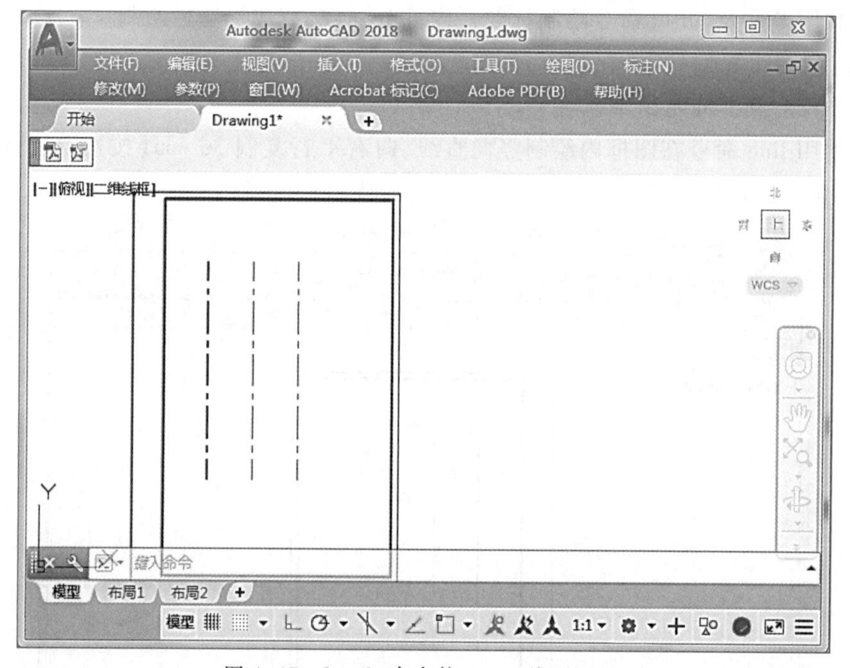


图 4-17　ltscale 命令使 center 线型可见

③ 用 circle 命令绘制直径为 8 mm(或 10 mm)的圆,用 move 命令将圆移至单点长画线的端点处,并使直线通过圆心(图 4-18)。

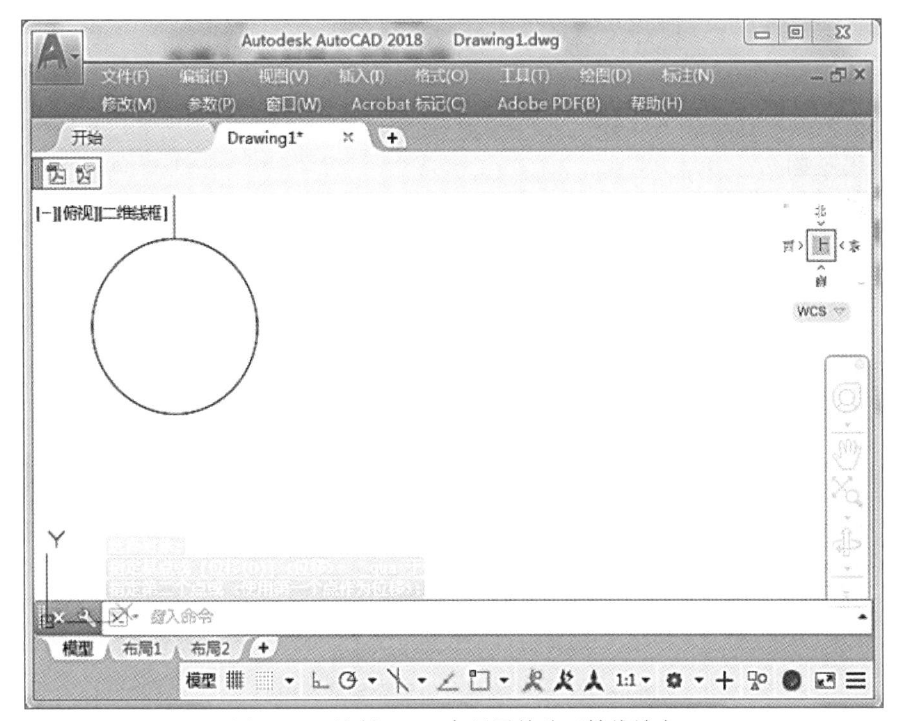


图 4-18 绘制 8 mm 直径圆并移至轴线端点

④ 用 copy 命令将圆复制至 3 条线的 6 个端点处(图 4-19)。

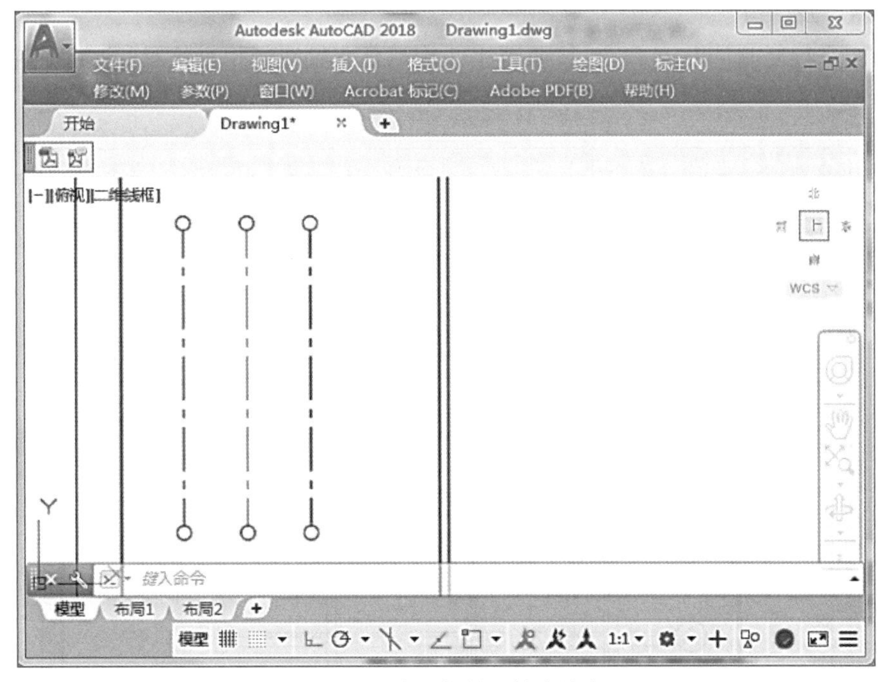


图 4-19 将圆复制至轴线端点

⑤ 用 dtext 命令书写数字 1、2、3,并将数字移至轴线圆的圆心处,完成横向定位轴线的绘制(图 4-20)。

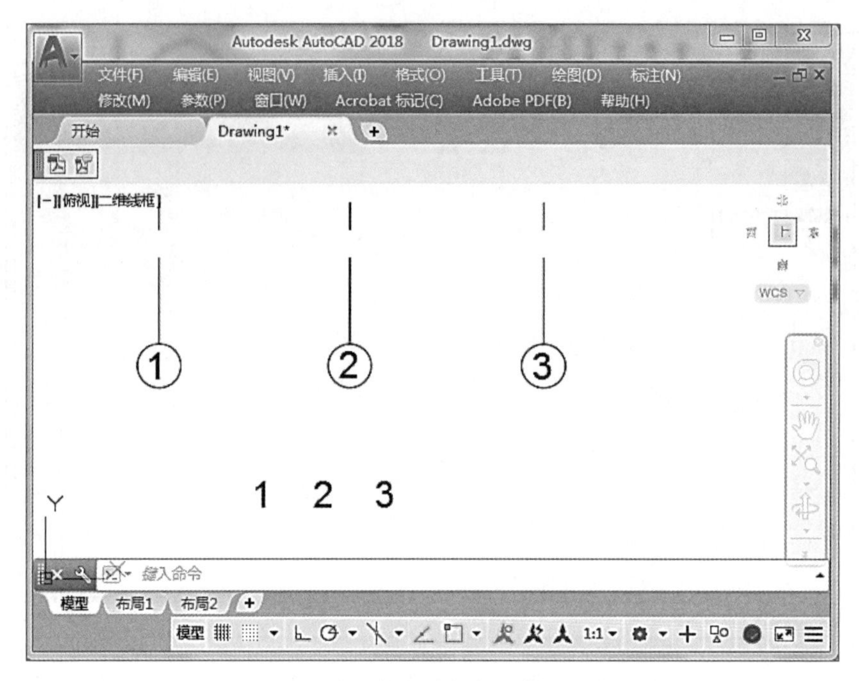


图 4-20　书写数字并复制至轴线圆中心

步骤 2:绘制纵向定位轴线

纵向定位轴线的绘制过程与前述横向定位轴线的绘制过程相同,请读者模仿绘制即可。

4. 绘制墙体及门窗

① 用平行复制(offset)命令,按照图 4-1 中墙体与轴线间相对位置,绘制墙体基准边线(图 4-21)。

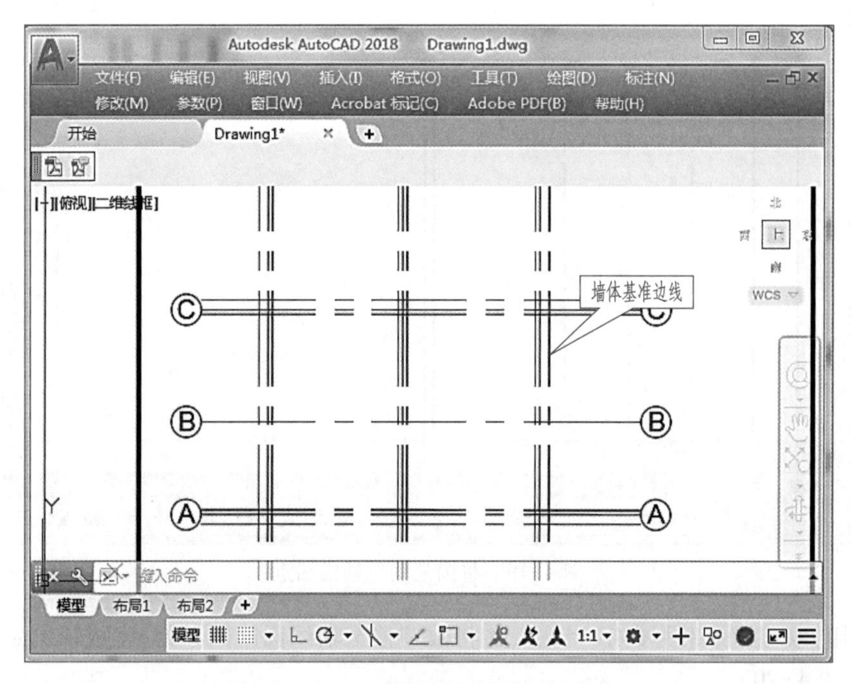


图 4-21　平行复制绘制墙体基准边线

② 使用命令 polyline 沿墙体基准边线绘制线宽为 0.6 mm 中粗线的墙体（图 4-22）。

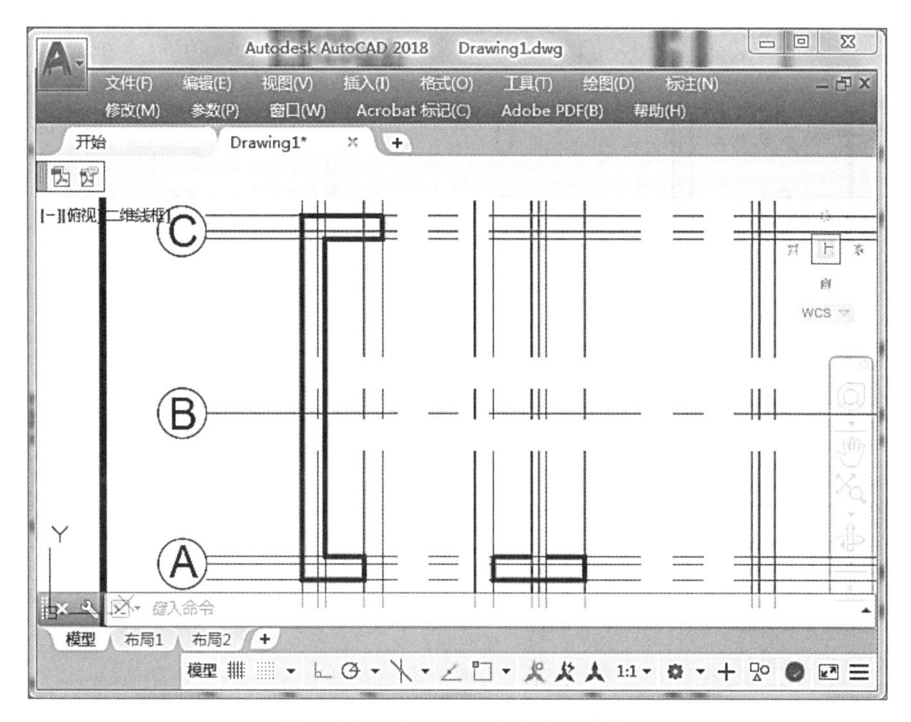


图 4-22 用 polyline 绘制完成墙体

③ 用 erase 命令删除墙体基准边线，即完成墙体绘制。

④ 门窗应在墙体绘制的同时，按照窗的位置，采用细实线绘制。具体绘制要求见《建筑制图标准》（GB/T 50104—2010）第 3.0.1 条相关规定，请读者自行查阅并遵照规定执行。

5. 尺寸标注

AutoCAD 软件中的尺寸标注可采用主菜单中自动标注功能来完成。为了达到循序渐进的学习效果，此项目中要求读者利用 AutoCAD 软件命令逐项绘制尺寸线、尺寸数字、尺寸界线和尺寸截止符号，并进行标注。

建筑平面图的尺寸标注分为外部尺寸和内部尺寸，此处以 *A* 轴线墙体处的外部尺寸为例分述如下。

（1）尺寸线的绘制

① 用命令 line 绘制与 *A* 轴线平行的细实线，作为 3 道尺寸线的最外部尺寸线（图 4-23）。

② 用 offset 命令向 *A* 轴线方向平行复制两次，复制距离 7 mm，完成 3 道尺寸线（图 4-24）。

（2）尺寸界线的绘制

尺寸界线的绘制要求见《房屋建筑制图统一标准》（GB/T 50001—2017）第 11.3.2 条及第 11.3.3 条的内容。

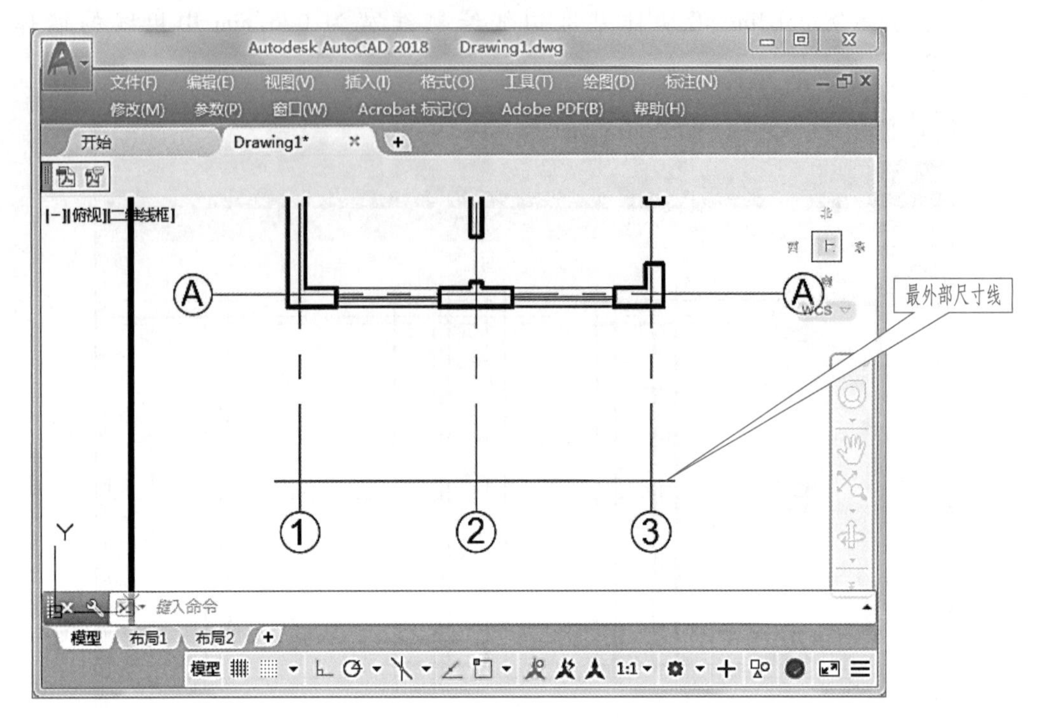


图 4-23　绘制最外部尺寸线

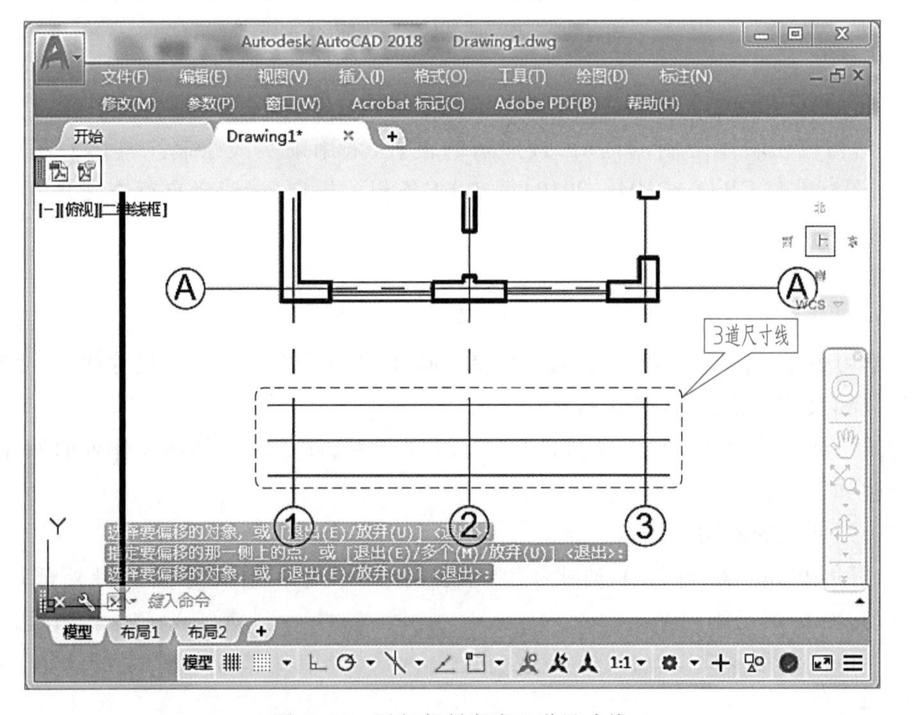


图 4-24　平行复制完成 3 道尺寸线

① 用 line 命令以 1 轴线墙体外部投影线交点为基准，绘制平行于 1 轴线的细实线，完成最外端尺寸界线的绘制（图 4-25）。

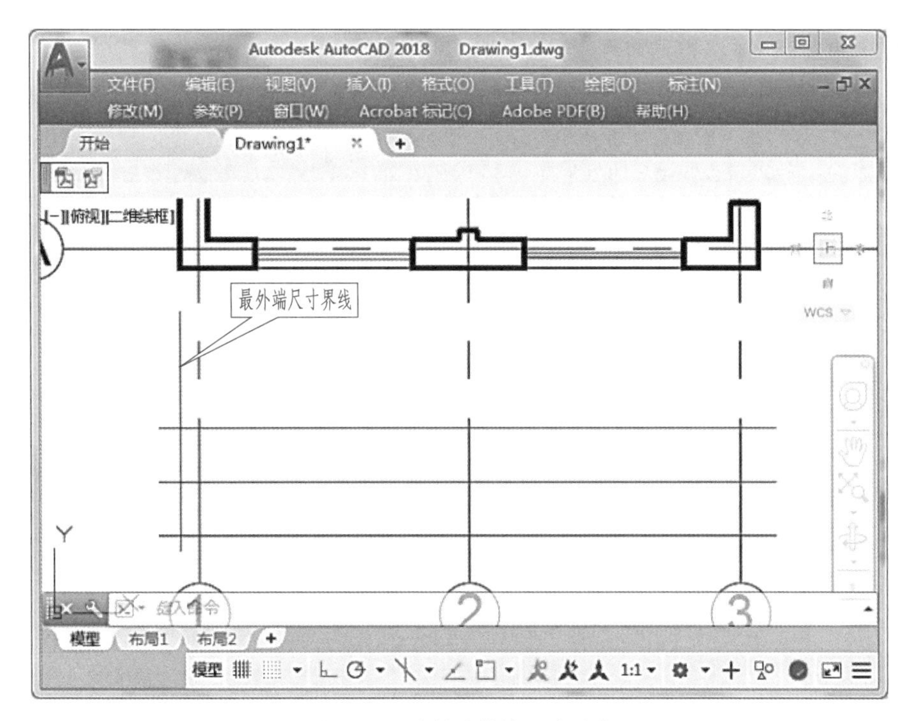


图 4-25　绘制最外端尺寸界线

② 依次用 copy 命令完成所有尺寸界线的绘制(图 4-26)。

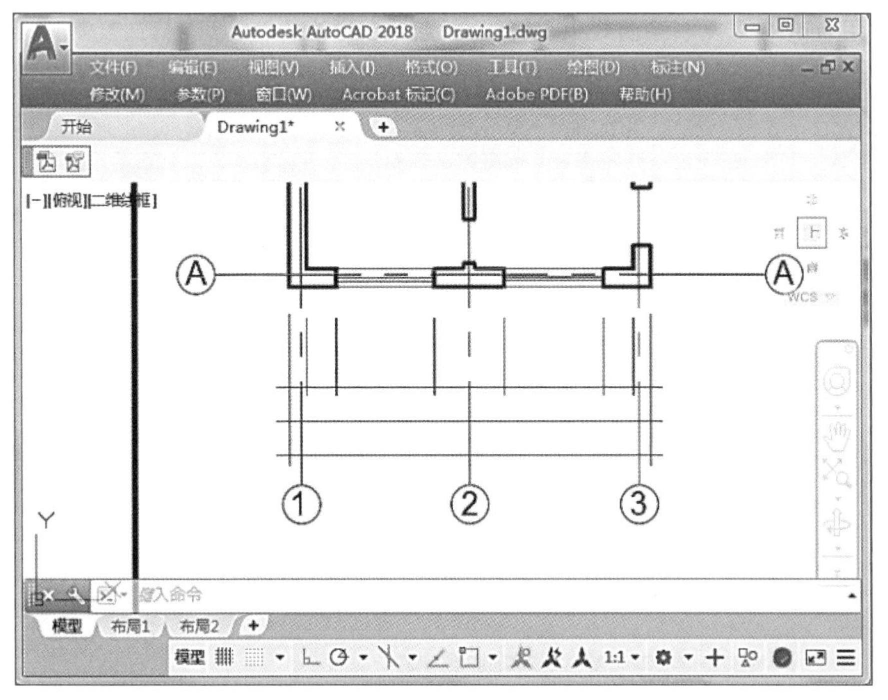


图 4-26　绘制完成尺寸界线

(3) 尺寸截止符号的绘制

① 尺寸截止符号可绘制成线宽 0.6 mm、长度 2 mm 且与水平线成 45°角的中粗短线。

可用 polyline 命令，输入极坐标@2<45 完成绘制（图 4-27）。

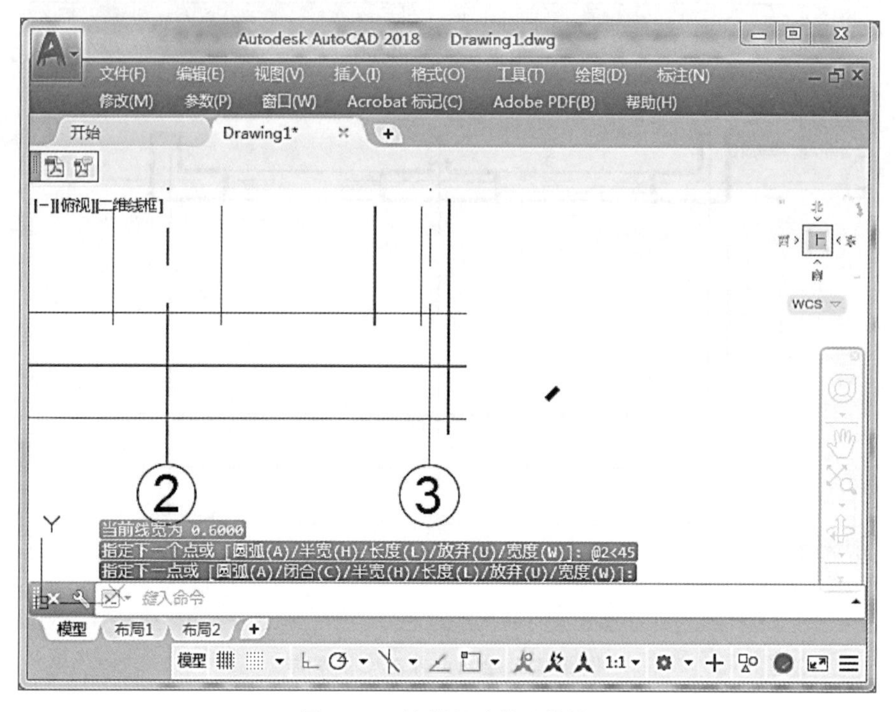

图 4-27　绘制尺寸截止符号

② 用 copy 命令复制绘制好中粗短线，基点选在短线的"中点"，依次复制到尺寸线与每条尺寸界线的交点处（图 4-28）。

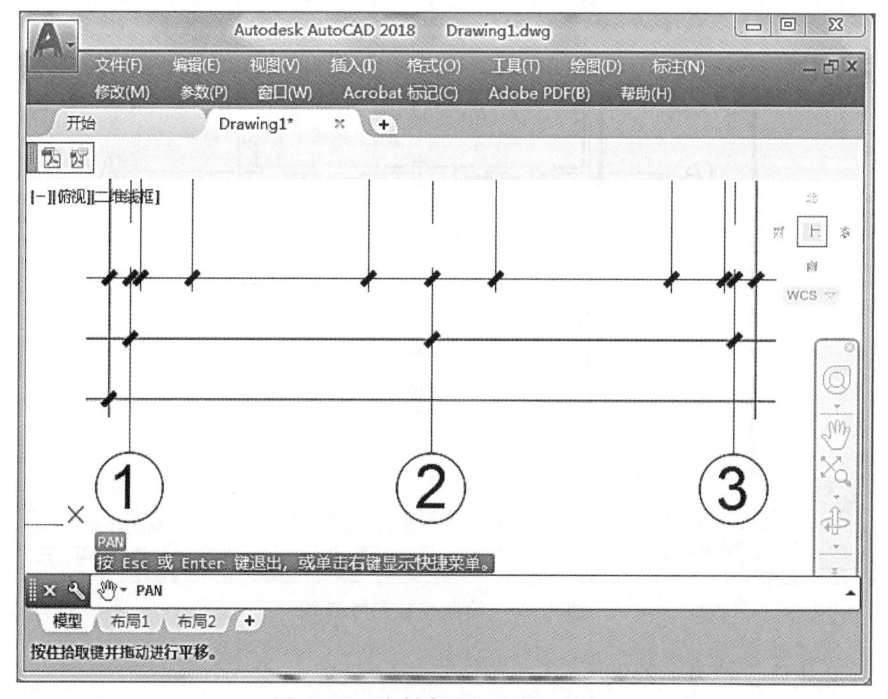

图 4-28　绘制完成尺寸截止符号

(4) 尺寸数字的标注

尺寸数字要求采用 AutoCAD 软件专用的“大字体”( *.shx 文件),《房屋建筑制图统一标准》(GB/T 50001—2017)规定字高不小于 2.5 mm,本项目要求字高采用 3 mm,宽高比为 0.7。

① 用 style 命令设置使用 CAD 大字体( *.shx),设置宽高比为 0.7(图 4-29)。

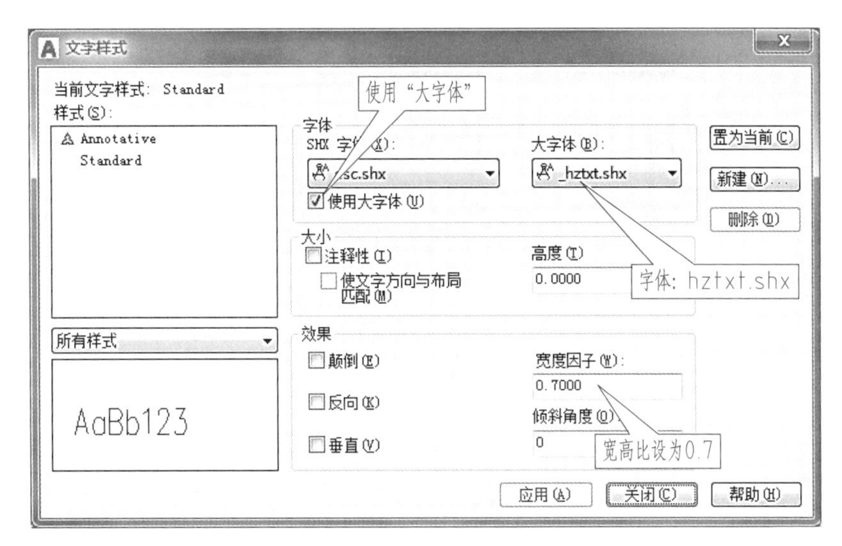


图 4-29 style 命令设置字体

② 用 dtext 命令书写第 1 个尺寸数字(图 4-30)。

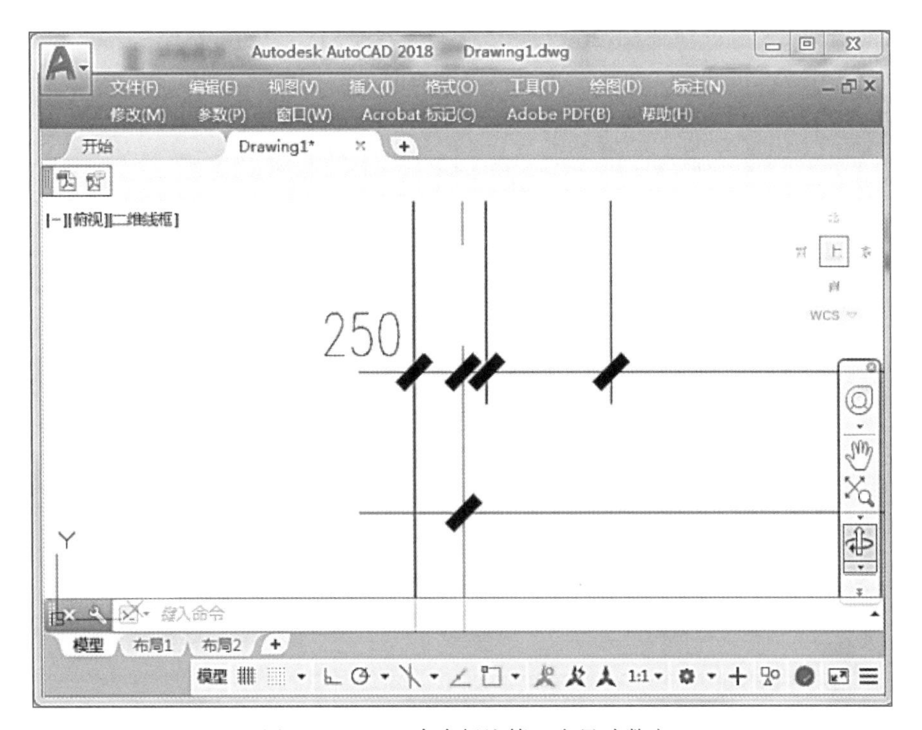


图 4-30 dtext 命令标注第 1 个尺寸数字

③ 打开软件“正交状态”,用 copy 命令将第 1 个尺寸数字依次复制到每一处尺寸线的中部(图 4-31)。

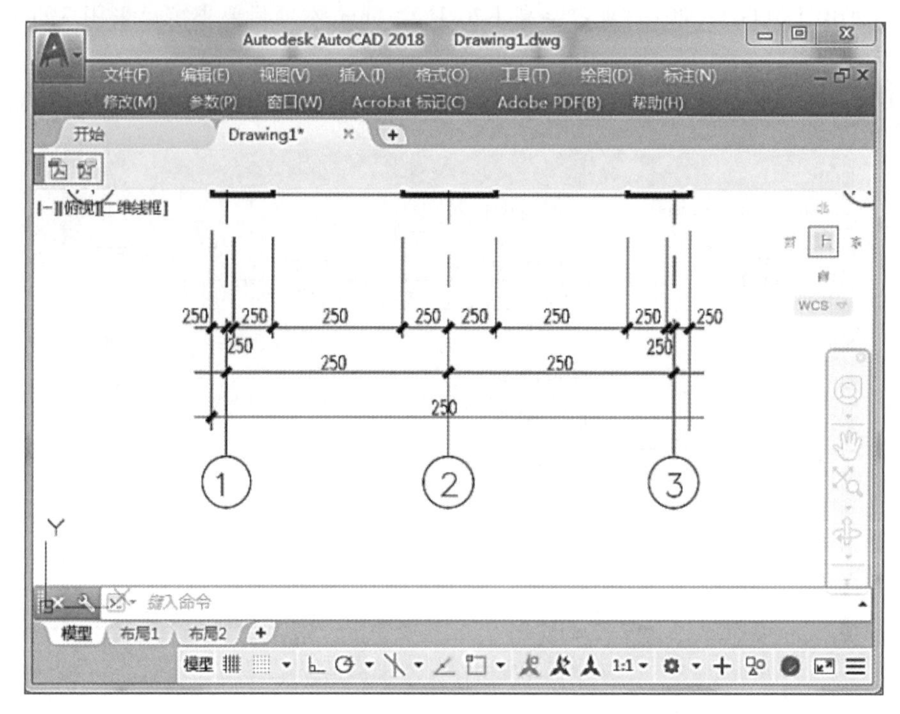


图 4-31　copy 完成所有尺寸数字

④ 用 ddedit 命令修改前述的不正确尺寸数字,完成尺寸数字的标注(图 4-32)。

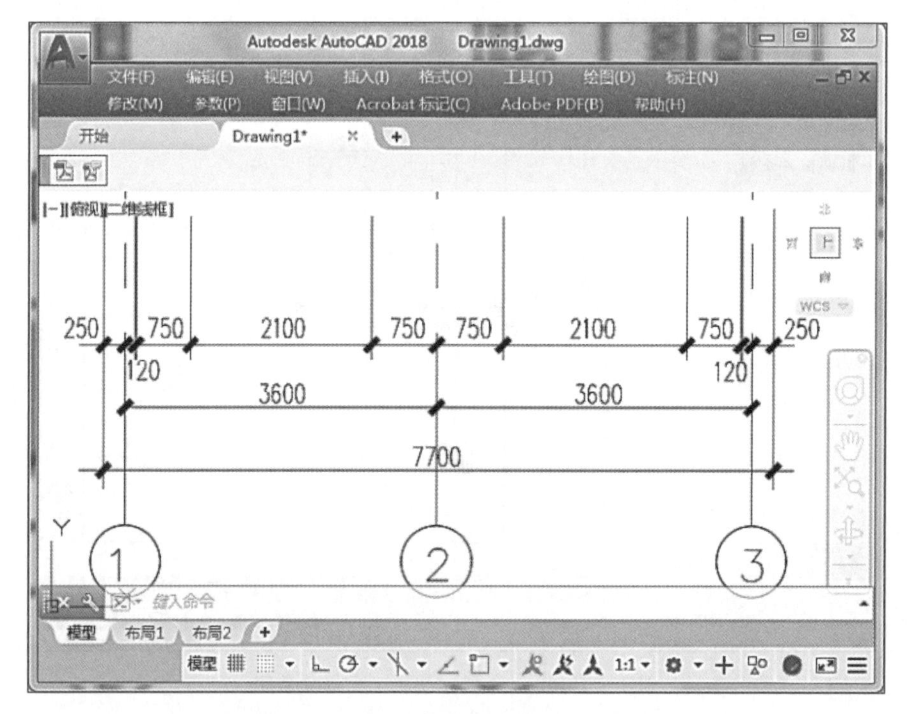


图 4-32　ddedit 修改完成所有尺寸数字

6. 书写图名

先用 style 命令设置字体为大字体。

① 将文字输入法改为汉字输入状态,再用 dtext 命令输入图名内容(图 4-33)。

② 在文字下方绘制粗实线,线宽 1 mm(图 4-33)。

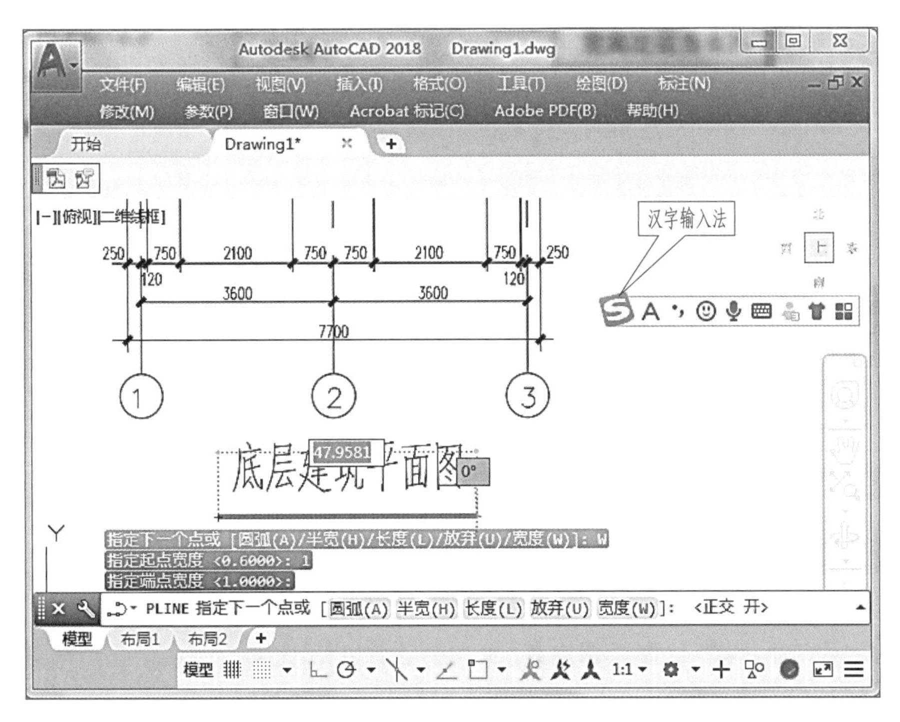


图 4-33 书写图名

总结上述内容,建筑平面图的绘制步骤如图 4-34 所示。

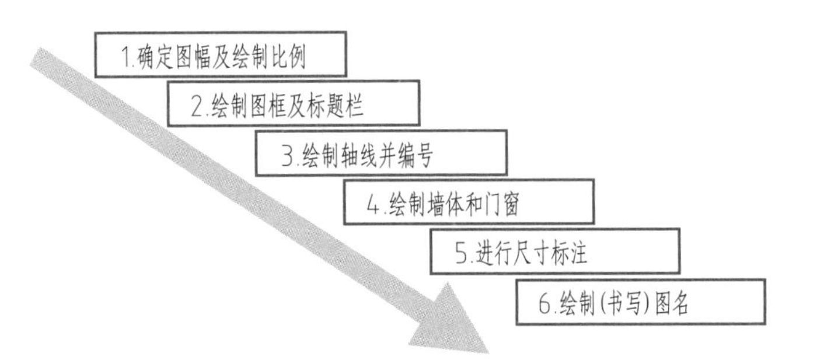


图 4-34 建筑平面图的绘制步骤

按照上述步骤,基本可以完成一般建筑平面图的绘制。特别要注意避免出现在未读懂图纸的情况下去绘制图样,即出现仅仅"抄绘"而不知所绘内容的情形。做到不但知道所绘图样的内容,还要熟练掌握《房屋建筑制图统一标准》(GB/T 50001—2017)中的各项相关规定。此外,图纸初步绘制完成后,还应仔细进行自检,确保绘制成果正确,以达到图样绘制和图纸识读技能相互促进的目的。

AutoCAD 软件相当于手工绘图所用的纸张和笔，只要多加练习，是完全可以掌握它的技巧，并绘制出内容完整、图面美观的工程图样的。

“建筑平面图”绘制过程的微课视频如下，供读者参考。

## 第二课堂学习任务

任务内容：

观看“建筑平面图”绘制微课视频（可扫描项目 4 后对应二维码观看），用 AutoCAD 软件绘制“单层工业厂房±0.000 建筑平面图”（详见本书配套例图集）。

成果内容：

“单层工业厂房±0.000 建筑平面图”AutoCAD 电子文件。

项目成果文件编制要求：

- 采用 A2 图幅，图样比例采用 1∶100；
- 所有线型的使用必须符合《房屋建筑制图统一标准》（GB/T 50001—2017）相关条文要求；
- 所有尺寸标注字体采用 hztxt.shx，字高采用 3 mm，宽高比 0.7；
- 文字说明字体采用 hztxt.shx，字高 5 mm，宽高比 0.7；
- 图名字体采用 hztxt.shx，字高 8 mm，宽高比 0.7；
- 文件形式为命名为“姓名.dwg”的 AutoCAD 电子文件。

完成项目后思考的问题：

- 《房屋建筑制图统一标准》（GB/T 50001—2017）对尺寸标注是如何规定的？
- 如何设置 AutoCAD 软件自动标注的相关参数？
- 建筑平面图的常用绘制比例有哪些？如何选择合适的绘制比例？

项目五

# 5

# 建筑立面图的识读

**项目描述**

识读单层工业厂房建筑立面图,完成相关学习任务。

**教学目标**

技能目标:

能够识读建筑立面图。

知识目标:

1. 掌握立体的正投影原理;

2. 掌握《房屋建筑制图统一标准》(GB/T 50001—2017)中有关建筑立面图的相关规定;

3. 掌握建筑立面图的形成原理及表达内容;

4. 掌握建筑立面图的识读方法。

## 项目支撑知识

### 一、立体的正投影与建筑立面图(architectural elevation)

动画

立体的三面正投影

所有建筑物,包括构成建筑物的建筑构件,均是形状各异的立体。为了表达清楚各种立体的外形及尺寸等信息,就要对"立体"作正投影,得到立体外表面投影图。建筑立面图就是把建筑物作为一个整体的"立体",绘制立体外表面(不含上、下表面)的正投影,以表达其外观及尺寸。对立体整体作正投影与建筑物立面图的形成关系类似(图 5-1)。真实的建筑立面图如图 5-2 所示。

动画

立体的三面正投影图

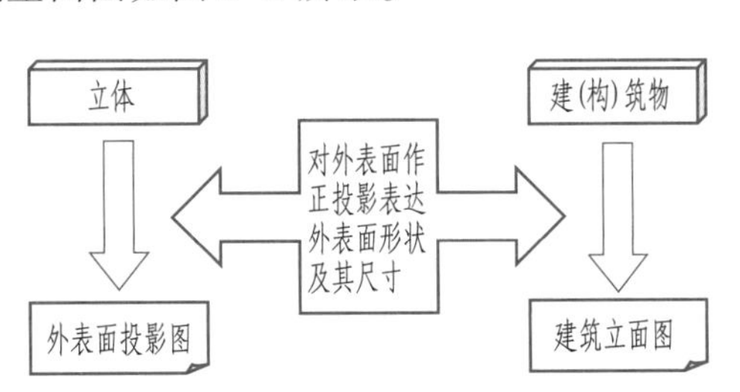


图 5-1 立体的正投影与建筑立面图的关系

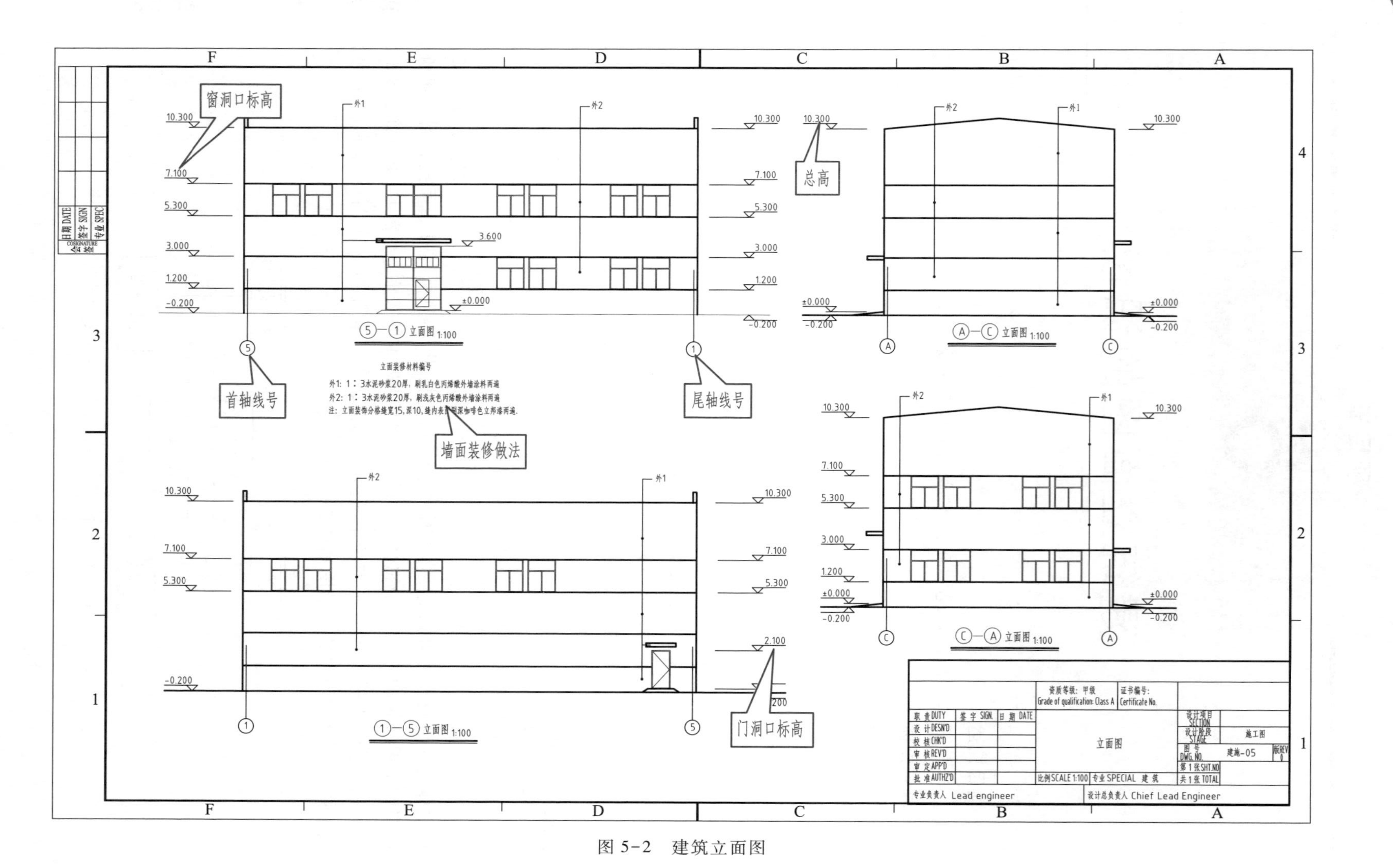
窗洞口标高
总高
首轴线号
尾轴线号
墙面装修做法
门洞口标高
⑤—① 立面图 1:100
Ⓐ—Ⓒ 立面图 1:100
Ⓒ—Ⓐ 立面图 1:100
①—⑤ 立面图 1:100
立面装修材料编号
外1: 1：3水泥砂浆20厚，刷乳白色丙烯酸外墙涂料两遍
外2: 1：3水泥砂浆20厚，刷浅灰色丙烯酸外墙涂料两遍
立面图
建施-05
专业负责人 Lead engineer
设计总负责人 Chief Lead Engineer

图 5-2　建筑立面图

## 二、常见立体的种类

常见的立体可分为平面立体和曲面立体,如图 5-3 所示。从日常生活观察中可以知道,建筑物的整体及组成建筑物的结构构件和构配件即为平面立体或曲面立体。

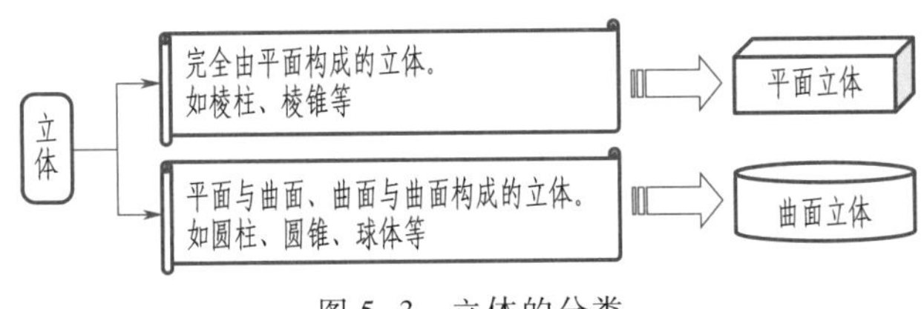


图 5-3 立体的分类

## 三、典型立体的正投影

1. 正六棱柱的三面正投影

为了能够把正六棱柱的形状和尺寸表达清楚,我们需要把构成六棱柱的 8 个平面尽可能地放置在三面投影体系中的"特殊位置",即顶面和底面为水平面,同时为正垂面、侧垂面;前后平面为正平面,同时为铅垂面和侧垂面;其他棱面为铅垂面;棱线为铅垂线,如图 5-4 所示。由此得出的正六棱柱的三面投影图,能够完整地把六棱柱的真实形状、组成各部位的尺寸等信息表达清楚。

动画
正三棱柱的三面正投影

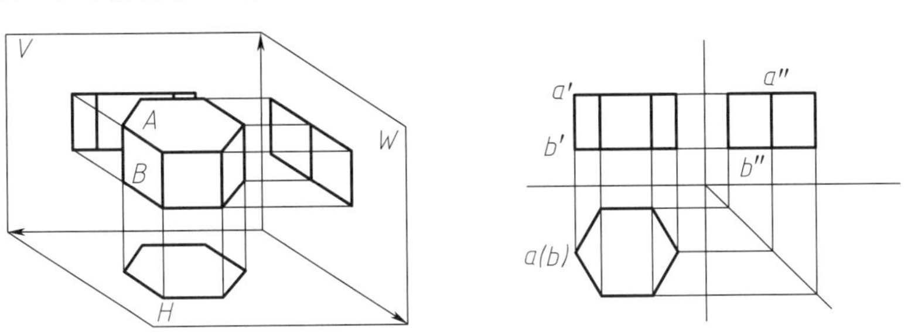


图 5-4 正六棱柱的正投影

动画
正五棱柱的三面正投影

2. 正三棱锥的三面正投影

当把构成正三棱锥的平面置于三面投影体系中的"特殊位置"时,其投影特点如图 5-5 所示,即底面为水平面;底边 $AC$ 为侧垂线;底边 $AB$、$BC$ 为水平线。从得出的三面投影看,可以把正三棱锥的形状和尺寸表达清楚。

动画
正四棱台的三面正投影

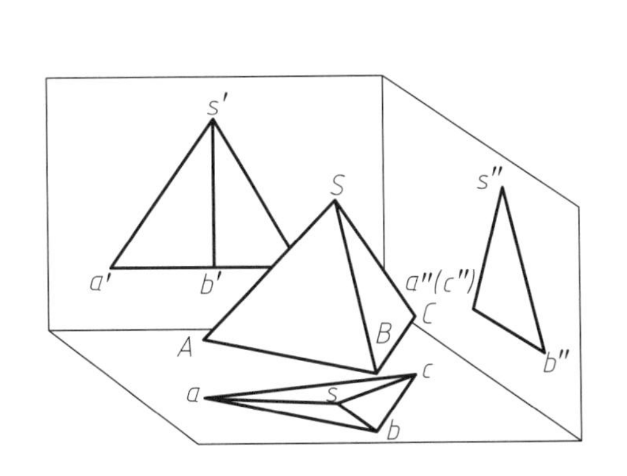


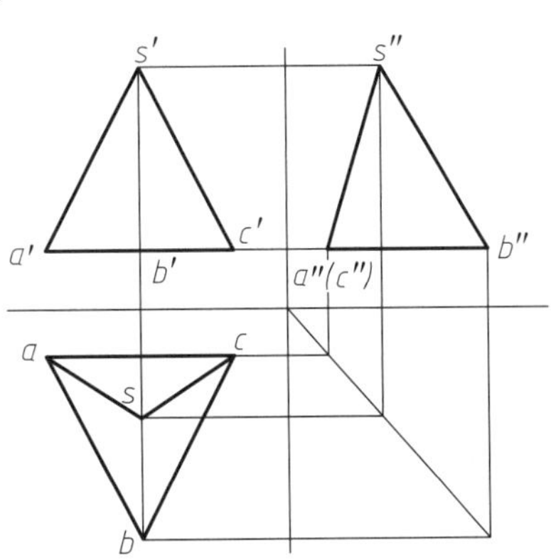


图 5-5 正三棱锥的正投影

动画
正三棱锥的三面正投影

动画
圆柱体的三面正投影

动画
圆锥体的三面正投影

3. 圆柱的三面正投影

把圆柱的顶面和底面置为水平面，圆柱曲面置为铅垂面，所得出的三面投影即能够表达圆柱的形状及尺寸，如图 5-6 所示。

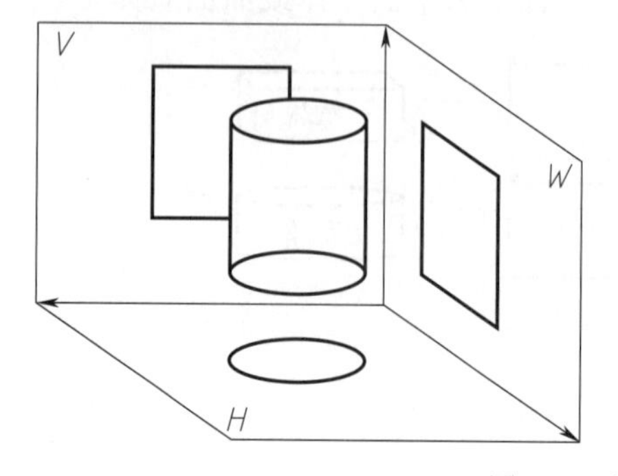


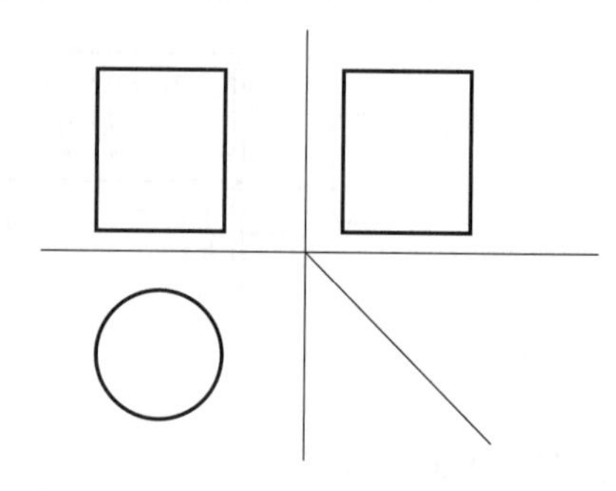

图 5-6　圆柱的正投影

动画
圆台体的三面正投影

4. 圆锥的三面正投影

把圆锥的底面置为水平面，则圆锥的三面正投影图即可反映其形状和尺寸，如图 5-7 所示。

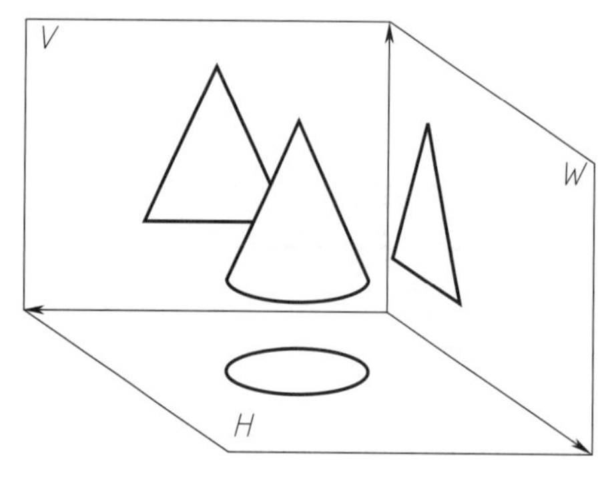


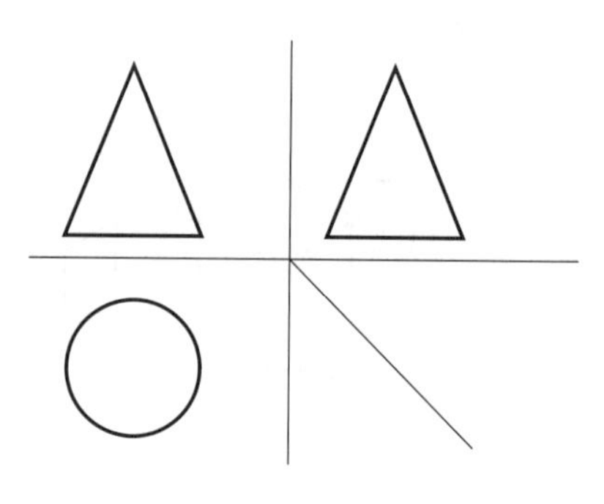

图 5-7　圆锥的正投影

动画
圆球的三面正投影

5. 圆球的三面正投影

我们知道，圆球可以视为由“分界圆”经过旋转形成的立体。由于圆球的分界圆尺寸相同，把圆球置于三面投影体系当中时，所得到的三面投影图如图 5-8 所示，为 3 个直径为圆球分界圆直径的“圆”。

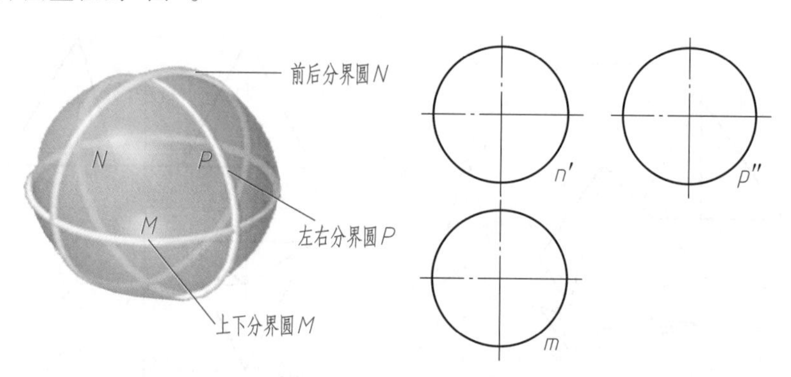


图 5-8　圆球的正投影

## 四、建筑立面图表达的内容和具体表达方式

1. 建筑立面图表达的内容

建筑立面图表达的内容一般包括(图 5-2):

(1) 外墙面上所有门、窗洞口及其他异于立面表面的装饰物在高度方向的位置;

(2) 房屋立面造型和艺术处理,包括凸凹造型、线条分割、色彩等内容;

(3) 表现各表面的装饰装修详细做法。

2. 建筑立面图的具体表达方式

(1) 对每个建筑物外表面分别作正投影,给出所有外表面的立面图。

(2) 在立面投影上表达所有可见轮廓线,如室外地面线、房屋的勒脚、台阶、门窗洞口、雨篷、阳台、女儿墙、墙面分格线、室外楼梯等。

(3) 用标高表达门窗洞口、室外楼梯等高度方向的位置。

(4) 为每个外表面的立面图命名,用首尾轴线号或投影方向表达该立面图在建筑物中的位置。

《建筑制图标准》(GB/T 50104—2010)中的相关规定如下:

① 第 4.2.1 条:各种立面图应按正投影法绘制。

② 第 4.2.2 条:建筑立面图应包括投影方向可见的建筑外轮廓线和墙面线脚、构配件、墙面做法及必要的尺寸和标高等。

③ 第 4.2.3 条:室内立面图应包括投影方向可见的室内轮廓线和装修构造、门窗、构配件、墙面做法、固定家具、灯具、必要的尺寸和标高及需要表达的非固定家具、灯具、装饰物件等。室内立面图的顶棚轮廓线,可根据具体情况只表达吊平顶或同时表达吊平顶及结构顶棚。

④ 第 4.2.4 条:平面形状曲折的建筑物,可绘制展开立面图、展开室内立面图。圆形或多边形平面的建筑物,可分段展开绘制立面图、室内立面图,但均应在图名后加注“展开”二字。

⑤ 第 4.2.5 条:较简单的对称式建筑物或对称的构配件等,在不影响构造处理和施工的情况下,立面图可绘制一半,并应在对称轴线处画对称符号。

⑥ 第 4.2.6 条:在建筑物立面图上,相同的门窗、阳台、外檐装修、构造做法等可在局部重点表示,并应绘出其完整图形,其余部分可只画轮廓线。

⑦ 第 4.2.7 条:在建筑物立面图上,外墙表面分格线应表示清楚。应用文字说明各部位所用面材及色彩。

⑧ 第 4.2.8 条:有定位轴线的建筑物,宜根据两端定位轴线号编注立面图名称。无定位轴线的建筑物可按平面图各面的朝向确定名称。

⑨ 第 4.2.9 条:建筑物室内立面图的名称,应根据平面图中内视符号的编号或字母确定。

## 五、建筑立面图的命名

建筑物的所有外立面均应该绘制建筑立面图。

建筑立面图有 3 种命名方式(图 5-9),即按建筑物的朝向命名、按主入口方向命名(此种命名方式仅适用于平面形状为矩形的建筑物)和按轴线编号命名。

按轴线编号命名的方式可适用于任何平面形状的建筑物，其命名原则是以某一立面的首尾轴线编号来确定该立面的投影方向，从而给出所有立面图。

从建筑立面图的命名方式可以看出，我们可以根据每个建筑立面图样的图名，结合建筑平面图，直接判断出该立面图所表达的建筑物外表面的平面位置（图5-10）。这种判断也是读图者在识读建筑立面图时首先要获得的信息内容。

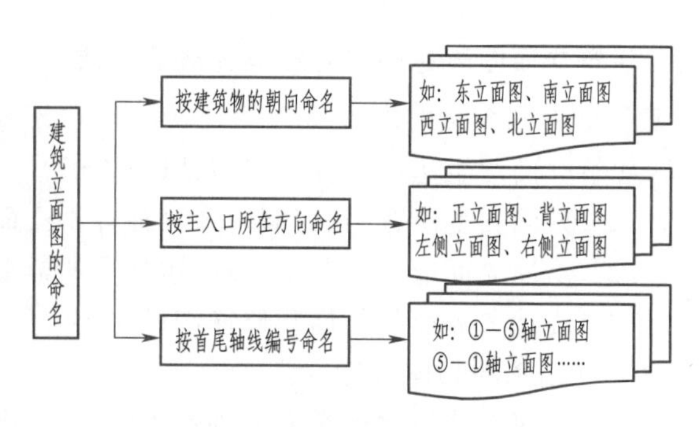


图5-9 建筑立面图的命名方式

动画
建筑立面图的内容和表达方法

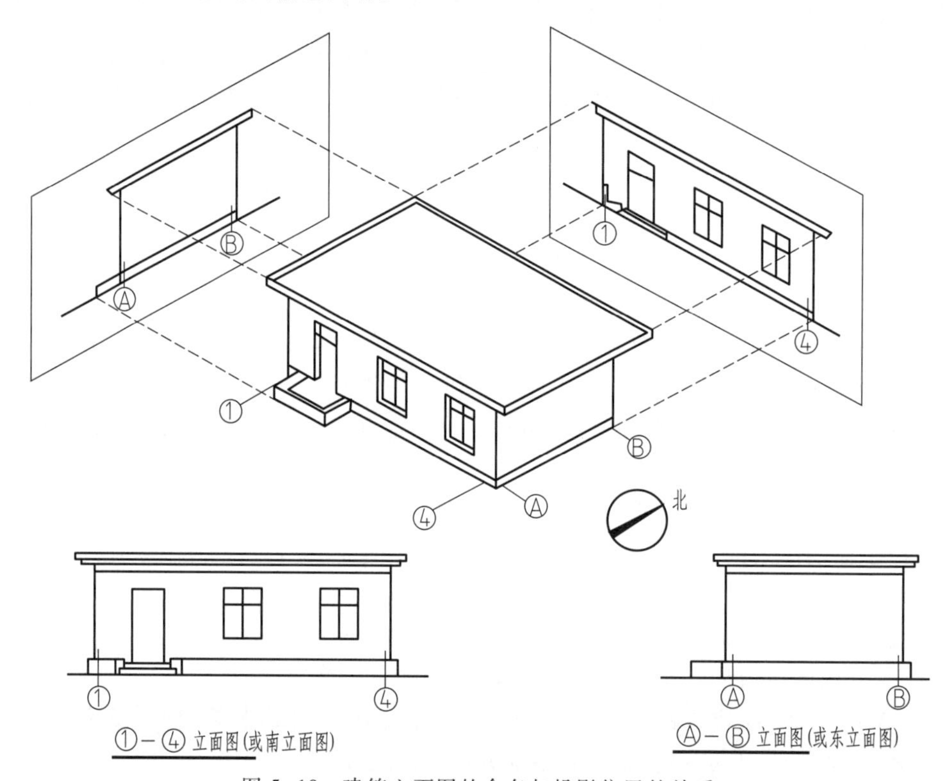


图5-10 建筑立面图的命名与投影位置的关系

## 六、建筑立面图采用的线型和定位轴线绘制

1. 绘制建筑立面图采用线型的规定

（1）主体外轮廓——粗实线。

（2）门窗洞口等——中实线。

（3）室外地面——特粗线。

（4）其他图素——细实线。

2. 立面图中的定位轴线

按照《房屋建筑制图统一标准》（GB/T 50001—2017）第10.2.2条规定：

每个视图均应标注图名。各视图的命名，主要应包括平面图、立面图、剖面图或断面图、详图。同一种视图多个图的图名前应加编号以示区分。平面图应以楼层编号,包括地下二层平面图、地下一层平面图、首层平面图、二层平面图等。立面图应以该图两端头的轴线号编号,剖面图或断面图应以剖切号编号,详图应以索引号编号。图名宜标注在视图的下方或一侧,并在图名下用粗实线绘一条横线,其长度应以图名所占长度为准。使用详图符号作图名时,符号下不宜再画线。

因此,在一个立面图中,一般只给出首尾轴线及编号。

### 七、建筑立面图的尺寸标注

(1) 一般只给出各外墙洞口等主要结构在高度方向的定位,即上、下界的标高。

(2) 当有预留洞口且相应平面图中没有给出其平面定位尺寸时,除给出洞口上、下界的标高外,尚应标注其两个方向的定位尺寸。

### 八、建筑立面图的识读方法

(1) 看立面图命名并与建筑平面图对照——确认立面图表达的建筑物外表面的位置。

(2) 看尺寸标注及标高——了解建筑物的室内外高差、外表面上洞口高度位置和总高度。

(3) 看装饰线、分格线布置——了解装饰细部构造做法及位置。

(4) 看详图索引并结合标准图集——了解细部详图做法。

(5) 看外墙引出说明——了解外墙面装饰做法。

(6) 立面图应与平面图对应识读——确认外墙上门窗洞口、构配件等的空间位置。

## 第二课堂学习任务

任务内容:

用 AutoCAD 软件绘制“单层工业厂房建筑立面图”(详见本书配套例图集)。

成果内容:

“单层工业厂房建筑立面图”AutoCAD 电子文件。

项目成果文件编制要求:

- 采用 A2 图幅,图样比例采用 1∶100;
- 所有线型的使用必须符合《规范》相关条文要求;
- 所有尺寸标注字体采用 hztxt.shx,字高采用 3 mm,宽高比 0.7;
- 文字说明字体采用 hztxt.shx,字高 5 mm,宽高比 0.7;
- 图名字体采用 hztxt.shx,字高 8 mm,宽高比 0.7;
- 文件形式为电子版图形文件。

完成项目后思考的问题:

- 建筑立面图一般表达哪些内容?
- 建筑立面图需要绘制几个?
- 建筑立面图中的轴线如何绘制?
- 建筑立面图如何命名?
- 如何根据立面图的图名判断该立面图是建筑物的哪个外表面?

项目六

# 6

# 建筑剖面图及建筑详图的识读

**项目描述**

识读单层工业厂房建筑剖面图,完成相关学习任务。

**教学目标**

技能目标:

能够识读建筑剖面图和建筑详图。

知识目标:

1. 了解单层工业厂房的基本构造;
2. 掌握剖面图及建筑剖面图的形成原理;
3. 掌握建筑剖面图表达的内容;
4. 掌握建筑详图表达的内容;
5. 掌握建筑剖面图及建筑详图的识读方法。

## 项目支撑知识

### 一、单层工业厂房的基本构造组成

单层工业厂房的构成如图 6-1 所示,从图 6-1 可以看出,单层工业厂房的总体构造组成如图 6-2 所示。其中:

(1) 屋盖系统的构造组成如图 6-3 所示;

(2) 主体结构的构造组成如图 6-4 所示;

(3) 围护结构的构造组成如图 6-5 所示。

### 二、绘制建筑剖面图的目的

在完成前面几个项目的过程中,我们掌握了建筑平面图和立面图的表达内容。其中,建筑平面图的重要功能就是表达了各建筑构件的平面定位;建筑立面图则表达了建筑物外表面的构件定位,以及建筑物总体高度等相关信息。但我们还不清楚建筑内部各构件在高度方向上的定位、建筑物的层高、净高以及屋面保温防水、散水、楼梯栏杆扶手等部位详细做法等信息,表达这类信息恰好是绘制建筑剖面图和建筑详图的目的。

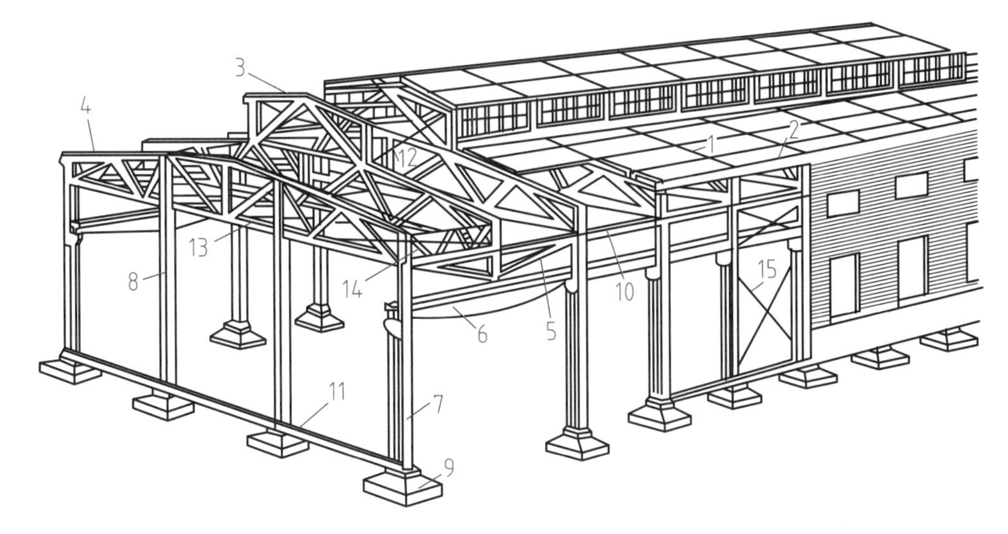


图 6-1　单层工业厂房的构成

1—屋面板；2—天沟板；3—天窗架；4—屋架；5—托架；6—吊车梁；7—排架柱；8—抗风柱；9—基础；10—连系梁；11—基础梁；12—天窗架垂直支撑；13—屋架下弦横向水平支撑；14—屋架端部垂直支撑；15—柱间支撑

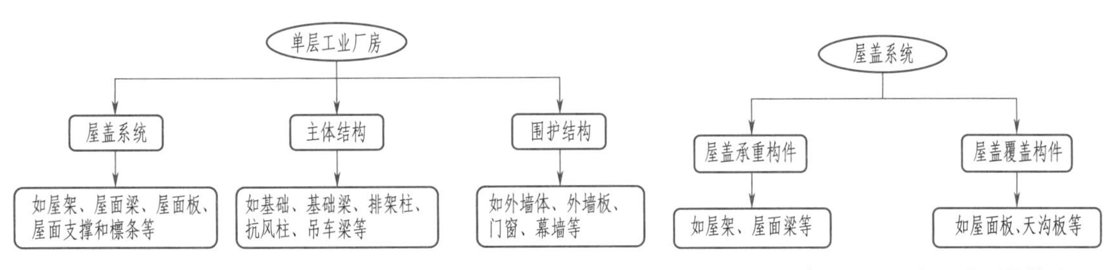


图 6-2　单层工业厂房的总体构成　　图 6-3　单层工业厂房屋盖系统构成

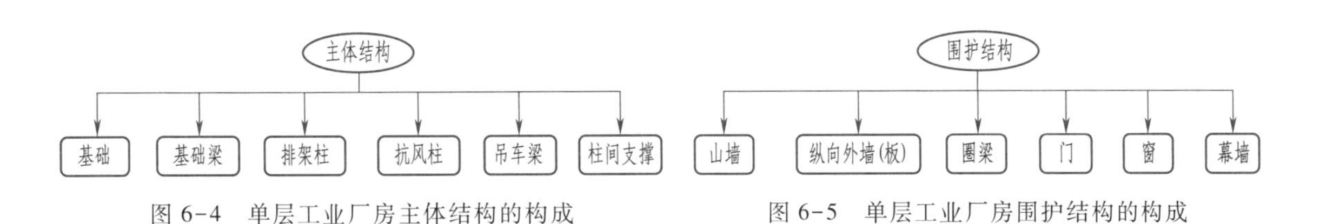


图 6-4　单层工业厂房主体结构的构成　　图 6-5　单层工业厂房围护结构的构成

## 三、剖面图和建筑剖面图的形成原理

1. 剖面图的形成原理

按照三面投影原理，立体的剖面图可分为正投影剖面图和侧投影剖面图。而将平面图、正投影剖面图及侧投影剖面图联合起来则形成了表达立体形状和尺寸的、完整的三面投影图。

假想用剖切平面（$P$）剖开物体，将在观察者和剖切平面之间的部分移去，而将其余部分向投影面投射所得的图形即为正投影剖面图（或称 $V$ 面剖面图）。

如图 6-6 所示，用假想平面 $P$ 将独立杯形基础从对称的平面剖开，把 $P$ 平面前面的

动画
剖面图的形成

部分形体移开，将剩下部分向 $V$ 面投影，这样得到的正投影图，就是 $V$ 面剖面图。

如图 6-7 所示，用假想的剖切面 $Q$ 将独立杯形基础从中部某处剖开，把 $Q$ 平面前面的部分形体移开，将剩下部分向 $W$ 面投影，这样得到的正投影图，就是 $W$ 面剖面图。

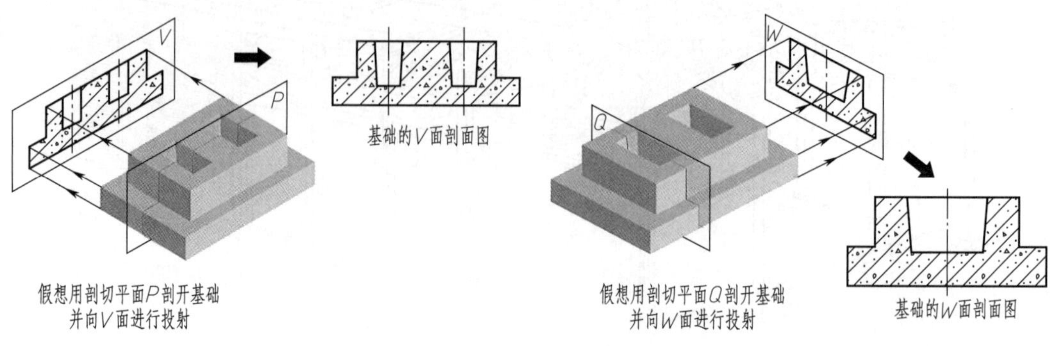


图 6-6　$V$ 面剖面图形成原理　　　图 6-7　$W$ 面剖面图形成原理

将前述的 $V$ 面和 $W$ 面剖面图与平面图联合，即形成完整的表达基础形状和尺寸的三面投影图（图 6-8）。

2. 建筑剖面图的形成原理

建筑剖面图的形成原理与上述剖面图形成的原理相同，即用一个假想平面，沿建筑物的横向（与建筑物纵向垂直的方向）将建筑物剖开，将在观察者和剖切平面之间的部分建筑物移去，而将其余部分向投影面投射，得到选定剖切位置的建筑剖面图（图 6-9）。

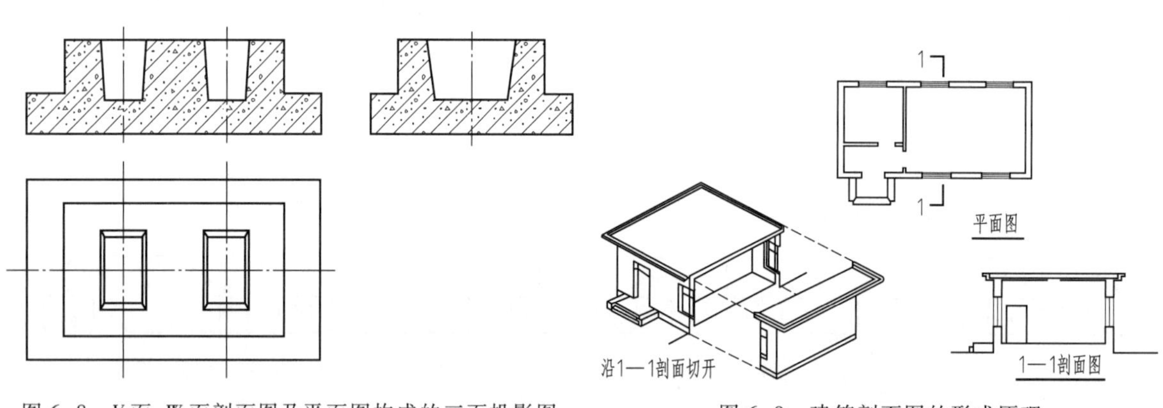


图 6-8　$V$ 面、$W$ 面剖面图及平面图构成的三面投影图　　　图 6-9　建筑剖面图的形成原理

## 四、相关规范对建筑剖面图的规定

1.《建筑制图标准》（GB/T 50104—2010）中规定

（1）第 4.3.1 条：剖面图的剖切部位，应根据图纸的用途或设计深度，在平面图上选择能反映全貌、构造特征以及有代表性的部位剖切。

（2）第 4.3.2 条：各种剖面图应按正投影法绘制。

（3）第 4.3.3 条：建筑剖面图内应包括剖切面和投影方向可见的建筑构造、构配件以及必要的尺寸、标高等。

（4）第 4.3.4 条：剖切符号可用阿拉伯数字、罗马数字或拉丁字母编号。

2.《房屋建筑制图统一标准》（GB/T 50001—2017）中规定

（1）第 7.1.2 条：剖切符号标注的位置应符合下列规定：

① 建（构）筑物剖面图的剖切符号应注在±0.000 标高的平面图或首层平面图上；

② 局部剖切图（不含首层）、断面图的剖切符号应注在包含剖切部位的最下面一层的平面图上。

（2）第 7.1.3 条：采用国际通用剖视表示方法时，剖面及断面的剖切符号应符合下列规定：

① 剖面剖切索引符号应由直径为 8~10 mm 的圆和水平直径以及两条相互垂直且外切圆的线段组成，水平直径上方应为索引编号，下方应为图纸编号，详细规定见图 6-10，线段与圆之间应填充黑色并形成箭头表示剖视方向，索引符号应位于剖线两端；断面及剖视详图剖切符号的索引符号应位于平面图外侧一端，另一端为剖视方向线，长度宜为 7~9 mm，宽度宜为 2 mm。

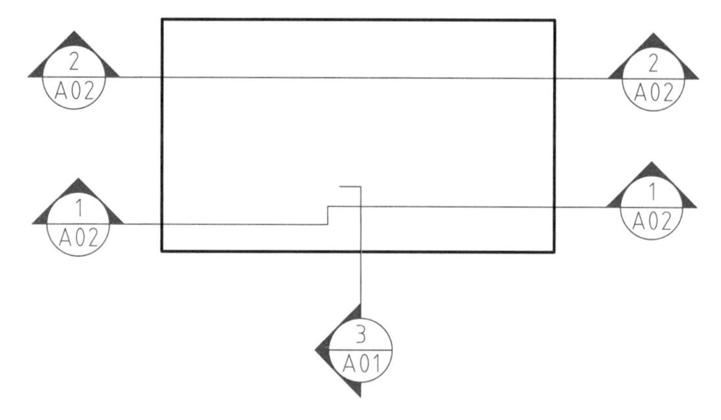


图 6-10　剖视的剖切符号

② 剖切线与符号线线宽应为 0.25$b$。

③ 需要转折的剖切位置线应连续绘制。

④ 剖号的编号宜由左至右、由下向上连续编排。

（3）第 7.1.4 条：采用常用方法表示时，剖面的剖切符号应由剖切位置线及剖视方向线组成，均应以粗实线绘制，线宽宜为 $b$。剖面的剖切符号应符合下列规定：

① 剖切位置线的长度宜为 6~10 mm；剖视方向线应垂直于剖切位置线，长度应短于剖切位置线，宜为 4~6 mm。绘制时，剖视剖切符号不应与其他图线相接触。

② 剖视剖切符号的编号宜采用粗阿拉伯数字，按剖切顺序由左至右、由下向上连续编排，并应注写在剖视方向线的端部（图 6-11）。

③ 需要转折的剖切位置线，应在转角的外侧加注与该符号相同的编号。

④ 断面的剖切符号应仅用剖切位置线表示，其编号应注写在剖切位置线的一侧；编号所在的一侧应为该断面的剖视方向，其余同剖面的剖切符号（图 6-12）。

⑤ 当与被剖切图样不在同一张图内，应在剖切位置线的另一侧注明其所在图纸的编号（图 6-13），也可在图上集中说明。

⑥ 索引剖视详图时，应在被剖切的部位绘制剖切位置线，并以引出线引出索引符号，引出线所在的一侧应为剖视方向。索引符号的编号应符合本标准第 7.2.1 条的规定（图 6-13）。

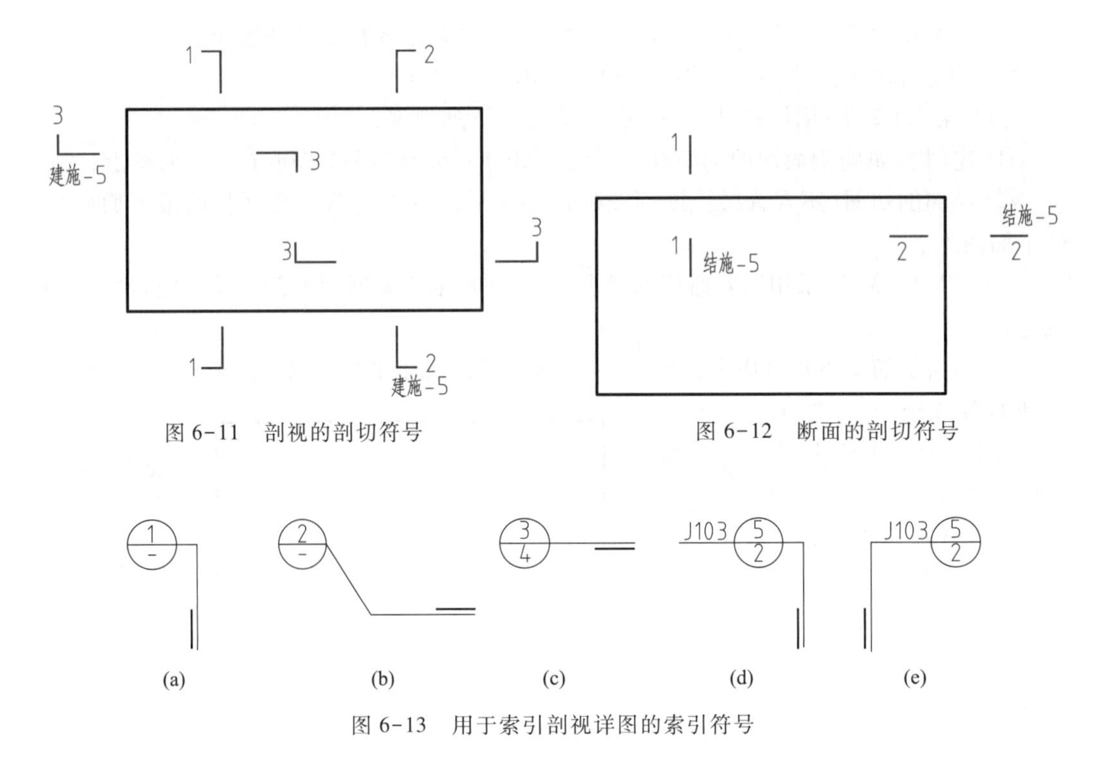


图 6-11　剖视的剖切符号

图 6-12　断面的剖切符号

图 6-13　用于索引剖视详图的索引符号

(4) 第 7.2.1 条:图样中的某一局部或构件,如需另见详图,应以索引符号索引[图 6-14(a)]。索引符号应由直径为 8～10 mm 的圆和水平直径组成,圆及水平直径线宽宜为 0.25$b$。索引符号编写应符合下列规定:

① 当索引出的详图与被索引的详图同在一张图纸内,应在索引符号的上半圆中用阿拉伯数字注明该详图的编号,并在下半圆中间画一段水平细实线[图 6-14(b)]。

② 当索引出的详图与被索引的详图不在同一张图纸中,应在索引符号的上半圆中用阿拉伯数字注明该详图的编号,在索引符号的下半圆用阿拉伯数字注明该详图所在图纸的编号[图 6-14(c)]。数字较多时,可加文字标注。

(a)　(b)　(c)　(d)

图 6-14　索引符号

③ 当索引出的详图采用标准图时,应在索引符号水平直径的延长线上加注该标准图集的编号[图 6-14(d)]。需要标注比例时,应在文字的索引符号右侧或延长线下方,与符号下对齐。

## 五、建筑剖面图表达的内容

建筑剖面图应该表达出建筑物的典型部位及特殊部位在高度方向上的各类信息,如图 6-15 及图 6-16 所示。所谓特殊部位(图 6-17)是指:在该剖切位置,建筑物在高度方向上的层高、结构构件的位置等内容与其他位置的内容不同(如楼梯间所在位置);而典型部位则是指:在高度方向上的层高、结构构件的位置等均相同,该部位能够代表除特殊部位以外的几乎所有部位。

动画
建筑剖面图的主要内容

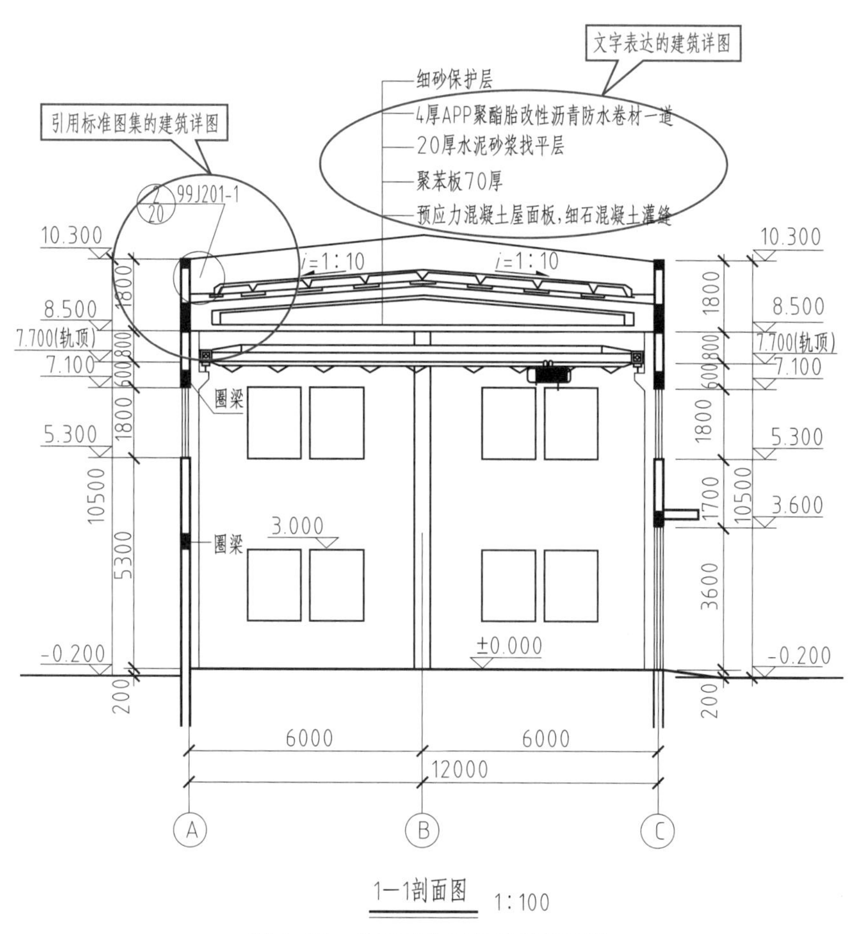


图 6-15　单层工业厂房建筑剖面图

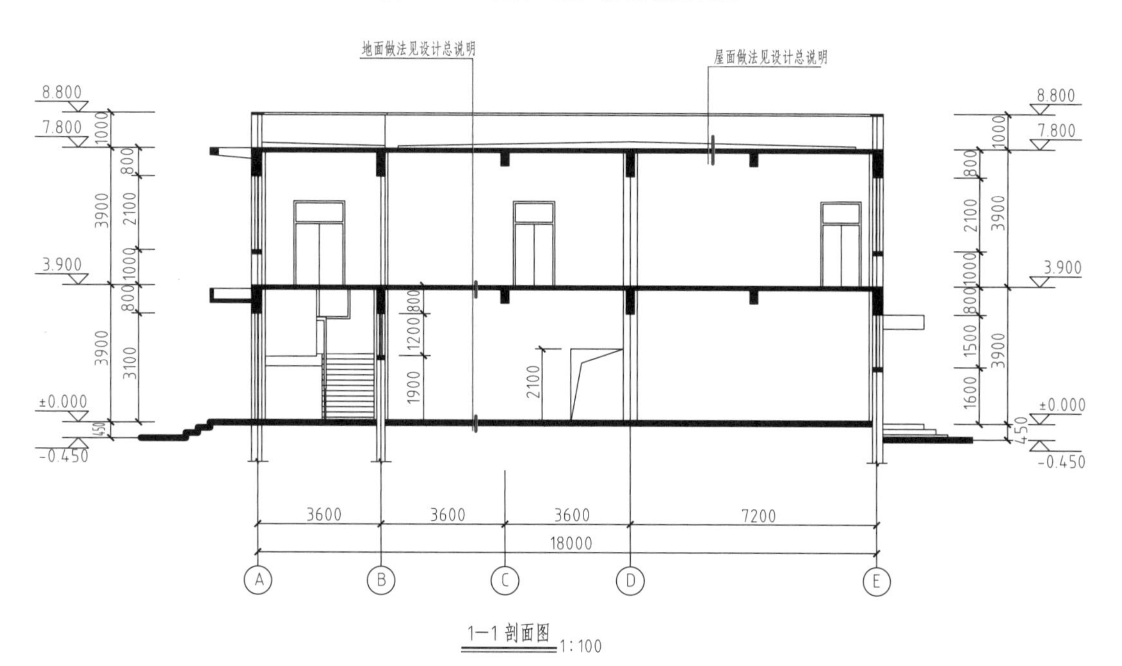


图 6-16　民用建筑剖面图

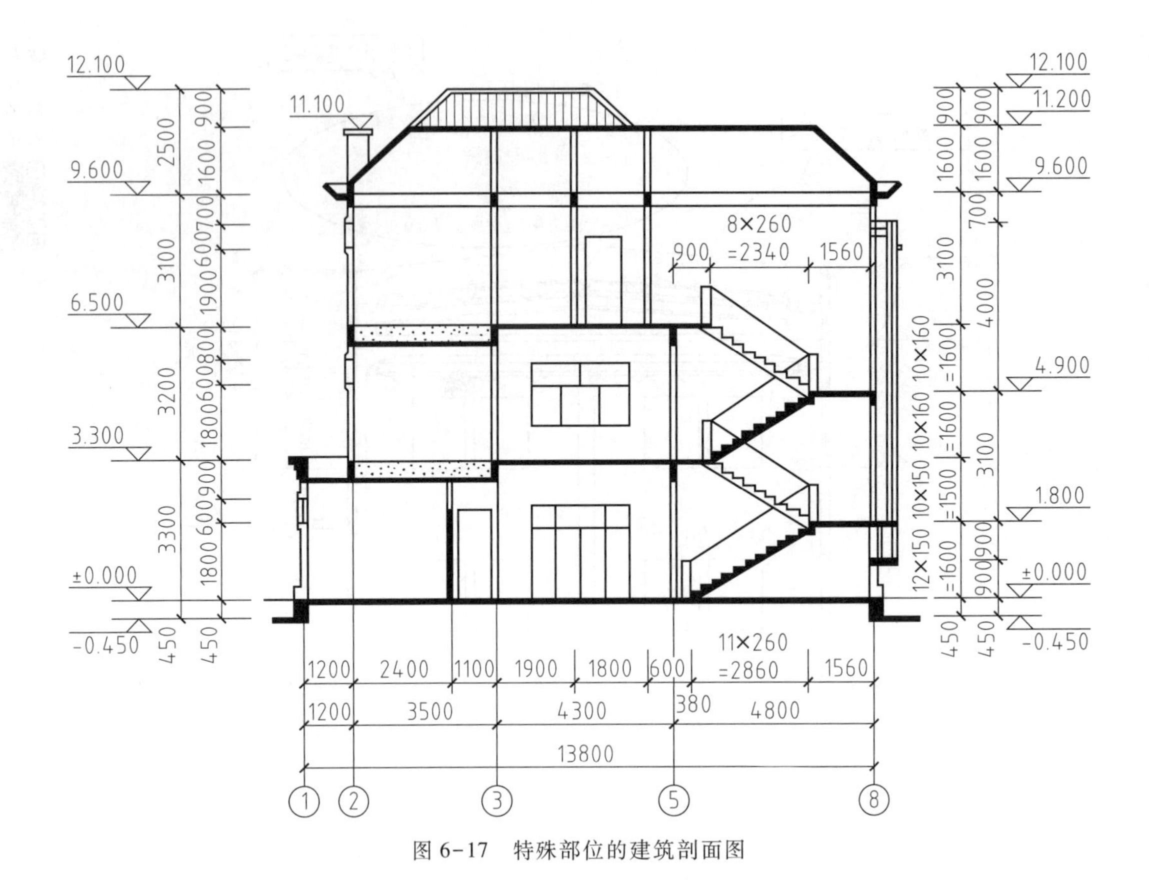

图 6-17　特殊部位的建筑剖面图

无论是典型部位还是特殊部位的建筑剖面图，表达的内容都是建筑物在高度方向上的布置信息，如层高、结构构件的高度位置等。所绘制的建筑剖面图，应该能够将建筑物所有高度方向的布置信息表达完整。

## 六、建筑平面图与建筑剖面图的对应关系

每一个建筑剖面图都有确切的剖切位置，一般会表达在相对应的建筑平面图当中。如图 6-15 中的 1—1 剖面，其剖切位置即表达在建筑平面图当中。

根据《房屋建筑制图统一标准》（GB/T 50001—2017）中第 7.1.2 条，剖切符号标注的位置应符合下列规定：建（构）筑物剖面图的剖切符号应注在±0.000 标高的平面图或首层平面图上。

## 七、建筑剖面图的识读方法

（1）查阅建筑底层平面图——确认剖面图的剖切位置、视图方向、剖面图数量。

（2）查阅建筑底层平面图的文字说明——确认剖面图所在的建筑施工图号。

（3）看剖面图尺寸标注——了解各层层高，核对建筑标高和结构标高是否相符。

（4）看屋面及楼面构造做法。

（5）看楼梯间处剖面——了解楼梯间竖向布置情况。

（6）核对各层建筑平面及所有建筑剖面图——查看现有的建筑剖面图，是否表达了建筑物所有位置在高度方向上的信息。

动画
建筑详图的索引表达

## 八、建筑详图的作用与表达

1. 建筑详图的作用

通过完成前述项目，我们知道，建筑平面图、立面图和剖面图能够让我们了解诸如建筑物的平面大小、高度、层高、各房间的用途、主要构件的位置等信息。但要依据设计图样建成建筑物实体仍然缺乏许多信息内容，例如各构件间如何连接、散水如何做才能不会发生沉降和断裂，屋面如何处理才能实现保温和防水功能等。而这类信息就要通过识读建筑详图才能知晓。所谓建筑详图，就是表达建筑构造及其连接细部做法的图样。

2. 建筑施工图中建筑详图的表达方法

建筑详图的表达方法有 3 种：

（1）引用标准图集中的标准做法（图 6-15）；

（2）图中文字表达方法（图 6-15）；

（3）直接在施工图中绘制剖面详图的方法（图 6-25）。

3. 常见的建筑详图的表达内容和形式

（1）表达内容。墙身详图、窗台详图、楼地面详图、变形缝、屋顶防水详图等（图 6-18～图 6-24）。

（2）表达形式。一般以断面图、大比例方式表达，以供直接指导施工之用。

4. 建筑详图的索引表达规则

建筑详图的索引表达方法，是由索引符号、详图符号以及详图图样 3 部分构成的。其中，索引符号和详图符号是一一对应关系，而详图符号是与详图本身连在一起的。其使用规则如下。

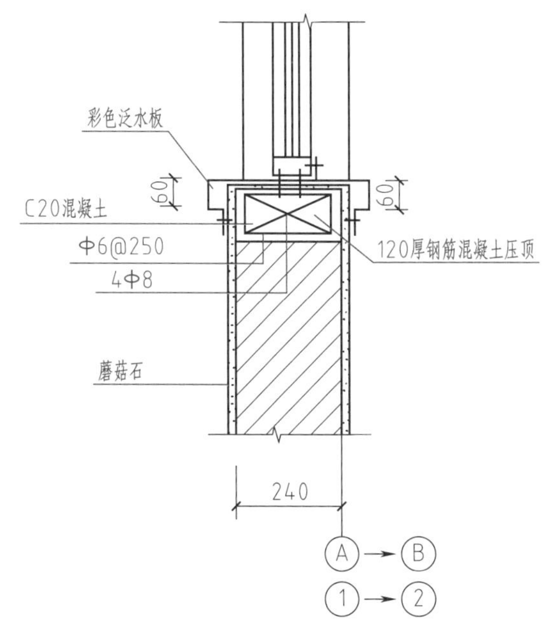


图 6-18　窗台建筑详图

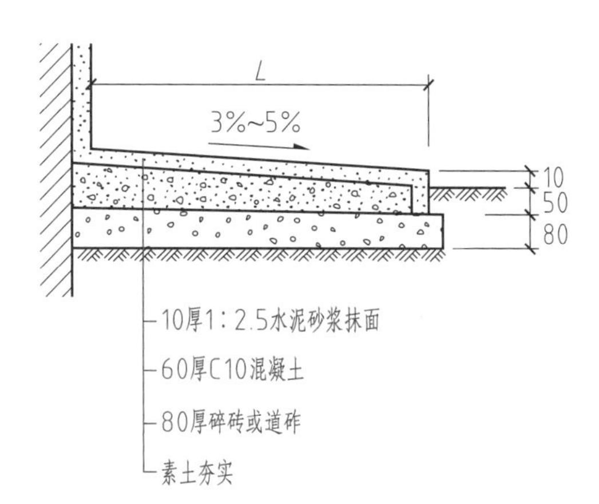


图 6-19　散水建筑详图

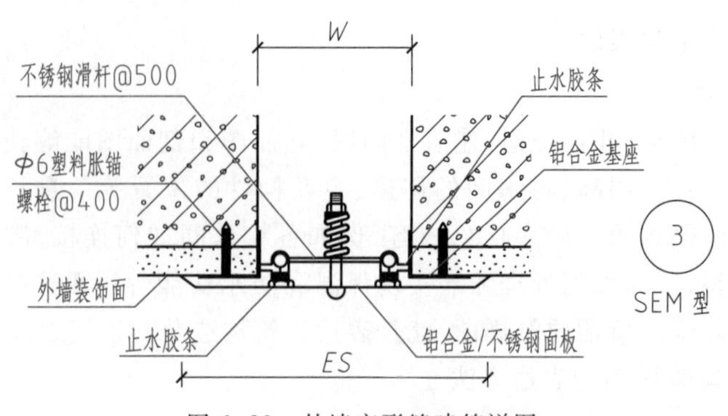


图 6-20 外墙变形缝建筑详图

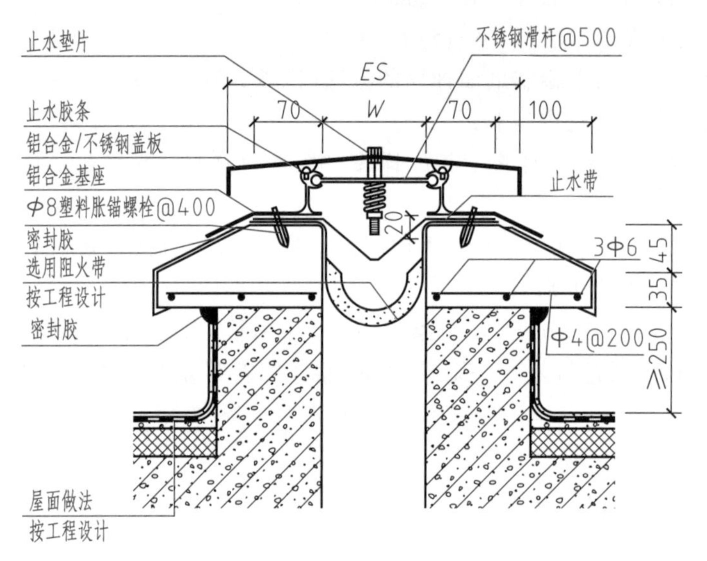


图 6-21 变形缝处屋面建筑详图

动画
建筑详图内容与实体模拟

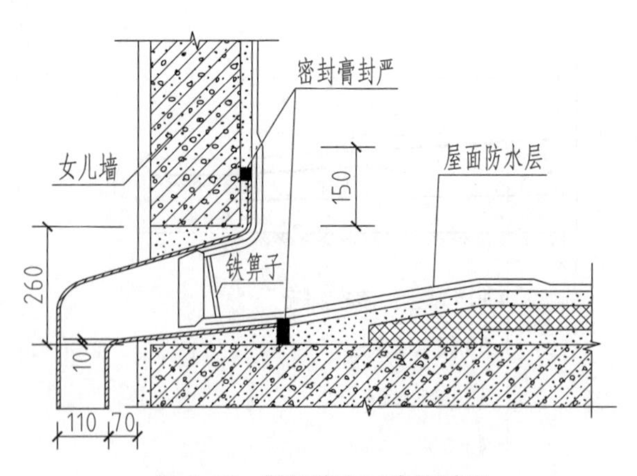


图 6-22 侧排落水口建筑详图

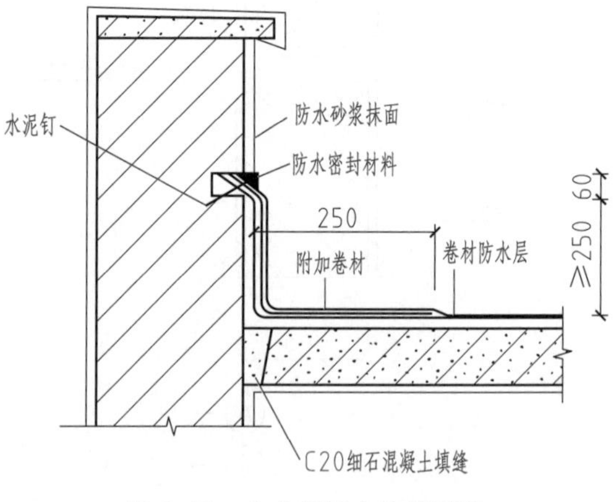


图 6-23 女儿墙泛水建筑详图

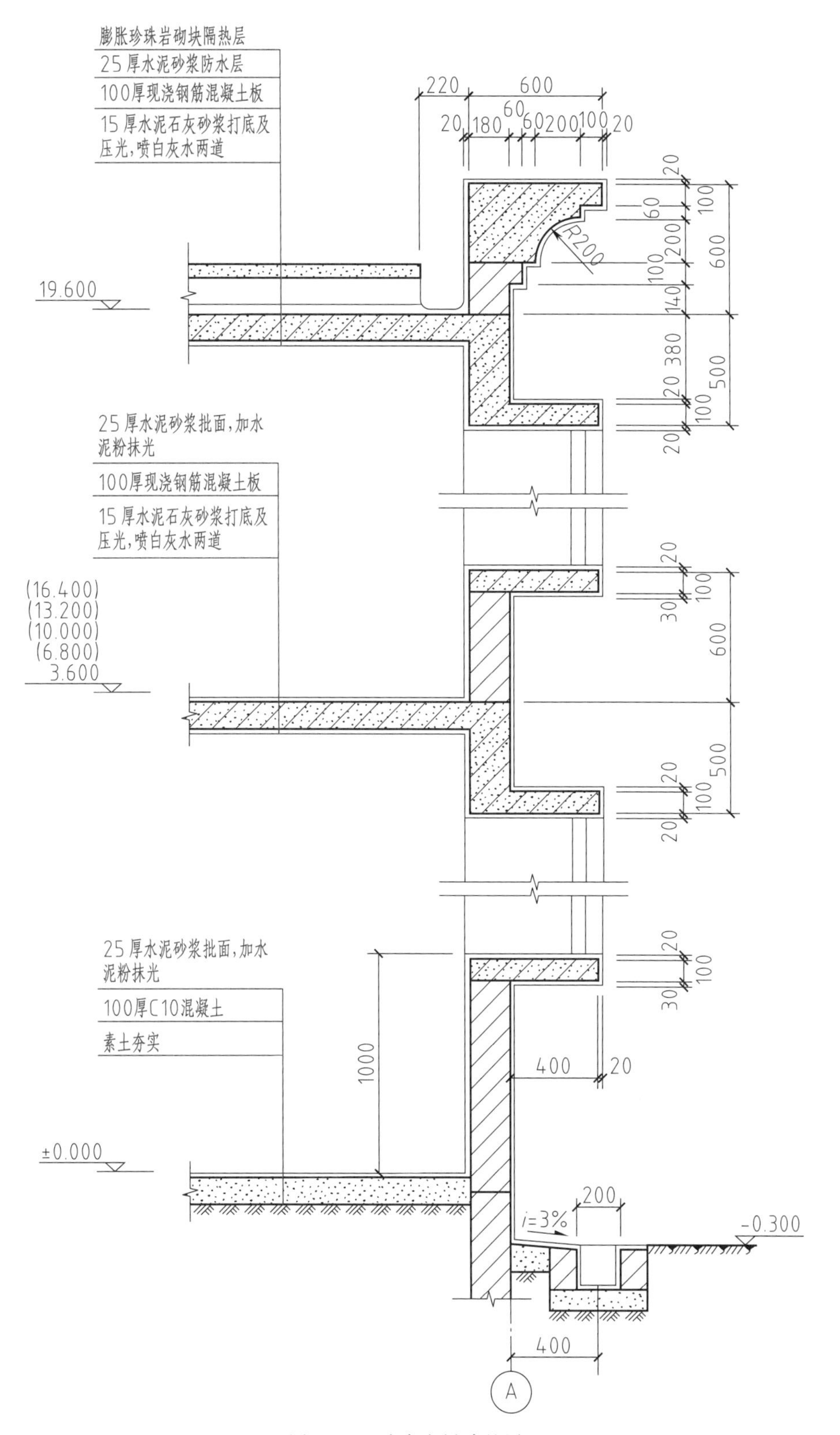


图 6-24　墙身大样建筑详图

动画
外墙墙身节点详图的识读

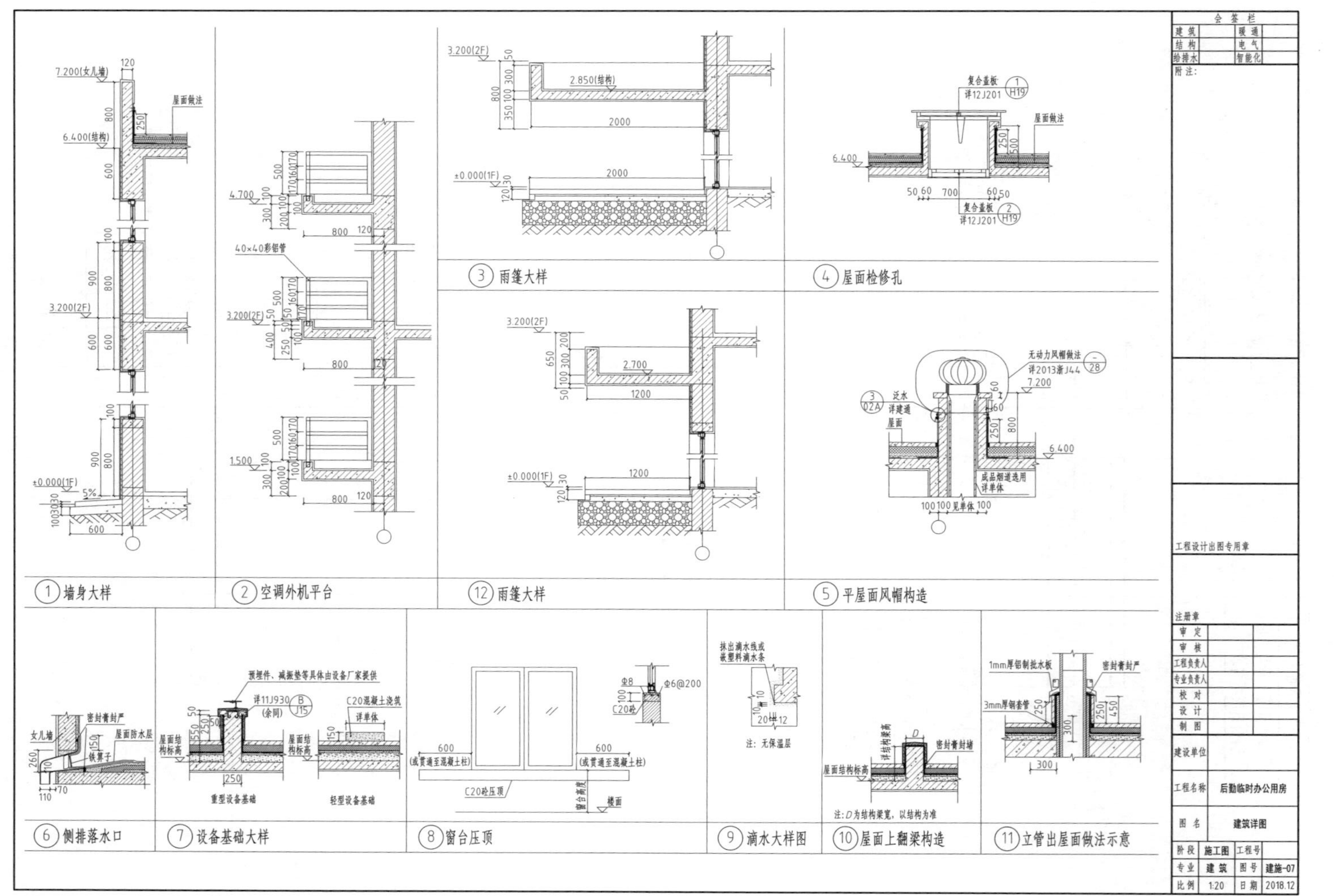


图 6-25　在图中绘制的建筑详图

（1）索引符号

所谓“索引符号”，是指在详图引出位置，为表达详图本身绘制在哪张图纸中，或在哪一个被选用的图集中而设定的符号。读图者根据索引符号就能够直接找到详图所在的施工图号，或标准图集的具体页码。

（2）详图符号

详图符号表达的含义包括两部分内容：一是详图本身的编号；二是详图引出的位置。

5.《房屋建筑制图统一标准》中规定

《房屋建筑制图统一标准》（GB/T 50001—2017）对索引符号及详图符号的绘制规则规定如下：

（1）第 7.2.1 条：图样中的某一局部或构件，如需另见详图，应以索引符号索引［图 6-14（a）］。索引符号应由直径为 8~10 mm 的圆和水平直径组成，圆及水平直径线宽宜为 0.25$b$。索引符号编写应符合下列规定：

① 当索引出的详图与被索引的详图同在一张图纸内，应在索引符号的上半圆中用阿拉伯数字注明该详图的编号，并在下半圆中间画一段水平细实线［图 6-14（b）］。

② 当索引出的详图与被索引的详图不在同一张图纸中，应在索引符号的上半圆中用阿拉伯数字注明该详图的编号，在索引符号的下半圆用阿拉伯数字注明该详图所在图纸的编号［图 6-14（c）］。数字较多时，可加文字标注。

③ 当索引出的详图采用标准图时，应在索引符号水平直径的延长线上加注该标准图集的编号［图 6-14（d）］。需要标注比例时，应在文字的索引符号右侧或延长线下方，与符号下对齐。

（2）第 7.2.2 条：当索引符号用于索引剖视详图时，应在被剖切的部位绘制剖切位置线，并以引出线引出索引符号，引出线所在的一侧应为剖视方向。索引符号的编号应符合本标准第 7.2.1 条的规定（图 6-13）。

（3）第 7.2.4 条：详图的位置和编号应以详图符号表示。详图符号的圆直径应为 14 mm，线宽为 $b$。详图编号应符合下列规定：

① 当详图与被索引的图样同在一张图纸内时，应在详图符号内用阿拉伯数字注明详图的编号（图 6-26）；

② 当详图与被索引的图样不在同一张图纸内时，应用细实线在详图符号内画一水平直径，在上半圆中注明详图编号，在下半圆中注明被索引的图纸的编号（图 6-27）。

图 6-26　与被索引图样同在一张图纸内的详图符号

图 6-27　与被索引图样不在一张图纸内的详图符号

## 九、建筑详图的识读方法

（1）读建筑平面图、立面图及剖面图——找出所有需要绘制详图的位置，看是否所有应该绘制详图的位置均有详图索引符号。

（2）看详图索引——寻找对应的图纸或标准图集，核对详图索引与详图符号是否对应，并核查详图内容是否与引出内容一致。

(3)读详图内容——核查详图内容是否满足规范和施工要求。

## 第二课堂学习任务

任务内容：

用 AutoCAD 软件绘制“后勤临时办公用房建筑剖面图”(详见本书配套例图集)。

成果内容：

“后勤临时办公用房建筑剖面图”AutoCAD 电子文件。

项目成果文件编制要求：

- 采用 A2 图幅,图样比例采用 1 : 100;
- 所有线型的使用必须符合《房屋建筑制图统一标准》(GB/T 50001—2017)相关条文要求;
- 所有尺寸标注字体采用 hztxt.shx,字高采用 3 mm,宽高比 0.7;
- 文字说明字体采用 hztxt.shx,字高 5 mm,宽高比 0.7;
- 图名字体采用 hztxt.shx,字高 8 mm,宽高比 0.7;
- 文件形式为电子版图形文件。

完成项目后思考的问题：

- 建筑剖面图一般表达哪些内容?
- 建筑剖面图的剖切位置一般在什么位置?
- 剖切符号应绘制在什么地方? 如何绘制?
- 标高分哪几种? 剖面图中的标高是哪种?
- 建筑详图在建筑施工图中是如何表达的?
- 建筑物的哪些内容需要给出建筑详图?
- 索引符号与详图符号的绘制原则在《房屋建筑制图统一标准》(GB/T 50001—2017)中是如何规定的?
- 建筑物的屋面做法详图一般如何表达? 在哪个图样处表达?
- 目前在建筑施工图中一般很少见到建筑详图的图样,为什么?

项目七

# 7

# 建筑施工图的综合识读

**项目描述**

识读单层工业厂房建筑施工图，找出施工图中存在的问题，编制问题清单。

**教学目标**

技能目标：

能够对全套施工图进行综合识读，完成相关工作任务。

知识目标：

1. 了解建筑工程施工图中各部分图纸在表达内容方面的“分工”；
2. 了解设计企业中所称“土建专业”的含义及其对应的设计表达内容；
3. 掌握建筑施工图表达的内容与具体图纸的对应关系；
4. 掌握建筑施工图的综合识读方法；
5. 掌握与建筑施工图识读相关的工作任务内容。

## 项目支撑知识

### 一、建筑工程施工图中各部分图纸在表达内容方面的“分工”

我们知道，构成建筑工程施工图的各部分图纸分别表达了构成整个建筑物的不同信息内容，这种在不同部分图纸中表达不同信息内容的方法是在设计过程中事先约定好的，由于整个建筑物的内容信息量庞大，且涉及专业较多，因此在设计企业中不同信息内容是由不同专业来表达完成的(图7-1)。但由于整体信息之间联系紧密，就形成了各专业间既要分工明确，又要紧密配合的局面。

通过完成项目1~项目6，我们完成了建筑施工图各分类图纸的识读，了解了各分类图纸的表达内容，同时可以得出一个结论，即构成建筑施工图的各部分图纸在表达内容方面也是既有分工，又相互联系的。也就是说，要获得我们需要的一个具体信息，不是仅仅识读某一类图纸就能完成的，需要将相关图纸联系起来识读才能得到，这就是要学会综合识读方法的原因所在，只有这样才能做到有的放矢，高效率完成岗位工作任务。

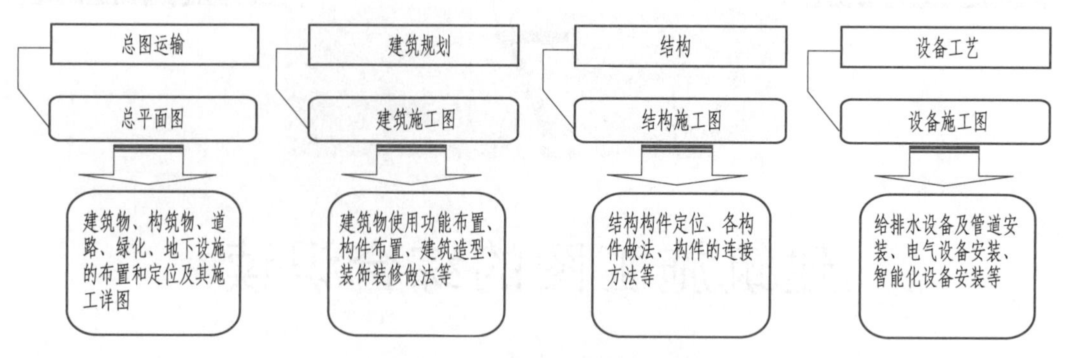


图 7-1 建筑工程施工图表达的基本内容及专业分工

## 二、设计企业中的“土建专业”及其对应的设计表达内容

设计企业中的“土建专业”是建筑规划专业和结构专业的统称。两个专业相互配合，各自表达建筑施工图和结构施工图(即本书介绍的两大施工图内容)的设计内容,并高度协调一致。

“土建专业”在设计时要解决的问题,也就是各自要在施工图中表达的内容如图 7-2 所示,其中 1~6 项归属建筑施工图,7~8 项归属结构施工图。

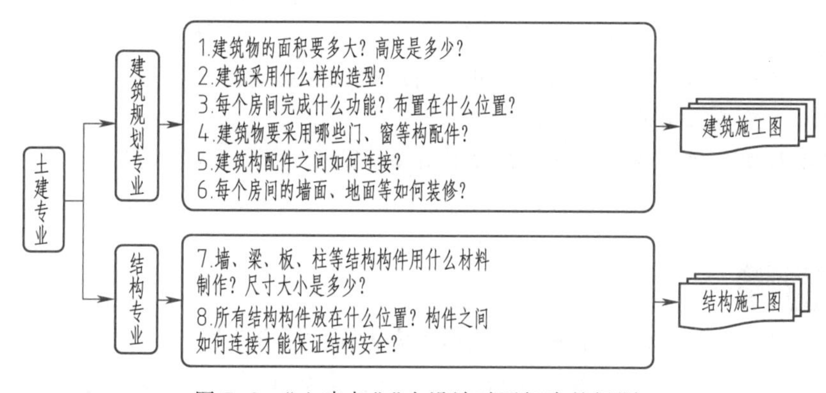


图 7-2 “土建专业”在设计时要解决的问题

## 三、建筑施工图与结构施工图在内容表达上的分工

显而易见,建筑施工图中表达的内容是要说清建筑物的“外表”内容,如建筑物的平面形状、大小、立面形状、装饰装修等内容,可以比喻成为建筑物“穿衣服”;而结构施工图则承担如何构成建筑物的“骨架”的责任,如梁、板、柱需要做多大,相互之间如何连接等,解决的是保障建筑物安全的问题。

由此可知,我们在识读图纸时也必须遵守这种“分工”,否则无法做到有的放矢和提高效率。

例如,要想知道一个梁的具体尺寸、制作材料等信息,必须去阅读结构施工图;而要想知道梁的外表面如何装饰,则必须识读建筑施工图。这里特别要指出的是,无论建筑物的结构形式是哪一种(钢筋混凝土框架结构、砌体结构、钢结构等),不论砖砌体是否作为承重构件出现(如砌体结构中是承重构件),墙体的相关信息(材料要求、厚度、位置等)均在建筑施工图中表达。这是由所有设计企业对施工图表达内容的分工决定的,不能按照是否需要进行结构计算来判断(虽然在砌体结构建筑物中,墙体的厚度需要结构专业通过计算决定)墙体部分内容是否应该表达在建筑或结构施工图中。

## 四、建筑施工图的表达内容与具体图纸的对应关系

建筑施工图需要表达的不同内容会分别在不同类型的图纸中表达,如图 7-3 所示。

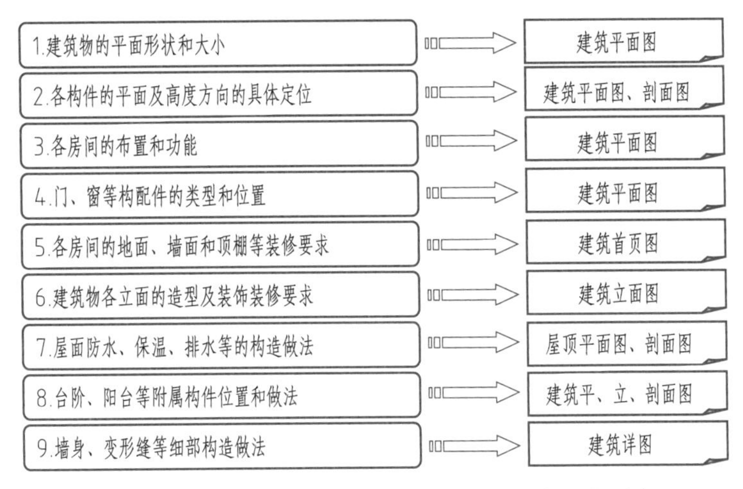


图 7-3　建筑施工图表达的内容与具体图纸类型的对应

## 五、建筑施工图的综合识读方法

建筑工程施工图综合识读的方法如图 7-4 所示。

1.识读建筑首页图——掌握总体概况和要求

2.识读建筑平面图——顺序由底层至顶层

3.识读建筑立面图——与平面图对照掌握外墙情况

4.识读建筑剖面图——与平面图对照掌握楼梯等处竖向布置情况

5.识读建筑详图——掌握详图索引处具体构造做法

6.识读建筑标准图集——掌握详图索引处及标准构件做法

7.反复识读全部建筑施工图并与结构施工图对照——查缺补漏

图 7-4　建筑施工图综合识读的方法

通过前面内容可知,识读一套建筑施工图时,往往会根据不同目的(完成不同的岗位工作任务)来阅读。例如:编制“门窗加工制作汇总表”是建筑工程施工企业的具体岗位工作内容,表格式样可参照表 7-1,其具体操作步骤如下:

(1) 按照各层平面图中门、窗编号统计门窗种类;

(2) 统计每一种类门窗数量;

(3) 将各层平面图中的门窗种类(即代号)和数量填入表格;

(4) 查阅“建筑首页图”中的门窗表,将每类门窗选用的标准图集编号填入表格;

(5) 从各层平面图中确认每类门窗的宽度(即洞口宽度)填入表格;

(6) 从建筑立面图、建筑剖面图及门窗详图中确认每类窗的洞口高度并填入表格;

(7) 核对填入表中的所有数据,完成任务。

表 7-1　门　窗　表

| 编号 | 名称 | 标准图号 | 型号 | 洞宽/mm | 洞高/mm | 数量 | 过梁型号 | 备注 |
|---|---|---|---|---|---|---|---|---|
| M1 | | 02J611-1 | M12-3036 | 3 000 | 3 600 | 1 | ML4A-301A | 门樘 MT4-36A |
| M2 | 平开门 | 92SJ704(一) | PSM6-21 | 1 000 | 2 100 | 1 | 雨篷兼过梁 | |
| C1 | 塑钢推拉窗 | 92SJ704(一) | TSC-73 | 1 500 | 1 800 | 8 | 圈梁兼过梁 | |
| C2 | 塑钢固定窗 | 92SJ704(一) | 参 GSC-48 | 3 000 | 1 800 | 1 | 圈梁兼过梁 | |
| C3 | 塑钢固定窗 | 92SJ704(一) | GSC-45 | 1 500 | 1 800 | 16 | 圈梁兼过梁 | |

图 7-4 所示方法只是表达了识读建筑施工图的一般规律,具体识读时还要靠读者多练习、多体会,才能真正掌握建筑施工图所要表达的内容,为识读整套建筑工程施工图奠定基础。

## 六、与建筑施工图识读相关的岗位工作任务内容

与建筑施工图识读相关的岗位任务有很多,并且不同类型的企业,其工作任务内容大相径庭。例如施工承包企业任务内容一般包括以下几类:

(1) 任务类型 1——完成工程预算

此类任务与识读建筑施工图相关,具体任务内容为“计算工程量”,包括计算建筑面积、计算墙体工程量、计算装饰装修工程量等内容。在完成此类任务时,需要阅读包括建筑首页图,建筑平、立、剖面图及建筑详图在内的所有图纸,从中找出计算工程量所需内容。例如:计算建筑面积需要阅读所有的建筑平面图;计算室内装饰工程量需要阅读首页图及平、立、剖面图,明确装饰做法及各装饰位置的面积等。

(2) 任务类型 2——参加施工图会审会议

施工图会审会议是施工准备阶段参与施工各方必须参加的会议,施工方是会议主体方。核心任务是通过阅读图纸,将问题解决在施工之前。为此,施工方分管技术的相关人员将以“找出问题”为目的阅读图纸。

建筑施工图中问题一般包括:

① 所用材料违反国家规范及政策文件规定(如烧结黏土砖、禁用钢材等);

② 工程设计违反国家规范强制性条文规定(如楼梯间净空小于 2 m);

③ 工程设计抗震设防违反国家规范(使用作废规范和图集);

④ 建筑物超出建筑红线等限制性要求;

⑤ 建筑施工图与结构施工图不对应(建筑标高与结构标高矛盾);

⑥ 建筑施工图中建筑详图不完整(存在关键部位无详图情况)。

为尽可能避免施工中发现问题,参会各方需尽力寻找图纸中可能存在的问题。

(3) 任务类型 3——编制施工现场平面图

此类任务需要施工方人员仔细阅读总平面布置图、建筑平面图,确定周边条件和气候条件,确定现场的施工设备布置、材料堆场布置及临时用房布置等内容,才能科学完成现场平面图的设计绘制工作。

(4) 任务类型 4——场地平整与测量放线

此类任务需要施工方人员认真阅读总平面布置图(包括地形图)和建筑平面图,确定现场永久测设点、建筑物零米标高、定位坐标等内容,才能准确及时完成土方工程量计算、场地平整、定位放线、轴线测设等任务。

所列的任务并非包罗万象,现场任务包括多种类型,需要读者对建筑施工图内容熟悉并认真阅读才能准确完成。

## 第二课堂学习任务

任务内容:

找出“单层工业厂房建筑施工图”(详见本书配套例图集)中各分页图纸表达不一致的内容,列出问题清单,用 Word 文档编制“单层工业厂房施工图审查问题汇总”文件。

成果内容:

“单层工业厂房施工图审查问题汇总”Word 文档电子文件。

项目成果文件编制要求:

- 用 Word 文档撰写,文件名为“姓名.docx”;
- 文档采用“宋体”字体,标题字号采用“三号”,正文字号采用“小四”,1.5 倍行距。

完成项目后思考的问题:

- 是否有了图纸目录中给出的建筑平、立、剖面图和建筑详图,一套建筑施工图就完整了?
- 建筑平面图、立面图、剖面图之间的关系如何? 怎样才称为三者一致?
- 如何根据建筑施工图统计建筑门窗的工程量?
- 要了解建筑物室内装饰要求应该识读哪张图纸内容?
- 要了解建筑物的占地面积和总建筑面积需要阅读哪张图纸?
- 建筑总平面布置图表达的内容有哪些?

项目八

# 8

# 结构施工图目录及首页图的识读

**项目描述**

识读某工程结构首页图,完成相关学习任务。

**教学目标**

技能目标:

能识读结构施工图的首页图。

知识目标:

1. 掌握结构施工图的构成;
2. 熟悉结构施工图的绘制依据;
3. 掌握钢筋混凝土结构的基本知识;
4. 掌握结构首页图的内容及识读方法。

## 项目支撑知识

### 一、结构施工图的总体构成

结构施工图总体上由四部分组成,但实质上的内容是由两部分组成的,即确定所有结构构件位置的结构布置图及规定各构件具体做法的结构详图(图 8-1)。不难看出,结构施工图的基本作用是向读图者传达两个信息:其一,每一个组成建筑物的构件应该放置在哪里;其二,每一个结构构件该怎么制作,相互之间如何连接。

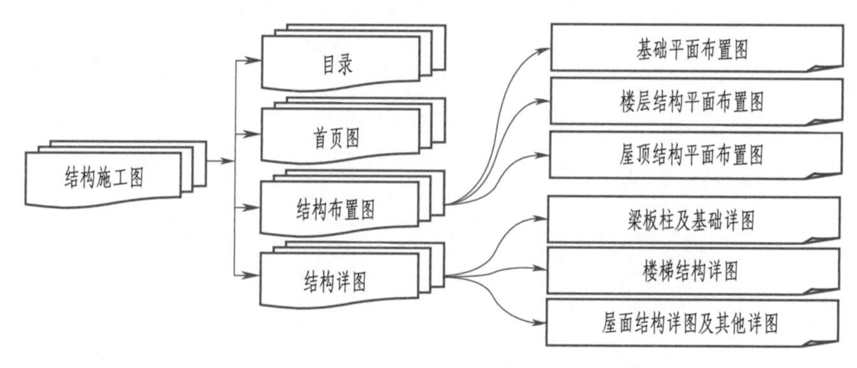


图 8-1　结构施工图的总体构成

一般来说,结构布置图是按照房屋建筑从下至上的顺序,通过绘制水平投影图的方式,来表达不同位置各构件的三维坐标(平面坐标及高度方向坐标)。

所谓平面坐标,是指在平面布置图中,每一个结构构件与横、纵两个方向的定位轴线之间的相对距离。高度方向坐标是以标高的形式表达在结构构件详图当中。

从图 8-1 中可以看出,结构布置图包括正负零米标高以下的结构构件位置图——基础平面布置图,存在于主体结构中间各层之中的结构构件位置图——楼层结构布置图,以及屋顶层结构构件位置图——屋顶结构平面布置图。结构详图则包括基础结构详图,主体结构各层梁、板、柱施工图,楼梯结构详图及屋面结构详图等。

特别说明,由于楼梯在整个建筑结构中的特殊性,其结构布置图和详图内容与其他构件存在明显区别,本书中将作为专题进行叙述。

结构布置图与结构详图之间是对应关系,二者缺一不可,如图 8-2、图 8-3 所示(受幅面所限,本处图样只能表达图纸的大致轮廓内容,具体内容见配套例图集)。

特别需要说明的是,在实际的工程施工图中,结构构件详图也可以称为“××构件施工图”。

## 二、结构施工图的绘制要求

(1) 结构施工图绘制的规范依据:

①《房屋建筑制图统一标准》(GB/T 50001—2017)。

②《建筑结构制图标准》(GB/T 50105—2010)。

《房屋建筑制图统一标准》(GB/T 50001—2017)中的相关规定已经在前述内容中叙述,此处不再赘述。《建筑结构制图标准》(GB/T 50105—2010)中的相关规定将在后面相关项目内容中叙述。

(2) 结构施工图的绘制必须依据本建筑物的建筑施工图,如此才能保证建筑施工图与结构施工图的一致性。

所谓建筑施工图与结构施工图的一致性,首先是指结构施工图中的定位轴线及标高等定位信息应与建筑施工图一致;其次是结构施工图上的构件尺寸应与建筑施工图相符。

## 三、结构施工图的目录

与识读建筑施工图图纸目录一样,结构施工图的图纸目录与建筑施工图的图纸目录作用相同,只不过图纸内容换成了结构施工图的内容。

其中,知道工程名称和项目名称能够使阅读者区分不同项目的图纸;知道设计阶段可以区分本套图纸是初步设计方案图还是施工图;知道图纸页数便于图纸的保管;各图纸的名称信息则使阅读者可以直接查阅指定内容的图纸;每页图纸的编号可以方便图纸间的相互引用;修改版次则能够让阅读者获得施工图的原始内容是否修改。

## 四、结构施工图首页图的内容

从图 8-4 可以看出,结构施工图的首页图一般表达以下内容:

(1) 建筑物的零米相对于绝对标高的数值,这一信息是建筑施工承包商施工测量放线的基本依据(此项内容也可在建筑总平面布置图或建筑首页图中给出)。

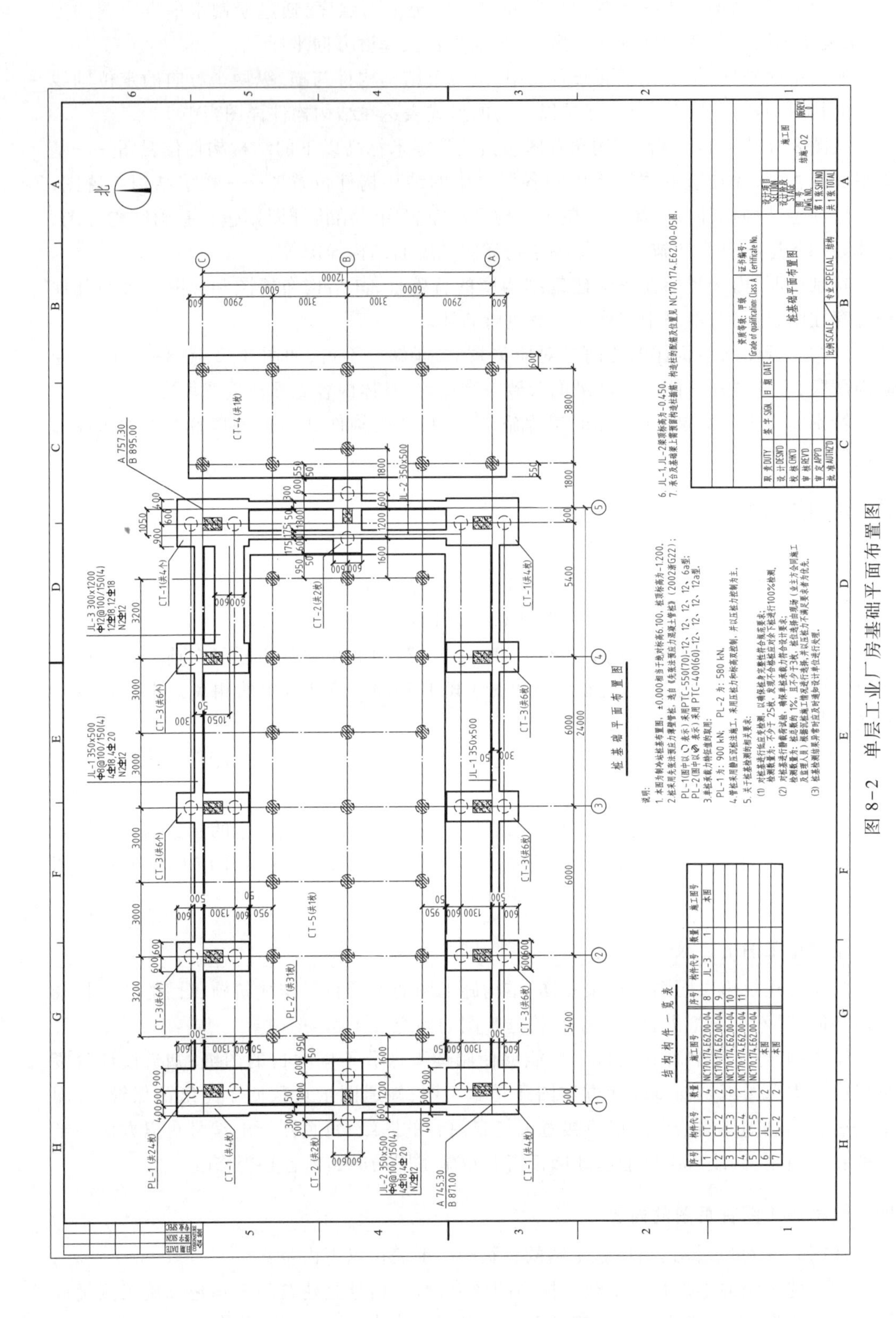


图 8-2　单层工业厂房基础平面布置图

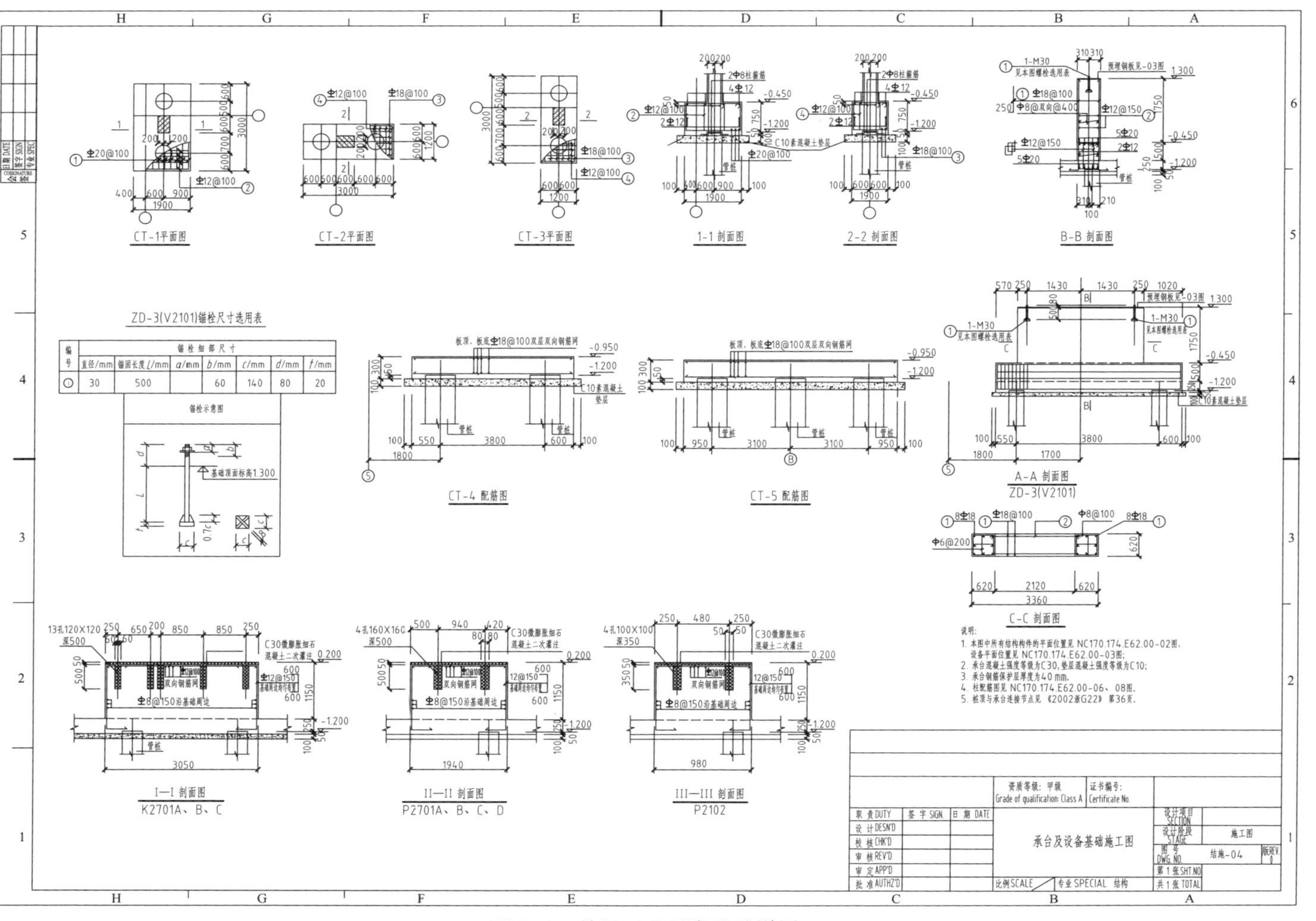


| 编号 | 锚栓细部尺寸 | | | | | | |
|---|---|---|---|---|---|---|---|
| | 直径/mm | 锚固长度 L/mm | a/mm | b/mm | c/mm | d/mm | t/mm |
| ① | 30 | 500 | | 60 | 140 | 80 | 20 |

图 8-3 单层工业厂房基础详图

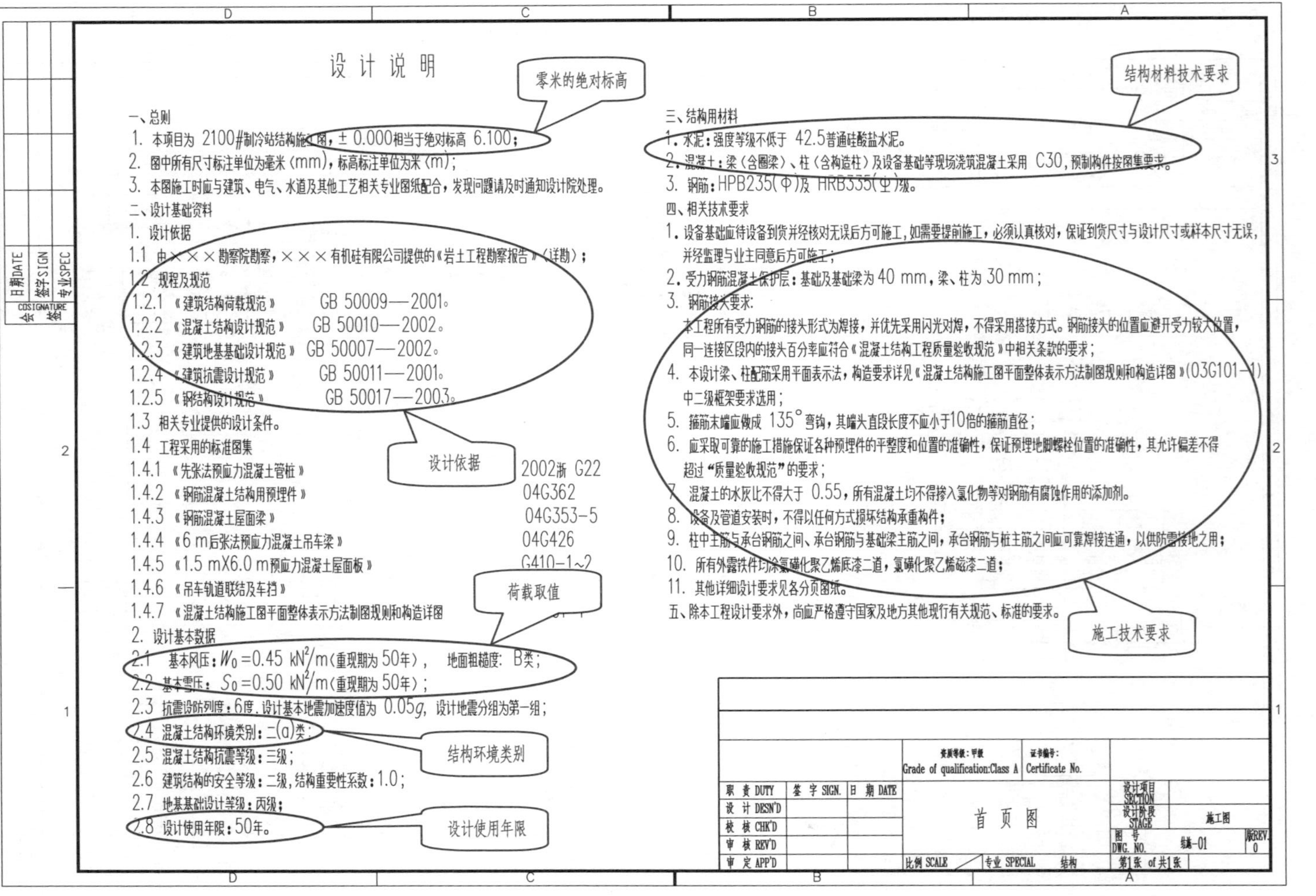

设计说明

一、总则

1. 本项目为 2100#制冷站结构施工图，± 0.000相当于绝对标高 6.100；
2. 图中所有尺寸标注单位为毫米（mm），标高标注单位为米（m）；
3. 本图施工时应与建筑、电气、水道及其他工艺相关专业图纸配合，发现问题请及时通知设计院处理。

二、设计基础资料

1. 设计依据

1.1 由×××勘察院勘察，×××有机硅有限公司提供的《岩土工程勘察报告》（详勘）；

1.2 规程及规范

1.2.1 《建筑结构荷载规范》　GB 50009—2001。

1.2.2 《混凝土结构设计规范》　GB 50010—2002。

1.2.3 《建筑地基基础设计规范》　GB 50007—2002。

1.2.4 《建筑抗震设计规范》　GB 50011—2001。

1.2.5 《钢结构设计规范》　GB 50017—2003。

1.3 相关专业提供的设计条件。

1.4 工程采用的标准图集

1.4.1 《先张法预应力混凝土管桩》　2002浙 G22

1.4.2 《钢筋混凝土结构用预埋件》　04G362

1.4.3 《钢筋混凝土屋面梁》　04G353-5

1.4.4 《6 m后张法预应力混凝土吊车梁》　04G426

1.4.5 《1.5 mX6.0 m预应力混凝土屋面板》　G410-1~2

1.4.6 《吊车轨道联结及车挡》

1.4.7 《混凝土结构施工图平面整体表示方法制图规则和构造详图

2. 设计基本数据

2.1 基本风压：$W_0$=0.45 kN/m²（重现期为 50年），　地面粗糙度：B类；

2.2 基本雪压：$S_0$=0.50 kN/m²（重现期为 50年）；

2.3 抗震设防烈度：6度，设计基本地震加速度值为 0.05$g$，设计地震分组为第一组；

2.4 混凝土结构环境类别：二(a)类；

2.5 混凝土结构抗震等级：三级；

2.6 建筑结构的安全等级：二级，结构重要性系数：1.0；

2.7 地基基础设计等级：丙级；

2.8 设计使用年限：50年。

三、结构用材料

1. 水泥：强度等级不低于 42.5普通硅酸盐水泥。
2. 混凝土：梁（含圈梁）、柱（含构造柱）及设备基础等现场浇筑混凝土采用 C30，预制构件按图集要求。
3. 钢筋：HPB235（Φ）及 HRB335（Φ）级。

四、相关技术要求

1. 设备基础应待设备到货并经核对无误后方可施工，如需要提前施工，必须认真核对，保证到货尺寸与设计尺寸或样本尺寸无误，并经监理与业主同意后方可施工；
2. 受力钢筋混凝土保护层：基础及基础梁为 40 mm，梁、柱为 30 mm；
3. 钢筋接头要求：
   本工程所有受力钢筋的接头形式为焊接，并优先采用闪光对焊，不得采用搭接方式。钢筋接头的位置应避开受力较大位置，同一连接区段内的接头百分率应符合《混凝土结构工程质量验收规范》中相关条款的要求；
4. 本设计梁、柱配筋采用平面表示法，构造要求详见《混凝土结构施工图平面整体表示方法制图规则和构造详图》(03G101—1)中二级框架要求选用；
5. 箍筋末端应做成 135°弯钩，其端头直段长度不应小于10倍的箍筋直径；
6. 应采取可靠的施工措施保证各种预埋件的平整度和位置的准确性，保证预埋地脚螺栓位置的准确性，其允许偏差不得超过“质量验收规范”的要求；
7. 混凝土的水灰比不得大于 0.55，所有混凝土均不得掺入氯化物等对钢筋有腐蚀作用的添加剂。
8. 设备及管道安装时，不得以任何方式损坏结构承重构件；
9. 柱中主筋与承台钢筋之间、承台钢筋与基础梁主筋之间，承台钢筋与桩主筋之间应可靠焊接连通，以供防雷接地之用；
10. 所有外露铁件均涂氯磺化聚乙烯底漆二道，氯磺化聚乙烯磁漆二道；
11. 其他详细设计要求见各分页图纸。

五、除本工程设计要求外，尚应严格遵守国家及地方其他现行有关规范、标准的要求。

| 职 责 DUTY | 签 字 SIGN. | 日 期 DATE |
| --- | --- | --- |
| 设 计 DESN'D | | |
| 校 核 CHK'D | | |
| 审 核 REV'D | | |
| 审 定 APP'D | | |

资质等级：甲级 Grade of qualification:Class A　证书编号：Certificate No.

首 页 图

比例 SCALE　专业 SPECIAL　结构

设计项目 SECTION　设计阶段 STAGE　施工图　图号 DWG. NO.　结施-01　版REV. 0　第1张 of 共1张

会签 COSIGNATURE　日期DATE　签字SIGN　专业SPEC



图 8-4　结构首页图的内容

(2)设计依据表达了本设计采用的地质勘察报告名称和出具单位,采用的规程和规范、标准图集和通用设计的目录,采用的荷载取值、抗震设防烈度及设计使用年限等信息。其中,地质勘察报告是施工承包商进行基础施工的依据之一,而其他信息则为施工图审查,以及结构核算等工作提供数据依据。

(3)结构用材料的技术要求是保障施工质量的重要信息内容。如采用的水泥品种和强度等级、钢材的种类和强度要求等。尤其是采用新技术和新材料时,此项信息内容会更加细致和详尽。

(4)施工技术要求则是设计者对施工承包商在施工工艺方面提出的要求,是促使施工方保证施工质量,最终实现设计意图的有效手段。

## 五、钢筋混凝土相关知识

由于本项目为钢筋混凝土结构,因此钢筋混凝土结构的相关知识是读懂结构首页图及其他结构施工图的必备内容。

### (一)相关专业用词的概念

《混凝土结构设计规范(2015年版)》(GB 50010—2010)中第2.1条规定了相关专业名词的内涵:

1. 混凝土(concrete)

水泥、砂子、石子和水按一定比例(混凝土配合比)拌和,经浇筑、振捣、养护硬化后形成的一种人造建筑结构材料。

2. 钢筋混凝土(reinforced concrete)

利用混凝土抗压强度高的特性,以及钢筋抗拉强度高的特性制成的,一种整体承载能力较高的理想结构用材料。

3. 混凝土结构(concrete structure)

以混凝土为主制成的结构,包括素混凝土结构、钢筋混凝土结构和预应力混凝土结构等。

4. 素混凝土结构(plain concrete structure)

无筋或不配置受力钢筋的混凝土结构。

5. 普通钢筋(steel bar)

用于混凝土结构构件中的各种非预应力筋的总称。

6. 预应力筋(prestressing tendon and/ or bar)

用于混凝土结构构件中施加预应力的钢丝、钢绞线和预应力螺纹钢筋等的总称。

7. 钢筋混凝土结构(reinforced concrete structure)

配置受力普通钢筋的混凝土结构。

8. 预应力混凝土结构(prestressed concrete structure)

配置受力的预应力筋,通过张拉或其他方法建立预加应力的混凝土结构。

9. 现浇混凝土结构(cast-in-situ concrete structure)

在现场原位支模并整体浇筑而成的混凝土结构。

10. 装配式混凝土结构(precast concrete structure)

由预制混凝土构件或部件装配、连接而成的混凝土结构。

11. 装配整体式混凝土结构(assembled monolithic concrete structure)

由预制混凝土构件或部件通过钢筋、连接件或施加预应力加以连接,并在连接部位浇筑混凝土而形成整体受力的混凝土结构。

12. 叠合构件(composite member)

由预制混凝土构件(或既有混凝土结构构件)和后浇混凝土组成,以两阶段成型的整体受力结构构件。

13. 先张法预应力混凝土结构(pretensioned prestressed concrete structure)

在台座上张拉预应力筋后浇筑混凝土,并通过放张预应力筋由黏结传递而建立预应力的混凝土结构。

14. 后张法预应力混凝土结构(post-tensioned prestressed concrete structure)

浇筑混凝土并达到规定强度后,通过张拉预应力筋并在结构上锚固而建立预应力的混凝土结构。

15. 无黏结预应力混凝土结构(unbonded prestressed concrete structure)

配置与混凝土之间可保持相对滑动的无黏结预应力筋的后张法预应力混凝土结构。

16. 有黏结预应力混凝土结构(bonded prestressed concrete structure)

通过灌浆或与混凝土直接接触使预应力筋与混凝土之间相互黏结而建立预应力的混凝土结构。

17. 结构缝(structural joint)

根据结构设计需求而采取的分割混凝土结构间隔的总称。

18. 混凝土保护层(concrete cover)

结构构件中钢筋外边缘至构件表面范围用于保护钢筋的混凝土,简称保护层。

19. 锚固长度(anchorage length)

受力钢筋依靠其表面与混凝土的黏结作用或端部构造的挤压作用而达到设计承受应力所需的长度。

20. 钢筋连接(splice of reinforcement)

通过绑扎搭接、机械连接、焊接等方法实现钢筋之间内力传递的构造形式。

21. 横向钢筋(transverse reinforcement)

垂直于纵向受力钢筋的箍筋或间接钢筋。

22. 混凝土的强度等级(strength grade of concrete)

《混凝土结构设计规范(2015年版)》(GB 50010—2010)中第4.1.1条规定:混凝土强度等级应按立方体抗压强度标准值确定。立方体抗压强度标准值系指按标准方法制作,养护的边长为150 mm的立方体试件,在28d或设计规定龄期以标准试验方法测得的具有95%保证率的抗压强度值。

23. 龄期(age of concrete)

自加水搅拌开始,混凝土所经历的时间,按天或小时计[《混凝土强度检验评定标准》(GB/T 50107—2010)第2.1.2条]。

(二)混凝土强度等级在结构施工图中的表达方法

按照《混凝土结构设计规范》(GB 50010—2010)规定,混凝土强度共分为14个强度等级,见表8-1。

表 8-1　混凝土强度等级

| C15 | C20 | C25 | C30 | C35 | C40 | C45 | C50 | C55 | C60 | C65 | C70 | C75 | C80 |
|---|---|---|---|---|---|---|---|---|---|---|---|---|---|

注:表中 C50~C80 属于高强度混凝土。

混凝土强度符号的含义:以“C15”为例,“C”是英文“concrete”的缩写,“15”代表混凝土的立方体抗压强度标准值为 15 MPa(15 N/mm$^2$)。

(三) 钢筋混凝土结构中的“钢筋”

1. 钢筋的牌号与符号

根据《钢筋混凝土用钢第 1 部分:热轧光圆钢筋》(GB/T 1499.1—2017)中的定义,热轧光圆钢筋(hot rolled plain bars)为:经热轧成型,横截面通常为圆形,表面光滑的成品钢筋。钢筋混凝土结构中推荐使用的牌号为“HPB300”,“300”的含义为:钢材的屈服强度特征值为 300 N/mm$^2$。

根据《钢筋混凝土用钢第 2 部分:热轧带肋钢筋》(GB/T 1499.2—2018)中的定义,热轧带肋钢筋(hot rolled ribbed bars)分为普通热轧钢筋(HRB)及细晶粒热轧钢筋(HRBF)。

普通热轧钢筋是指“按热轧状态供货的钢筋”;细晶粒热轧钢筋是指“在热轧过程中,通过热轧和控冷工艺形成的细晶粒钢筋”。细晶粒钢筋的强度更高,且变形性能(破坏前有更好的变形性能)更好,更能满足结构构件的抗震要求。

所谓“带肋钢筋”,是指“横截面通常为圆形,且表面带肋的混凝土结构用钢材”。此类钢筋与混凝土包裹状态更好,更能满足混凝土与钢筋共同工作的要求(图 8-5)。

热轧带肋钢筋表面的“肋”分为很多种,具体种类、牌号等详细信息请参照规范《钢筋混凝土用钢第 2 部分:热轧带肋钢筋》(GB/T 1499.2—2018)中相关内容。

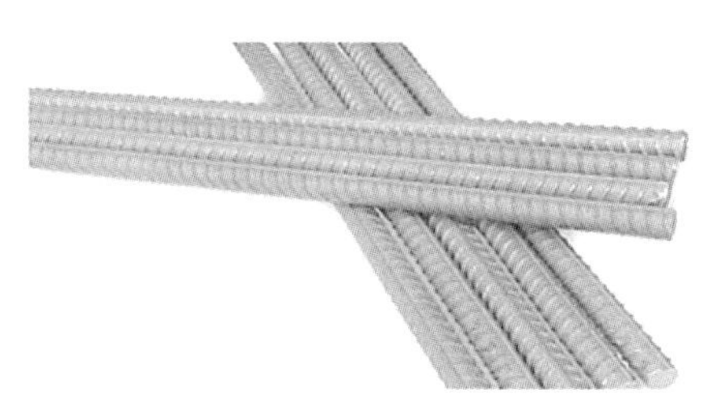

图 8-5　热轧带肋钢筋

2. 钢筋混凝土结构中使用的钢筋

《混凝土结构设计规范(2015 年版)》(GB 50010—2010)中第 4.2.1 条规定:纵向受力普通钢筋可采用 HRB400、HRB500、HRBF400、HRBF500、HRB335、RRB400、HPB300 钢筋;梁、柱和斜撑构件的纵向受力普通钢筋宜采用 HRB400、HRB500、HRBF400、HRBF500 钢筋。

第 4.2.2 条规定了推荐使用的钢筋牌号、各牌号在图中使用的符号等内容(表 8-2)。

表 8-2　普通钢筋强度标准值　　N/mm$^2$

| 牌号 | 符号 | 公称直径 $d$/mm | 屈服强度标准值 $f_{yk}$ | 极限强度标准值 $f_{stk}$ |
|---|---|---|---|---|
| HPB300 | Φ | 6~14 | 300 | 420 |
| HRB335 | Φ | 6~14 | 335 | 455 |
| HRB400<br>HRBF400<br>RRB400 | Φ<br>Φ$^F$<br>Φ$^R$ | 6~50 | 400 | 540 |
| HRB500<br>HRBF500 | Φ<br>Φ$^F$ | 6~50 | 500 | 630 |

表8-2中规定了施工图中不同牌号钢筋应使用的符号,意味着图中不会另外说明钢筋的牌号,即读到钢筋的符号就确定了该钢筋的牌号。给出的“公称直径”数据含义是推荐使用该直径范围的钢筋。

3. 钢筋的“公称截面积及理论重量”

为读者使用方便,现将《混凝土结构设计规范(2015年版)》(GB 50010—2010)中给出的各公称直径的钢筋公称面积及单位长度的理论重量列出,供查阅使用(表8-3)。

表8-3 钢筋的公称直径、公称截面面积及理论重量

| 公称直径/mm | 不同根数钢筋的公称截面面积/mm² | | | | | | | | | 单根钢筋理论重量/(kg/m) |
|---|---|---|---|---|---|---|---|---|---|---|
| | 1 | 2 | 3 | 4 | 5 | 6 | 7 | 8 | 9 | |
| 6 | 28.3 | 57 | 85 | 113 | 142 | 170 | 198 | 226 | 255 | 0.222 |
| 8 | 50.3 | 101 | 151 | 201 | 252 | 302 | 352 | 402 | 453 | 0.395 |
| 10 | 78.5 | 157 | 236 | 314 | 393 | 471 | 550 | 628 | 707 | 0.617 |
| 12 | 113.1 | 226 | 339 | 452 | 565 | 678 | 791 | 904 | 1 017 | 0.888 |
| 14 | 153.9 | 308 | 461 | 615 | 769 | 923 | 1 077 | 1 231 | 1 385 | 1.21 |
| 16 | 201.1 | 402 | 603 | 804 | 1 005 | 1 206 | 1 407 | 1 608 | 1 809 | 1.58 |
| 18 | 254.5 | 509 | 763 | 1 017 | 1 272 | 1 527 | 1 781 | 2 036 | 2 290 | 2.00(2.11) |
| 20 | 314.2 | 628 | 942 | 1 256 | 1 570 | 1 884 | 2 199 | 2 513 | 2 827 | 2.47 |
| 22 | 380.1 | 760 | 1 140 | 1 520 | 1 900 | 2 281 | 2 661 | 3 041 | 3 421 | 2.98 |
| 25 | 490.9 | 982 | 1 473 | 1 964 | 2 454 | 2 945 | 3 436 | 3 927 | 4 418 | 3.85(4.10) |
| 28 | 615.8 | 1 232 | 1 847 | 2 463 | 3 079 | 3 695 | 4 310 | 4 926 | 5 542 | 4.83 |
| 32 | 804.2 | 1 609 | 2 413 | 3 217 | 4 021 | 4 826 | 5 630 | 6 434 | 7 238 | 6.31(6.65) |
| 36 | 1 017.9 | 2 036 | 3 054 | 4 072 | 5 089 | 6 107 | 7 125 | 8 143 | 9 161 | 7.99 |
| 40 | 1 256.6 | 2 513 | 3 770 | 5 027 | 6 283 | 7 540 | 8 796 | 10 053 | 11 310 | 9.87(10.34) |
| 50 | 1 963.5 | 3 928 | 5 892 | 7 856 | 9 820 | 11 784 | 13 748 | 15 712 | 17 676 | 15.42(16.28) |

注:括号内为预应力螺纹钢筋的数值。

## 六、钢筋混凝土构件中的“钢筋”

钢筋混凝土梁、板中的钢筋如图8-6、图8-7所示。从两图中可以看出,钢筋混凝土中的混凝土和钢筋是紧密连接在一起的两种不同受力材料,所谓“连接在一起”,是指混凝土浇筑硬化后将钢筋包裹于其中,两者共同受力。而两种典型的钢筋混凝土构件中的钢筋由于其在构件中所处的位置及其形状不同,决定了其所起的作用不同。

所谓受力筋,亦称纵向受力钢筋,其位置一般处于经过结构计算确定的构件受拉区域(个别受压区域也会配置受力钢筋);构造钢筋(包括分布钢筋),是指虽然经计算不需要,但经过实践检验需要配置,否则无法保证构件正常使用(如产生裂缝等影响正常使用的状况);箍筋是混凝土梁中为保证受力钢筋位置,同时提高混凝土梁抵抗剪切破坏能力的钢筋;架立钢筋则是在没有受力钢筋的梁内位置设置,用来固定箍筋位置准确的钢筋;混凝土保护层则比较好理解,它是指直接与大气环境接触,为保护钢筋不受大气环境侵蚀而按要求设定的、具备要求厚度的混凝土。

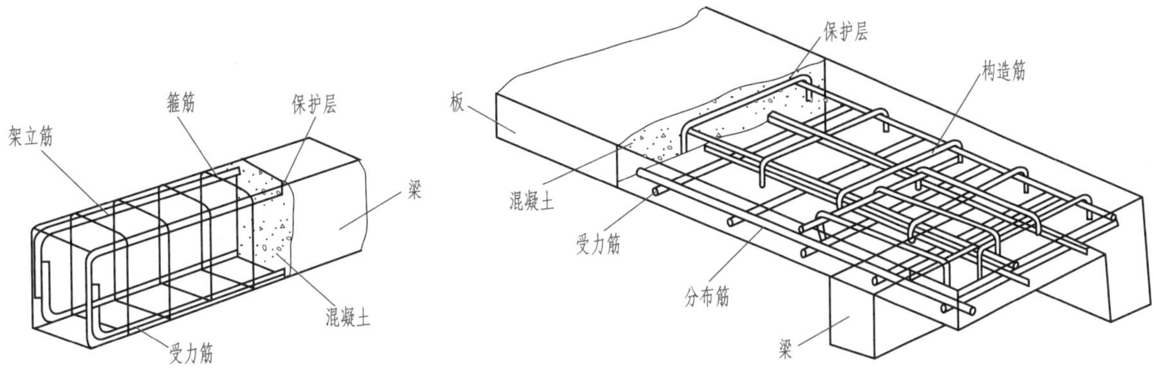


图 8-6 钢筋混凝土梁内钢筋示意图

图 8-7 钢筋混凝土板内钢筋示意图

动画
钢筋混凝土梁中钢筋的分类

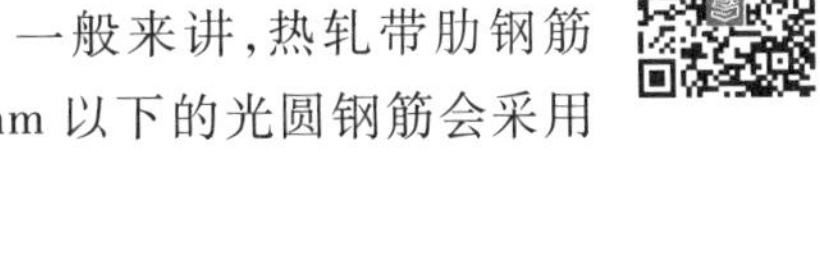

## 七、钢筋的连接

1. 连接的种类及要求

钢筋的厂家供货方式分为两种，即直条供货和盘圆供货。一般来讲，热轧带肋钢筋及直径为 12 mm 以上的光圆钢筋会采用直条供货，直径为 10 mm 以下的光圆钢筋会采用盘圆供货（图 8-8）。

盘圆供货的钢筋易于运输，运至施工现场后经过调直、截断、弯折加工等工序后即可用于工程实际。而直条供货的钢筋由于运输车辆及道路的限制，只能截断后运输（长度一般会小于 12 m）。因此通常情况下，直条供货的钢筋会根据需要在施工现场进行连接（加长）至需要的长度。

图 8-8 盘圆供货的钢筋

《混凝土结构设计规范（2015 年版）》（GB 50010—2010）中规定，钢筋连接是指“通过绑扎搭接、机械连接、焊接等方法实现钢筋之间内力传递的构造形式”。由于钢筋连接与否不受设计方控制，一般在图中会说明连接的原则，如接头的位置，要求使用的连接形式，连接区域接头的百分率限制等。上述设计要求涉及的相关规定如下：

（1）混凝土结构中受力钢筋的连接接头宜设置在受力较小处。在同一根受力钢筋上宜少设接头。在结构的重要构件和关键传力部位，纵向受力钢筋不宜设置连接接头。

（2）轴心受拉及小偏心受拉杆件的纵向受力钢筋不得采用绑扎搭接；其他构件中的钢筋采用绑扎搭接时，受拉钢筋直径不宜大于 25 mm，受压钢筋直径不宜大于 28 mm。

（3）同一构件中相邻纵向受力钢筋的绑扎搭接接头宜互相错开。钢筋绑扎搭接接头连接区段的长度为 1.3 倍搭接长度，凡搭接接头中点位于该连接区段长度内的搭接接头均属于同一连接区段（图 8-9）。

（4）轴心受拉及小偏心受拉杆件的纵向受力钢筋不得采用绑扎搭接；其他构件中的钢筋采用绑扎搭接时，受拉钢筋直径不宜大于 25 mm，受压钢筋直径不宜大于 28 mm。

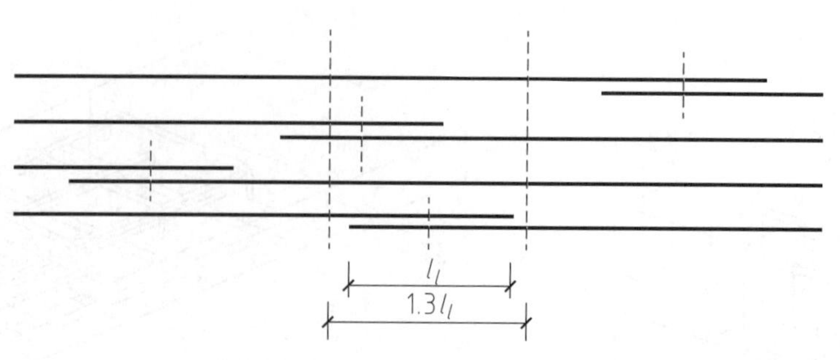


图 8-9　同一连接区段内纵向受拉钢筋的绑扎搭接接头

(5) 纵向受力钢筋的机械连接接头宜相互错开。钢筋机械连接区段的长度为 $35d$，$d$ 为连接钢筋的较小直径。凡接头中点位于该连接区段长度内的机械连接接头均属于同一连接区段。

(6) 机械连接套筒的保护层厚度宜满足有关钢筋最小保护层厚度的规定。机械连接套筒的横向净间距不宜小于 25 mm；套筒处箍筋的间距仍应满足相应的构造要求。

(7) 细晶粒热轧带肋钢筋(HRBF)以及直径大于 28 mm 的带肋钢筋，其焊接应经试验确定；余热处理(RRB)钢筋不宜焊接。

2. 机械连接的种类

机械连接主要有套筒挤压连接、锥螺纹套筒连接和直螺纹套筒连接。

(1) 套筒挤压连接：钢筋套筒挤压连接是将两根待接钢筋插入钢套筒，用液压钳径向挤压钢套筒，使套筒塑性变形后与钢筋上的横肋纹紧密地咬合，压接成一体，从而达到连接效果的一种机械接头方式(图 8-10)。

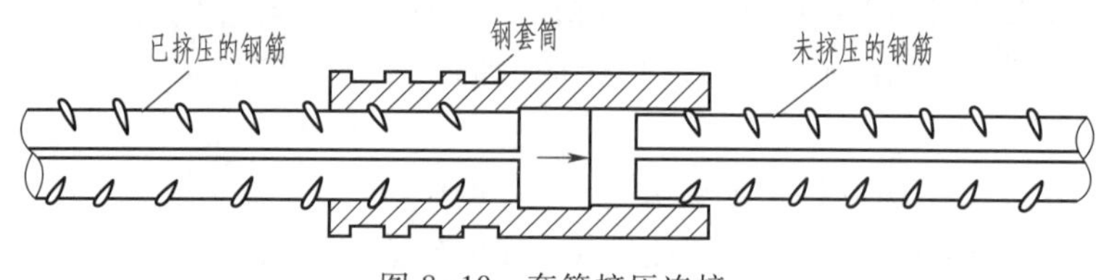


图 8-10　套筒挤压连接

(2) 锥螺纹套筒连接：锥螺纹套筒连接是把两根待连接的钢筋端加工制成锥形螺纹(简称丝头)，通过锥螺纹连接套把两根带螺纹头的钢筋，按规定的力矩连接成一体的钢筋接头(图 8-11)。

(3) 直螺纹套筒连接：直螺纹套筒连接是把两根待连接的钢筋端加工制成直螺纹，然后旋入带有直螺纹的套筒中，从而将两根钢筋连接成一体的钢筋接头(图 8-12)。

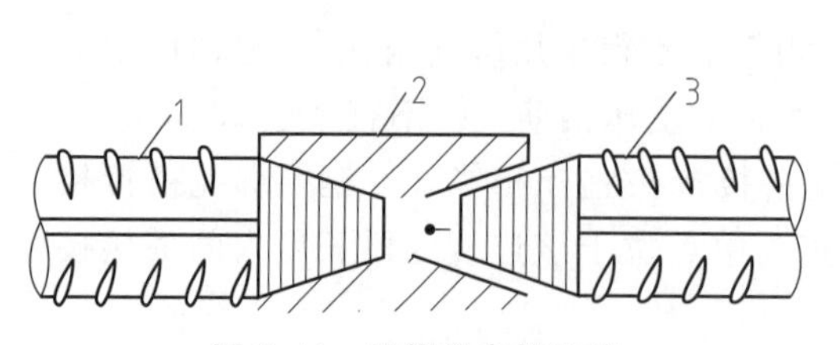


图 8-11　锥螺纹套筒连接

1—已连接钢筋；2—锥螺纹套筒；3—未连接钢筋

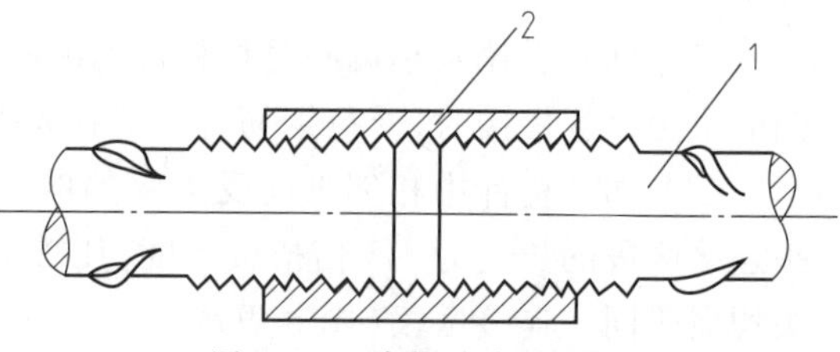


图 8-12　直螺纹套筒连接

1—待接钢筋；2—套筒

3. 焊接的主要种类

(1) 钢筋接触闪光对焊:钢筋接触闪光对焊的原理是利用对焊机使两端钢筋接触,通过低电压的强电流,待钢筋被加热到一定温度变软后,进行轴向加压顶锻,形成对焊接头(图 8-13)。可用于水平方向及竖向钢筋的焊接连接。

(2) 电渣压力焊:电渣压力焊是将两钢筋安放成竖向对接的形式,利用焊接电流通过两钢筋间隙,在焊剂层下形成电弧过程和电渣过程,产生电弧热和电阻热,熔化钢筋,加压完成的一种压焊方法。主要用于钢筋混凝土柱中纵向受力钢筋的连接。

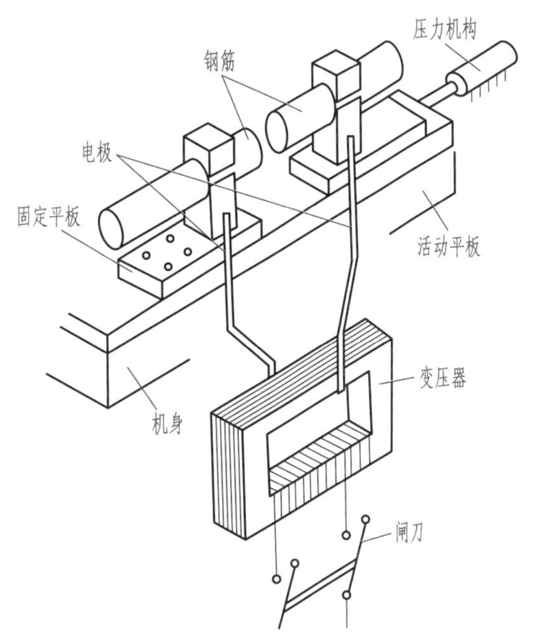


图 8-13　钢筋接触闪光对焊原理

## 八、结构的设计使用年限

设计使用年限是设计规定的一个时期,在这个规定的时期内,只需进行正常的维护而不需大修就能按预期目的使用,完成预定的功能,即房屋建筑在正常设计、正常施工、正常使用和维护下所应达到的使用年限,如达不到这个年限,则意味着在设计、施工、使用与维护的某一环节上出现了非正常情况。所谓“正常维护”包括必要的检测、防护及维修。设计使用年限是房屋建筑的地基基础工程和主体结构工程“合理使用年限”的具体化。

根据《工程结构可靠性设计统一标准》(GB 50153—2008)的规定,结构的设计使用年限一般分为 5 年、25 年、50 年及 100 年。对于钢筋混凝土结构来讲,不同的设计使用年限对应不同的结构设计措施的应用,包括采用的混凝土强度等级、混凝土保护层厚度等。并且要求,混凝土结构的设计使用年限必须在结构施工图中明确给出,以便设计、施工及监理者在设计、施工和监理过程中正确掌握相关措施。

## 九、混凝土结构的环境类别

混凝土结构设计使用年限的保障依赖于设计对建筑物所处环境的准确判别,并按照规范采取相应措施,才能保证混凝土结构在不同的环境下完成设计预定的使用功能。《混凝土结构设计规范(2015 年版)》(GB 50010—2010)将结构按使用环境划分成不同的环境类别(表 8-4)。

**表 8-4　混凝土结构的环境类别**

| 环境类别 | 条件 |
| --- | --- |
| 一 | 室内干燥环境<br>无侵蚀性静水浸没环境 |

续表

| 环境类别 | 条件 |
| --- | --- |
| 二 a | 室内潮湿环境<br>非严寒和非寒冷地区的露天环境<br>非严寒和非寒冷地区与无侵蚀性的水或土壤直接接触的环境<br>严寒和寒冷地区的冰冻线以下与无侵蚀性的水或土壤直接接触的环境 |
| 二 b | 干湿交替环境<br>水位频繁变动环境<br>严寒和寒冷地区的露天环境<br>严寒和寒冷地区冰冻线以上与无侵蚀性的水或土壤直接接触的环境 |
| 三 a | 严寒和寒冷地区冬季水位变动区环境<br>受除冰盐影响环境<br>海风环境 |
| 三 b | 盐渍土环境<br>受除冰盐作用环境<br>海岸环境 |
| 四 | 海水环境 |
| 五 | 受人为或自然的侵蚀性物质影响的环境 |

混凝土结构依据表 8-4 所处的环境类别不同，其所用材料、钢筋保护层厚度、其他耐久性技术措施及结构使用阶段的检测与维护要求等，均会在结构施工图中予以明确。具体内容请读者阅读《混凝土结构设计规范(2015 年版)》(GB 50010—2010)中第 3.5.1 条~第 3.5.8 条。

## 十、混凝土的制备方式

混凝土的制备方式分为两种，即现场搅拌和集中搅拌。

现场搅拌的混凝土需要把构成混凝土的基本材料(水、水泥、砂、石子等)运至施工现场，经过对现场材料检验合格后，取样进行混凝土配合比试验获得现场施工配合比(配合比单)，按照配合比要求，使用混凝土搅拌机(图 8-14)制备混凝土。

这种现场制备混凝土的方式虽然省去了成品混凝土的运输环节，但由于原材料、配合比、人工操作等需要进行控制的因素较多，因此质量波动比较大。这种生产方式伴随的噪声和粉尘污染严重，我国目前已禁止在城镇范围内使用现场搅拌混凝土。

集中搅拌方式是指在固定地点设置混凝土搅拌站(图 8-15)，对混凝土进行集中搅拌。原材料及搅拌操作等生产过程由计算机控制。此种生产方式较好地解决了质量控制和污染问题。但这种方式需要利用混凝土运输车(图 8-16)将成品混凝土(称为商品混凝土)从搅拌地点运输至施工现场，也会带来运输过程的质量控制等问

图 8-14　现场混凝土搅拌机

题,但总体上比现场搅拌方式效果好。

图 8-15　商品混凝土搅拌站

图 8-16　商品混凝土运输车

## 十一、砌体结构

无论是钢筋混凝土结构(主体构件为钢筋混凝土),还是砌体结构(主体构件为砌体),均离不开砌体。砌体构件由块体及砂浆按规则砌筑而成。

1. 砌体的分类

按照《砌体结构设计规范》(GB 50003—2011)中第 1.0.2 条规定,砌体分为以下三类:

(1) 砖砌体:包括烧结普通砖、烧结多孔砖、蒸压灰砂普通砖、蒸压粉煤灰普通砖、混凝土普通砖、混凝土多孔砖的无筋和配筋砌体。

构成砌体的块体材料一般分为天然石材和人工砖石两大类。图 8-17 中列出了砌体结构中的主要块体,其中图 8-17(a)所示的烧结黏土砖已被国家禁止使用,原因是其生产用原材料“黏土”的取用会大量毁坏基本农田,造成难以恢复的生态环境破坏。

虽然烧结普通砖被禁用,但其标准尺寸仍被广泛采用,即 240 mm×115 mm×53 mm,并被称为标准砖。其砖砌体的具体材料构成及尺寸信息此处不再赘述。

(a) 烧结黏土砖

(b) 烧结多孔砖

(c) 粉煤灰多孔砖

(d) 混凝土空心砖

图 8-17　常见的块体

(2) 砌块砌体:包括混凝土砌块、轻集料混凝土砌块的无筋和配筋砌体。

砌块是比标准砖尺寸大的块体,用之砌筑砌体可以减轻劳动量和加快施工进度。制作砌块的材料有许多种:南方地区多用普通混凝土做成空心砌块,以解决黏土砖与农田争地的矛盾;北方寒冷地区则多利用浮石、火山渣、陶粒等轻集料做成轻集料混凝土空心砌块,既能保温,又能承重,是比较理想的节能墙体材料。此外,利用工业废料加工生产的各种砌块,如粉煤灰砌块、煤矸石砌块、炉渣混凝土砌块、加气混凝土砌块等也因地制宜地得到应用,既能代替黏土砖,又能减少环境污染。

砌块按尺寸大小和重量分成用手工砌筑的小型砌块和采用机械施工的中型和大型

砌块。高度为 180~350 mm 的块体一般称为小型砌块；高度为 360~900 mm 的块体一般称为中型砌块；大型砌块尺寸更大，由于起重设备限制，中型和大型砌块已很少应用。常用的混凝土小型砌块的主规格尺寸为 390 mm×190 mm×190 mm（图 8-18）。

（3）石砌体：包括各种料石和毛石的砌体。

石砌体是用天然石材做成的块体砌筑而成的砌体。对于天然石材而言，当重力密度大于 18 N/mm²时称为重石（花岗岩、砂岩、石灰石等）；当重力密度小于 18 N/mm²时称为轻石（凝灰岩、贝壳灰岩等）。由于重石材强度大，抗冻性、抗水性、抗气性均较好，因此经常用于建筑物的基础、挡土墙等的砌筑。在石材产地，也可用于砌筑承重墙体。

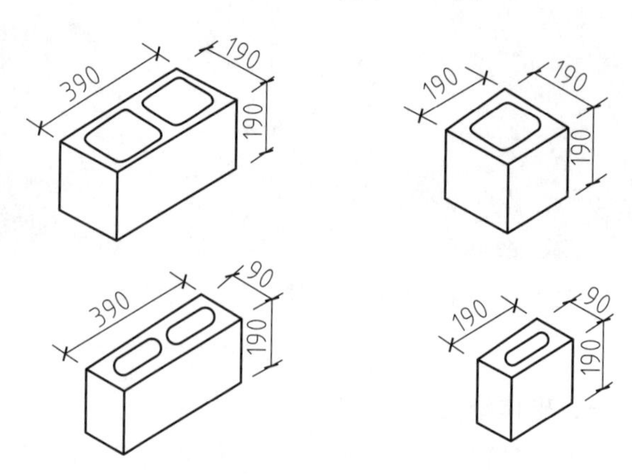

图 8-18　混凝土小型空心砌块规格

天然石材分为料石和毛石两种。料石按其加工后外形的规则程度又分为细料石、粗料石和毛料石。毛石是指形状不规则，中部厚度不小于 200 mm 的块石。

2. 主要专业名词

砌体结构（masonry structure）：由块体和砂浆砌筑而成的墙、柱作为建筑物主要受力构件的结构。是砖砌体、砌块砌体和石砌体结构的统称。

配筋砌体结构（reinforced masonry structure）：由配置钢筋的砌体作为建筑物主要受力构件的结构。是网状配筋砌体柱、水平配筋砌体墙、砖砌体和钢筋混凝土面层或钢筋砂浆面层组合砌体柱（墙）、砖砌体和钢筋混凝土构造柱组合墙和配筋砌块砌体剪力墙结构的统称。

烧结普通砖（fired common brick）：由煤矸石、页岩、粉煤灰或黏土为主要原料，经过焙烧而成的实心砖。分烧结煤矸石砖、烧结页岩砖、烧结粉煤灰砖、烧结黏土砖等。

烧结多孔砖（fired perforated brick）：以煤矸石、页岩、粉煤灰或黏土为主要原料，经焙烧而成、孔洞率不大于 35%，孔的尺寸小而数量多，主要用于承重部位的砖。

蒸压灰砂普通砖（autoclaved sand-lime brick）：以石灰等钙质材料和砂等硅质材料为主要原料，经坯料制备、压制排气成型、高压蒸汽养护而成的实心砖。

蒸压粉煤灰普通砖（autoclaved flyash-lime brick）：以石灰、消石灰（如电石渣）或水泥等钙质材料与粉煤灰等硅质材料及集料（砂等）为主要原料，掺加适量石膏，经坏料制备、压制排气成型、高压蒸汽养护而成的实心砖。

混凝土小型空心砌块（concrete small hollow block）：由普通混凝土或轻集料混凝土制成，主规格尺寸为 390 mm×190 mm×190 mm、空心率为 25%~50%的空心砌块。简称混凝土砌块或砌块。

混凝土砖（concrete brick）：以水泥为胶结材料，以砂、石等为主要集料，加水搅拌、成型、养护制成的一种多孔的混凝土半盲孔砖或实心砖。多孔砖的主规格尺寸为 240 mm×115 mm×90 mm、240 mm×190 mm×90 mm、190 mm×190 mm×90 mm 等；实心砖的主规格尺寸为 240 mm×115 mm×53 mm、240 mm×115 mm×90 mm 等。

混凝土砌块(砖)专用砌筑砂浆(mortar for concrete small hollow block):

由水泥、砂、水以及根据需要掺入的掺和料和外加剂等组分,按一定比例,采用机械拌和制成,专门用于砌筑混凝土砌块的砌筑砂浆。简称砌块专用砂浆。

混凝土砌块灌孔混凝土(grout for concrete small hollow block):由水泥、集料、水以及根据需要掺入的掺和料和外加剂等组分,按一定比例,采用机械搅拌后,用于浇注混凝土砌块砌体芯柱或其他需要填实部位孔洞的混凝土。简称砌块灌孔混凝土。

蒸压灰砂普通砖、蒸压粉煤灰普通砖专用砌筑砂浆(mortar for autoclaved silicate brick):由水泥、砂、水以及根据需要掺入的掺和料和外加剂等组分,按一定比例,采用机械拌和制成,专门用于砌筑蒸压灰砂砖或蒸压粉煤灰砖砌体,且砌体抗剪强度应不低于烧结普通砖砌体的取值的砂浆。

砌筑砂浆及其强度:砂浆是由胶凝材料(水泥、石灰)、细骨料(淡化的天然砂)及拌和用水经机械拌和而成的砌筑用砂浆。主要分为水泥石灰砂浆(或称混合砂浆)和水泥砂浆。在砌体起到黏结、衬垫和传力等作用。

±0.000 标高以上的砌体一般采用混合砂浆砌筑,±0.000 标高以下的砌体一般采用水泥砂浆砌筑。

砌筑砂浆的性能一般以砂浆的稠度、砂浆的保水性、砂浆的分层度和砂浆的强度等指标反映。砂浆的稠度指在自重或施加外力下,新拌制砂浆的流动性能,以标准的圆锥体自由落入砂浆中的沉入深度表示;砂浆的保水性指在存放、运输和使用过程中,新拌制砂浆保持各层砂浆中水分均匀一致的能力,以砂浆分层度来衡量;砂浆分层度指新拌制砂浆的稠度与同批砂浆静态存放达规定时间后所测得下层砂浆稠度的差值。砂浆的强度等级指用标准试件(70.7 mm×70.7 mm×70.7 mm 的立方体)一组 3 块,用标准方法养护 28 d,用标准方法测定其抗压强度的平均值(MPa)。

《砌体结构设计规范》(GB 50003—2011)第 3.1.3 条规定:砂浆的强度等级应按下列规定采用:

烧结普通砖、烧结多孔砖、蒸压灰砂普通砖和蒸压粉煤灰普通砖砌体采用的普通砂浆强度等级:M15、M10、M7.5、M5 和 M2.5;蒸压灰砂普通砖和蒸压粉煤灰普通砖砌体采用的专用砌筑砂浆强度等级:Ms15、Ms10、Ms7.5、Ms5.0;

混凝土普通砖、混凝土多孔砖、单排孔混凝土砌块和煤矸石混凝土砌块砌体采用的砂浆强度等级:Mb20 、Mb15、Mb10、Mb7.5 和 Mb5;

双排孔或多排孔轻集料混凝土砌块砌体采用的砂浆强度等级:Mb10、Mb7.5 和 Mb5;

毛料石、毛石砌体采用的砂浆强度等级:M7.5、M5 和 M2.5。

从上述内容可知,砂浆强度等级用“M”“Ms”或“Mb”表示,其含义举例解释如下:

M15——“M”是英文“mortar”的第 1 个字母,“15”代表砂浆抗压强度标准值,单位为 MPa;

Mb15——“M”是英文“mortar”的第 1 个字母,“b”是英文“brick”(砌块或砖)的第 1 个字母,后面数字含义同上;

Ms15——“M”是英文“mortar”的第 1 个字母,“s”英文“steam pressure”( 蒸汽压力)的第 1 个字母,后面数字含义同上。

"块体"的强度

按照《砌体结构设计规范》(GB 50003—2011)第3.1.1条规定:承重结构的块体强度用强度等级应按下列规定采用(强度等级用"MU"表示,例如:"MU10"中"MU"是英文"masonry units"的缩写,"10"是指块体抗压强度平均值不小于10 MPa):

3.1.1-1 烧结普通砖、烧结多孔砖的强度等级:MU30、MU25、MU20、MU15和MU10;

3.1.1-2 蒸压灰砂普通砖、蒸压粉煤灰普通砖的强度等级:MU25、MU20和MU15;

3.1.1-3 混凝土普通砖、混凝土多孔砖的强度等级:MU30、MU25、MU20和MU15;

3.1.1-4 混凝土砌块、轻集料混凝土砌块的强度等级:MU20、MU15、MU10、MU7.5和MU5;

3.1.1-5 石材的强度等级:MU100、MU80、MU60、MU50、MU40、MU30和MU20。

《砌体结构设计规范》(GB 50003—2011)第3.1.2条规定,自承重墙的空心砖、轻集料混凝土砌块的强度等级,应按下列规定采用:

3.1.2-1 空心砖的强度等级:MU10、MU7.5、MU5和MU3.5;

3.1.2-2 轻集料混凝土砌块的强度等级:MU10、MU7.5、MU5和MU3.5;

## 十二、钢结构

钢结构建筑识图的内容虽然没有纳入本书,但由于其识图原理是相通的,读者了解了有关钢结构的一般知识内容之后,即可读懂该类施工图。

由前述可知,钢结构是指建筑物的主体结构构件采用钢材(主要指"型钢")建造。此处要指出的是,并非指前述的所有主体结构构件均采用型钢制作,例如:钢结构建筑物的基础、楼面及屋面构件一般不会采用型钢建造,其原因在于基础是埋在地下的构件,型钢会受到地下水的侵蚀丧失其承载力;楼面及屋面则会采用型钢与钢筋混凝土结合的构件形式。

### (一)基本知识

#### 1. 建筑用钢材及其牌号

建筑用钢材一般使用碳素结构钢及低合金高强度结构钢两种。

(1)按照《碳素结构钢》(GB/T 700—2006)中的规定,碳素结构钢的牌号包括Q195、Q215、Q235、Q255、Q275共5种。常用的牌号为Q235。施工图中给出的碳素结构钢牌号一般由代表屈服点的字母、屈服点数值、质量等级符号、氧方法符号等四个部分按顺序组成。

例:Q 235-A　F含义为:

"Q"——屈服强度符号(拼音);

"235"——屈服强度标准值,单位MPa;

"A"——质量等级为A级(分A、B、C、D共4个等级);

"F"——脱氧方法为"沸腾钢"(B——半镇静钢、Z——镇静钢、TZ——特殊镇静钢)。

(2)按照国家标准《低合金高强度结构钢》(GB/T 1591—2018)的规定,钢材牌号分为5种,即Q295、Q345、Q390、Q420、Q460,其中以Q345最为常用。

#### 2. 钢材的屈服点

屈服强度是金属材料发生屈服现象时的屈服极限强度,亦即抵抗微量塑性变形的应力。对于无明显屈服的金属材料,规定以产生 0.2%残余变形的应力值为其屈服极限强度,称为条件屈服极限或屈服强度。大于此极限的外力作用,将会产生永久变形,使钢材永久失效无法恢复。小于这个的强度值,钢材还会恢复原状。屈服点的确定是通过钢材拉伸试验后经统计计算完成的(图 8-19)。

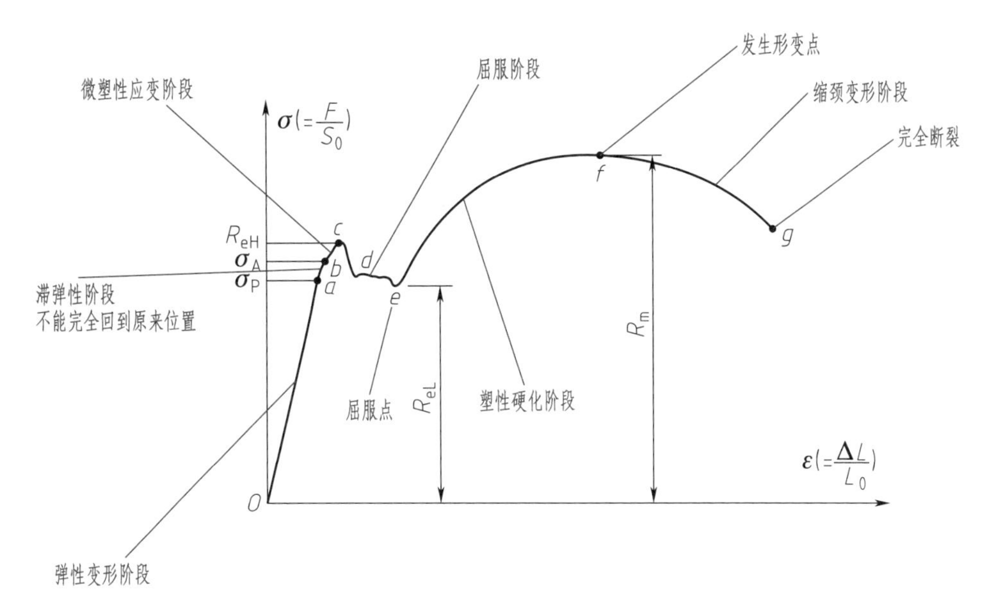


图 8-19　钢材拉伸应力-应变图

（二）钢结构用的常见工具和材料

钢结构用材料分为两种:结构用钢材及连接材料。

1. 常见的型钢

按照《钢结构设计标准》(GB 50017—2017)第 4.1.1 条的规定,建筑用型钢主要包括钢板、热轧工字钢、槽钢、角钢、H 型钢和钢管(图 8-20)。

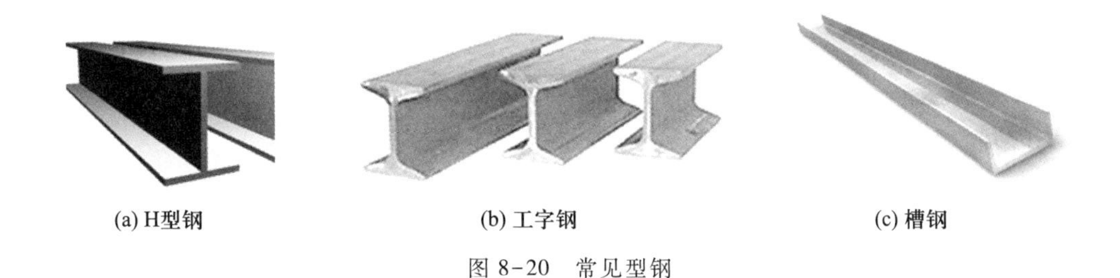

(a) H型钢　　(b) 工字钢　　(c) 槽钢

图 8-20　常见型钢

2. 常见工具和连接材料

钢结构构件间的常见连接形式分为 3 类:焊接、螺栓连接和铆接。其中最常用的为焊接和螺栓连接。常用的焊接方法包括手工焊接和工程自动焊接,常用的螺栓连接方法包括普通螺栓连接和高强度螺栓连接。

手工焊接的工具和材料主要包括焊帽、焊把钳和焊条(图 8-21)。

螺栓连接的工具和材料主要包括扭矩扳手、普通螺栓、高强度螺栓连接副(图 8-22)。

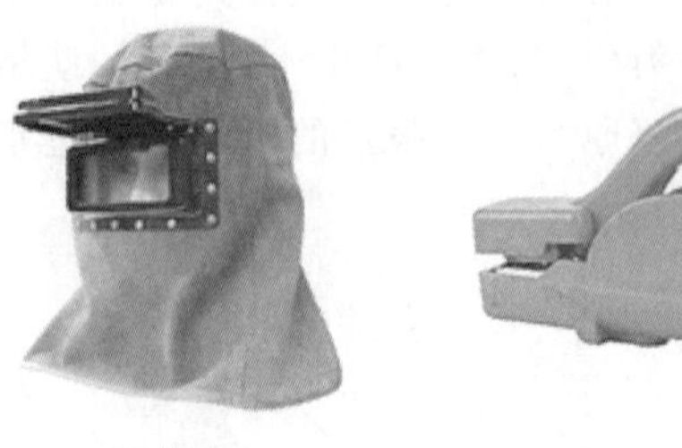
(a) 焊帽

(b) 焊把钳

(c) 焊条

图 8-21　手工焊的主要工具与材料

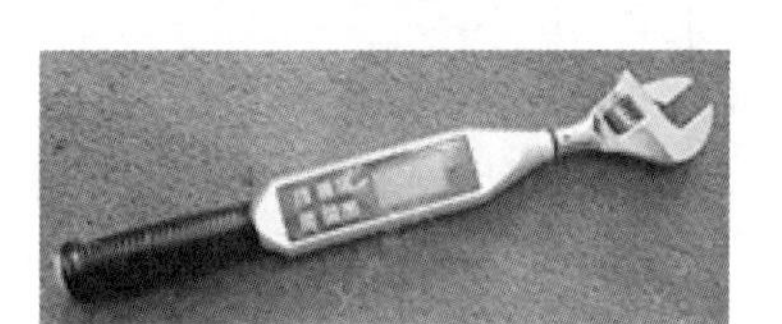
(a) 扭矩扳手

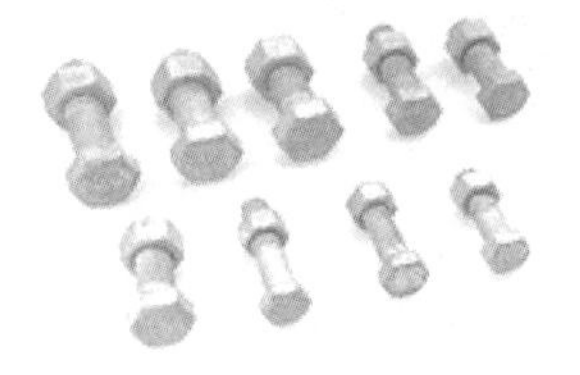
(b) 普通螺栓

(c) 高强螺栓连接副

图 8-22　螺栓连接的主要工具与材料

## 十三、结构上“荷载”(load)

1. 荷载的分类

根据《建筑结构荷载规范》(GB 50009—2012)第 3.1.1 条规定,建筑结构的荷载可分为以下三类:

(1) 永久荷载,包括结构自重、土压力、预应力等。

(2) 可变荷载,包括楼面活荷载、屋面活荷载和积灰荷载、吊车荷载、风荷载、雪荷载等。

(3) 偶然荷载,包括爆炸力、撞击力等。

2. 三类荷载的定义

《建筑结构荷载规范》(GB 50009—2012)对永久荷载、可变荷载、偶然荷载进行了定义。

第 2.1.1 条:永久荷载(permanent load):在结构使用期间,其值不随时间变化,或其变化与平均值相比可以忽略不计,或其变化趋于单调的并能趋于限值的荷载。

第 2.1.2 条:可变荷载(variable load):在结构使用期间,其值随时间变化,且其变化与平均值相比不可以忽略不计的荷载。

第 2.1.3 条:偶然荷载(accidental load):在结构设计使用年限内不一定出现,而一旦出现其量值很大,且持续时间很短的荷载。

3. 其他相关概念

《建筑结构荷载规范》(GB 50009—2012)规定:

第 2.1.21 条　基本雪压(reference snow pressure)

雪荷载的基准压力,一般按当地空旷平坦地面上的积雪自重的观测数据,经概率统计得出 50 年一遇最大值确定。

全国各地区的基本雪压值可在规范中查出。

第 2.1.22 条　基本风压(reference snow pressure)

风荷载的基准压力,一般按当地空旷平坦地面上 10 m 高度处 10 min 平均的风速观测数据,经概率统计得出 50 年一遇最大值确定的风速,再考虑相应的空气密度,按伯努利(Bernoulli)公式确定的风压。

全国各地区的基本风压值可在规范中查出。

一般来说,结构首页图中的设计说明中都会对结构计算采用的荷载进行说明,包括基本风压、基本雪压、楼面活荷载取值等内容。此项说明的内容对施工图设计审查,以及结构安全核算等均是不可缺少的依据。

## 十四、地震与建筑工程抗震

近年来,全世界进入了地震活动期,世界各地频繁发生较高震级的强震。

2008 年 5 月 12 日 14 时 28 分,中国四川省汶川县发生里氏 8.0 级大地震,释放的能量相当于 5600 颗日本广岛原子弹爆炸所释放的能量,震中烈度达 11 度(图 8-23~图 8-25)。

图 8-23　213 国道都江堰—映秀段

图 8-24　山体滑坡

图 8-25　地震后的北川县城

地震造成震区道路中断、山体滑坡和房屋倒塌,据统计共造成 62 161 人死亡,347 401 人受伤,直接经济损失达 8 452 亿元人民币。

2011 年 3 月 11 日 13 时 46 分,日本宫城县以东的太平洋海域发生里氏 9.0 级地震,引发巨大海啸,造成 14 704 人死亡,10 969 人失踪,并造成福岛核电站发生核泄漏事故(图 8-26、图 8-27)。

图 8-26　地震引发巨大海啸

图 8-27　海啸过后的日本

我国大部分地区处在地震带附近,近年来我国各地地震发生频率较高,给人民群众造成极大经济损失和人员伤亡。在造成人员伤亡的诸多原因中,建筑物的倒塌造成的伤亡占据主要地位。因此,建筑工程抗震就成为建筑物安全保障措施的重中之重。

因此,在结构首页图中,一项基本内容就是建筑物抗震设计的基本数据,包括工程项目的抗震设防烈度、建筑物的抗震等级以及地震作用计算的其他基本数据。

为真正读懂结构施工图,必须了解地震及建筑工程抗震的基本知识。

地震:一般认为,地震是地球内部物质运动的结果。这种运动反映在地壳上使得地壳发生破裂,促成了断层的生成、发育和活动,断层的活动就会诱发地震。地震按照诱因不同可分为以下几类(图8-28)。

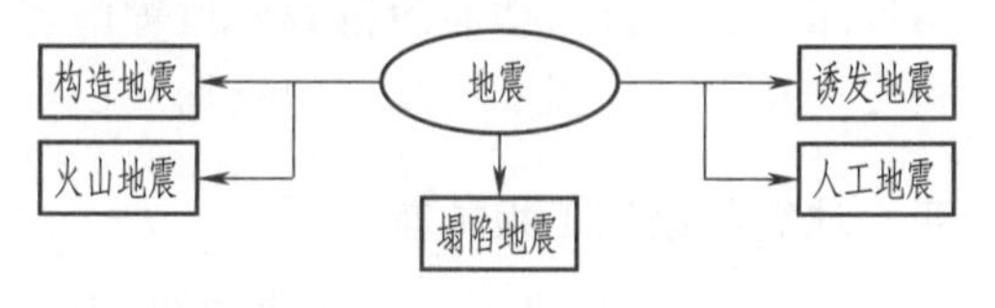


图8-28　地震的分类

构造地震:由于地下深处岩层错动、破裂所造成的地震称为构造地震,占已发生地震的90%以上。

火山地震:由于火山作用,如岩浆活动、气体爆炸等引起的地震称为火山地震。只有在火山活动区才可能发生火山地震,这类地震只占全世界地震的7%左右。

塌陷地震:由于地下岩洞或矿井顶部塌陷而引起的地震称为塌陷地震。这类地震的规模比较小,次数也很少,即使有也往往发生在溶洞密布的石灰岩地区或大规模地下开采的矿区。

诱发地震:由于水库蓄水、油田注水等活动而引发的地震称为诱发地震。这类地震仅仅在某些特定的水库库区或油田地区发生。

人工地震:地下核爆炸、炸药爆破等人为引起的地面震动称为人工地震。

震源、震中、震源深度及震中距:如图8-29所示,震源是指地球内部发生震动的地方,不能理解为一点,实际上为一个区域;理论上的震中是震源在地面上的投影点,实际上也是一个区域;震源深度是指将震源视为一点,此点至地面震中点之间的垂直距离;震中距为从震中到地面上任何一点,沿地球表面所量得的距离。

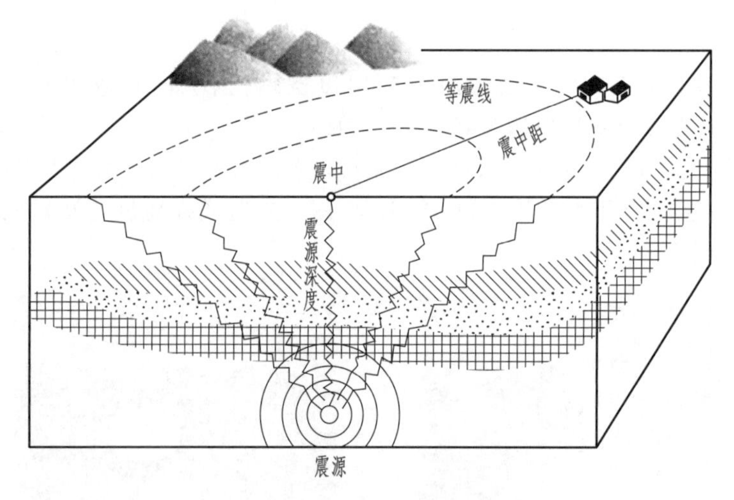


图8-29　地震相关概念示意图

震级:地震级别,即表示某次地震释放能量大小的尺度。国际上通常使用的震级为“里氏震级”,最初由地震学家查尔斯·里克特于1935年在美国加利福尼亚州技术学院公布。里氏震级可由下式计算得出:

$$M = \log A$$

式中:$M$——里氏震级;

$A$——地震仪测出的地震振幅。

地震烈度:根据地震破坏现象和人对地震动的感觉确定的,衡量地震强弱程度的指标。地震烈度共划分为12个级别,见表8-5。

**表8-5 地震烈度级别划分一览表**

| 烈度 | 在地面上人的感觉 | 房屋震害程度(震害现象) | 其他震害现象 | 水平向地面运动 | |
|---|---|---|---|---|---|
| | | | | 峰值加速度/($m/s^2$) | 峰值速度/(m/s) |
| Ⅰ | 无感觉 | | | | |
| Ⅱ | 室内个别静止的人有感觉 | | | | |
| Ⅲ | 室内少数静止的人有感觉 | 门窗轻微作响 | 悬挂物微动 | | |
| Ⅳ | 室内多数人、室外少数人有感觉,少数人梦中惊醒 | 门窗作响 | 悬挂物明显摆动,器皿作响 | | |
| Ⅴ | 室内普遍、室外多数人有感觉,多数人梦中惊醒 | 门窗、屋顶、屋架颤动作响,灰土掉落,抹灰出现微细裂缝,有檐瓦掉落,个别屋顶烟囱掉砖 | 不稳定器物摇动或翻倒 | 0.31 | 0.03 |
| Ⅵ | 多数人站立不稳,少数人惊逃户外 | 墙体出现裂缝,檐瓦掉落,少数屋顶烟囱裂缝、掉落 | 河岸和松软土出现裂缝,饱和砂层出现喷砂冒水,个别烟囱出现轻微裂缝 | 0.63 | 0.06 |
| Ⅶ | 大多数人惊逃户外,骑自行车的人有感觉,行驶中的汽车驾乘人员有感觉 | 轻度破坏~局部破坏、开裂,小修或不需要修理可继续使用 | 河岸出现坍方;饱和砂层常见喷砂冒水;松软土地上裂缝较多;大多数独立烟囱中度破坏 | 1.25 | 0.13 |
| Ⅷ | 多数人摇晃颠簸,行走困难 | 中等破坏~结构破坏,需要修复才能使用 | 干硬土上出现裂缝,大多数独立烟囱严重破坏,树梢折断,房屋破坏导致人、畜伤亡 | 2.5 | 0.25 |

续表

| 烈度 | 在地面上人的感觉 | 房屋震害程度（震害现象） | 其他震害现象 | 水平向地面运动 | |
|---|---|---|---|---|---|
| | | | | 峰值加速度/（$m/s^2$） | 峰值速度/（m/s） |
| Ⅸ | 行动的人摔倒 | 严重破坏～结构严重破坏，局部倒塌修复困难 | 干硬土出现裂缝，基岩可能出现裂缝、错动，滑坡、坍方常见，独立烟囱倒塌 | 5.0 | 0.50 |
| Ⅹ | 骑自行车人会摔倒，处于不稳状态的人会摔离原地，有抛起感 | 大多数倒塌 | 山崩或地震断裂出现，基岩上拱桥破坏，大多数独立烟囱从根部破坏、倒毁 | 10.0 | 1.0 |
| Ⅺ | | 普遍倒塌 | 地震断裂延续很长，大量山崩、滑坡 | | |
| Ⅻ | | | 地面剧烈变化，山河改观 | | |

注：表中的数量词“个别”为 10%以下；“少数”为 10%～50%；“多数”为 50%～70%；“大多数”为 70%～90%；“普遍”为 90%以上。

抗震设防烈度：按照《中国地震烈度区划图》确定的，作为某一地区法定的抗震设计设防的基准地震烈度，是抗震设防“三水准”目标的量化标准。

抗震设防“三水准”目标：是制定国家规范《建筑抗震设计规范（2016 年版）》（GB 50011—2010）的基本出发点和预定目标，即“小震不坏，中震可修，大震不倒”。规范对此具体解释为：

当遭受低于本地区抗震设防烈度的多遇地震影响时，主体结构不受损坏或不需进行修理可继续使用；当遭受相当于本地区抗震设防烈度的设防地震影响时，其损坏经一般性修理仍可继续使用。

当遭受高于本地区抗震设防烈度的罕遇地震影响时，不致倒塌或发生危及生命的严重破坏；使用功能或其他方面有专门要求的建筑，当采用抗震性能化设计时，具有更具体或更高的抗震设防目标。

抗震等级：《建筑抗震设计规范（2016 年版）》（GB 50011—2010）第 6.1.2 条规定，钢筋混凝土房屋应根据设防类别、烈度、结构类型和房屋高度采用不同的抗震等级，并应符合相应的计算和构造措施要求。丙类建筑的抗震等级应按表 8-6 确定。

**表 8-6　现浇钢筋混凝土房屋的抗震等级**

| 结构类型 | | 设防烈度 | | | | | | |
|---|---|---|---|---|---|---|---|---|
| | | 6 | | 7 | | 8 | | 9 |
| 框架结构 | 高度/m | ≤24 | >24 | ≤24 | >24 | ≤24 | >24 | ≤24 |
| | 框架 | 四 | 三 | 三 | 二 | 二 | 一 | 一 |
| | 大跨度框架 | 三 | | 二 | | 一 | | 一 |

续表

<table>
<tr><th colspan="3" rowspan="2">结构类型</th><th colspan="10">设防烈度</th></tr>
<tr><th colspan="2">6</th><th colspan="3">7</th><th colspan="3">8</th><th colspan="2">9</th></tr>
<tr><td rowspan="3">框架-抗震墙结构</td><td colspan="2">高度/m</td><td>≤60</td><td>>60</td><td>≤24</td><td>25~60</td><td>>60</td><td>≤24</td><td>25~60</td><td>>60</td><td>≤24</td><td>25~50</td></tr>
<tr><td colspan="2">框架</td><td>四</td><td>三</td><td>四</td><td>三</td><td>二</td><td>三</td><td>二</td><td>一</td><td>二</td><td>一</td></tr>
<tr><td colspan="2">抗震墙</td><td colspan="2">三</td><td>三</td><td colspan="2">二</td><td>二</td><td colspan="2">一</td><td colspan="2">一</td></tr>
<tr><td rowspan="2">抗震墙结构</td><td colspan="2">高度/m</td><td>≤80</td><td>>80</td><td>≤24</td><td>25~80</td><td>>80</td><td>≤24</td><td>25~80</td><td>>80</td><td>≤24</td><td>25~60</td></tr>
<tr><td colspan="2">抗震墙</td><td>四</td><td>三</td><td>四</td><td>三</td><td>二</td><td>三</td><td>二</td><td>一</td><td>二</td><td>一</td></tr>
<tr><td rowspan="4">部分框支抗震墙结构</td><td colspan="2">高度/m</td><td>≤80</td><td>>80</td><td>≤24</td><td>25~80</td><td>>80</td><td>≤24</td><td>25~80</td><td rowspan="4"></td><td colspan="2" rowspan="4"></td></tr>
<tr><td rowspan="2">抗震墙</td><td>一般部位</td><td>四</td><td>三</td><td>四</td><td>三</td><td>二</td><td>三</td><td>二</td></tr>
<tr><td>加强部位</td><td>三</td><td>二</td><td>三</td><td>二</td><td>一</td><td>二</td><td>一</td></tr>
<tr><td colspan="2">框支层框架</td><td colspan="2">二</td><td colspan="2">二</td><td>一</td><td colspan="2">一</td></tr>
<tr><td rowspan="2">框架-核心筒结构</td><td colspan="2">框架</td><td colspan="2">三</td><td colspan="3">二</td><td colspan="3">一</td><td colspan="2">一</td></tr>
<tr><td colspan="2">核心筒</td><td colspan="2">二</td><td colspan="3">二</td><td colspan="3">一</td><td colspan="2">一</td></tr>
<tr><td rowspan="2">筒中筒结构</td><td colspan="2">外筒</td><td colspan="2">三</td><td colspan="3">二</td><td colspan="3">一</td><td colspan="2">一</td></tr>
<tr><td colspan="2">内筒</td><td colspan="2">三</td><td colspan="3">二</td><td colspan="3">一</td><td colspan="2">一</td></tr>
<tr><td rowspan="3">板柱-抗震墙结构</td><td colspan="2">高度/m</td><td>≤35</td><td>>35</td><td colspan="2">≤35</td><td>>35</td><td colspan="2">≤35</td><td>>35</td><td colspan="2" rowspan="3"></td></tr>
<tr><td colspan="2">构架、板柱的柱</td><td>三</td><td>二</td><td colspan="2">二</td><td>二</td><td colspan="3">一</td></tr>
<tr><td colspan="2">抗震墙</td><td>二</td><td>二</td><td colspan="2">二</td><td>一</td><td colspan="2">二</td><td>一</td></tr>
</table>

注：1. 建筑场地为Ⅰ类时，除6度外应允许按表内降低一度所对应的抗震等级采取抗震构造措施，但相应的计算要求不应降低。

2. 接近或等于高度分界时，应允许结合房屋不规则程度及场地、地基条件确定抗震等级。

3. 大跨度框架指跨度不小于18 m的框架。

4. 高度不超过60 m的框架-核心筒结构按框架-抗震墙的要求设计时，应按表中框架-抗震墙结构的规定确定其抗震等级。

## 第二课堂学习任务

任务内容：

用AutoCAD软件抄绘“单层工业厂房结构首页图”（详见本书配套例图集）；用Word软件列出目前已经停止使用的规范名称及对应的现行规范名称。

成果内容：

“单层工业厂房结构首页图”电子图形文件，及Word文档电子文件。

项目成果文件编制要求：

- 图形文件名为“姓名.dwg”,Word 文档文件名为“姓名.docx”;
- 文档采用“宋体”字体,标题字号采用“三号”,正文字号采用“小四”,1.5 倍行距。

完成项目后思考的问题:

- 建筑物定位放线应该依据哪些内容?在哪里可以找到这些内容?
- 首页图中给出“设计依据”的目的是什么?
- 为什么要给出±0.000 相当于绝对标高的数值?
- 建筑物上作用的荷载包括哪些?
- 给出混凝土结构使用环境类别的目的是什么?
- 什么是建筑物设计使用年限?

项目九

# 9

# 基础结构布置图及基础详图的识读

**项目描述**

识读单层工业厂房基础结构布置图及基础详图,完成相关学习任务。

**教学目标**

技能目标:

能够识读基础结构布置图及基础详图。

知识目标:

1. 了解常见基础的类型和典型基础的构造;
2. 掌握基础布置图的形成原理;
3. 掌握基础布置图及详图的内容;
4. 掌握基础布置图及详图的识读方法。

## 项目支撑知识

### 一、与地基和基础相关的概念

《建筑地基基础设计规范》(GB 50007—2011)中规定:

1. 地基(foundation soils)

为支承基础的土体或岩体。

地基是指基础下面承受由基础传来荷载的土层。未经过任何人为处理而直接承受基础荷载的地基称为天然地基;除此之外的地基,如经过换土、挤密、打桩等人工处理的地基称为人工地基。

2. 基础(foundation)

将结构所承受的各种作用传递到地基上的结构组成部分。

所谓基础,是指建筑物地面以下的一种承重结构构件,它承受建筑物上部结构传下来的全部荷载,并把这些荷载连同自身的重量一起,以扩大与地基土接触面积的方式安全地传到地基上,使原本单位面积上能够承受较少荷载的地基土能够承受由建筑物上部传来的较大单位面积荷载,以期达到在基础与地基土之间传递荷载的过程中,保证地基土所承受的荷载不超过地基土本身承受荷载的能力的目的,即在建筑物正常使用期间,不会发生沉降、变形等影响使用的状况。

3. 地基承载力特征值(characteristic value of subsoil bearing capacity)

由载荷试验测定的地基土压力变形曲线线性变形段内规定的变形所对应的压力值,其最大值为比例界限值。

此项数据既是设计者做基础设计时的依据,同时也是施工者在基坑开挖后至基础施工前进行验槽的依据。是设计者根据地质报告必须在基础施工图中说明的重要数据。

4. 标准冻结深度(standard frost penetration)

在地面平坦、裸露、城市之外的空旷场地中不少于10年的实测最大冻结深度的平均值。

在寒冷地区,基础的埋置深度往往是根据建设场地的标准冻结深度确定的。此项数据可以在《建筑地基基础设计规范》(GB 50007—2011)附录F中查到。

5. 地基处理(ground treatment, ground improvement)

为提高地基承载力,或改善其变形性质或渗透性质面采取的工程措施。

建筑物的建设给建筑物下面的地基土增加较大的附加应力。如果建设场地的地基承载力不能满足建筑物上部荷载的作用,原因是地基土中存在软弱土层造成,并且软弱土层厚度不大,就可以采用挤密法、换填垫层法等方法提高地基土的承载力,这就是地基处理。相比改变基础类型(如桩基础、筏板基础等)来说经济上是合理的。地基处理的方法很多,详见《建筑地基处理技术规范》(JGJ 79—2012)相关内容。

6. 复合地基(composite ground, composite foundation)

部分土体被增强或被置换,而形成的由地基土和增强体共同承担荷载的人工地基。

7. 扩展基础(spread foundation)

为扩散上部结构传来的荷载,使作用在基底的压应力满足地基承载力的设计要求,且基础内部的应力满足材料强度的设计要求,通过向侧边扩展一定底面积的基础。

此类基础是指仅仅扩展基础底面积,不增加基础配筋的方式来使基础满足地基承载力要求的方法,是一种经济型的基础设计方法,但须满足规范中的相关要求。

8. 无筋扩展基础(non-reinforced spread foundation)

由砖、毛石、混凝土或毛石混凝土、灰土和三合土等材料组成的,且不需配置钢筋的墙下条形基础或柱下独立基础。

9. 桩基础(pile foundation)

由设置于岩土中的桩和连接于桩顶端的承台组成的基础。

## 二、常见的基础形式

1. 柱下钢筋混凝土独立基础

如图9-1所示,此类基础的特点是由钢筋混凝土材料制作,每个钢筋混凝土柱下用一个基础,并且每个基础之间互不相连。此类基础常用在上部结构是钢筋混凝土框架结构民用建筑,或单层钢筋混凝土排架结构厂房的柱下。

图9-1(a)及图9-1(b)是基础短柱(±0.000以下至基础顶面部分的柱)与基础整体浇筑的基础。图9-1(c)的基础部分是现场浇筑的,基础中部留出洞口(俗称“杯口”),柱则是工程预制,施工时使用吊装将柱插入杯口,并将柱与杯口之间的空隙用混凝土填实,主要用于预制装配式单层工业厂房的柱下基础。

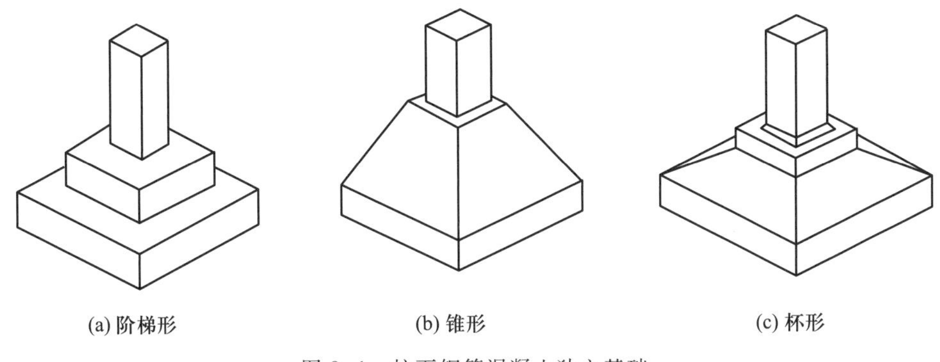


图 9-1　柱下钢筋混凝土独立基础

2. 柱下钢筋混凝土条形基础

如图 9-2 所示，当建筑物的地基条件较差（各柱下的地基承载力不均匀），或地下空间不足以使用柱下独立基础时，可以在柱下做成钢筋混凝土条形基础。此类基础既能够满足地基承载力的要求，同时也能够使基础之间的整体性得到加强，提高建筑物的抗震能力和抵抗不均匀沉降的能力，是一种不良地基条件下的经济型基础形式。

3. 墙下条形基础

如图 9-3 所示，当建筑物的上部结构采用墙体承重（砌体结构）时，基础需沿着墙身设置。此时如果地基承载力较好且分布均匀，多数情况下会采用经济型材料，做出与墙体布置相同的长条形无筋扩展基础，即墙下条形基础。

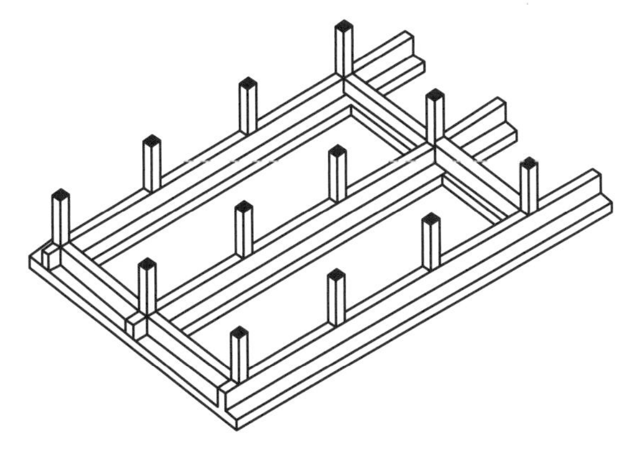

图 9-2　柱下钢筋混凝土条形基础

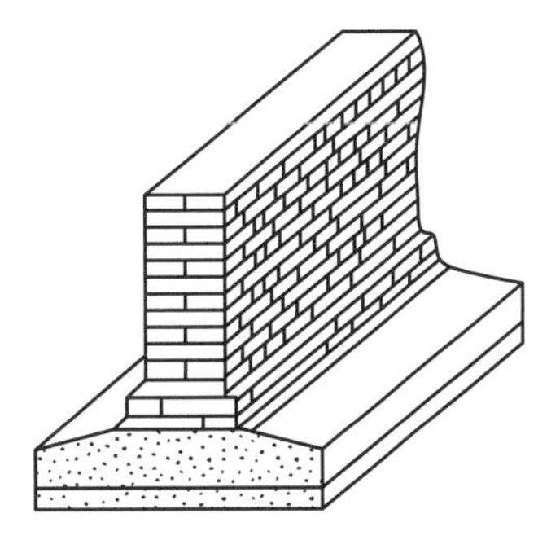

图 9-3　墙下条形基础

墙下条形基础所用的材料可以为"三合土"、砖、毛石及素混凝土等。此类基础一般只用于地基承载力较高、压缩性较低且上部砌体结构的层数较低（一般小于 6 层）的情况。

4. 墙下独立基础

当建筑物的承重结构为墙体时，其基础也可做成图 9-4 的形式。此种情形更多的是为了给要从墙下穿过的管道和沟道（上下水管、电缆沟道等）留出穿越的空间。其构造是墙下面设置基础梁，以支撑墙身荷载，基础梁则支撑在独立基础上，将上部荷载传递给独立基础。

5. 井格式柱下条形基础

如图 9-5 所示，为提高建筑物基础的整体性、满足建筑物抗震需要，以及避免各柱之间产生不均匀沉降等问题，可以将柱子基础沿纵、横两个方向用钢筋混凝土梁连起来整浇，做成钢筋混凝土条形基础。

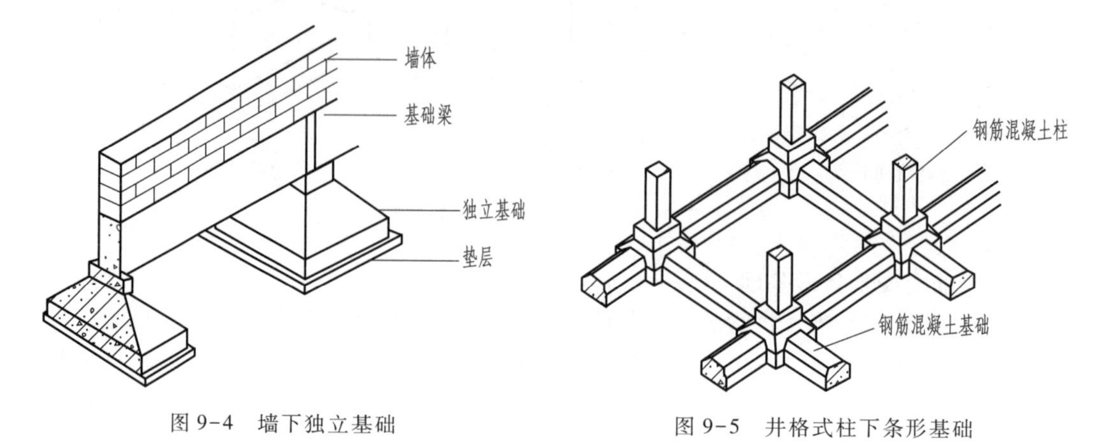


图 9-4　墙下独立基础　　图 9-5　井格式柱下条形基础

6. 筏形基础

当建筑物的上部荷载很大时（如高层建筑），而建设地点的地基承载能力又比较差，采用独立基础、条形基础或柱下条形基础均不能满足需要时，可以将墙或柱下的基础底面积扩大为整片的钢筋混凝土板状的基础形式，形成图 9-6、图 9-7 形式的筏形基础。

筏形基础又可以分成两种形式，图 9-6 所示为平板式筏形基础，一般由等厚度的钢筋混凝土构成；图 9-7 为梁板式筏形基础，由钢筋混凝土筏板和肋梁组成。

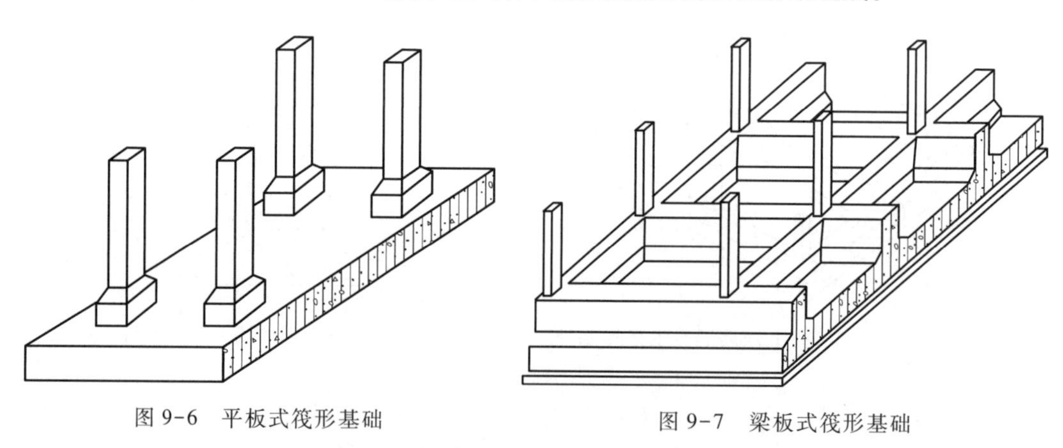

图 9-6　平板式筏形基础　　图 9-7　梁板式筏形基础

两种基础相比较，前者虽然经济指标好些，但后者抵抗不均匀沉降及基础抗震能力更强。

7. 箱形基础

当筏形基础的埋置深度较大时，为了减少基础下地基土所承受的回填土产生的附加荷载，减小基础底面承受的压力，防止基础发生不均匀沉降，可以将筏形基础的底面扩大，形成由钢筋混凝土底板、顶板和若干纵横墙体组成的空心箱体，作为建筑物的基础，这种基础称为钢筋混凝土箱形基础（图 9-8）。

箱形基础的优势在于,基础中间的空间可以作为地下室使用,而更大的优势在于由于基础箱体部分减少的地基附加应力可以“补偿”给建筑物的上部结构,使得在既有地基承载力条件下,建筑物可以做得更高些。因此,箱型基础多用于竖向荷载较大的高层建筑和设有地下室的建筑。

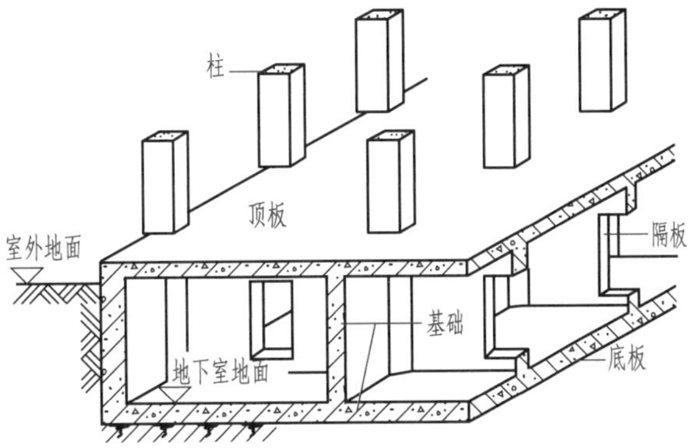

图 9-8　钢筋混凝土箱型基础

8. 桩基础

在建筑工程实践中,当遇到土质不良土层(如淤泥等),并且土层较厚不适合采用地基处理措施提高承载能力时,天然地基将不能满足建筑物对地基强度和变形的要求,此时往往会采用避开不良土层,将建筑物上部传来荷载传递到下部较好土层的方法,即利用柱状桩体穿越不良土层与下部较好土层相连的方法。这种承载能力较高、沉降量较小的基础形式就是桩基础。尤其在长江以南以软土地基分布为主的地区,此种基础形式更为常见。

桩基础的类型有很多:

(1) 按照桩的制作材料不同,可以分为混凝土桩、钢筋混凝土桩和钢桩等。

(2) 按照桩体的制作方法不同,可以分为预制桩和灌注桩。所谓“预制桩”就是桩体在预制厂制作完成,分段运输至施工现场,采用锤击或压入的方法将桩体送入地下;所谓“灌注桩”是桩体在施工现场浇筑而成。方法是先用钢管或钻机在地下形成桩孔,放入预先制作好的“钢筋笼”,然后现场浇筑混凝土形成桩体。用钢管形成桩孔再形成桩体的方法又称为沉管灌注桩;用钻机钻出桩孔再形成桩体的方法又称钻孔灌注桩。

(3) 按照桩周围土对桩形成的阻力形式的不同,可以分为摩擦型桩(图 9-9)和端承型桩(图 9-10)。其中,摩擦型桩的桩顶荷载主要由桩侧面土的摩擦阻力来承受;端承桩的桩顶竖向荷载则主要由桩端土提供的阻力来承受。

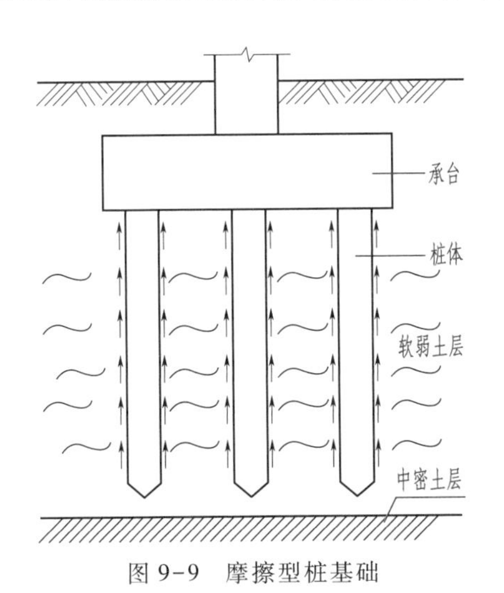


图 9-9　摩擦型桩基础

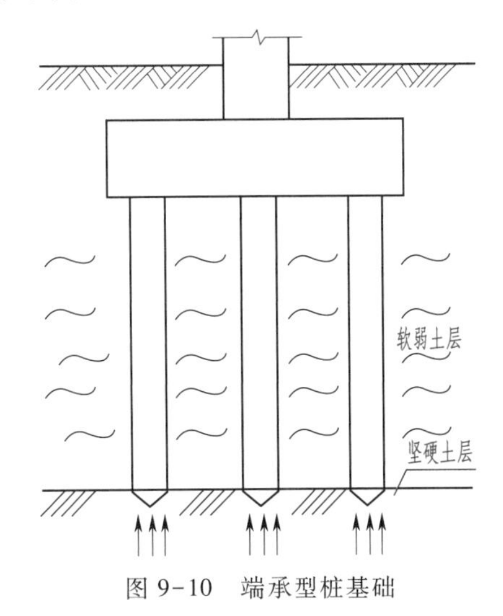


图 9-10　端承型桩基础

桩基础一般由两部分组成,即钢筋混凝土承台和(单、群)桩体。桩身的长度、截面尺寸以及桩的数量,是由结构计算确定的,并根据设计布置的位置送入土中。在桩的顶部设置钢筋混凝土承台以承受上部结构的荷载,再经过承台将荷载传递给桩身,最终传递给"桩周"和"桩端"的地基土中。

## 三、基础的埋置深度

按照《建筑地基基础设计规范》(GB 50007—2011)的规定,建筑物的室外设计地面标高至基础底面的垂直高度称为基础的埋置深度,简称基础埋深(图 9-11)。

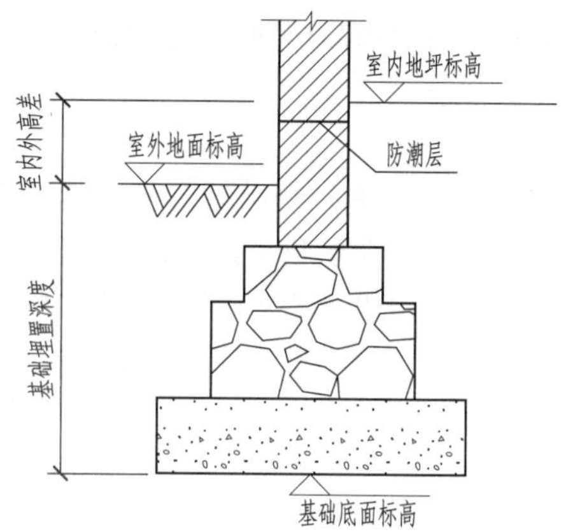

图 9-11　基础的埋置深度

基础埋置深度的多少与很多因素有关:

当建筑物设有地下室、地下管线或埋在地下的设备基础时,需将基础的局部或整体埋深加大。另外,《建筑地基基础设计规范》(GB 50007—2011)规定,考虑保护基础不受侵蚀等因素的影响,基础顶面必须低于室外设计地面不小于 100 mm、底面不小于 500 mm。

我国的寒冷地区地域辽阔,寒冷地区的土层在冬季时会因土中所含水分而冻结,气温回暖时土层又会融化,这种现象称为土壤的冻融现象。这种自然的冻融现象往往会对建筑物的基础,甚至主体结构造成极大危害。土壤冻结时会产生强大的冻胀力,将基础甚至主体结构顶起,使建筑物发生破坏;土壤融化时又会发生沉降,也会使建筑物产生破坏现象。因此规范规定,建筑物基础的底面需埋置在冰冻线(设计冻深)以下,如图 9-12 所示。设计冻深由设计者根据《冻土地区建筑地基基础设计规范》计算得出,考虑的因素包括标准冻深影响、土的类别影响、冻胀性影响、周围环境的影响及地形等环境的影响。消除冻胀的措施也有很多种,作为施工者的责任就是按照图纸要求采取措施施工。有兴趣读者可查阅相关规范和资料。

一般情况下,基础应埋置在地下水位以上(即基础底面在地下水位以上),以减少水中的化学物质对基础的侵蚀。当基础底面必须埋在地下水位以下时,宜将基础地面埋置在最低水位以下不小于 200 mm 处,如图 9-13 所示。

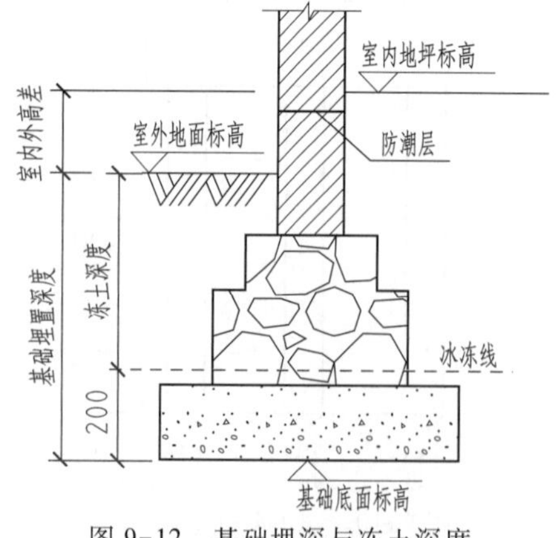

图 9-12　基础埋深与冻土深度

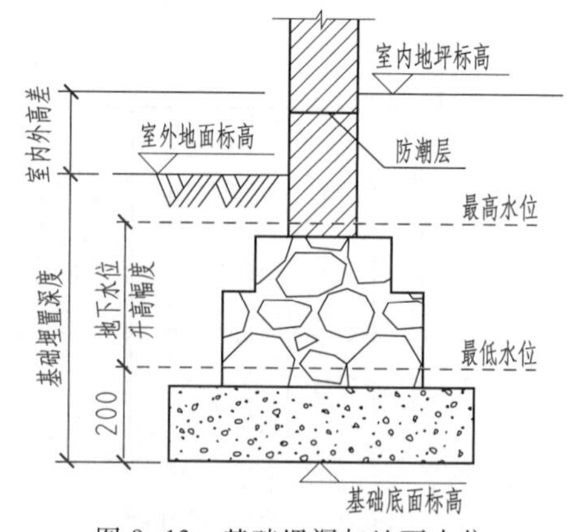

图 9-13　基础埋深与地下水位

## 四、基础平面布置图的形成原理

所谓基础布置图，实际上就是建筑物基础的水平正投影图，如图 9-14 所示。它的形成过程同前述的所有平面布置图一样，经过了剖切、移除、投影三个过程。只不过由于要表达的对象内容不同，其剖切位置不同而已。绘制基础平面布置图的目的是为了表达建筑物一层地面以下所有的结构构件(包括基础、基础梁等)的空间位置，基础平面布置图的剖切位置可假定为±0.000 标高处，并假定±0.000 至基础底面标高之间的土层不存在，然后向下作正投影，最后得到基础平面布置图(图 9-15)。

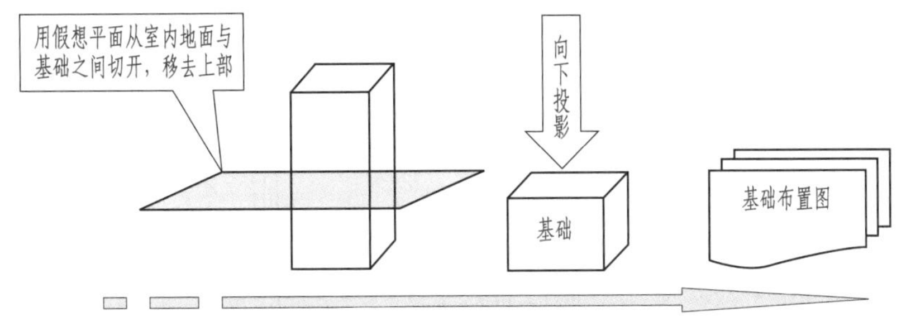


图 9-14　基础平面布置图的形成

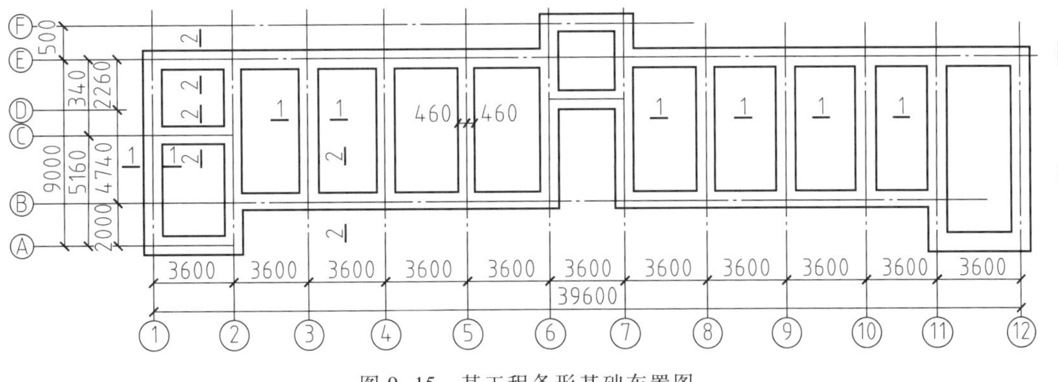


图 9-15　某工程条形基础布置图

动画
条形基础施工图识读

## 五、基础平面布置图及基础详图表达的内容

如前所述，建筑物的基础形式有多种多样，因而不同基础类型的布置图内容也有所差异，但从根本上说基本内容是相同的，即凡是地面以下的结构构件的位置均要在基础布置图中表达清楚。

图 9-16、图 9-17 为一套完整的基础施工图(包括基础平面布置图及基础配筋详图。篇幅有限，图纸详细内容请参阅本书例图)，现将其表达的具体信息内容说明如下。

(1) 基础类型为柱下钢筋混凝土独立基础。依据基础底面平面尺寸不同，共有 20 种基础，基础编号为 J-1~J-20；基础底面尺寸可从图 9-16 基础平面布置图及图 9-17 独立基础一览表中对应得出(具体尺寸略)。

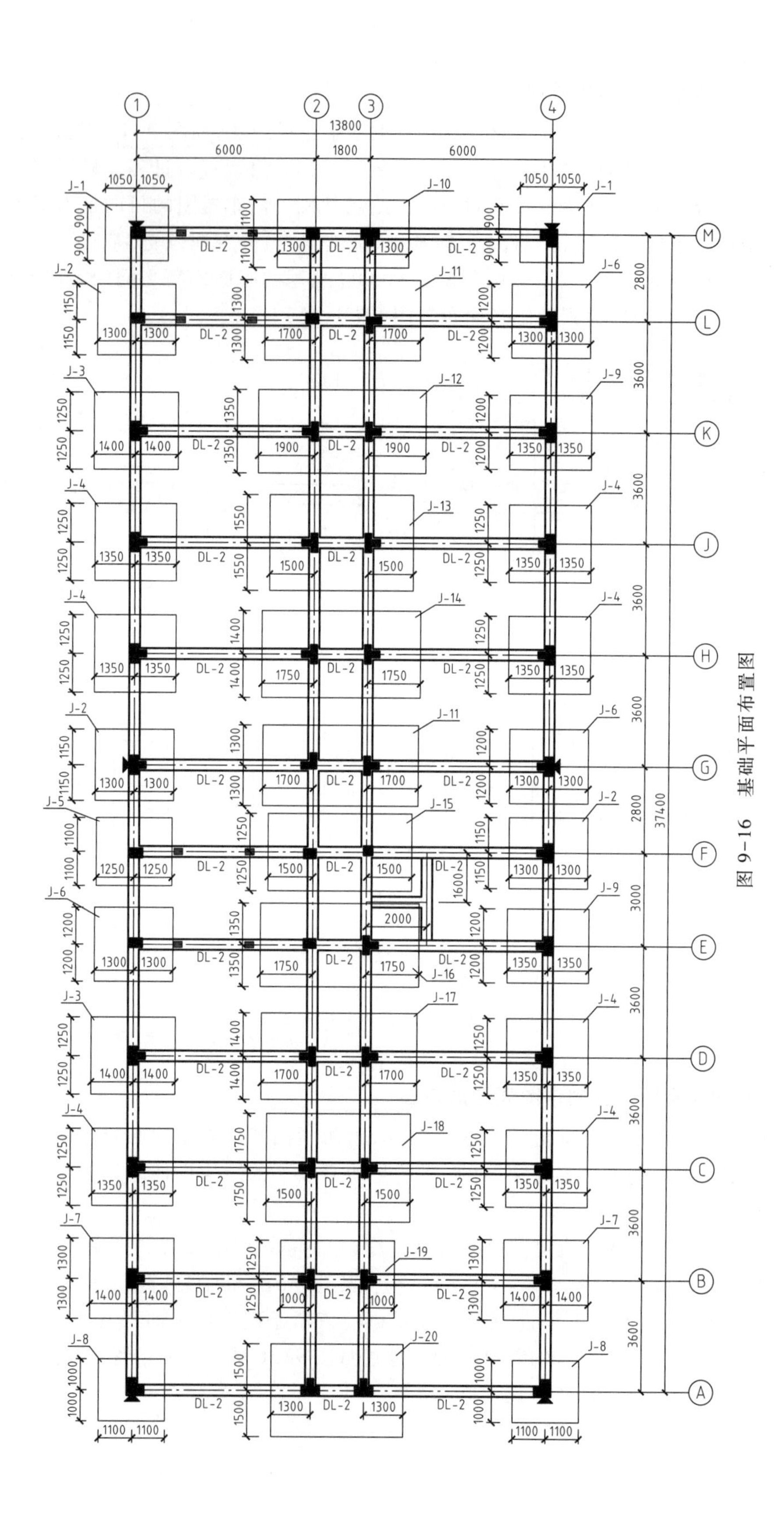


图 9-16　基础平面布置图

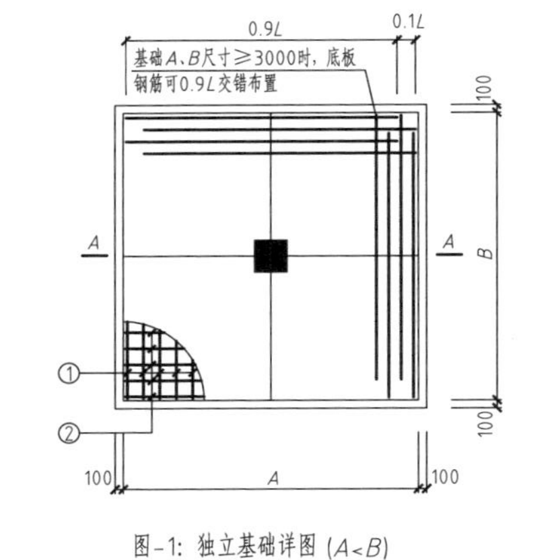

图-1：独立基础详图（A<B）

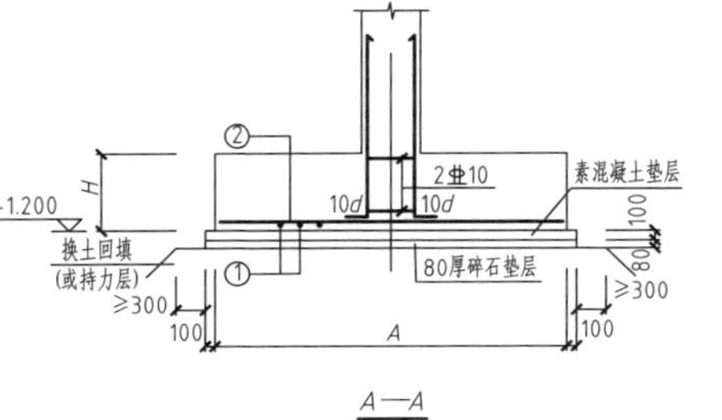

A—A

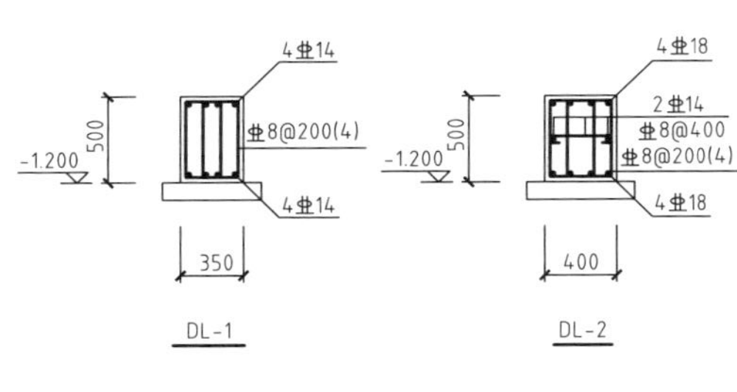


施工注意：这里基础标高-1.200为暂定，基础底应直接置于灰黄色的黏土顶上，严禁超挖，同时作为持力层的黏土上面的杂填土必须挖除。

说明：

1.本工程参照邻近工程的地质勘查报告，采用柱下独立基础，以1-2层黏土层为持力层，持力层承载力$f_{ak}$=60kPa；若基底未至持力层，应挖除之上填土，并用素混凝土回填。

2.±0.000相当于绝对标高3.150。

3.混凝土强度等级为C30级；垫层C15级。

4.未注明地梁均为DL-1。

5.图中未注明轴线关系的地梁均为相对轴线居中。

6.基槽施工过程应加强地质验槽，并在施工过程中做好基坑土体和邻近建筑物、道路、地下管线的变形监测。

7.所有内外隔墙在-0.050标高处设地圈梁一道，圈梁尺寸配筋见总说明。

8.楼梯间楼梯柱位置详见楼梯图。

9.▼为沉降观测点，共6处，距室外地面300。

10.地梁贯通基础时，梁筋应穿过基础和框架柱，对于边柱，地梁钢筋应伸过柱边锚固。

11.±0.000以下穿墙管道预留孔洞详见各有关专业图纸；±0.000以下墙体里内外侧均做20厚水泥砂浆粉刷。

独立基础一览表

| 基础编号 | A×B(mm) | H(mm) | 配筋① | 配筋② | 备 注 |
|---|---|---|---|---|---|
| J-1 | 2100×1800 | 500 | ⌀12@150 | ⌀12@150 | |
| J-2 | 2600×2300 | 500 | ⌀12@150 | ⌀12@150 | |
| J-3 | 2800×2500 | 500 | ⌀12@150 | ⌀12@150 | |
| J-4 | 2700×2500 | 500 | ⌀12@150 | ⌀12@150 | |
| J-5 | 2500×2200 | 500 | ⌀12@150 | ⌀12@150 | |
| J-6 | 2600×2400 | 500 | ⌀12@150 | ⌀12@150 | |
| J-7 | 2800×2600 | 500 | ⌀12@150 | ⌀12@150 | |
| J-8 | 2200×2000 | 500 | ⌀12@150 | ⌀12@150 | |
| J-9 | 2700×2400 | 500 | ⌀12@150 | ⌀12@150 | |
| J-10 | 4400×2200 | 500 | ⌀12@150 | ⌀12@150 | |
| J-11 | 5200×2600 | 500 | ⌀12@150 | ⌀12@150 | |
| J-12 | 5600×2700 | 500 | ⌀12@150 | ⌀12@150 | |
| J-13 | 4800×3100 | 500 | ⌀12@150 | ⌀12@150 | |
| J-14 | 5500×2800 | 500 | ⌀12@150 | ⌀12@150 | |
| J-15 | 4800×2500 | 500 | ⌀12@150 | ⌀12@150 | |
| J-16 | 5500×2700 | 500 | ⌀12@150 | ⌀12@150 | |
| J-17 | 5200×2800 | 500 | ⌀12@150 | ⌀12@150 | |
| J-18 | 4800×3500 | 500 | ⌀12@150 | ⌀12@150 | |
| J-19 | 3800×2500 | 500 | ⌀12@150 | ⌀12@150 | |
| J-20 | 4400×3000 | 500 | ⌀12@150 | ⌀12@150 | |

图 9-17 基础详图

（2）①、④两个横向定位轴线上的基础位置，均在①、④轴线与各纵向定位轴线（A～M）相交处在两个方向对称布置。②、③两个横向定位轴线上的基础的中心均在各纵向定位轴线（A～M）处呈中心对称布置，基础底面标高为-1.200。

（3）①、②、③、④轴线上，沿 4 条轴线中心布置了 4 根基础梁（DL-1），梁沿各轴线居中布置；A～M 轴线上，沿 12 条轴线中心布置了 12 根基础梁（DL-2），梁沿各轴线居中布置。基础梁均为多跨连续梁，DL-1 及 DL-2 配筋是梁上下各配置 4 根直径 14 mm 的、牌号为 HRB400 的通长钢筋，箍筋均为直径 8 mm 的 HRB400 钢筋，箍筋间距为 200 mm。

动画
钢筋混凝土独立基础施工图识读

（4）独立基础底板双向配置了牌号为 HRB400 的、直径为 12 的钢筋，钢筋间距均为 150 mm。在独立基础平面图中设计要求"当基础底板平面尺寸不小于 3 000 时，钢筋长度可取 0.9 倍全长，并交错布置"。

（5）基础垫层混凝土强度等级采用 C15；基础及基础梁混凝土强度等级采用 C30。

（6）所有内隔墙均在-0.005 m 标高处设有沿着内隔墙布置的闭合圈梁。

（7）楼梯的"梯柱"钢筋预留位置需按楼梯结构图确定，本图中未表达。

（8）基础短柱上设有 6 个沉降观测点，分别位于 A、G、M 轴处。

（9）建筑物±0.000 相当于绝对标高 3.150 m。

（10）验槽时依据的基底土的持力层地基承载力标准值为 60 kPa。

1. 基础平面布置图所表达的内容

（1）建筑物基础的类型。从基础布置图中可以直接看出是条形基础、独立基础、桩基础等。

（2）基础及基础梁等构件的平面位置。每一个基础均能看出其与横向定位轴线及纵向定位轴线间的相对距离。对于桩基础，尚可看出每一根桩的具体位置。

（3）基础详图或基础详图不在本图时所在的施工图号。根据构件编号（指独立基础或桩基础）、剖面符号（条形基础）等找到绘制在本页图中的基础详图，或其所在的其他施工图号。

（4）由于钢筋混凝土结构平面整体表达方法的使用，基础平面布置图中又增加了用平法表达的基础梁配筋详图。

（5）一般来说，在基础平面布置图中有很多的结构构件类型，如基础、基础梁等，因而需要对结构构件进行编号。为了更加清楚地表达各构件详图所在施工图位置，多数平面布置图中会给出结构构件列表，表中会给出结构构件的编号、选用的标准图集及详图所在施工图号等，因而"结构构件一览表"的内容是必读的内容。

（6）文字说明。基础平面布置图中的文字说明部分为基础施工的技术要求等内容，这部分内容也是必读内容。

2. 基础详图的所表达的内容

虽然建筑物的基础形式多种多样，但一般情况下，基础详图应该表达的内容却大致相同，即要表达出基础的外形尺寸、材料技术要求等内容。

（1）对条形基础，不同截面尺寸的基础位置将给出相应的剖面图，图中将表达基础的底面宽度，各台阶的宽度和高度，钢筋混凝土基础底板的配筋形式和大小、基础垫层厚度和宽度、基础底面和顶面的标高等。

（2）对独立基础，将给出基础的平面图和剖面图。平面图中将表达基础与轴线间的关系、基础短柱的截面尺寸及配筋图、各基础台阶各方向的宽度等内容;剖面图中应表达基础短柱和基础底板配筋、各台阶的高度和宽度、基础垫层的厚度及宽度、基础底面标高等。

(3) 对桩基础,应给出桩基承台的平面图和剖面图。平面图中应给出桩承台平面尺寸、短柱及承台与轴线的相对关系、承台下桩的数量及其与承台的相对位置;剖面图中应给出承台和短柱的配筋、承台下垫层厚度与宽度、桩身进入承台的长度、桩头与承台的钢筋锚固构造做法等。

(4) 文字说明部分,应给出垫层、基础、短柱或承台的混凝土强度,图中基础详图的位置所在平面布置图的图号及其他技术要求等。

## 六、典型基础详图

一般来说,无论建筑物的上部结构是何种类型,基础均为钢筋混凝土结构。因此,基础详图也就等于是钢筋混凝土构件配筋图。但由于基础位于地下,容易受到地下水等侵蚀性介质的腐蚀,同时与上部结构构件的受力特性也不同,因此基础的配筋位置、保护层厚度等都会不同。现就典型基础详图做内容分析如下,为读者读图做参考。

### 1. 钢筋混凝土柱下独立基础详图

钢筋混凝土柱下独立基础是钢筋混凝土框架结构最常见的基础形式,其基础详图一般由基础平面图(图 9-18)及剖面图(图 9-19)组成。此种表达方式属于传统表达方式,按照《混凝土结构施工图平面整体表达方法制图规则和构造详图》(16G101-3)的规定,独立基础详图的表达方法与图 9-18、图 9-19 不同,请读者自行学习。

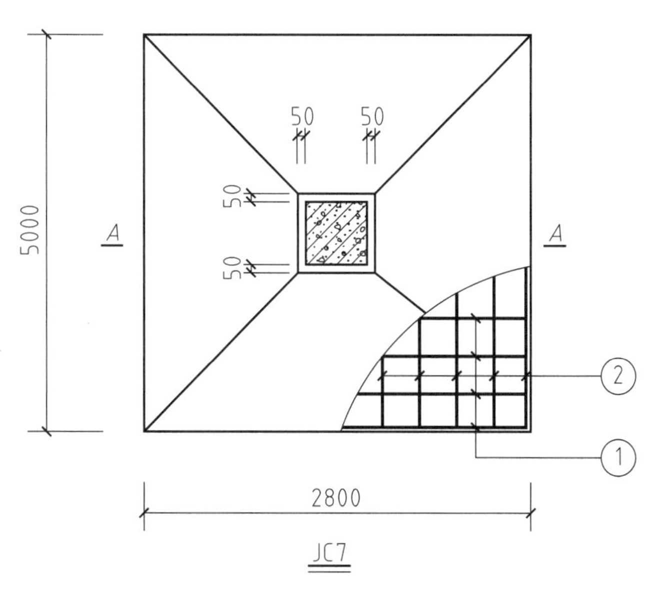


图 9-18　基础平面图

据前述得知,钢筋混凝土柱下独立基础的底板形状有 3 种形式(图 9-1),底板形状有阶梯形和锥形两种。但由于其受力特点决定,底板钢筋均配置在板底位置,且双向配置。当底板某一方向的尺寸不小于 2 500 mm 时,按《地基基础设计规范》第 8.2.1-5 规定,沿该方向布置的钢筋可取边长的 0.9 倍。但应特别注意,最外侧的 4 根钢筋不得按 0.9 倍长度布置(图 9-20)。

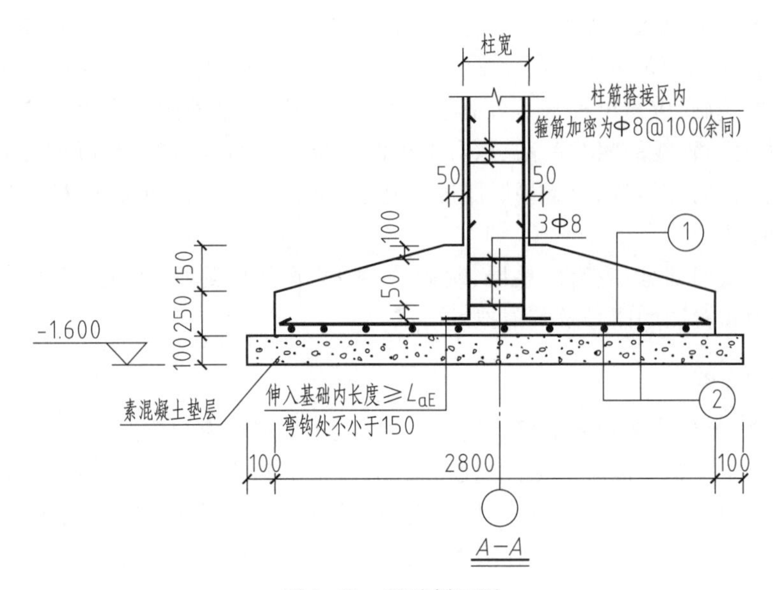


图 9-19　基础剖面图

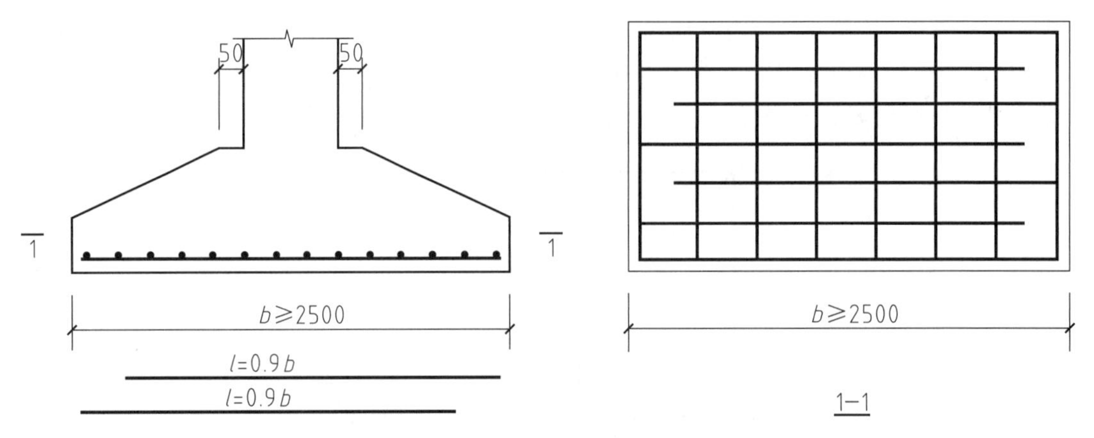


图 9-20　规范对底板钢筋布置的要求

传统方法表达的钢筋混凝土柱下独立基础表达的信息要点如下(以图 9-18、图 9-19 为例):

(1) 独立基础的底板尺寸为 5 000 mm×2 800 mm,底板为锥形,底板总高 400 mm,锥形部分高 150 mm,底板部分高 250 mm,锥顶尺寸比柱宽及柱高均大出 50 mm。

(2) 基础底面标高为-1.600。基础底面以下为素混凝土垫层,厚度 100 mm,四周比基础底面扩出 100 mm。

(3) 底板的①号钢筋沿短向布置,且应按全长布置;②号钢筋沿长向布置,由于边长大于 2 500,可按 0.9$b$ 长度交错布置。钢筋间距未知(例图非完整施工图)。

(4) 基础短柱插筋插至基础底面处需弯折,弯折长度需计算其抗震锚固长度 $L_{aE}$ 并与 150 mm 比较,取较长尺寸。

(5) 基础短柱在基础底板高度范围内需布置 3 根箍筋,短柱范围(基础顶面至±0.000 标高)内箍筋需加密(抗震要求),按直径为 8 mm 的 HRB335 级间距 100 布置。

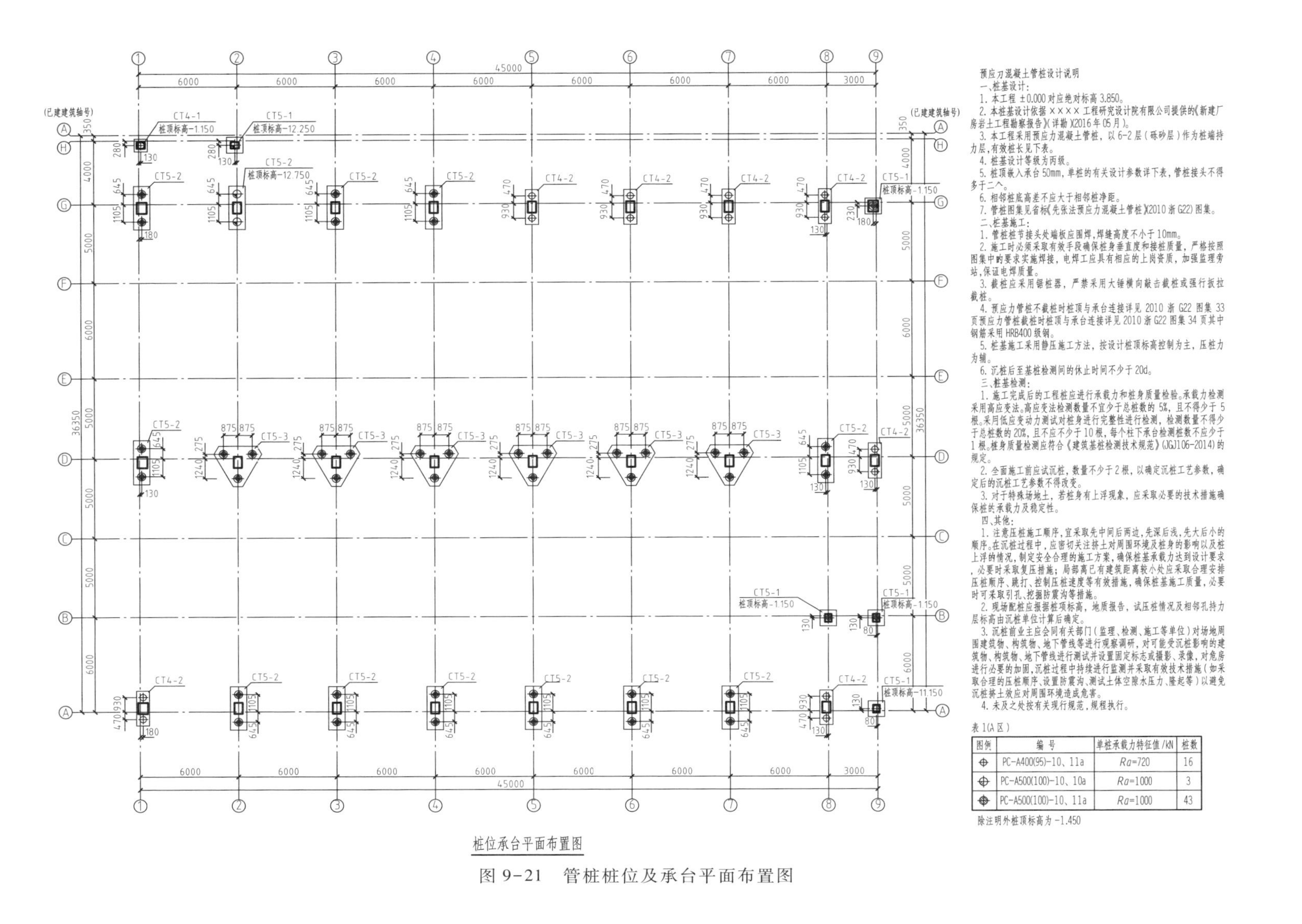


| 图例 | 编号 | 单桩承载力特征值/kN | 桩数 |
|---|---|---|---|
| ⊕ | PC-A400(95)-10、11a | $Ra$=720 | 16 |
| ⊕ | PC-A500(100)-10、10a | $Ra$=1000 | 3 |
| ⊕ | PC-A500(100)-10、11a | $Ra$=1000 | 43 |

桩位承台平面布置图

图 9-21　管桩桩位及承台平面布置图

2. 桩基础详图

按前述内容可知,桩基础由桩体及承台两部分构成。承台部分的详图是类似的,但桩体部分则区别较大,预制桩部分一般经设计选用后由预制厂加工完成,施工方只需要按型号购置后将其打入地下即可;但灌注桩则需要施工方在现场进行桩身成孔施工、桩体钢筋笼加工和现场混凝土浇筑。因此采用灌注桩的桩基础施工图内容相对复杂。桩基础施工图一般包括桩位与承台布置图(两者可分开表达,桩数少时合并表达,桩数多时分开表达)及桩身施工图两部分。

(1) 先张法预应力混凝土管桩基础详图

图9-21~图9-23三个图样及说明构成了薄壁管桩基础施工图。现分述如下。

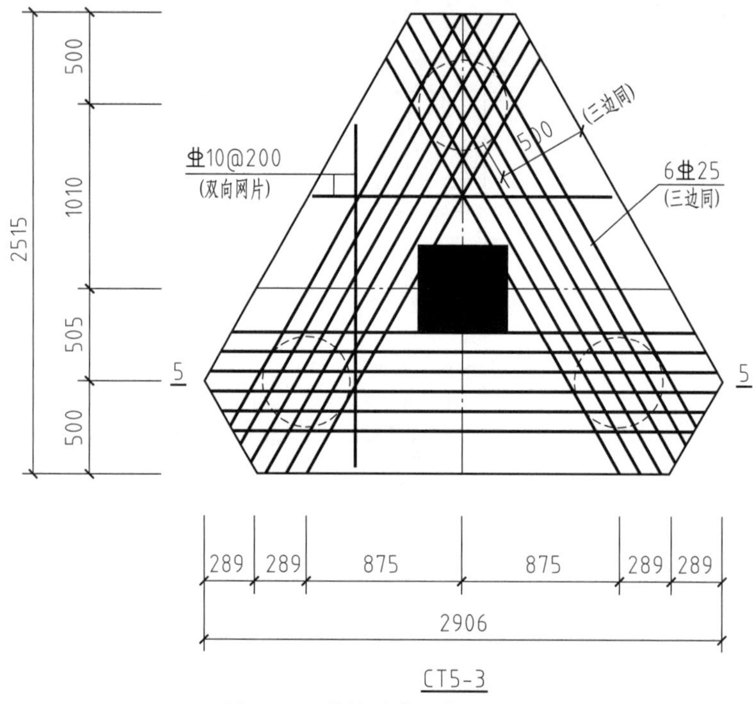


图9-22　管桩承台配筋平面图

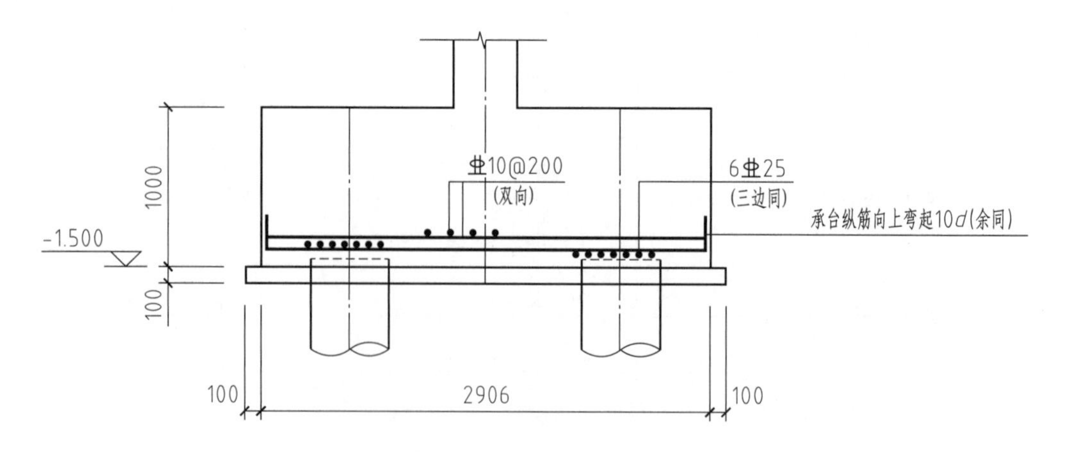


图9-23　管桩承台配筋断面图

① 图 9-21 为管桩及承台的平面布置图。图中给出了所有承台及桩位的位置。

② 建筑物选用的桩为先张法预应力薄壁管桩，选自浙江省图集 2010 浙 G22。

③ 所选用的桩信息见表 9-1。

**表 9-1　桩信息一览表**

| 图例 | 编号 | 单桩承载力特征值(kN) | 桩数 |
| --- | --- | --- | --- |
| | PC-A400(95)-10、11a | $R_a=720$ | 16 |
| | PC-A500(100)-10、10a | $R_a=1\ 000$ | 3 |
| | PC-A500(100)-10、11a | $R_a=1\ 000$ | 43 |

从表 9-1 中可知：

桩 1：直径 400 mm，壁厚 95 mm，由 10 m 及 11 m 两段桩组成，总长 21 m，采用开口式桩尖(a 型)，单桩承载力特征值为 720 kN，桩数为 16 根；

桩 2：直径 500 mm，壁厚 100 mm，由两段 10 m 桩组成，总长 20 m，采用开口式桩尖(a 型)，单桩承载力特征值为 1 000 kN，桩数为 3 根；

桩 3：直径 500 mm，壁厚 100 mm，由 10 m 及 11 m 两段桩组成，总长 21 m，采用开口式桩尖(a 型)，单桩承载力特征值为 1 000 kN，桩数为 43 根。

管桩详图一般由设计选择标准图集，图集中均对不同管桩给予了不同的编号规则。例如：图 9-21～图 9-23 中选择的图集 2010 浙 G22 中的编号规则如图 9-24 所示。

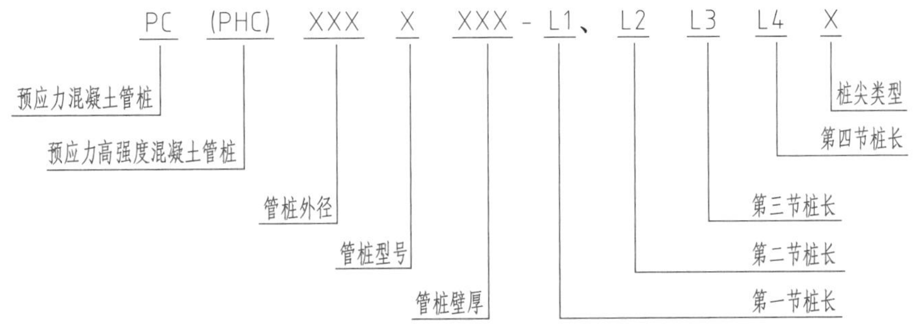


图 9-24　编号规则

管桩为先张法预应力构件，其配筋详图示例如图 9-25 所示。

管桩的桩尖为单独构件，分为两个类型：a 型为开口式桩尖(图 9-26)；b 型为闭口式桩尖(图 9-27)。开口式桩尖在沉桩过程中，地基土会进入管桩的管中，沉桩阻力较小，但桩端阻力相对较小，单桩承载力也相对较小；闭口式桩尖沉桩阻力较大，桩端阻力较大，但单桩承载力也相对较大。

管桩的桩顶需要与其连接的上部钢筋混凝土承台(或承台梁)可靠连接，以保证承台与桩共同工作。为此桩顶需要有满足锚固长度的钢筋深入承台当中。不需要截桩的桩顶需要另外将钢筋焊接在桩顶的管节端板上；经过截桩的桩顶则需要在柱顶部分用深入管桩中间的钢筋笼来形成锚入承台的钢筋(图 9-28)。

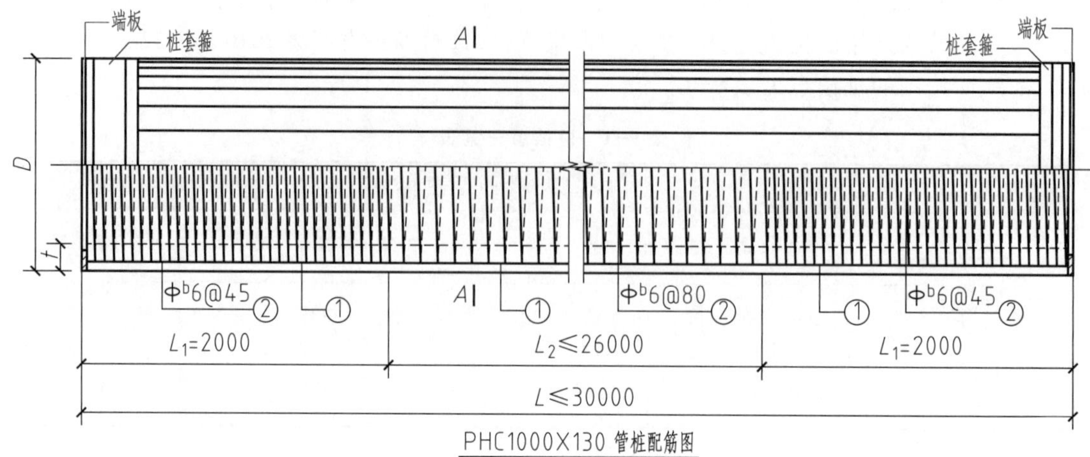


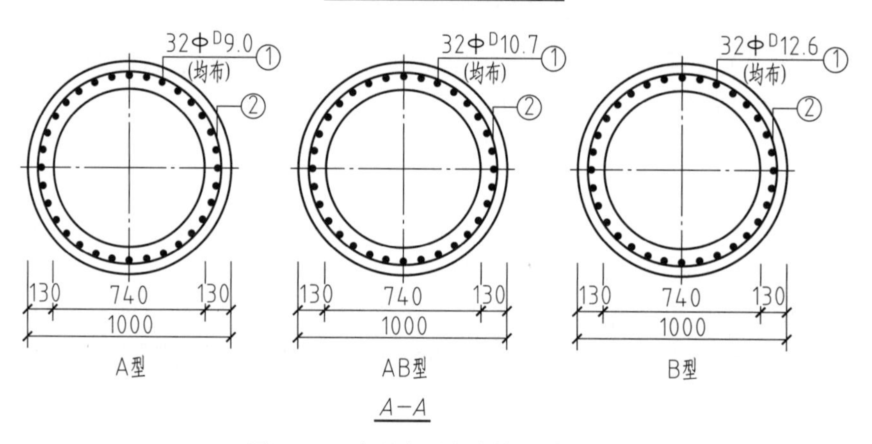


图 9-25　高强度预应力管桩详图

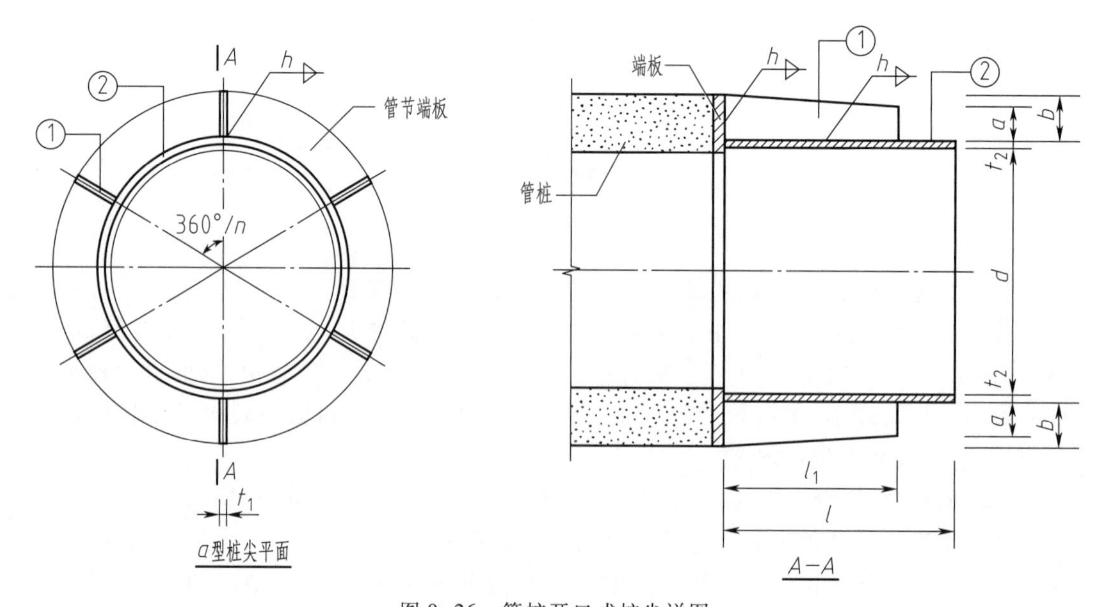


图 9-26　管桩开口式桩尖详图

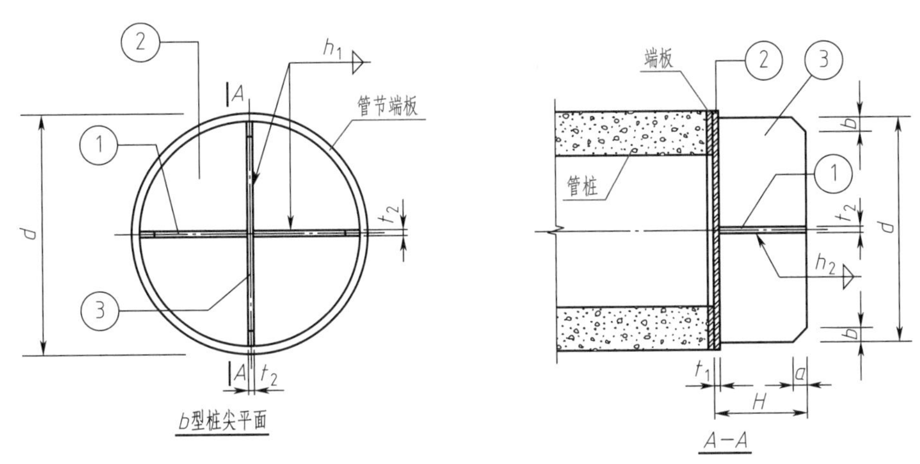


图 9-27　管桩闭口式桩尖详图

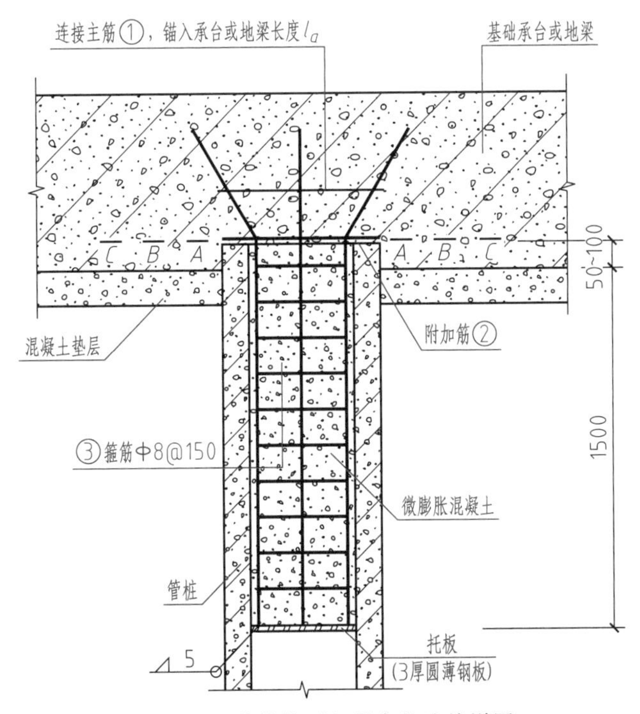


图 9-28　截桩桩顶与承台的连接详图

（2）灌注桩基础详图

相对于需要现场制作钢筋笼并进行混凝土浇筑的灌注桩来说，钢筋混凝土预制管桩目前在市场上的应用较为广泛，一个重要的原因是，管桩的使用减少了现场操作带来的环境污染。但并不等于说灌注桩将被淘汰。灌注桩（尤其是钻孔灌注桩）与预制桩相比有一个重要的优势，就是沉桩过程中对桩周土的挤土效应相对较小。当新建建筑物位于原有建筑物距离较近的时候，减少挤土效应就变得更加重要。这也是钻孔灌注桩在工程实践中一直被使用的重要原因。

作为桩基础，两种桩型的承台是基本相同的，不同的是灌注桩需要现场制作钢筋笼并进行混凝土浇筑。所以涉及的重要图样就是以钢筋笼为主要内容的桩身施工详图（图 9-29）。

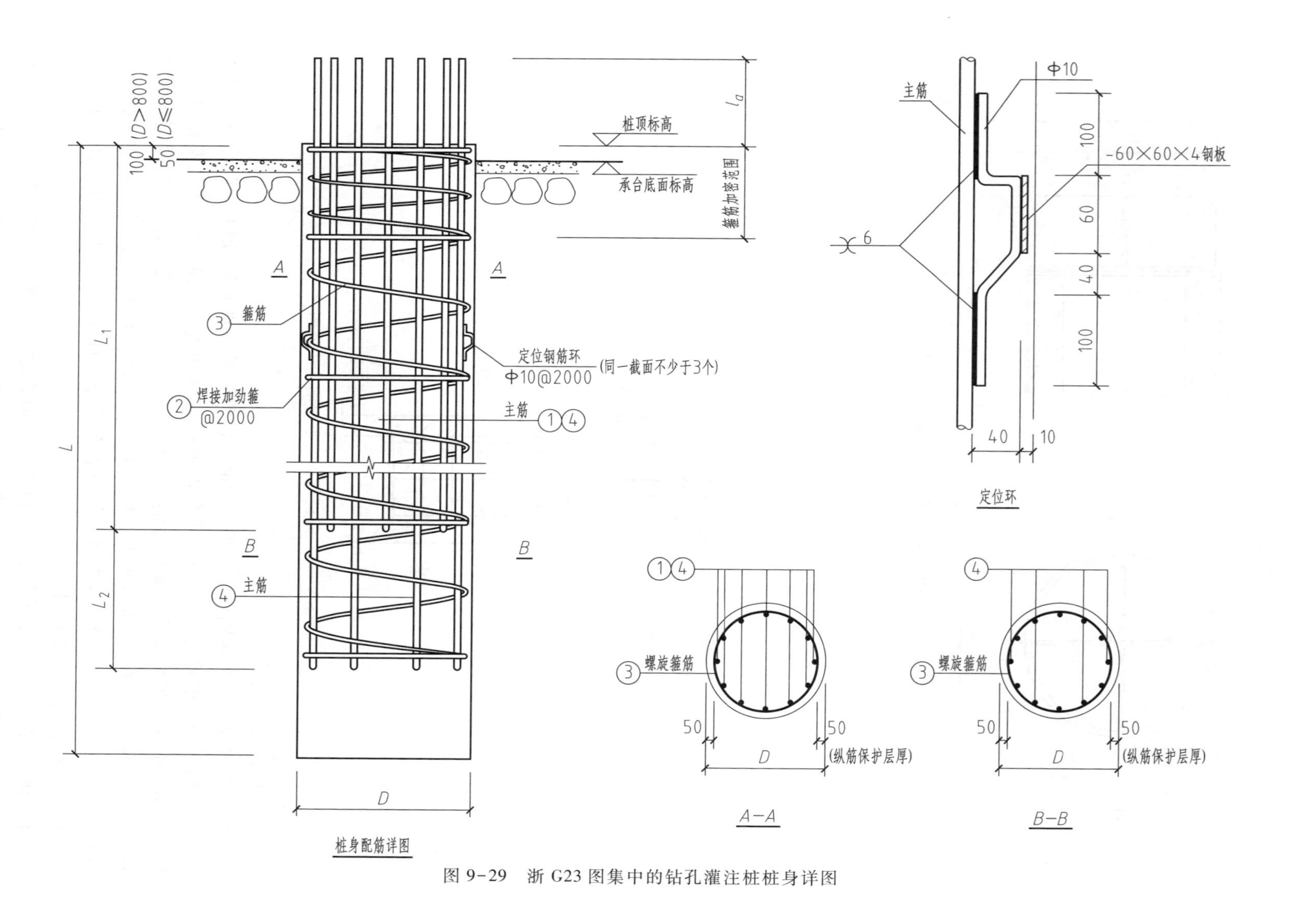


图 9-29　浙 G23 图集中的钻孔灌注桩桩身详图

图 9-29 中的钢筋主要由桩的纵向主筋、螺旋箍筋、加劲环和定位钢筋环组成：纵向主筋为桩受力之用；螺旋箍筋为承受水平剪力及固定主筋之用；加劲环则是考虑钢筋笼吊装时保证钢筋笼的刚度（防止变形）之用；定位钢筋环则是保证桩位准确之用。深入承台的锚固主筋需满足锚固长度 *La*，图集规定：承压桩需满足 35*d*（主筋直径）的要求，抗拔桩则需满足 40*d*（主筋直径）的要求。

（3）桩基础的检测

为了保证实际施工后的桩能够满足设计要求的单桩承载力，设计者均会要求对桩进行桩基检测。桩基检测的对象为桩体，不包括桩基承台。检测的内容包括桩身完整性和单桩承载力。

① 桩体检测的内容主要针对是否存在“断桩”“缩颈”“夹渣”（灌注桩）等情况。

对预制桩来说，断桩出现的主要原因是预制桩各段桩体的接桩焊接失效，如接桩焊接后未等到焊缝冷却即继续沉桩，由于焊缝快速冷却造成冷脆而断裂。

灌注桩的缩颈、夹渣或断桩则是由于桩周土流入桩孔造成。无论是断桩还是缩径，都会直接影响桩基承载力的发挥，因此必须在包括承台在内的上部结构施工前对桩体进行检测。

根据《建筑基桩检测技术规范》（JGJ 106—2014）第 3.1.1 条规定，检测的目的及检测方法见表 9-2。

表 9-2 检测目的及检测方法

| 检测目的 | 检测方法 |
| --- | --- |
| 确定单桩竖向抗压极限承载力；<br>判定竖向抗压承载力是否满足设计要求；<br>通过桩身应变、位移测试、测定桩侧及桩端阻力，验证高应变法的单桩竖向抗压承载力检测结果 | 单桩竖向抗压静载实验 |
| 确定单桩竖向抗拔极限承载力；<br>判定竖向抗拔承载力是否满足设计要求；<br>通过桩身应变、位移测试，测定桩的抗拔侧阻力 | 单桩竖向抗拔静载实验 |
| 确定单桩水平临界荷载和极限承载力，推定土抗力参数；<br>判定水平承载力或水平位移是否满足设计要求；<br>通过桩身应变、位移测试，测定桩身弯矩 | 单桩水平静载实验 |
| 检测灌注桩桩长、桩身混凝土强度、桩底沉渣厚度，判定或鉴别桩端持力层岩土性状，判定桩身完整性类别 | 钻芯法 |
| 检测桩身缺陷及其位置，判定桩身完整性类别 | 低应变法 |
| 判定单桩竖向抗压承载力是否满足设计要求；<br>检测桩身缺陷及其位置，判定桩身完整性类别；<br>分析桩侧和桩端土阻力；<br>进行打桩过程监控 | 高应变法 |
| 检测灌注桩桩身缺陷及其位置，判定桩身完整性类别 | 声波透射法 |

② 一般来说，桩基施工图给出的关于“基桩检测”的要求包括以下几方面。

a. 需检测的桩基数量要求（包括高应变、低应变、静载实验等分别给出要求）。

b. 测桩桩位选择的原则性要求（主要包括桩基施工过程异常者、一柱一承台者）。

c. 测桩方法（主要包括低应变、高应变和静载实验，必要时采用钻芯法）、具体示例见图 9-21 中文字说明。

## 七、基础布置图的识读方法

1. 看基础平面布置图

(1) 了解基础类型,如独立基础、桩基础、条形基础等。

(2) 了解每个基础的平面位置(与定位轴线间相对关系)。

(3) 了解每类基础的平面大小、形状。

(4) 了解基础梁的平面位置、断面大小、配筋(平法表示时)。

(5) 对桩基础,了解每根桩的平面定位(与横、纵轴线的关系)。

2. 看构件统计表

了解本图中基础类型和数量,各基础、基础梁及设备基础详图所在施工图号。

3. 看文字说明

了解基础施工技术要求。对桩基础了解桩类型(预制桩、灌注桩)、沉桩方法和检测方法等。

## 八、基础详图的识读方法

1. 看基础平面详图

(1) 了解基础平面形状,大小尺寸,平面定位(与轴线关系)。

(2) 了解基础上部结构(柱)断面尺寸及配筋。

(3) 了解基础底板配筋。

2. 看基础剖面详图

(1) 了解基础埋置深度(顶面、地面标高)。

(2) 了解基础台阶的宽度和高度。

(3) 了解上部结构(柱)断面尺寸及配筋构造。

(4)了解基础底板钢筋布置。

3. 看施工说明

了解基础施工要求(混凝土强度等级、钢筋类型等)。

## 第二课堂学习任务

任务内容:

用 AutoCAD 软件抄绘图 9-21“管桩桩位及承台平面布置图”。

成果内容:

“单层工业厂房桩基础布置图”电子图形文件。

项目成果文件编制要求:

- 图形文件名为“姓名.dwg”;
- 采用 A1 图幅,1∶100 比例,其他要求按规范采用。

完成项目后思考的问题:

- 绘制的桩基础结构布置图表达了哪些结构构件?
- 图中要求对桩进行哪些内容的检测?
- 桩基础由哪些结构构件构成?

项目十

# 10

# 楼层结构布置图、构件详图及连接详图的识读

**项目描述**

识读单层工业厂房屋面结构布置图(民用建筑楼层结构布置图)和构件详图,完成学习任务。

**教学目标**

技能目标:

1. 能够识读结构施工图的楼层结构布置图;
2. 能够识读结构施工图的构件施工图。

知识目标:

1. 了解楼层结构平面布置图的形成与作用;
2. 掌握楼层结构平面布置图的内容;
3. 掌握结构构件施工图的内容;
4. 掌握钢筋混凝土梁、板、柱的一般配筋构造及结构连接详图;
5. 掌握楼层结构布置图的识读方法;
6. 掌握结构构件施工图的识读方法。

## 项目支撑知识

### 一、楼层结构及楼层结构平面布置图

1. 楼层结构

建筑物的结构构件由水平方向构件和竖向构件构成,如图 10-1 所示。水平方向构件包括各层楼板包含的梁、板等构件;竖向构件则包含柱、墙(钢筋混凝土墙、砌体墙等)。

所谓“楼层结构”,是指两层楼板之间所有结构构件构成的体系,即楼面结构——梁、板;竖向结构——柱、墙(钢筋混凝土墙或砌体墙)。

2. 楼层结构平面布置图

图 10-2 给出了构成结构施工图的三种图样(结构平面布置图、结构构件详图和构件连接详图)在房屋建造过程中所起到的作用。其中结构平面布置图负责表达某种结

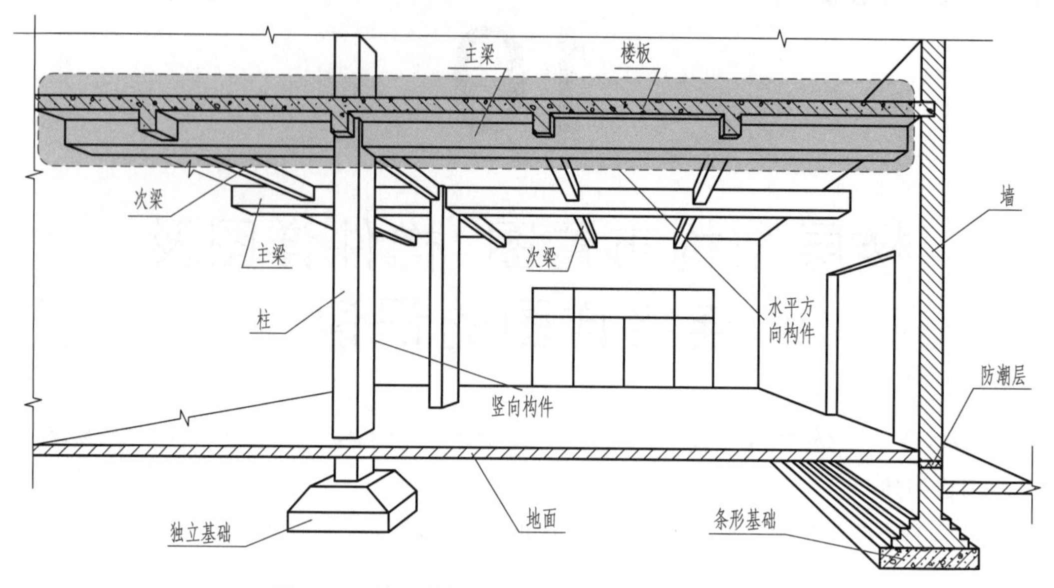


图 10-1　楼层结构中的水平方向构件和竖向构件

构构件（梁、板、柱等）的平面位置，即在图中可以通过由横向和纵向定位轴线形成的若干的相对坐标系找到某一个构件的具体坐标；结构详图负责表达某种构件的形状、尺寸、制作材料、钢筋配置（对钢筋混凝土构件）等信息；构件连接详图则负责给出构件与构件之间的连接方式（刚接或铰接等）。上述三种图样联合起来形成完整的结构施工图。

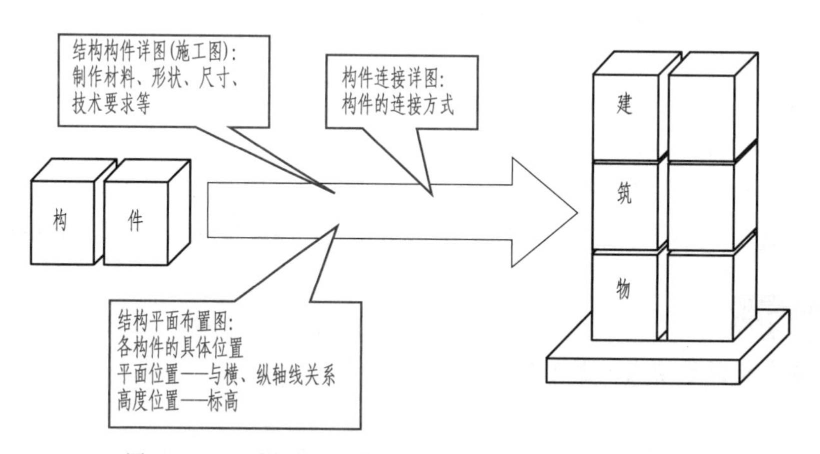


图 10-2　三种结构施工图在指导房屋建造过程中的作用

楼层结构平面布置图一般分为两类：表达水平构件位置的楼层梁、板结构平面布置图（图 10-3、图 10-4）；表达竖向构件位置的柱（墙）结构平面布置图（图 10-5）。

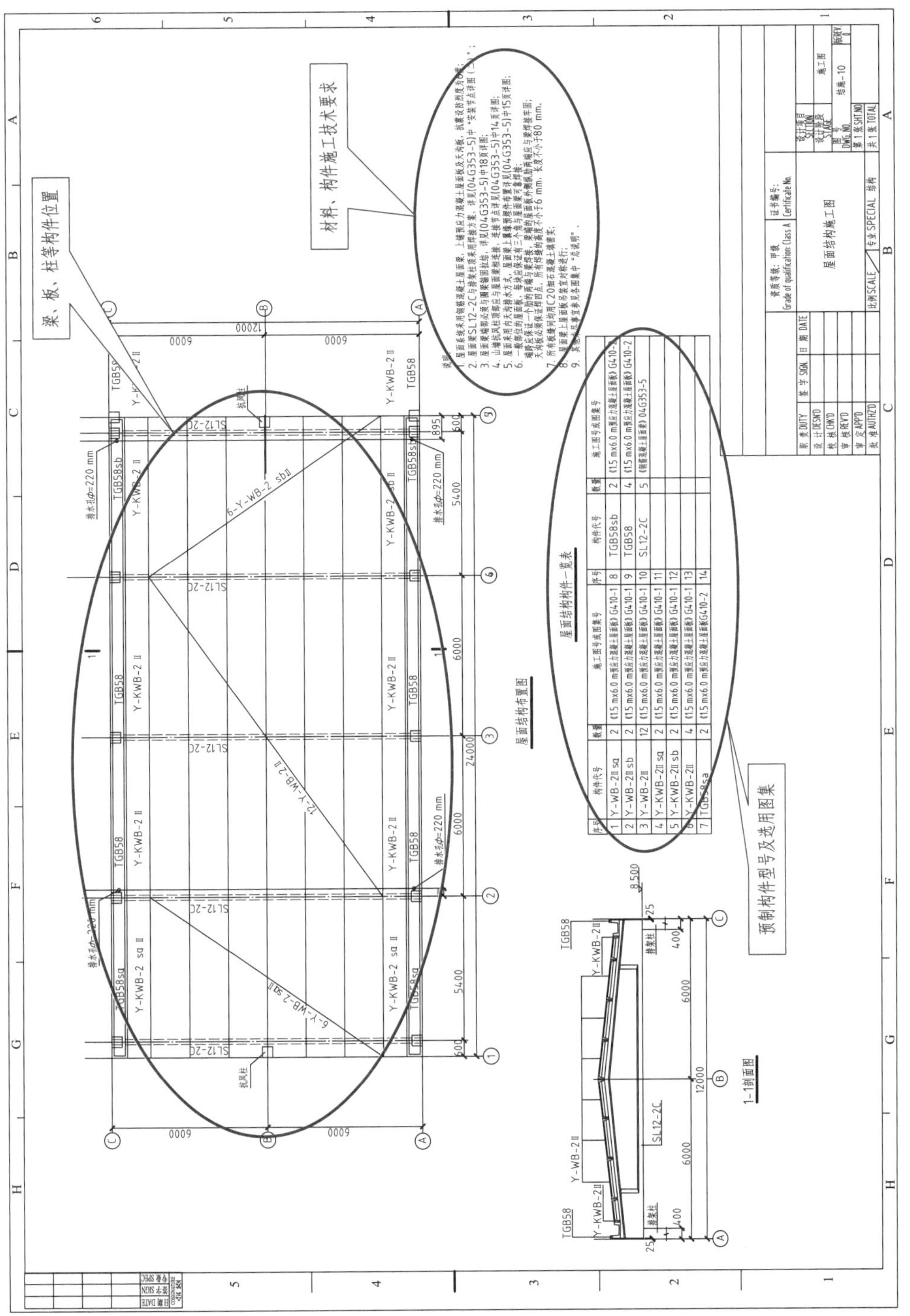


图 10-3 单层厂房屋面结构布置图的内容

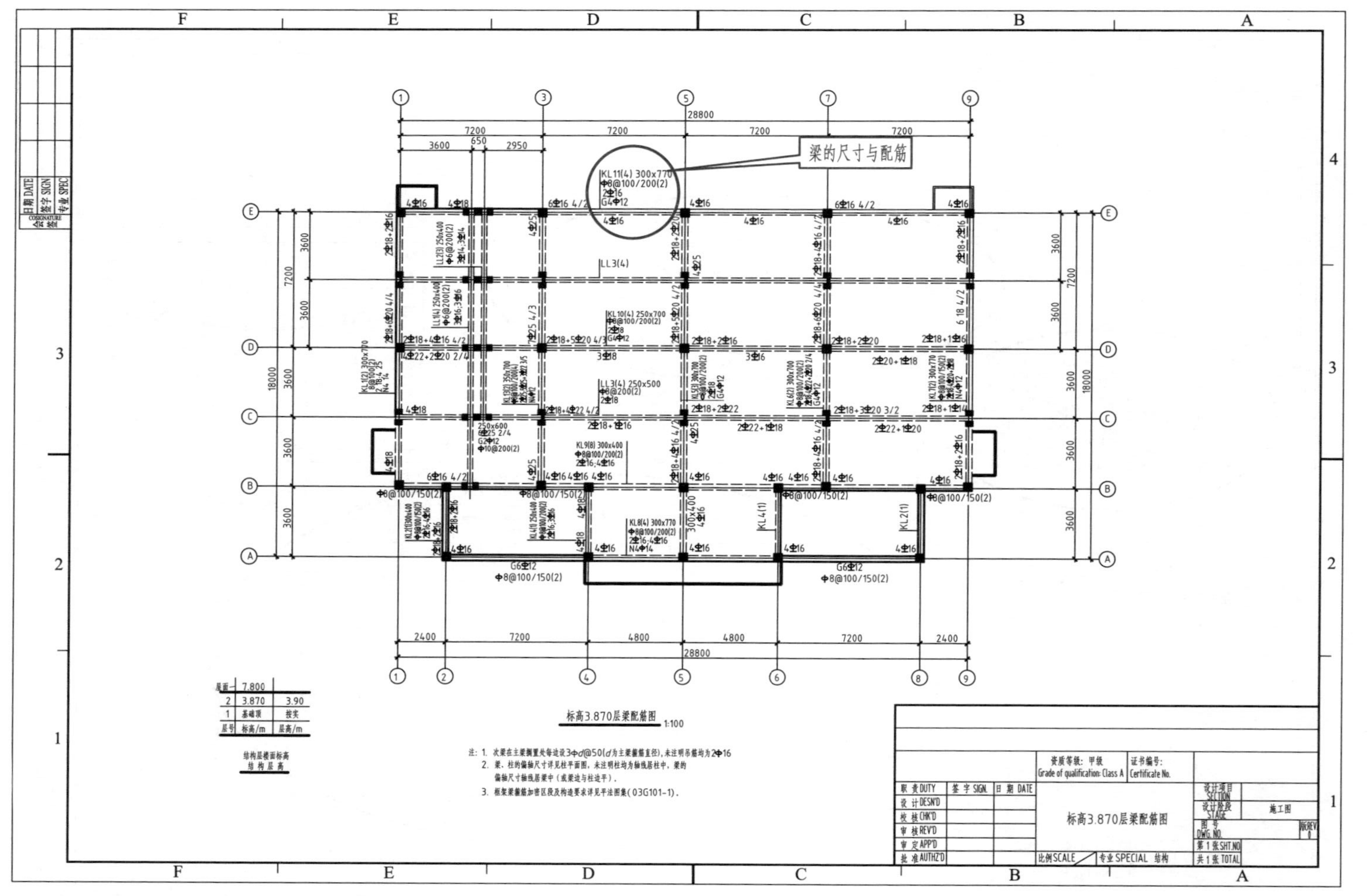


图 10-4　“平法”表达的钢筋混凝土梁施工图

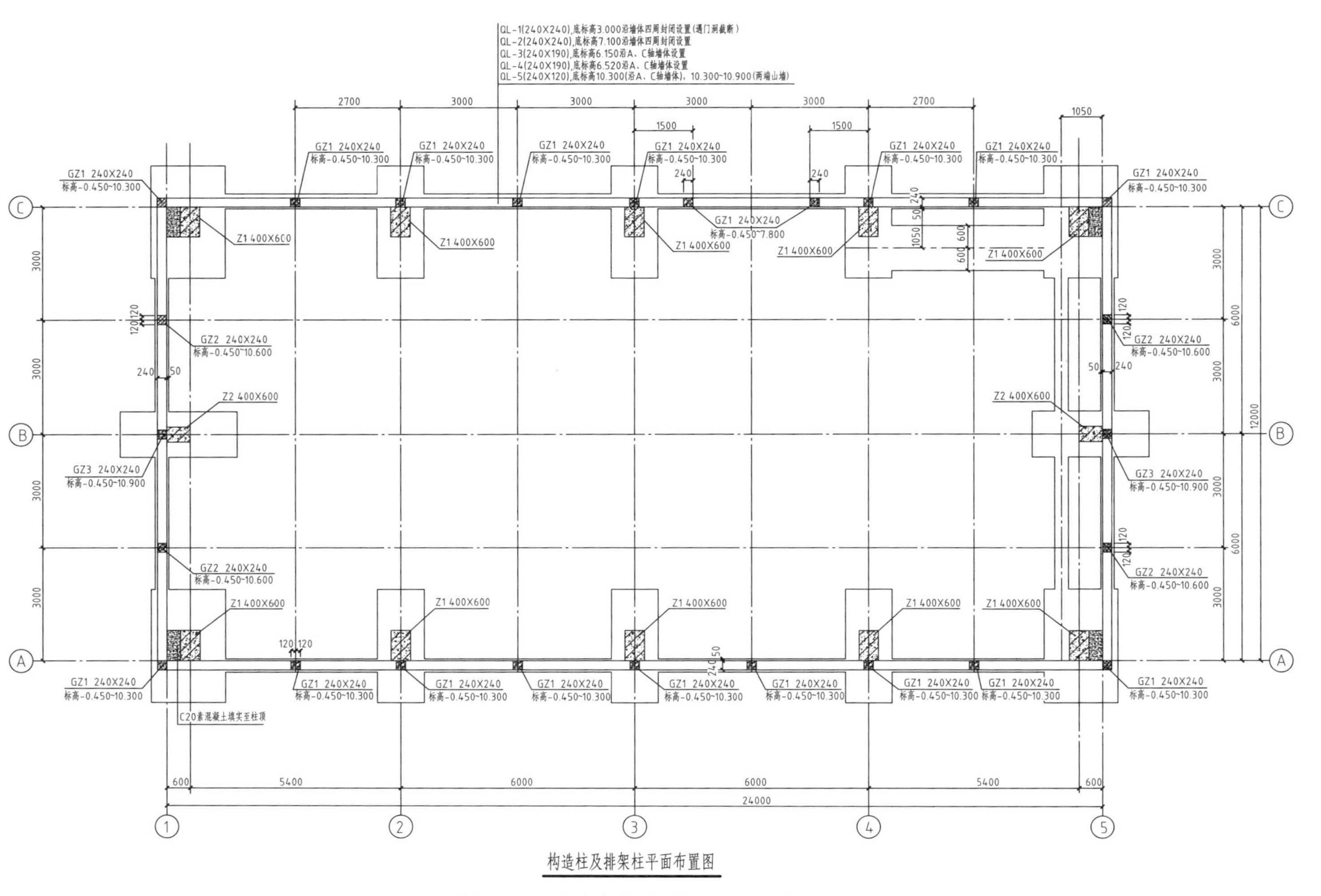


图 10-5 竖向构件柱、构造柱平面布置图

在楼层结构平面布置图中，结构构件的空间位置包括平面位置和高度方向的位置。其平面位置是通过本层内的梁、柱与各定位轴线的距离表达的；高度方向的位置则通过在结构构件详图上注明标高的方式表达。

动画
楼层结构布置图

本项目所讨论的结构平面布置图的表达方式为传统的表达方式，即在结构平面布置图中只表达构件的编号和位置，构件详图则另行绘制。对现浇钢筋混凝土结构，目前比较常用的混凝土结构施工图平面整体表达方法，如图 10-4 所示（篇幅所限，附图仅给出表达方法和内容组成）。这种表达方法是将结构平面布置及结构详图一体化表达，与传统表达方法相比大大减少了图纸量（本书将在其他项目中专题讨论）。由于平面整体表达方法是在传统表达方法的基础上形成的，因而掌握用传统表达方法表达的结构施工图的识读方法是非常必要的。

## 二、楼层结构平面布置图的形成原理

从图 10-6 可以看出，楼层结构平面布置图的形成原理，与其他平面图的形成原理是相同的，均经过了剖切、移除和投影几个步骤。但由于楼层结构布置图要表达的内容与其他平面图有所区别（即构成本层楼面的梁、板、柱等结构构件的位置），因而其假想平面的剖切位置应该在各层楼面的上表面处，向下作正投影形成楼层结构平面布置图。

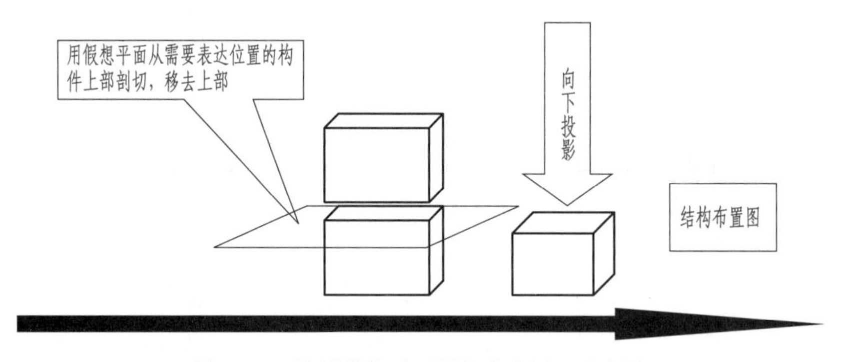


图 10-6　楼层结构平面图的形成原理示意图

## 三、楼层结构平面布置图表达的内容

采用传统表达方法绘制的楼层结构平面布置图，其内容一般由构件平面布置图、构件一览表、施工详图组成。

构件平面布置图中内容如下：

如图 10-3 所示，图中给出了各结构构件（梁、板、柱），与纵向和横向定位轴线的相对距离，即给出本层中的所有构件的平面位置；由于本层的标高已经在“平面图名”或“剖面图”中给出，其高度方向的位置也随之确定；构件的平面位置及其标高确定后，各构件的“空间坐标”随之确定。

给出的具体信息为：

（1）屋面构件包括 12 m 跨度钢筋混凝土屋面梁（薄腹梁）、6 m 跨度大型预应力屋面板及天沟板；

（2）每块屋面板及天沟板的具体位置；

（3）本层构件一览表给出了屋面包括的三种构件，即屋面梁、大型屋面板和天沟板的型号、数量及每种板选用的标准图集。

当本层结构构件为混凝土预制构件或钢结构构件时，一般会按照平面图中对构件的编号，对本层中所有构件进行列表统计，在表中给出各构件施工详图的施工图号，或选用的标准图集的名称和详图编号。

施工说明给出了材料技术要求和其他施工技术要求。

## 四、采用传统表达方法绘制的钢筋混凝土构件详图的内容

采用传统表达方法绘制的钢筋混凝土梁构件详图如图 10-7 所示；钢筋混凝土柱构件详图如图 10-8 所示；钢筋混凝土板详图如图 10-9 所示。可以看出，钢筋混凝土构件详图一般由两种图样构成，即构件模板图（或称外形图）及构件配筋图。构件配筋图则由构件立面配筋图及断面配筋图组成。所表达的内容如下。

1. 构件的模板图（或称外形图）

钢筋混凝土构件的施工必须知道构件的具体外形尺寸，同时，由于构件之间连接的需要，构件需要埋置预埋件、预留孔洞等。作为钢筋混凝土构件详图的一部分，构件模板图承担的就是这个任务。

如图 10-7(a) 所示，屋面梁构件的模板图由立面图和剖面图组成，从图中可以确定该梁的长、宽、高及梁顶标高等细部尺寸，以及梁上的预留孔及预埋件等信息。

如图 10-8 所示，单层工业厂房钢筋混凝土排架柱，由上柱、下柱及牛腿构成。其外形相对复杂，而且柱上有预埋件（柱顶面、牛腿顶面、上柱内侧、下柱外侧等处）需要表达，通过由立面图和剖面图组成模板图，可以准确地获得上述信息。

2. 构件配筋图

如图 10-7(b) 所示，采用传统表达方法绘制的构件配筋图，是通过配筋立面图和断面图的形式绘制的。配筋立面图是通过沿构件纵向进行剖切后绘制的，从图中可以获知构件中钢筋的布置位置信息；在与之对应配套的配筋断面图中，则可以获知主要受力钢筋、构造钢筋、箍筋等配筋信息。

3. 其他信息内容

（1）构件编号信息。构件平面布置图中对同类型的结构构件都逐一进行了编号，构件详图中则是按照此编号逐一给出配筋详图。因此将结构平面图与构件配筋详图对应识读，可以确认结构施工图中是否有构件详图的缺失。

（2）构件制作材料的技术要求。钢筋混凝土构件施工需要知晓构件采用的混凝土强度等级、钢筋的牌号等内容，此项内容一般会以文字说明的方式在构件详图中给出。

## 五、钢筋混凝土梁、板、柱中钢筋的一般构造

1. 梁中钢筋（图 10-10）

（1）纵向受力钢筋。位于梁上部和下部，主要承受该部位可能出现的拉力或压力。

（2）箍筋。位于梁的横断面中且沿梁纵向全长设置，必要时（如抗震）在靠近梁支座附近会加密布置，用来承受梁所受剪切力或提高梁的抵抗脆性破坏能力（延性）；

（3）弯起钢筋。利用下部纵向受力钢筋，在梁的两端部弯起（如梁高小于 800 mm，弯起角为 45°；如不小于 800 mm，则弯起角为 60°），用来承受梁端的部分剪切力。

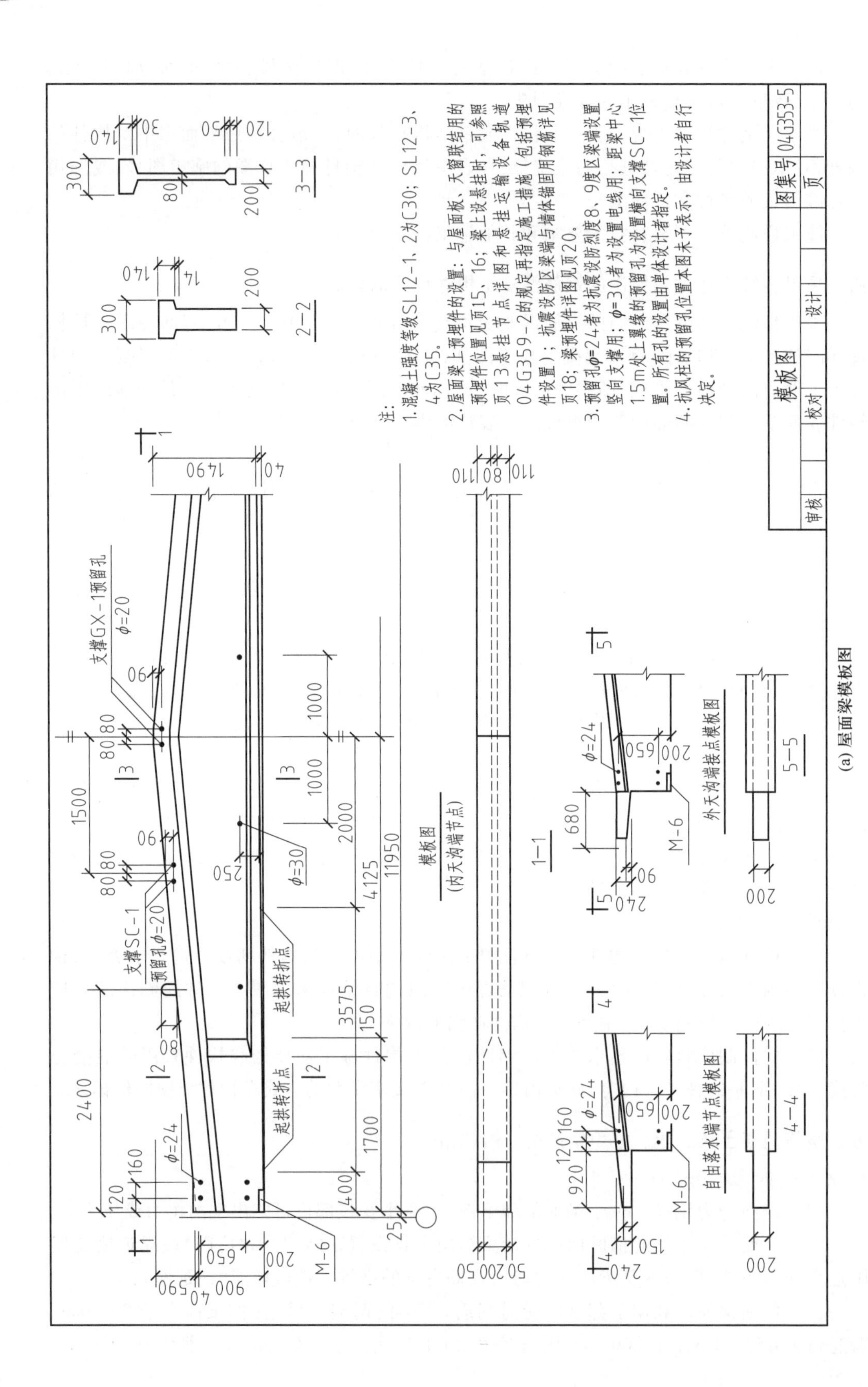
模板图
(内天沟端节点)
支撑GX-1预留孔 φ=20
支撑SC-1 预留孔φ=20
起拱转折点
起拱转折点
φ=24
φ=30
M-6
1—1
2—2
3—3
4—4
5—5
外天沟端节点模板图
自由落水端节点模板图
注：
1.混凝土强度等级SL12-1、2为C30；SL12-3、4为C35。
2.屋面梁上预埋件的设置：与屋面板、天窗联结用的预埋件位置见页15、16；梁上设悬挂时，可参照页13悬挂节点详图和悬挂运输设备轨道04G359-2的规定再指定施工措施（包括预埋件设置）；抗震设防区梁端与墙体锚固用钢筋详见页18；梁预埋件详图见页20。
3.预留孔φ=24者为抗震设防烈度8、9度区梁端设置竖向支撑用；φ=30者为设置电线用；距梁中心1.5m处上翼缘的预留孔为设置横向支撑SC-1位置。所有孔的设置由单体设计者指定。
4.抗风柱的预留孔位置本图未予表示，由设计者自行决定。
模板图
图集号 04G353-5
页
审核
校对
设计
(a) 屋面梁模板图

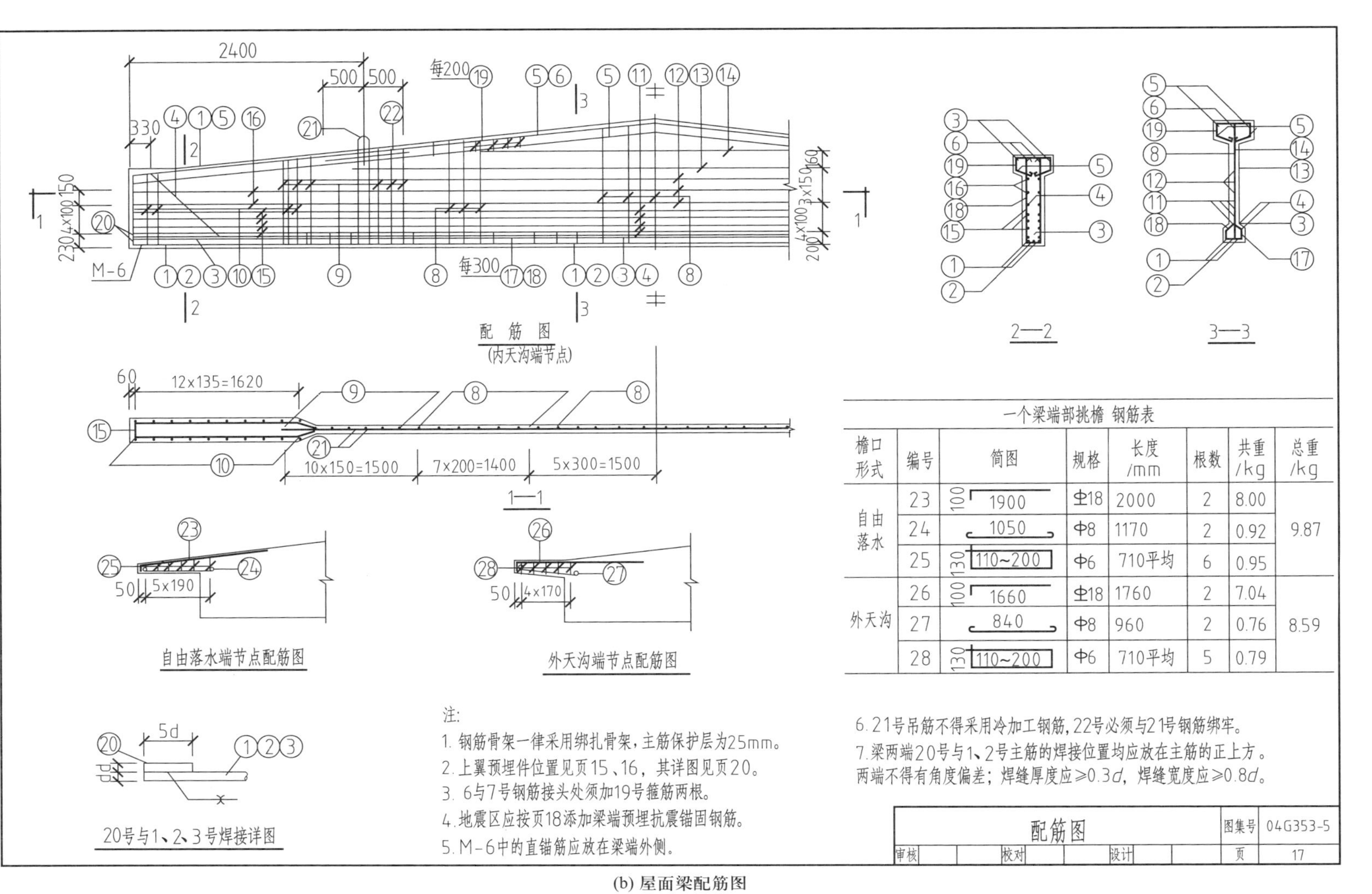


一个梁端部挑檐 钢筋表

| 檐口形式 | 编号 | 简图 | 规格 | 长度/mm | 根数 | 共重/kg | 总重/kg |
|---|---|---|---|---|---|---|---|
| 自由落水 | 23 | 100 1900 | Φ18 | 2000 | 2 | 8.00 | 9.87 |
| | 24 | 1050 | Φ8 | 1170 | 2 | 0.92 | |
| | 25 | 130 110~200 | Φ6 | 710平均 | 6 | 0.95 | |
| 外天沟 | 26 | 100 1660 | Φ18 | 1760 | 2 | 7.04 | 8.59 |
| | 27 | 840 | Φ8 | 960 | 2 | 0.76 | |
| | 28 | 130 110~200 | Φ6 | 710平均 | 5 | 0.79 | |

注:
1. 钢筋骨架一律采用绑扎骨架，主筋保护层为25mm。
2. 上翼预埋件位置见页15、16，其详图见页20。
3. 6与7号钢筋接头处须加19号箍筋两根。
4. 地震区应按页18添加梁端预埋抗震锚固钢筋。
5. M-6中的直锚筋应放在梁端外侧。
6. 21号吊筋不得采用冷加工钢筋，22号必须与21号钢筋绑牢。
7. 梁两端20号与1、2号主筋的焊接位置均应放在主筋的正上方。两端不得有角度偏差；焊缝厚度应≥$0.3d$，焊缝宽度应≥$0.8d$。

(b) 屋面梁配筋图

图 10-7 屋面梁模板图和配筋图

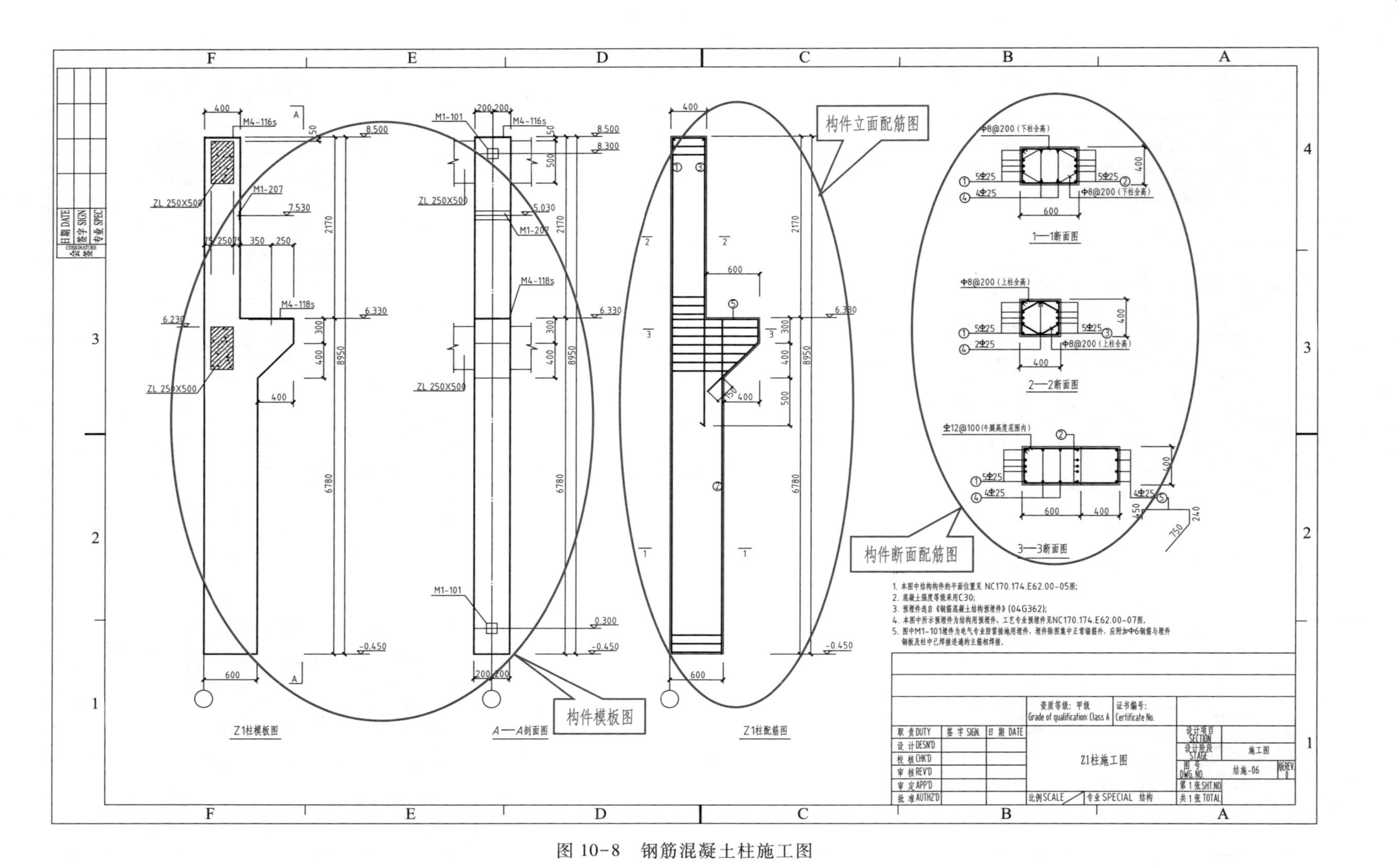


图 10-8 钢筋混凝土柱施工图

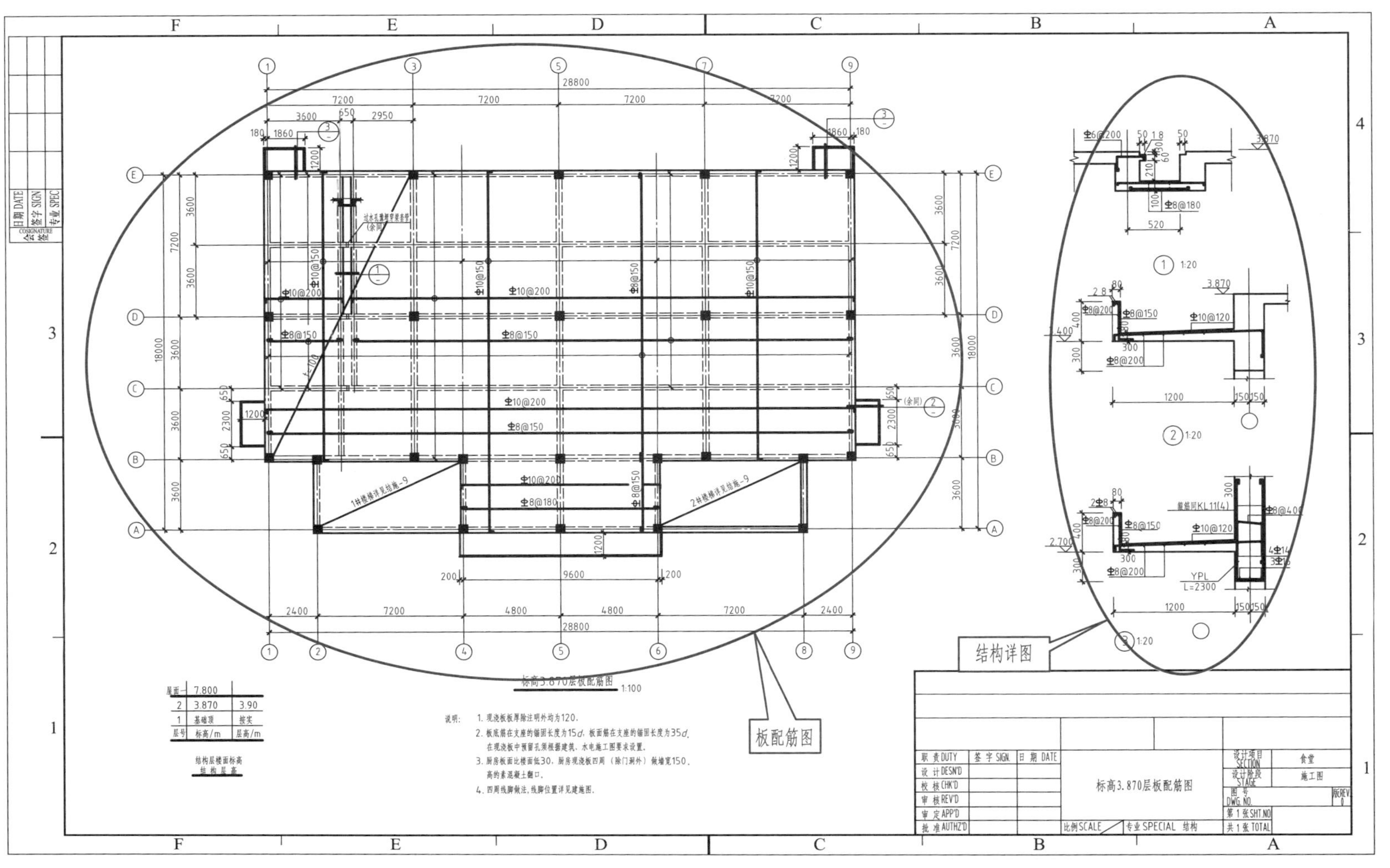


图 10-9　钢筋混凝土楼板配筋图

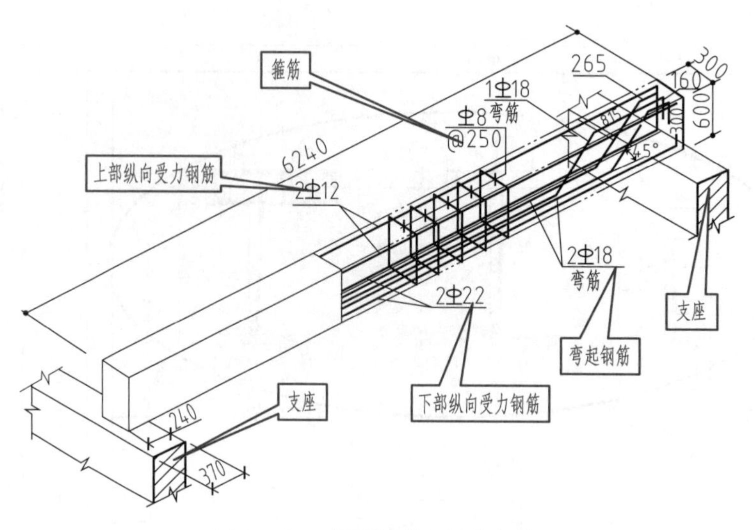


图 10-10　钢筋混凝土梁中钢筋

2. 柱中钢筋(图 10-11)

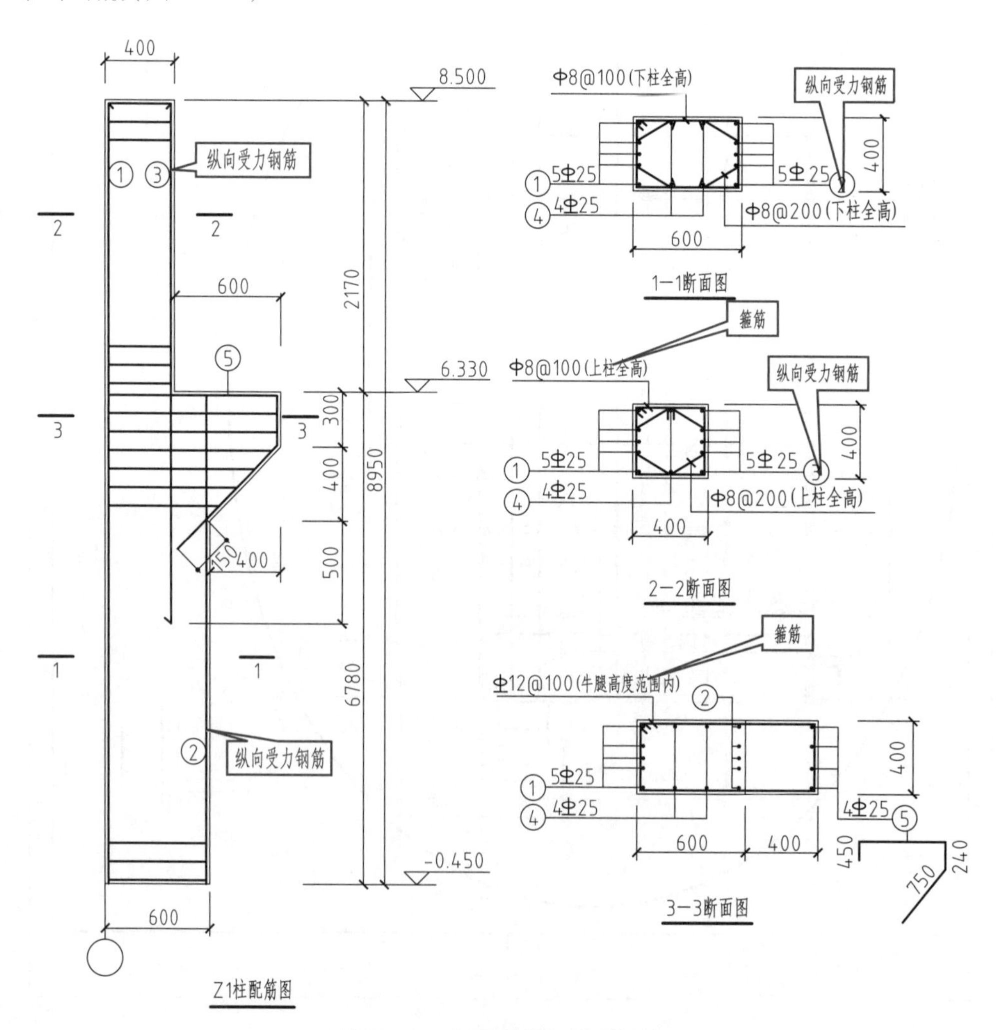


图 10-11　钢筋混凝土柱中钢筋

(1) 纵向受力钢筋。布置在柱周边或集中布置在柱中心(称芯柱)的直径较大的钢筋,用以承受柱可能受到的压力或拉力。如图 10-11 中的①②③④号钢筋。

(2) 箍筋。布置在柱横截面上且沿柱竖向全长布置(包括梁与柱相交的范围,即节点范围)的封闭的钢筋"套",用以固定纵向受力钢筋位置、承受沿柱横截面方向作用的剪切力或提高梁与柱节点附近抗震延性破坏能力的钢筋(在梁与柱交接位置一定范围内会间距加密布置)。

3. 板中钢筋(图 10-12)

如图 10-12 所示,板中钢筋分为板上、下部纵向受力钢筋及分布钢筋等,上、下部钢筋作用与梁中钢筋作用类似,分布钢筋为使板中上、下部钢筋受力均匀,或抵抗板上、下面温度作用避免产生板面裂缝而设置。

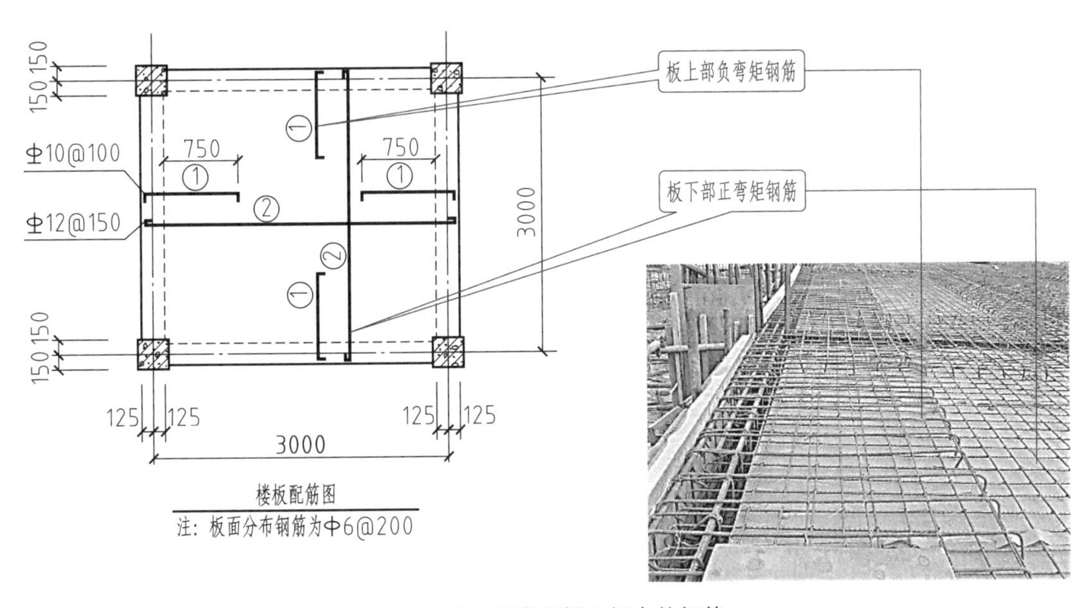


图 10-12　钢筋混凝土板中的钢筋

## 六、结构连接详图

结构构件之间的连接是否安全可靠,将直接关系到构成房屋的结构体系是否安全工作,即结构在受到作用与建筑物上的荷载时是否会发生破坏,或发生人类无法接受的变形、裂缝等。所以结构连接详图的内容范围比较广泛,如单层工业厂房的抗风柱顶需要与屋面板系统可靠连接,以传递山墙传来的风荷载(图 10-13);吊车梁与排架柱要可靠连接,防止其侧向倾倒(图 10-14);吊车梁轨道要与吊车梁可靠连接(图 10-15),尽头处需设置"车挡"来阻止吊车行进至尽端时脱轨掉落(图 10-16);砌体结构中的构造柱与砖墙间需要用拉结钢筋连接(图 10-17)等。

## 七、楼层结构平面布置图的识读方法

识读楼层布置图应了解的内容:

(1) 了解梁、柱等结构构件的平面定位及断面大小;

(2) 了解现浇各层结构的梁、柱配筋(平法表示时);

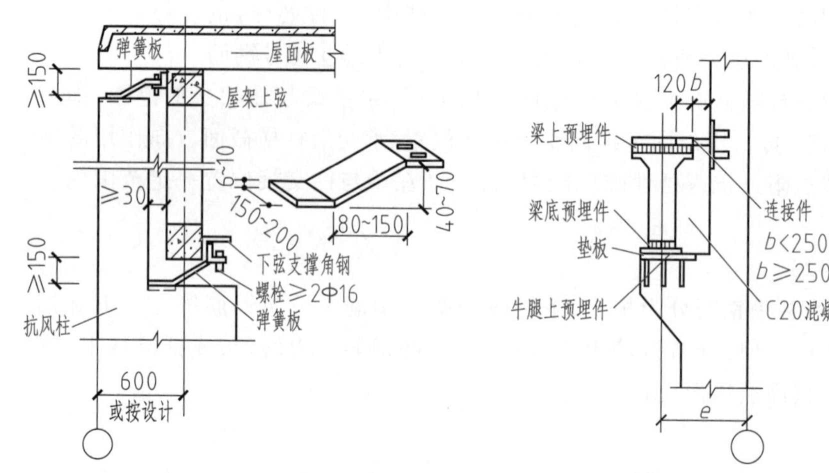


图 10-13　抗风柱与屋面系统的连接

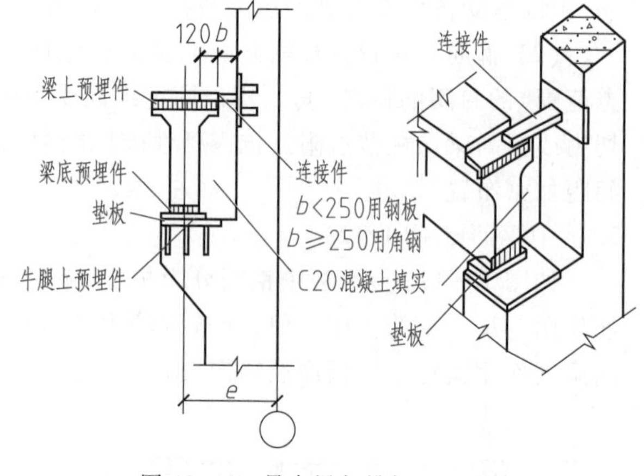


图 10-14　吊车梁与排架柱的连接

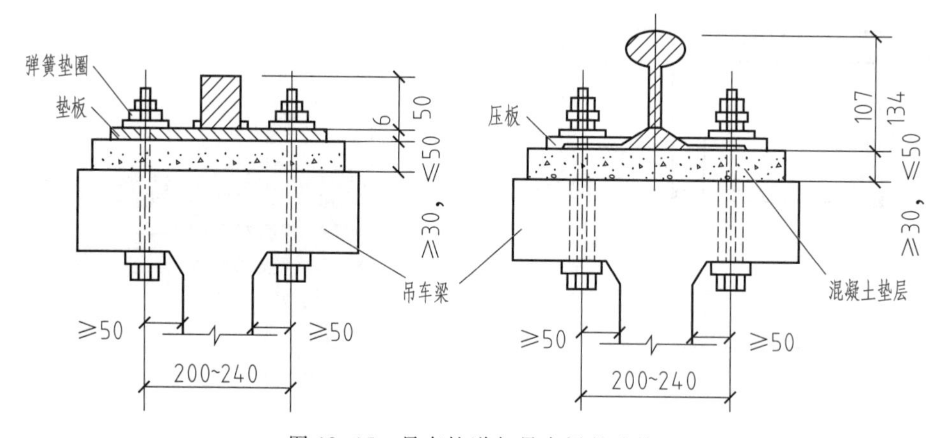


图 10-15　吊车轨道与吊车梁的连接

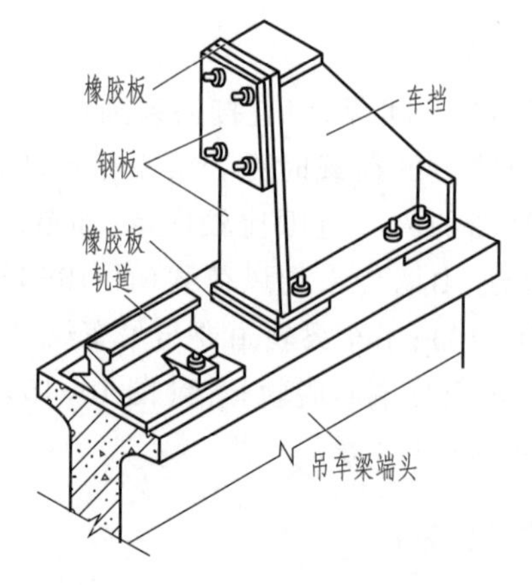


图 10-16　吊车轨道尽头的“车挡”

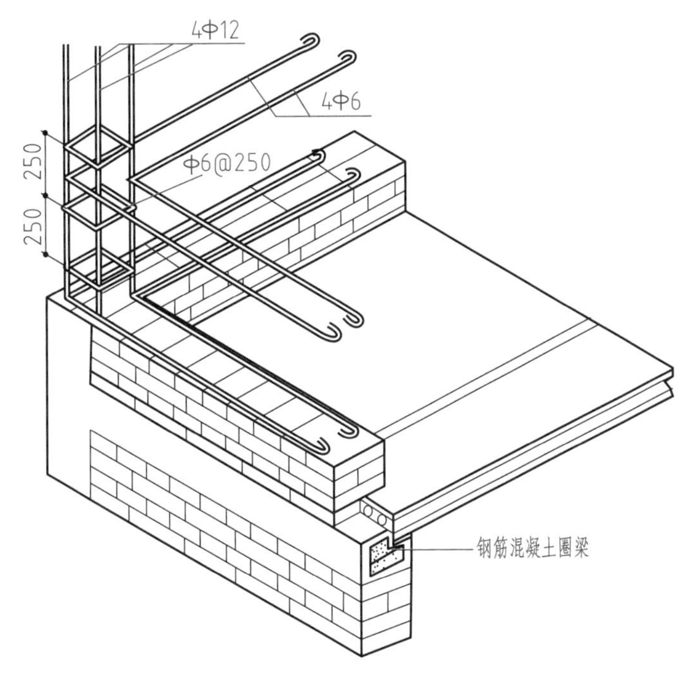


图 10-17　构造柱与砖墙的连接

(3) 了解现浇板配筋；

(4) 了解结构用材料要求和其他施工技术要求(说明)；

(5) 了解板上预埋件布置和孔洞布置情况；

(6) 了解本图中表达的或引出的结构详图内容。

## 八、屋面结构平面布置图的识读方法（特指单层厂房预制屋面）

识读屋面结构布置图应了解的内容：

(1) 如为现浇结构，同其他层结构平面布置图内容；

(2) 了解预制板布置、型号、数量、选用图集等；

(3) 了解预制板的安装技术要求；

(4) 了解本图中表达的或引出的结构构件详图及连接详图的内容。

## 九、结构构件详图的识读方法

(1) 阅读构件详图中的构件编号，并在相应平面布置图中寻找相应编号构件的位置。

(2) 阅读构件模板图，了解构件的外形及细部尺寸，并与平面布置图对照，确认是否有误。

(3) 阅读构件配筋图，了解构件的详细钢筋配置。

(4) 阅读文字说明，了解施工技术要求。

## 十、结构构件连接详图的识读方法

(1) 在结构布置图中，找到有关构件连接的详图索引符号，相应找到连接详图所在的施工图或选用标准图集的对应连接详图。

(2) 若在结构布置图中找不到连接详图的详图索引符号,应仔细阅读布置图中或结构首页图(或结构设计总说明)中有关说明,以确认连接详图的设计内容是否完整和正确。

(3) 核对详图内容是否与详图索引引出位置的内容相一致。

## 第二课堂学习任务

任务内容:

用 AutoCAD 软件抄绘图 10-3“单层厂房屋面结构布置图”。

成果内容:

“单层厂房屋面结构布置图”电子图形文件。

项目成果文件编制要求:

- 图形文件名为“姓名 . dwg”;
- 采用 A2 图幅,1 : 100 比例,其他要求按规范采用。

完成项目后思考的问题:

- 钢筋混凝土结构的楼层结构施工图分为两种表达方式,是哪两种? 目前应用最多的是哪一种?
- 钢筋混凝土楼层结构施工图表达的结构构件一般包括哪些?
- 钢筋混凝土结构构件详图中一般包括哪些图样?
- 什么是混凝土构件模板图? 其作用是什么?
- 钢筋混凝土梁中包括哪些钢筋? 不同位置的钢筋分别起什么作用?
- 钢筋混凝土柱中一般包括哪些钢筋? 不同位置的钢筋分别起什么作用?

项目十一

# 11

# 结构构件施工图的绘制

**项目描述**

识读并绘制单层工业厂房钢筋混凝土排架柱施工图。

**教学目标**

技能目标：

能利用 AutoCAD 软件绘制钢筋混凝土结构构件施工图。

知识目标：

1. 了解单层工业厂房排架柱的构造组成；

2. 掌握《房屋建筑制图统一标准》(GB/T 50001—2017)及《建筑结构制图标准》(GB/T 50105—2010)的相关规定；

3. 掌握相关 CAD 制图技巧；

4. 掌握结构构件施工图的绘制步骤。

## 项目支撑知识

### 一、单层工业厂房排架柱构造组成

由图 11-1 可知，单层工业厂房排架柱是单层工业厂房典型的主体结构构件之一，是最重要的竖向传力构件。由于厂房生产工艺使用的需要，一般会设有吊车，因此，排架柱一般由上柱、下柱和牛腿构成。牛腿是排架柱上、下柱分界的构件，设置牛腿的目的是搁置吊车梁的需要，即每榀排架柱上的牛腿构成了沿厂房纵向布置的吊车梁的支座。此外，由于排架柱需要与屋面梁(或屋架)、吊车梁、柱间支撑、纵向连系梁等构件相连，柱的顶部、侧面等部位还设有预埋铁件(因屋面梁或屋架、柱间支撑等为钢筋混凝土预制构件或钢结构构件)，以方便构件的相互连接。其他单层工业厂房详细构造组成见项目 1 中相关内容。

### 二、有关结构构件施工图绘制的相关规定

用 AutoCAD 软件绘制结构构件施工图必须遵守《房屋建筑制图统一标准》(GB/T 50001—2017)及《建筑结构制图标准》(GB/T 50105—2010)相关规定。

《房屋建筑制图统一标准》(GB/T 50001—2017)中有关图线使用、图例、图纸及各图样绘制的要求已在前述各项目中涉及，此处不再赘述。其他规范中相关内容请读者自行

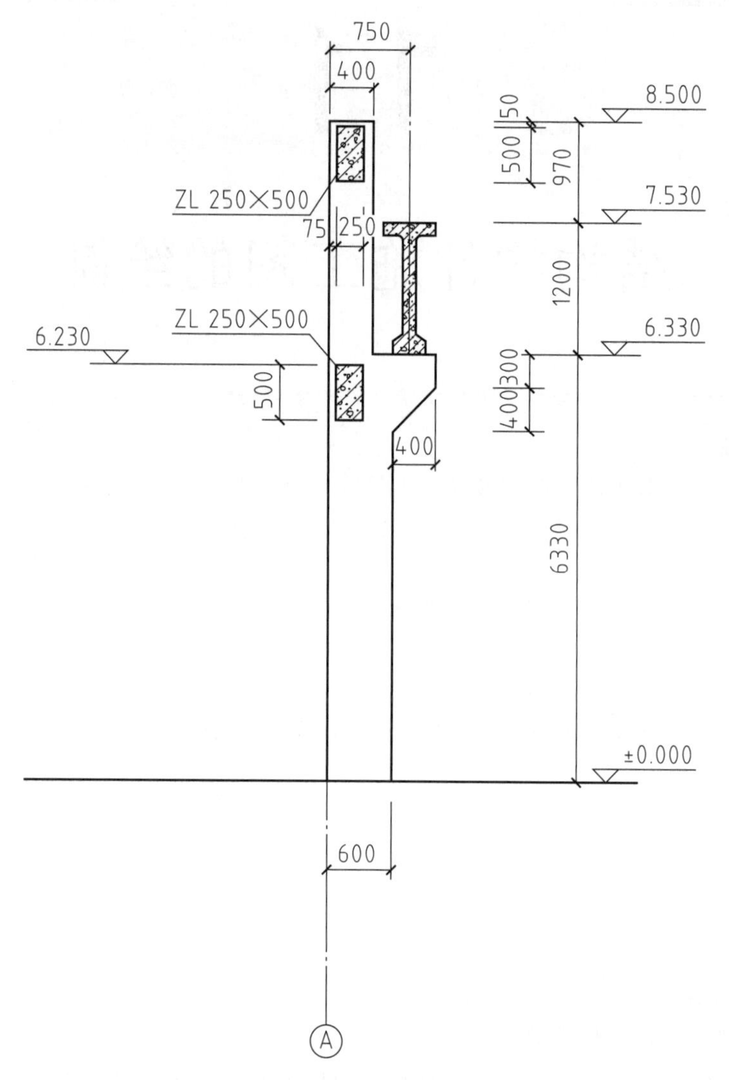


图 11-1　单层工业厂房排架柱

阅读学习。

结构图中涉及了很多在前述建筑施工图绘制中没有遇到过的内容。其中主要内容就是构件当中的钢筋。对各种有关钢筋的图线及表示方法应遵守《建筑结构制图标准》(GB/T 50105—2010)的规定。此外,结构图样包括结构平面布置图及构件详图,其绘制比例与建筑施工图不同,也应遵守《建筑结构制图标准》(GB/T 50105—2010)的规定。《建筑结构制图标准》(GB/T 50105—2010)中主要涉及的条文规定如下。

(1) 建筑结构制图中的图线选用应符合表 11-1 的规定。

**表 11-1 图　　线**

| 名称 | | 线型 | 线宽 | 一般用途 |
| --- | --- | --- | --- | --- |
| 实线 | 粗 | | $b$ | 螺栓、主钢筋线、结构平面图中的单线结构构件线、钢木支撑及系杆线，图名下横线、剖切线 |
| | 中 | | $0.5b$ | 结构平面图及详图中剖到或可见的墙身轮廓线、基础轮廓线、钢、木结构轮廓线、箍筋线、板钢筋线 |
| | 细 | | $0.25b$ | 可见的钢筋混凝土构件的轮廓线、尺寸线、标注引出线，标高符号，索引符号 |
| 虚线 | 粗 | | $b$ | 不可见的钢筋、螺栓线，结构平面图中的不可见的单线结构构件线及钢、木支撑线 |
| | 中 | | $0.5b$ | 结构平面图中的不可见构件、墙身轮廓线及钢、木构件轮廓线 |
| | 细 | | $0.25b$ | 基础平面图中的管沟轮廓线、不可见的钢筋混凝土构件轮廓线 |
| 单点长画线 | 粗 | | $b$ | 柱间支撑、垂直支撑、设备基础轴线图中的中心线 |
| | 细 | | $0.25b$ | 定位轴线、对称线、中心线 |
| 双长画线 | 粗 | | $b$ | 预应力钢筋线 |
| | 细 | | $0.25b$ | 原有结构轮廓线 |
| 折断线 | | | $0.25b$ | 断开界线 |
| 波浪线 | | | $0.25b$ | 断开界线 |

（2）绘图时根据图样的用途，被绘物体的复杂程度，应选用表 11-2 中的常用比例，特殊情况下也可选用可用比例。

**表 11-2 比　　例**

| 图名 | 常用比例 | 可用比例 |
| --- | --- | --- |
| 结构平面图<br>基础平面图 | 1 : 50、1 : 100<br>1 : 150、1 : 200 | 1 : 60 |
| 圈梁平面图、总图中管沟、地下设施等 | 1 : 200、1 : 500 | 1 : 300 |
| 详图 | 1 : 10、1 : 20 | 1 : 5、1 : 25、1 : 4 |

(3) 建筑结构制图中的钢筋的表示方法应符合表 11-3 及表 11-4 的规定。

表 11-3　一 般 钢 筋

| 序号 | 名称 | 图例 | 说明 |
| --- | --- | --- | --- |
| 1 | 钢筋横断面 | ● | |
| 2 | 无弯钩的钢筋端部 | | 下图表示长、短钢筋投影重叠时，短钢筋的端部用 45°斜划线表示 |
| 3 | 带半圆形弯钩的钢筋端部 | | |
| 4 | 带直钩的钢筋端部 | | |
| 5 | 带丝扣的钢筋端部 | | |
| 6 | 无弯钩的钢筋搭接 | | |
| 7 | 带半圆弯钩的钢筋搭接 | | |
| 8 | 带直钩的钢筋搭接 | | |
| 9 | 花篮螺丝钢筋接头 | | |
| 10 | 机械连接的钢筋接头 | | 用文字说明机械连接的方式（或冷挤压或锥螺纹等） |

表 11-4　预应力钢筋

| 序号 | 名称 | 图例 |
| --- | --- | --- |
| 1 | 预应力钢筋或钢绞线 | |
| 2 | 后张法预应力钢筋断面<br>无黏结预应力钢筋断面 | |
| 3 | 单根预应力钢筋断面 | + |
| 4 | 张拉端锚具 | |
| 5 | 固定端锚具 | |

## 三、结构构件施工图的绘制步骤

例图见图 11-2（篇幅所限，此处仅供内容示意，例图具体内容见本书例图集）。结构构件施工图的绘制可分 6 个步骤（图 11-3），现分述如下。

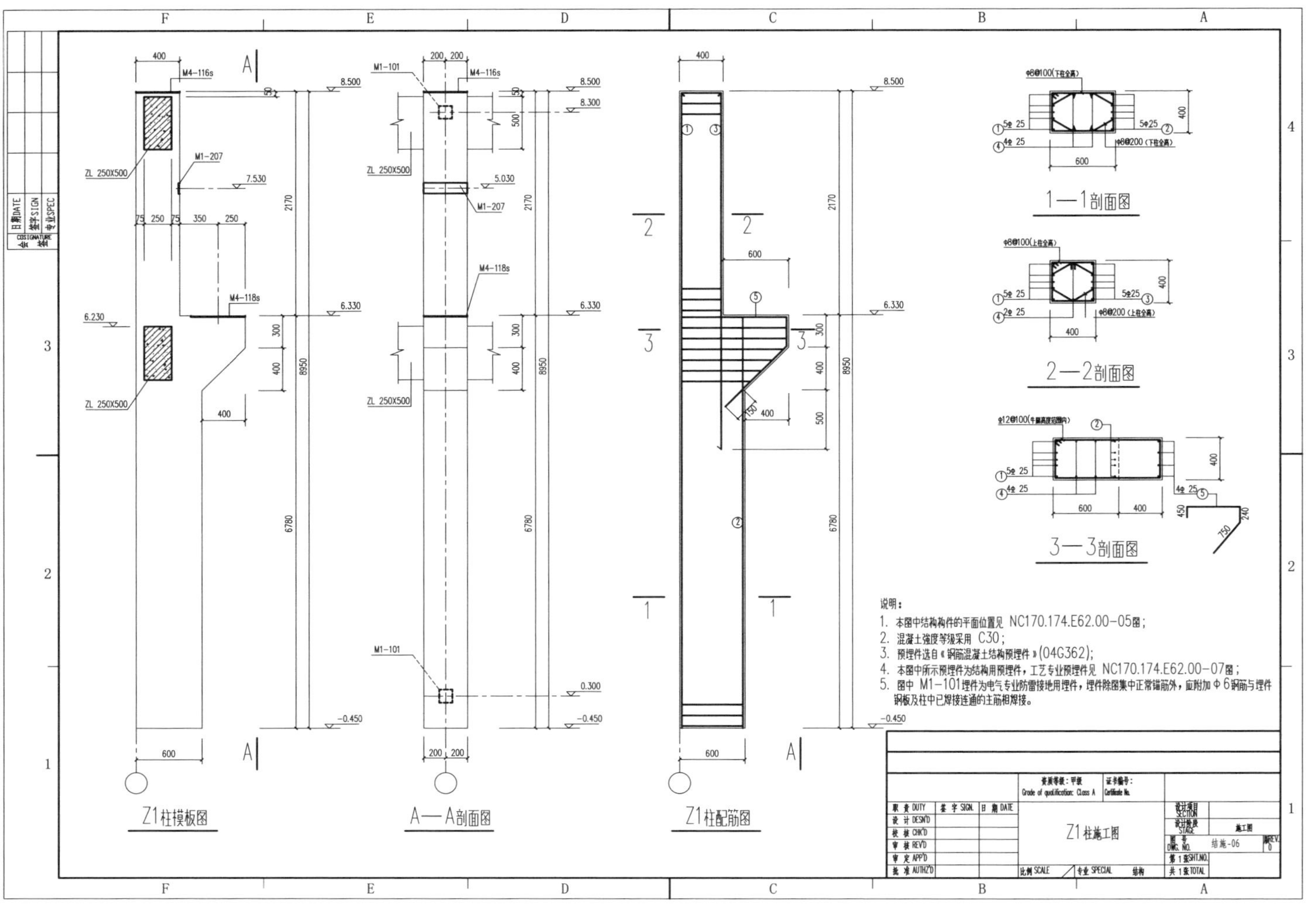


图 11-2 单层工业厂房排架柱施工图

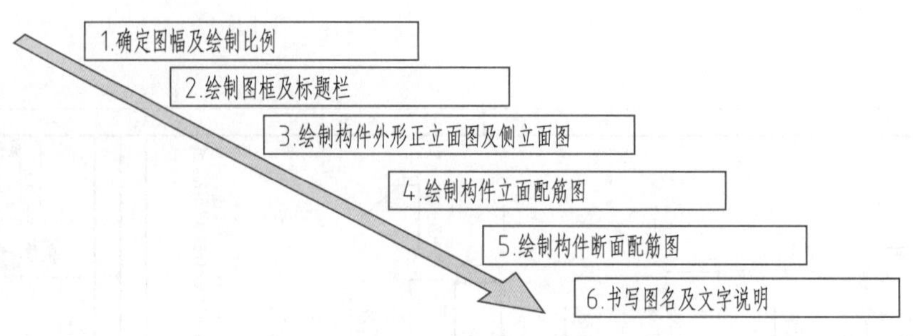


图 11-3　结构构件施工图的绘制步骤

1. 确定图幅及绘制比例

(1) 图幅的确定

按照项目要求及图样尺寸大小，确定采用 A2 图幅，图幅尺寸为 420 mm×594 mm。

(2) 绘制比例的确定

由于本图中的排架柱横、纵向尺寸差距较大，若采用同一比例会造成图幅过大，按照规范规定，结构构件的纵横向可选择不同比例表达。因此，模板图及配筋立面图的横向比例采用 1∶20，纵向比例适当缩小以适应 A2 图幅；断面图采用 1∶20。

2. 绘制图框及标题栏

有关图框及标题栏的绘制过程已在项目 4 中做过详细的阐述，请读者参考项目 4 内容完成任务内容(图 11-4)。

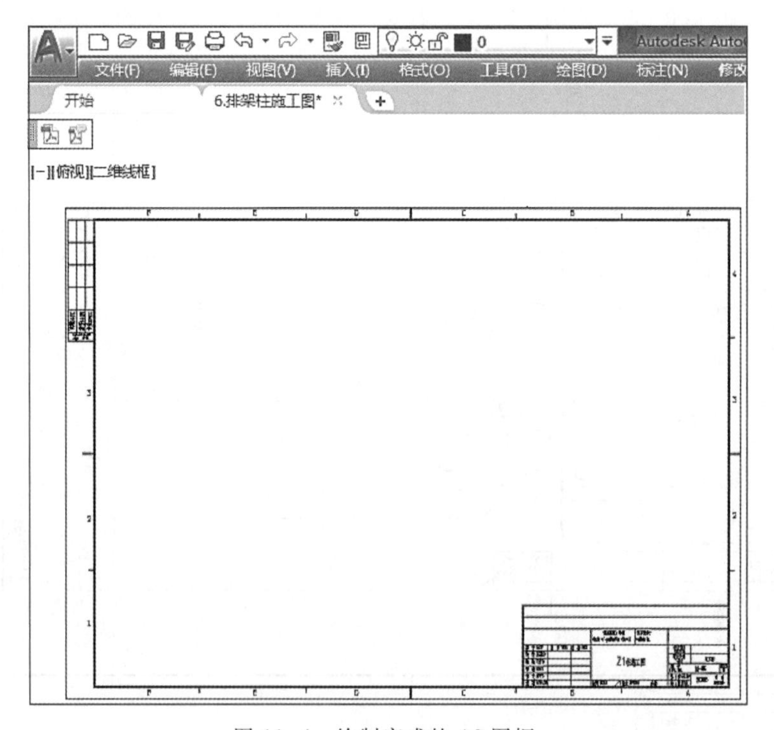


图 11-4　绘制完成的 A2 图框

3. 绘制构件外形正立面图、侧立面图

(1) 在图框内用 line、offset 及 fillet 命令，按照例图尺寸，采用 1∶20 比例绘制上下柱轮廓线、牛腿轮廓线，完成全部的柱外轮廓线(图 11-5～图 11-7)。特别注意，规范规定：外轮廓线采用细实线绘制。

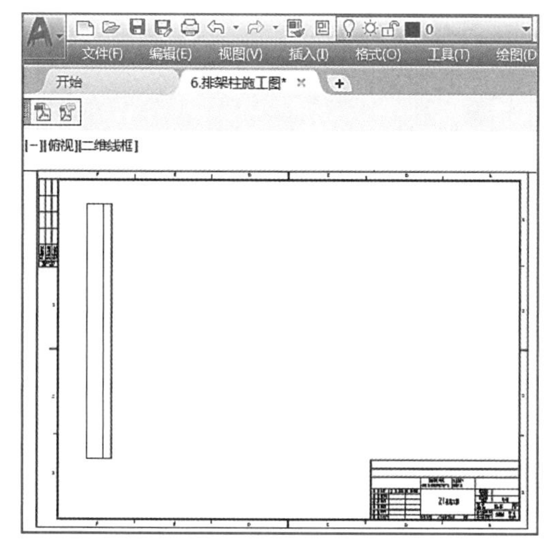


图 11-5　绘制柱外轮廓线

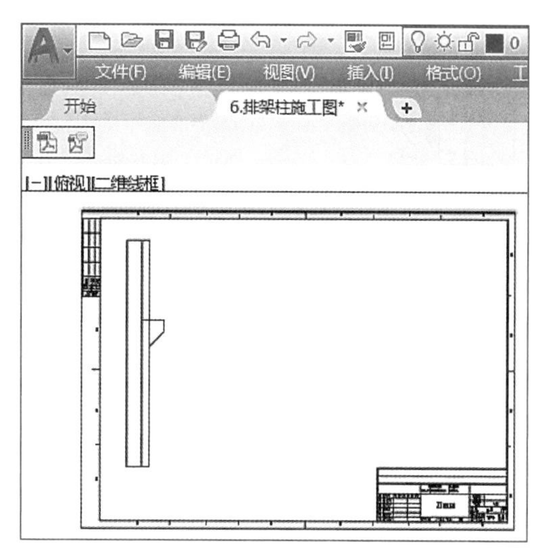


图 11-6　绘制牛腿轮廓

(2) 参照图 11-2 内容，用命令 line、offset、trim 完成连系梁轮廓线，用填充命令 hatch 在矩形轮廓线中填充钢筋混凝土图例，完成连系梁绘制(图 11-8)。

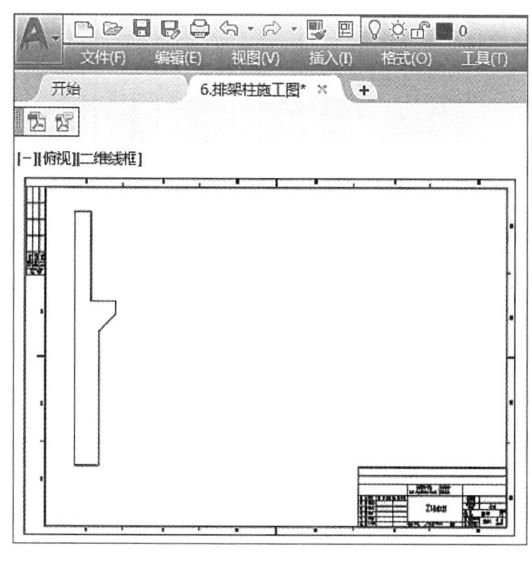


图 11-7　柱外轮廓修剪完成

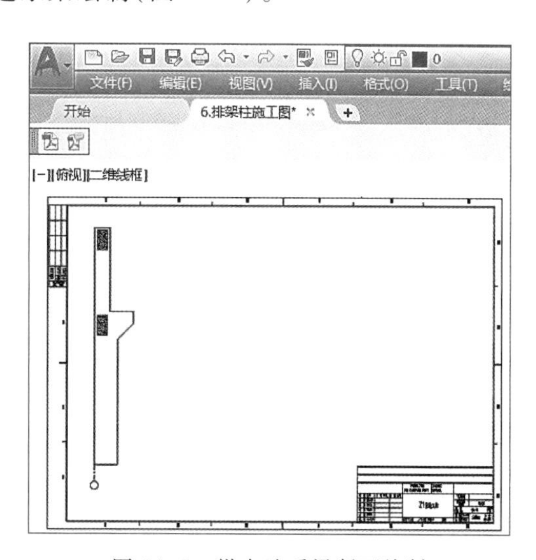


图 11-8　纵向连系梁断面绘制

(3) 按例图尺寸绘制与柱连接的梁、预埋件，并进行尺寸标注，书写引出说明和图名(图 11-9、图 11-10)。

(4) 重复利用前述命令，在立面图上确定投影方向绘制 *A*—*A* 剖面符号，绘制剖面图，完成柱全部模板图(图 11-11)。

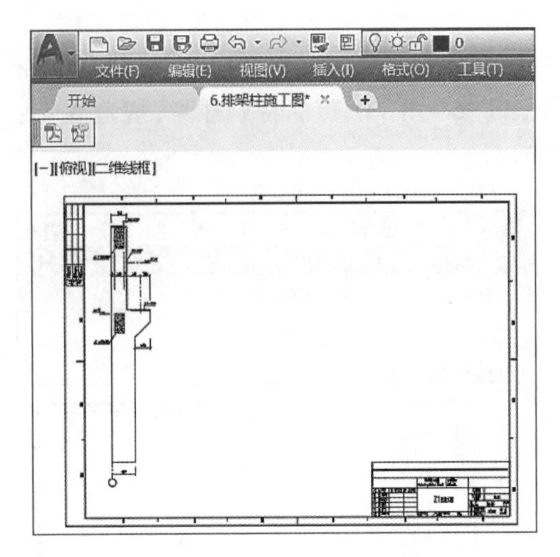

图 11-9　绘制柱上预埋件

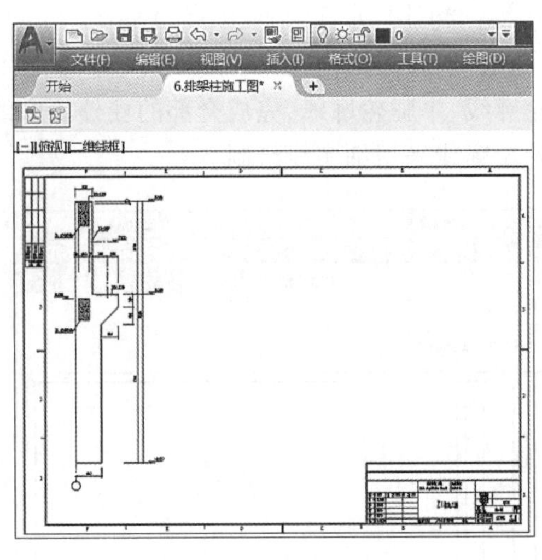

图 11-10　进行尺寸标注

特别注意：上述图样中除预埋件用中粗线（线宽可取 0.45 mm）绘制外，其余均采用细实线；由于投影关系，模板立面图与 *A—A* 剖面图内容是对应的，绘制时可利用此关系简化绘制过程（如预埋件位置、连系梁位置、牛腿位置、立面高度等）；标高符号建议做成"图块"以减少绘制工作量，或利用 copy 命令减少工作量；尺寸标注可采用自动尺寸标注，也可采用逐项绘制尺寸构成图素的办法完成。

4. 绘制构件立面配筋图

（1）绘制配筋立面图外轮廓

由于本图的模板图选用的比例较大，配筋立面图可重复利用此模板图的外轮廓。此处可利用 copy 命令，将立面模板图复制过来，作为立面配筋图的外轮廓线（图 11-12、图 11-13）。并用 erase 命令删除其中的连系梁等多余图素，完成配筋立面图外轮廓图。

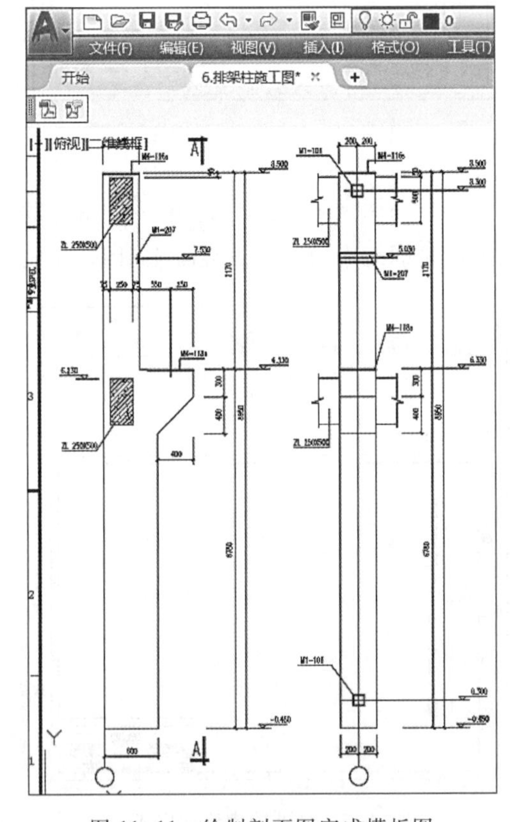

图 11-11　绘制剖面图完成模板图

（2）绘制配筋立面图中的钢筋

用平行复制（offset）命令，向图形内偏移复制 1 mm 作为钢筋位置基准线，再用 pedit 命令将钢筋基准线（细实线）改为宽度为 0.45 mm的中粗线（钢筋），然后利用 polyline 命令绘制 0.45 mm 箍筋，完成配筋立面图中的钢筋绘制（图 11-14）。

（3）绘制配筋立面图中的钢筋编号

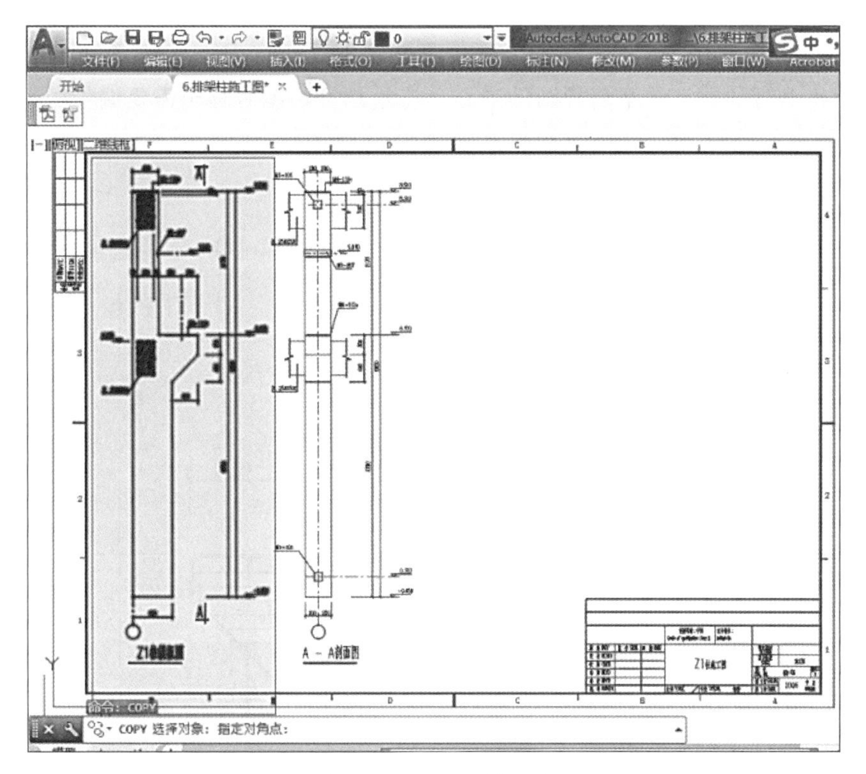


图 11-12　copy 模板图

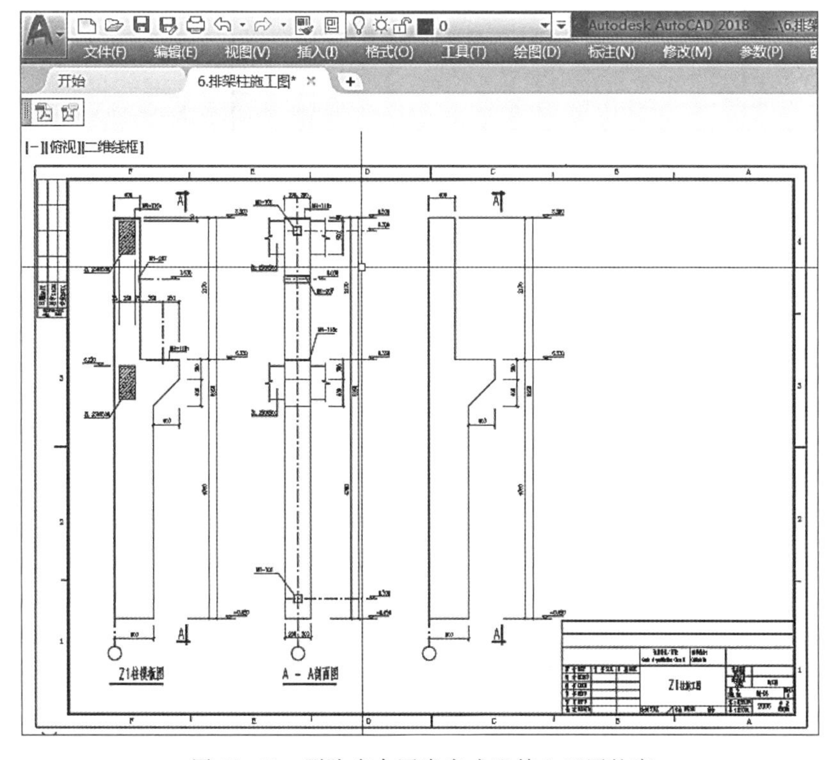


图 11-13　删除多余图素完成配筋立面图轮廓

利用 circle 命令绘制直径为 5 mm 的圆作为钢筋编号圆，用 style 命令设置使用 CAD 专用大字体（可用 hztxt.shx），并将字体宽高比设定为 0.7，再用 dtext 命令书写数字，并用 move 命令将书写的数字移至编号圆的中心。将绘制好的编号移至需要编号的钢筋附近，完成钢筋编号的绘制（图 11-15）。

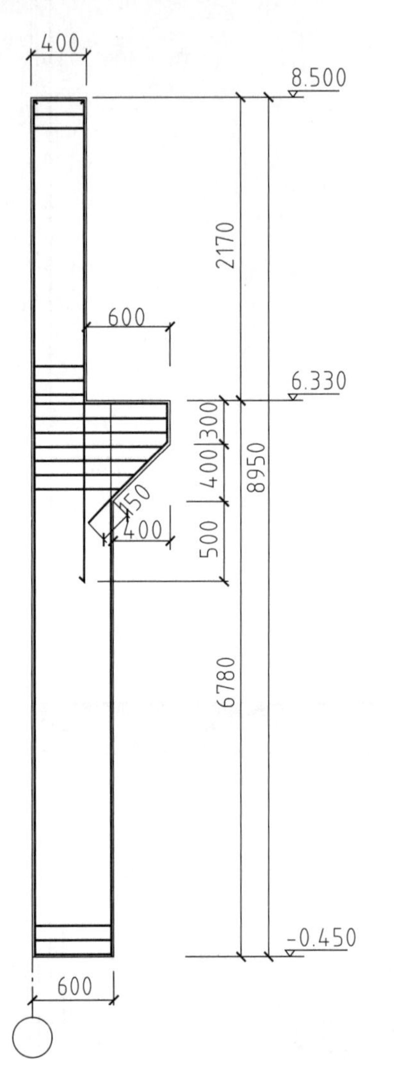


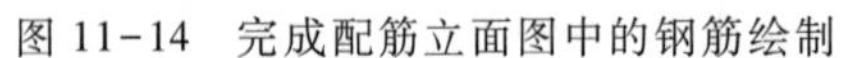
图 11-14　完成配筋立面图中的钢筋绘制

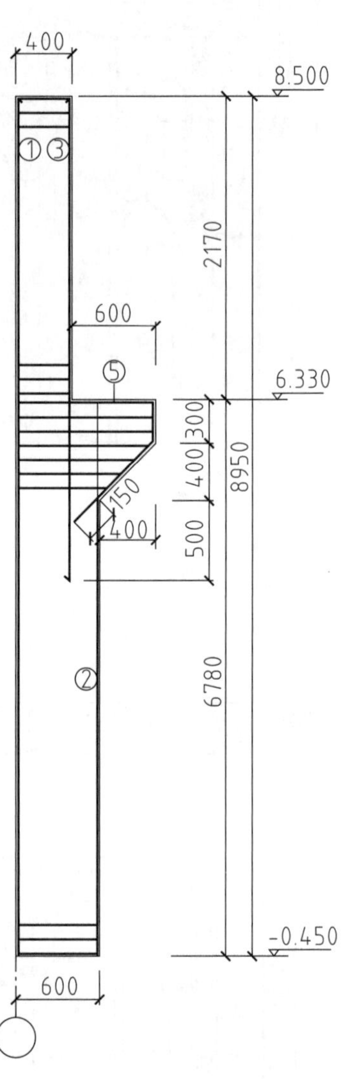


图 11-15　完成钢筋编号绘制

5. 绘制断面配筋图

需要绘制的断面配筋图的数量，应视截面尺寸有无变化、截面配筋大小和数量有无变化来确定。本图中因上柱截面尺寸和配筋均相同，下柱截面尺寸和配筋也相同，因此可采用上、下柱各绘制一个断面。一般情况下柱的断面视图方向是从上至下，因此应特别注意，断面符号绘制时，应将“断面编号”书写在断面线的下侧。

（1）柱断面符号的绘制

用 polyline 命令绘制一条长 8 mm、宽 0.8 mm 的粗实线，并在粗实线下书写字高为 5 mm的数字“1”，并 copy 至下柱的另一侧作为下柱的断面符号；copy 上述绘制结果至上柱范围,并用 ddedit 命令修改断面编号数字为"2",作为上柱的断面符号;重复上述过程,完成牛腿断面符号的绘制,直至完成全部配筋断面符号的绘制(图 11-16)。

(2) 绘制柱断面图

① 用 line、offset 及 trim 命令,按确定的比例(1∶20)绘制断面外框线(细实线),并标注尺寸。

② 用 offset 命令向内距离 1 mm 处绘制箍筋基准线,用 fillet 命令去掉多余线,再用 pedit 命令将草图线宽度改为 0.45 mm;用 polyline 绘制 0.45 mm 线宽斜向箍筋线,完成箍筋绘制。

③ 用 donut 命令绘制一个钢筋的截面图(外径 1 mm、内径为 0 的圆环),再用 copy 命令布置截面内的钢筋,最后绘制钢筋引出线和钢筋编号(图 11-17)。

④ 绘制尺寸标注,标注钢筋编号,并书写钢筋根数、牌号、箍筋布置文字及断面图名,完成钢筋断面图的全部绘制(图 11-18)。

6. 书写图名及文字说明

图名和文字说明的字体高度一般不小于 5 mm。书写可以采用 dtext 或 mtext 命令来完成。两个命令的区别如下。

dtext 命令一般适用于书写一行文字,其特点是字的高度和倾斜角度均可在命令执行过程中进行修改。但该命令有缺点,即书写多行文字时,文字对齐比较困难;mtext 命令则解决了书写多行文字对齐困难的问题,但其缺点是,书写前必须执行 style 命令来设定字体高度,否则将默认上次书写时的字体及其高度。为此,我们建议书写图名时采用 dtext 命令,书写文字说明时采用 mtext 命令。

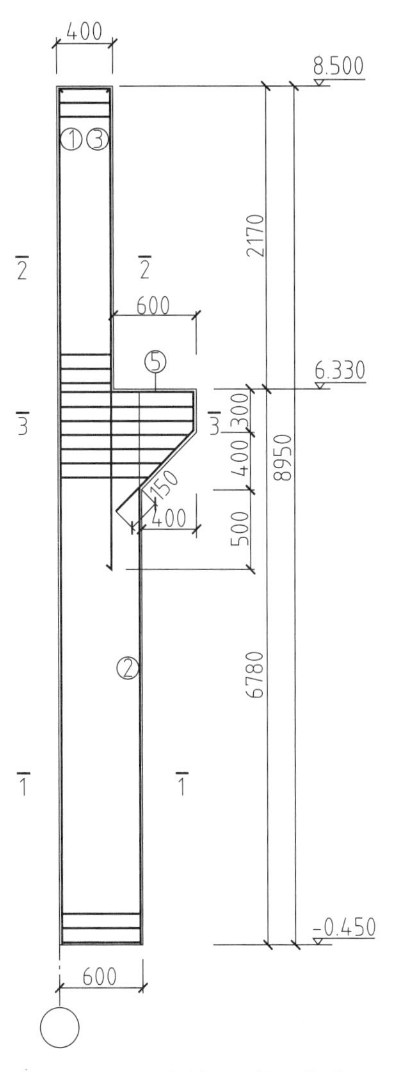


图 11-16　绘制牛腿断面符号

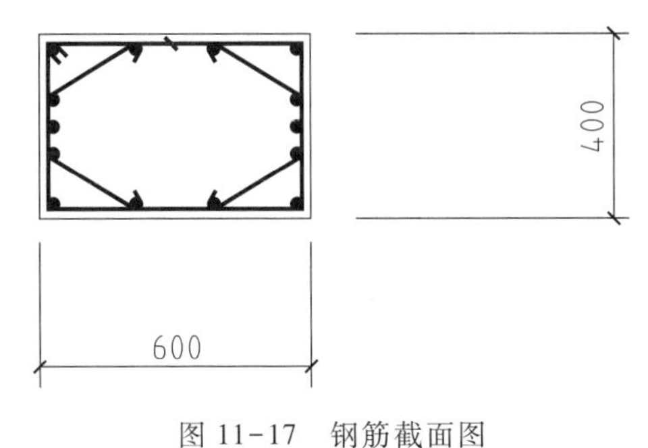


图 11-17　钢筋截面图

按照上述步骤,基本可以完成结构构件施工图的绘制。对于绘制包括建筑施工图和结构施工图在内的建筑工程施工图,最关键的是绘制者心中对图中需表达的内容要非常

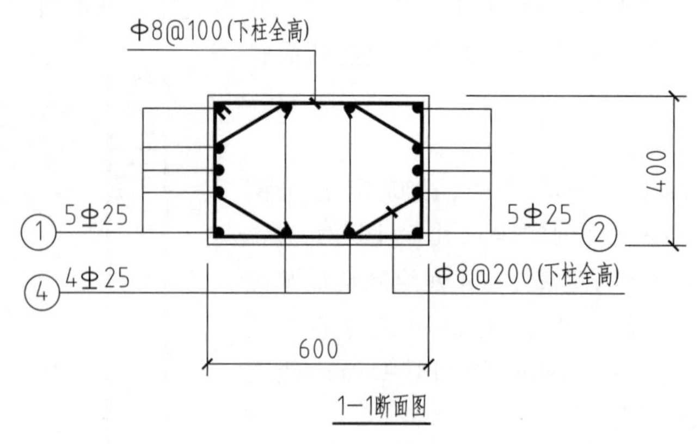


图 11-18　标注尺寸

清楚，即绘图前必须读懂施工图。并熟练掌握《房屋建筑制图统一标准》(GB/T 50001—2017)、《建筑结构制图标准》(GB/T 50105—2010)等规范中的各项相关规定。而对软件的学习并不需要太过深入的研究，因为任何“技巧”都是通过动手练习获得的。为使学习者更好地掌握软件命令，本书在附录中将绘制建筑工程施工图常用的命令及其用途进行了汇总，供读者参考。

## 四、AutoCAD 软件的使用“技巧”

1. 安全使用

（1）图形文件的命名

图样绘制的成果软件会以后缀为 dwg 形式的文件呈现，即文件名为 *.dwg。文件名中的“ * ”部分是在保存时由使用者定义的，为使日后文件容易识别，建议读者将名字用中文表达，如一层建筑平面图.dwg，以防止日后难以找到确定的文件。

（2）图形文件的安全存储

一般来说，所有绘制的文件应该存储在一个特定的文件夹中，文件夹的命名也建议用中文命名。但文件夹不应建立在计算机系统安装的盘符下(一般为 C 盘，计算机的“桌面”就位于 C 盘)。由于计算机容易出现感染病毒等意外情况，当重新安装系统时，存储于 C 盘的文件将被清除且无法恢复。因此建议读者将工作文件夹建立在系统盘以外的盘符下，以防止出现工作成果不得不被删除的情况。

（3）自动存储时间的设置

AutoCAD 软件中，为保证使用者文件的安全，提供了自动存储及自动存储时间间隔可编辑的功能。打开 AutoCAD 软件，单击鼠标右键，单击“选项”命令，打开“选项”对话框(图 11-19)。单击“打开和保存”选项卡，修改其中的“保存间隔分钟数”即可(软件默认为 10 分钟，建议改为 5 分钟)。如此设定后，软件将每间隔 5 分钟自动保存一次，以避免出现意外导致文件丢失。

2. 提高效率的命令使用设置

AutoCAD 命令的执行方式一般分为三种：单击菜单、输入命令全称、输入简化命令(以 1~2 个字母代替全称命令)。职业使用 AutoCAD 的人员一般采用“简化命令的方式”(左手输入“简化命令”，右手单击鼠标执行命令)。AutoCAD 软件安装后会给出固定的

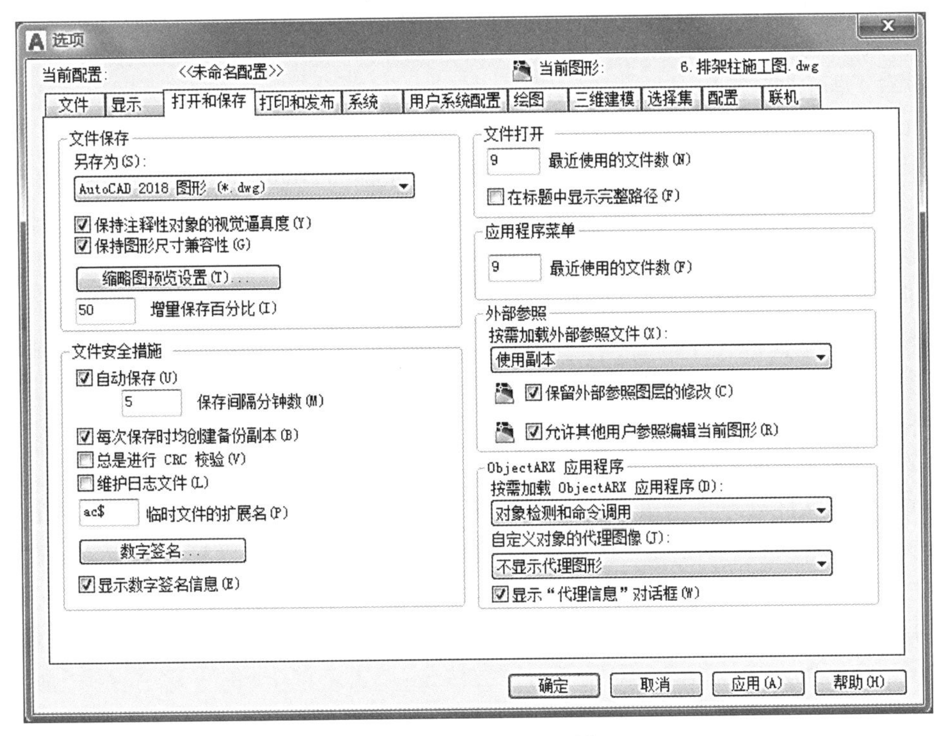


图 11-19 "选项"对话框

简化命令内容，如"CO"代表命令"copy"；"CI"代表命令"circle"。但所有的软件版本均提供了修改简化命令的途径，即可以通过编辑文件"acad.pgp"的内容来实现。具体方法是：单击"工具"菜单，进入"自定义"子菜单，再选择下级菜单中的"acad.pgp"文件，软件将在"记事本"窗口中打开该文件（图 11-20）。

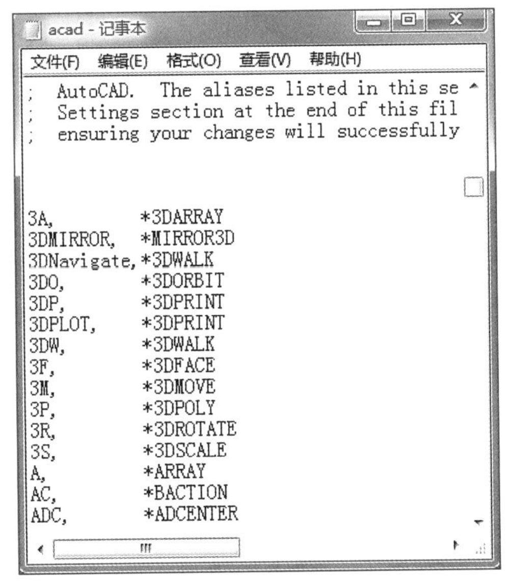


图 11-20 "记事本"窗口

图 11-20 中左侧内容为“简化命令”内容,右侧则为该简化命令代表的命令全称。修改左侧内容即可改变简化命令的内容(此内容应根据个人习惯设定)。保存后重启动 CAD 软件,即可改变简化命令。

(1) 专用“大字体”的安装使用

计算机中的字体一般分为两种:Windows 系统字体和 AutoCAD 软件专用字体(即“大字体”,文件为 *.shx)。由于系统字体不符合工程文件字体的要求,并且占用计算机空间过大,会造成图形文件打开时用时过长。因此,职业 CAD 软件使用者均会采用“大字体”。但他人使用软件时也会依赖该字体文件,因此经常会出现打开别人提供的 AutoCAD 文件时,图中的文字均为“?”的情况。所以建议读者在安装好软件后,应将常见的大字体文件安装在电脑的 AutoCAD 软件根目录下的“fonts”文件夹中,以尽可能避免文件字体不显示的问题。

(2) 方便他人阅读的文件存储

AutoCAD 软件分为多个版本,从 2004～2018 版本每年升级以增加新功能,但同时存在软件图形兼容问题,即高版本软件只向下兼容(高版本软件可以打开低版本软件的图形文件,但低版本软件不能打开高版本软件的图形文件)。但软件同时提供了任何版本软件可以将文件存储成低版本文件的功能,如 AutoCAD2018 可以将绘制的图形文件存储成 2018～2004 版本文件格式(图 11-21)。方法是:单击菜单“文件”→“另存为”命令,打开“图形另存为”对话框,在“文件类型”下拉列表中选择要存储的版本文件类型,再单击“保存”按钮即可。

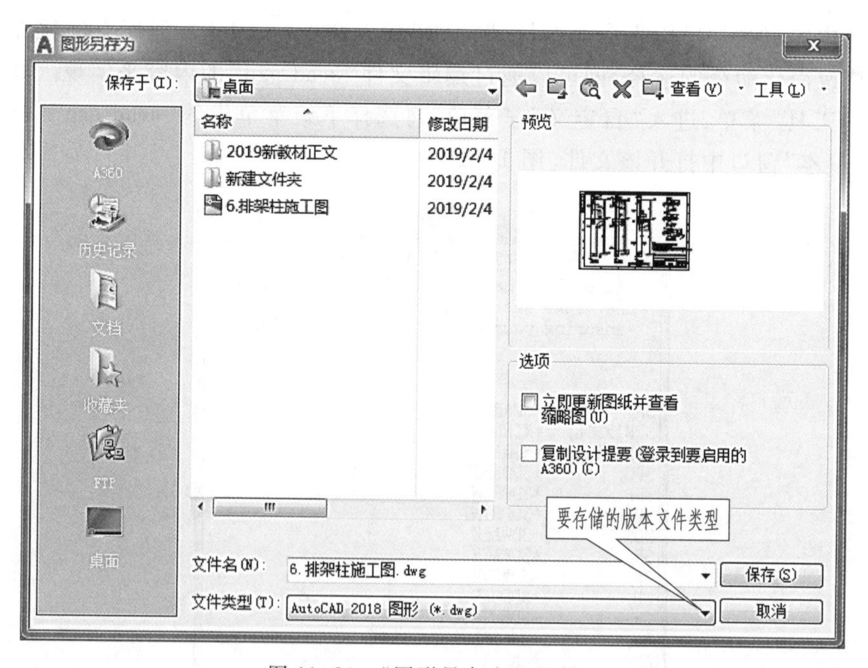


图 11-21　“图形另存为”对话框

**单层工业厂房排架柱的绘制过程“微课”视频如下，供读者参考。**

绘制柱
模板图

绘制 A—A
剖面图

绘制柱
配筋图

绘制柱
断面图

## 第二课堂学习任务

任务内容：

用 AutoCAD 软件抄绘“单层工业厂房排架柱施工图”（详见本书配套例图集）。

成果内容：

“单层工业厂房排架柱施工图”电子图形文件。

项目成果文件编制要求：

- 采用 A2 图幅绘制，图样比例自行确定；
- 所有字体采用 hztxt.shx，其中尺寸标注字体高度采用 3 mm，说明文字高度采用 5 mm，图名文字高度采用 8 mm，宽高比均采用 0.7。

完成项目后思考的问题：

- 排架柱的上柱和下柱分别指柱的哪一部分？牛腿指哪一部分，作用是什么？
- 采用什么方法才能表达清楚排架柱的外形和细部尺寸？
- 排架柱上哪些位置留有预埋件？它们的作用分别是什么？
- 什么是钢筋混凝土构件的“预制”和“现浇”？
- 剖面图和断面图有何区别？

项目十二

# 12

# 钢筋混凝土楼梯建筑施工图的识读

**项目描述**

识读现浇钢筋混凝土楼梯建筑施工图，完成相关学习任务。

**教学目标**

技能目标：

能够识读钢筋混凝土楼梯建筑施工图。

知识目标：

1. 了解建筑物垂直交通设施的分类和基本形式；
2. 掌握钢筋混凝土楼梯的构造组成；
3. 熟悉《民用建筑设计通则》(GB 50352—2005)有关楼梯的相关规定；
4. 掌握楼梯建筑施工图的组成；
5. 掌握钢筋混凝土楼梯建筑施工图的内容和识读方法。

## 项目支撑知识

### 一、建筑物中的楼梯

1. 楼梯的定义

《民用建筑设计通则》(GB 50352—2005)第2.0.24条规定：

楼梯是由连续行走的梯级、休息平台和维护安全的栏杆（或栏板）、扶手以及相应的支托结构组成的作为楼层之间垂直交通用的建筑部件。

包括室内外高差大于300 mm的单层建筑物在内，几乎所有的建筑物必须配备垂直交通设施，而“楼梯”是供人类在建筑物中行走的最普通的、必备的“垂直交通设施”之一。随着建筑科技的发展，建筑物中的垂直交通设施的形式也变得多样化，从单层建筑物的台阶，到多层建筑物的楼梯，再到高层建筑的电梯，自动扶梯等(图12-1～图12-4)，使建筑物的使用越来越方便化和人性化。目前，建筑物中使用的垂直交通设施如图12-5所示。

值得说明的是，目前电梯的使用已经非常普遍，随着人们对建筑物使用便利条件的要求越来越高，对电梯安装的限制条件已经大大放宽，在商场、机场及车站等公共建筑内，由于方便人流流动，主要通道位置均设置了自动扶梯和电梯，这一方面说明人们对建筑物使用要求的提高，另一方面也是国家经济实力提高的具体表现。

图 12-1　垂直交通设施——自动扶梯

图 12-2　高层建筑垂直电梯

图 12-3　公共建筑旋转楼梯

图 12-4　住宅室内旋转楼梯

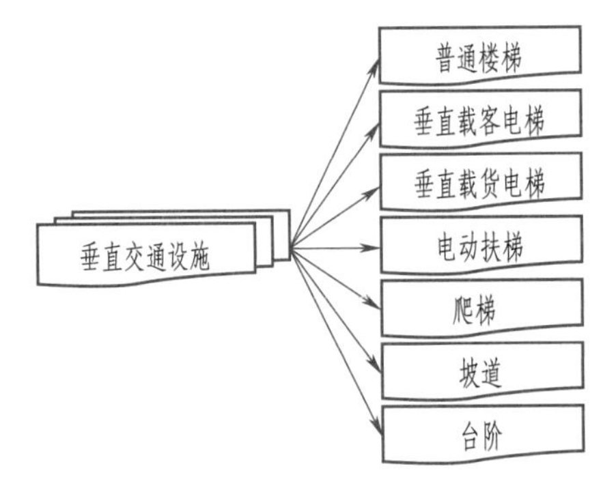


图 12-5　建筑物中的垂直交通设施

2. 楼梯的作用

楼梯是建(构)筑物中最传统的垂直交通设施,是建筑物上、下层之间的必备通道,也是建筑物不可缺少的重要组成部分。在高层建筑中,虽然电梯是主要的垂直交通设施,但由于电梯的运行需要电力能源,在停电、检修及发生紧急情况(如火灾)时,电梯将停止使用,因此普通楼梯作为安全疏散通道仍然不能取消。所以楼梯的作用是:正常使用时为垂直交通服务,紧急情况时为安全疏散提供通道。

3. 楼梯的分类

(1) 按照采用材料不同,分为钢筋混凝土楼梯、钢楼梯、木楼梯和组合材料楼梯等。

(2) 按照使用性质不同,分为主要楼梯、辅助楼梯、消防楼梯和疏散楼梯等。

(3) 按照使用位置不同,分为室内楼梯和室外楼梯。

(4) 按照层间的“楼梯段”数量不同,分为单跑楼梯、双跑楼梯和三跑楼梯等(图 12-6~图 12-8)。

其他类型的楼梯还包括旋转楼梯、弧形楼梯等。

图 12-6　单跑楼梯

图 12-7　双跑楼梯

4. 钢筋混凝土楼梯(间)的构成

图 12-9 所示为典型的钢筋混凝土楼梯间的构成。从图中可以看出,钢筋混凝土楼梯间由楼梯段、楼层平台、中间平台及栏杆扶手 4 部分组成,见图 12-10。其中,楼层平台是指楼梯间与各层楼板相连接部分的平台(楼板);中间平台是指楼梯间内在建筑物两层之间的休息平台。

图 12-8　三跑楼梯

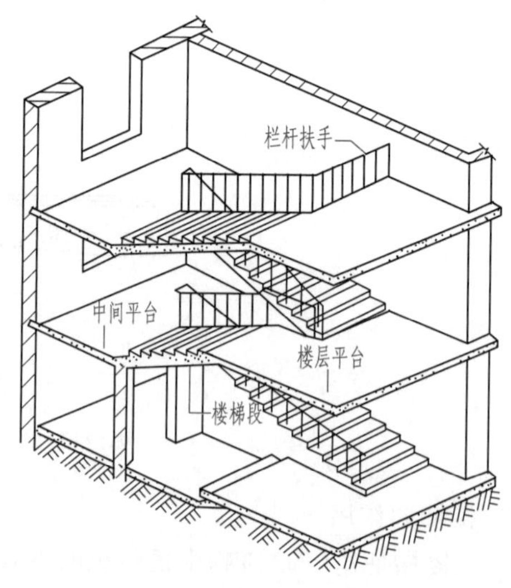


图 12-9　钢筋混凝土楼梯间构成示意图

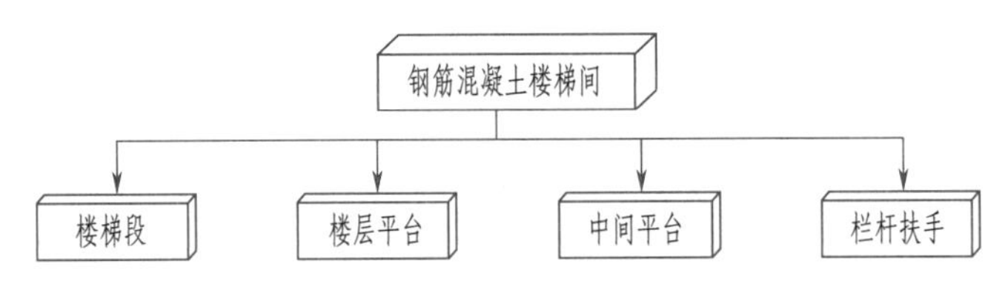


图 12-10 钢筋混凝土楼梯间的组成

5. 楼梯构造的相关专业名词解释

(1) 楼梯段

设有踏步以供层间上下行走的通道段落称为梯段。梯段俗称梯跑，是联系两个不同标高平台的倾斜构件，一个梯段又称为“一跑”，见图 12-9。

(2) 楼层平台

楼层平台是指与楼层有相同标高的楼梯休息平台，它实际是楼面的一部分，见图 12-9。

(3) 中间平台

中间平台是指在建筑物两层之间，与上下梯段相连接的休息平台，见图 12-9。

(4) 栏杆扶手

栏杆扶手是指专门设置于楼梯间临空位置的，为保护行走于梯段及平台处的人的安全用栏杆，以及栏杆上部供行人攀附的构配件。

(5) 楼梯踏步

楼梯踏步是指布置于楼梯梯段之上，供行人行走的阶梯形构件。水平部分称为踏面，竖直部分称为踢面，踢面和踏面相交部位称为踏步前缘。踏步的尺寸由踏步宽度和踏步高度表达(图 12-11)。

(6) 平台和梯段宽度

平台(包括楼层平台和中间平台)和梯段宽度的含义如图 12-12 所示。

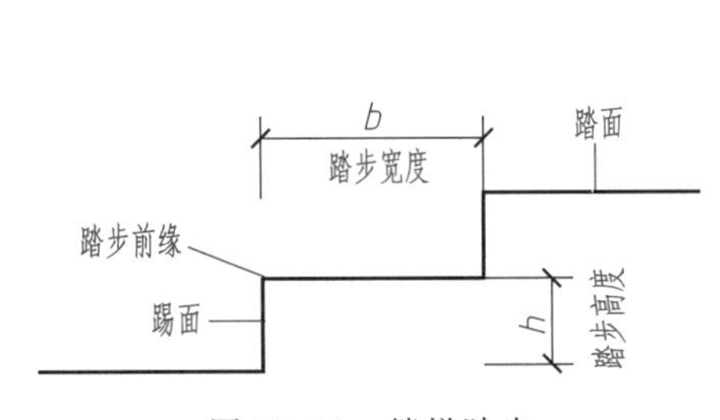


图 12-11 楼梯踏步

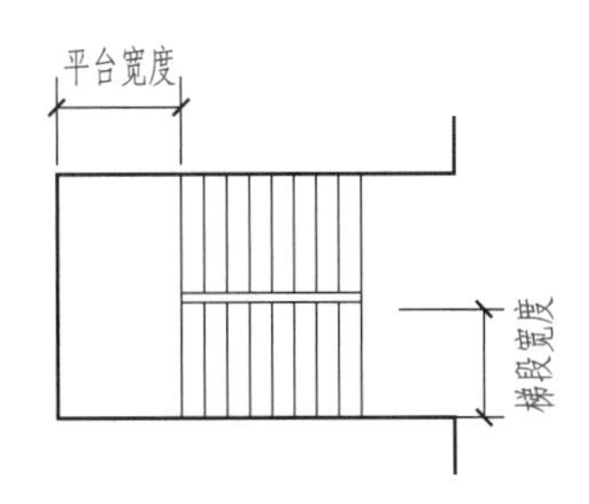


图 12-12 梯段与平台的宽度

(7) 梯段的角度

梯段的角度指每个踏步前缘处连线与水平面之间的夹角。此夹角不同，设计采用的梯段构件不同，人的行走感受也不同(图 12-13)。在确定楼梯段的角度时，优先考虑的是人的行走舒适度与方便程度，其次是建筑物的使用性质和层高要求等因素。

一般楼梯的坡度应在 23°~45°之间，正常情况下应当把坡度控制在 38°以内。实践

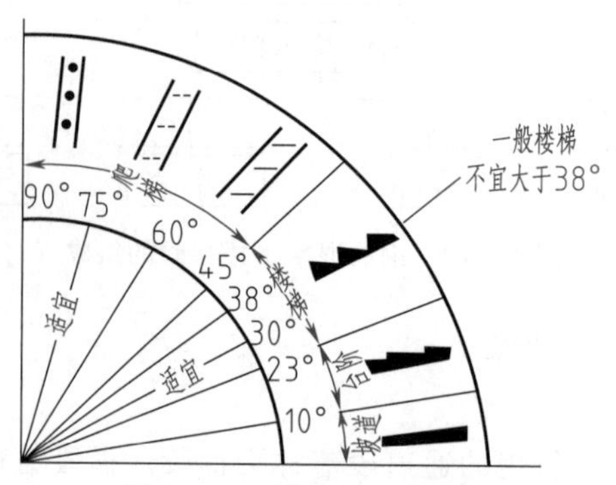


图 12-13　楼梯梯段的角度

证明，当梯段角度为 30°左右时，人行走时舒适度较好。小于 23°时应设置坡道，大于 45°时应设置爬梯。

（8）栏杆

《民用建筑设计通则》(GB 50352—2005)第 2.0.23 条规定，栏杆为“高度在人体胸部至腹部之间，用以保障人身安全或分隔空间用的防护分隔构件”。

（9）栏杆高度

《民用建筑设计通则》(GB 50352—2005)第 6.6.3 条规定，栏杆高度是指从楼地面或屋面算起，至栏杆扶手顶面的垂直高度。

（10）台阶

《民用建筑设计通则》(GB 50352—2005)第 2.0.21 条规定，台阶是指“在室外或室内的地坪或楼层不同标高处设置的供人行走的阶梯”。

（11）坡道

《民用建筑设计通则》(GB 50352—2005)第 2.0.22 条规定，坡道为连接不同标高的楼面、地面，供人行或车行的斜坡式交通道。

6. 楼梯构造的规范规定

《民用建筑设计通则》(GB 50352—2005)中规定：

（1）第 6.6.3 条：栏杆的安全高度——临空高度 24 m 以下时，栏杆高度不应低于 1.05 m，临空高度在 24 m 及 24 m 以上（包括中高层住宅）时，栏杆高度不应低于1.10 m；

注：栏杆高度应从楼地面或屋面至栏杆扶手顶面垂直高度计算，如底部有宽度大于或等于 0.22，且高度低于或等于 0.45 m 的可踏部位，应从可踏部位顶面起计算。

（2）第 6.7.7 条：楼梯栏杆扶手的高度——室内楼梯扶手高度自踏步前缘线量起不宜小于 0.90 m。靠楼梯井一侧水平扶手长度超过 0.50 m 时，其高度不应小于 1.05 m（图 12-14）。

（3）第 6.8.1 条：电梯的设置——以电梯为主要垂直交通设施的公共建筑和 12 层及 12 层以上的高层住宅，每栋楼设置的电梯台数不应少于两台。

值得特别说明的是，为满足规范提出的“安全疏散的要求”，在设置电梯的高层建筑中，电梯间的毗邻处一定会设置钢筋混凝土普通楼梯。

（4）第 6.7.10 条：楼梯踏步的尺寸——楼梯踏步的最小宽度和最大高度应符合

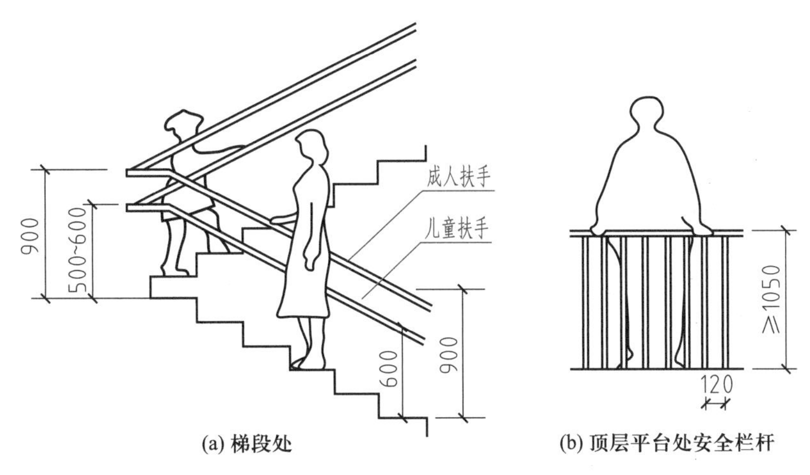


(a) 梯段处　　(b) 顶层平台处安全栏杆

图 12-14　栏杆的安全高度

表 12-1的规定。

表 12-1　楼梯踏步的最小宽度和最大高度　　m

| 楼梯类别 | 最小宽度 | 最大高度 |
| --- | --- | --- |
| 住宅共用楼梯 | 0.26 | 0.175 |
| 幼儿园、小学校等楼梯 | 0.26 | 0.15 |
| 电影院、剧场、体育馆、商场、医院、旅馆和大中学校等楼梯 | 0.28 | 0.16 |
| 其他建筑楼梯 | 0.26 | 0.17 |
| 专用疏散楼梯 | 0.25 | 0.18 |
| 服务楼梯、住宅套内楼梯 | 0.22 | 0.20 |

（5）第 6.7.5 条：楼梯平台上部及下部平台处的净高不得小于 2 m，梯段净高不得小于 2.2 m，如图 12-15 所示。

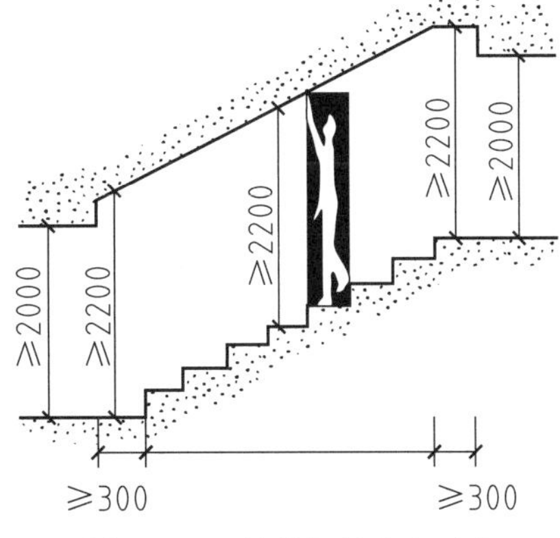


图 12-15　楼梯间的净空要求

（6）第 6.7.9 条：楼梯栏杆的净距——托儿所、幼儿园、中小学及儿童专用活动场所的楼梯，当采用垂直杆件做栏杆时，其杆件净距不应大于 0.11 m。

## 二、两种典型的现浇钢筋混凝土楼梯

1. 板式楼梯

现浇钢筋混凝土楼梯是按照结构组成形式的不同来划分的，共为板式楼梯和梁式楼梯两种类型。

现浇板式楼梯由楼梯段、平台梁和平台板组成，如图 12-16 所示。

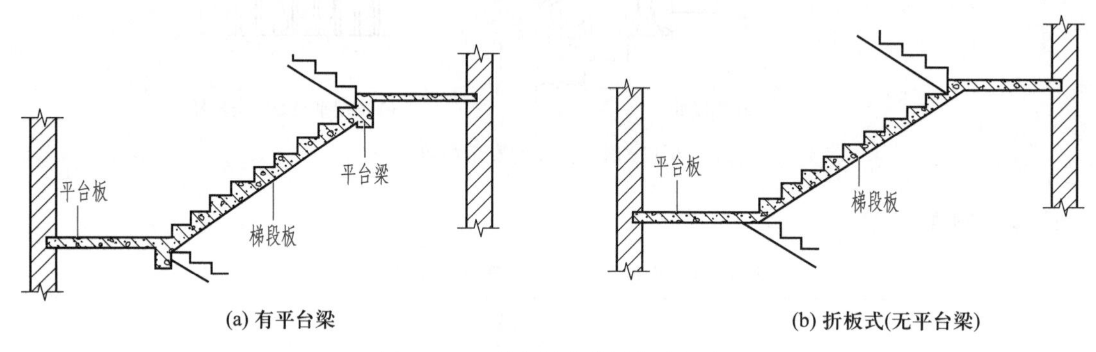


图 12-16　现浇板式楼梯构造组成

板式楼梯的名称是由其结构传力方式得来的。楼梯段仅仅由钢筋混凝土板构成，楼梯段上的荷载（如人的重量）传递给平台梁，平台梁再传递给与其连接的竖向主体结构构件（墙、梁、柱等），直至传递到基础和地基，这种楼梯段仅由钢筋混凝土板构成的楼梯称为板式楼梯。当不设置平台梁时，板式楼梯称为折板式楼梯。

2. 梁式楼梯

现浇梁式楼梯由斜梁、踏步板、平台梁和平台板组成，如图 12-17 所示。

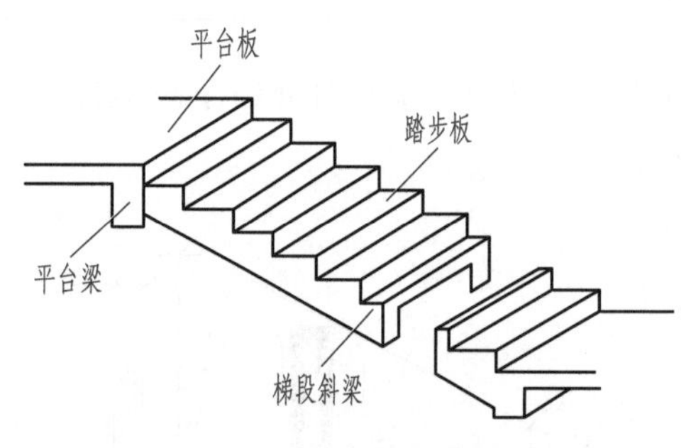


图 12-17　现浇梁式楼梯构造组成

现浇梁式楼梯的特点是楼梯段由钢筋混凝土板和斜梁组成。其传力途径是，人流荷载传给钢筋混凝土板，板传给斜梁，斜梁传递给平台梁，平台梁再传递给竖向主体结构构件，最后传递给基础和地基（图 12-18），这种形式的楼梯称为梁式楼梯。

梁式楼梯又分为楼梯斜梁在梯段板下的下撑式梁式楼梯［图 12-19（a）］和楼梯斜梁在梯段板上的上翻式梁式楼梯［图 12-19（b）］。

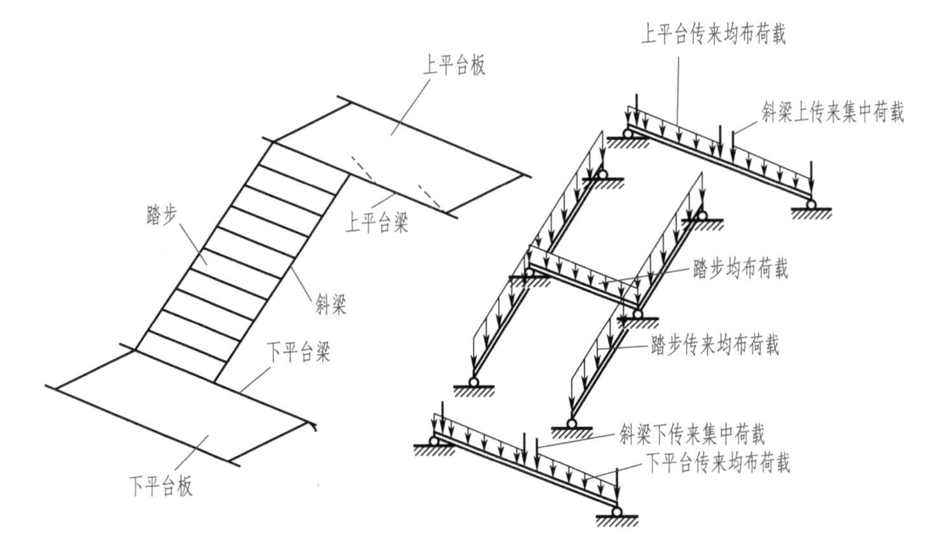


图 12-18　下撑式现浇梁式楼梯传力原理

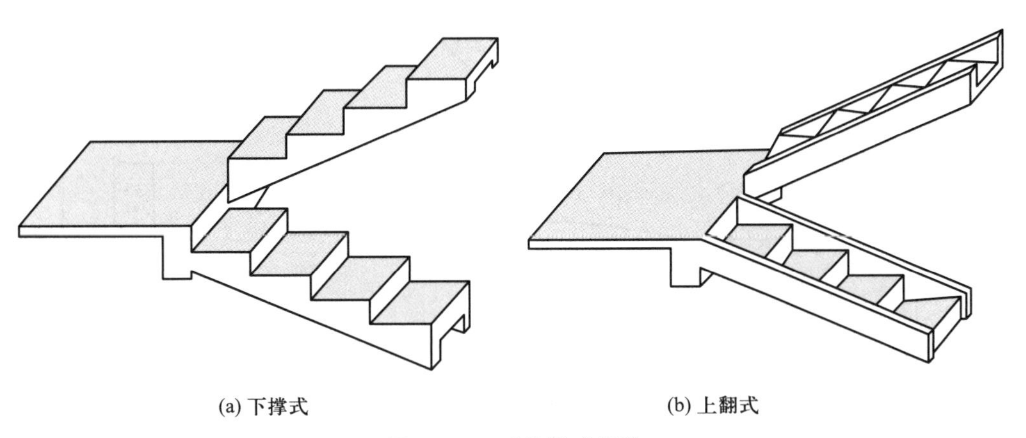


图 12-19　现浇梁式楼梯

## 三、现浇钢筋混凝土楼梯建筑施工图的组成

由于楼梯在建筑物中处于相对特殊的位置，其建筑施工图也独立于建筑物的其他组成部分。但由于其组成构件空间位置的特殊性，决定了其建筑施工图与建筑物的其他部分在表达方法上不完全相同。楼梯建筑施工图如图 12-20 所示。

从图 12-20 可以看出，楼梯建筑施工图的组成如图 12-21 所示。

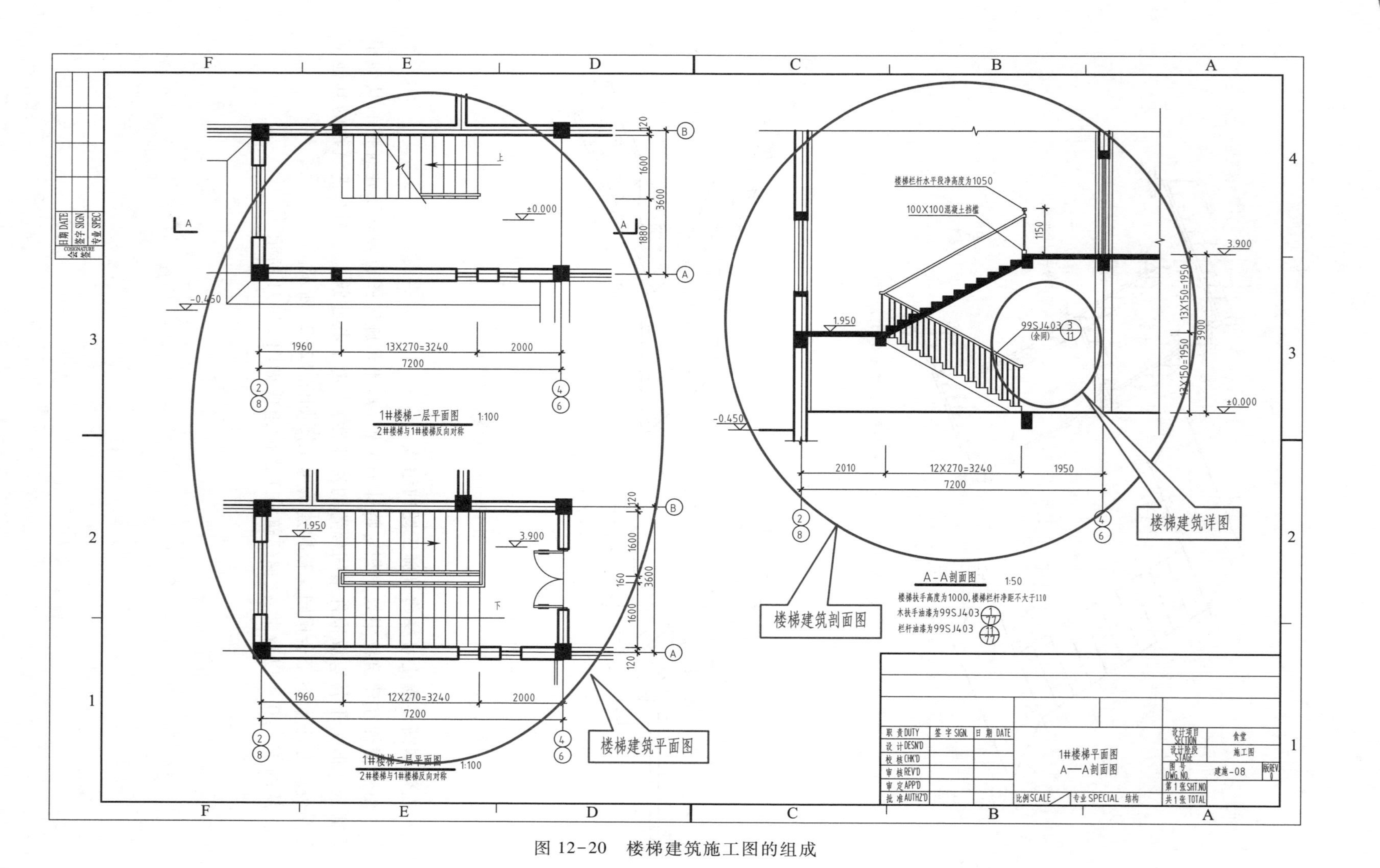


图 12-20　楼梯建筑施工图的组成

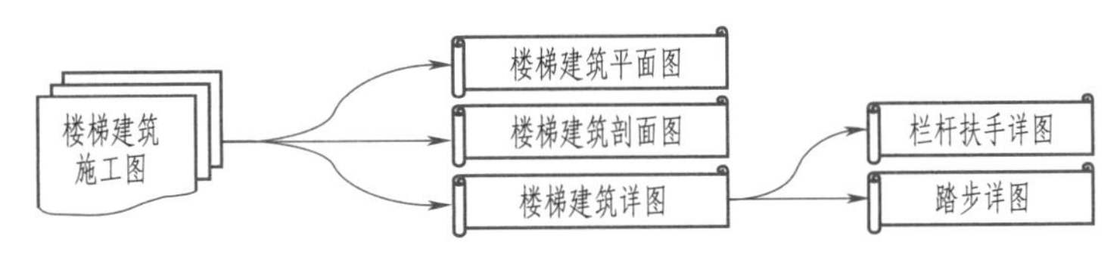


图 12-21　楼梯建筑施工图的组成

## 四、楼梯建筑平面图

1. 楼梯建筑平面图的形成

楼梯建筑平面图与楼层建筑平面图的形成过程类似，只是剖切位置略有不同。楼梯底层平面图的剖切位置在第 1 个平台板顶面处，移去上部结构，向下作正投影得到的水平投影图即为楼梯底层建筑平面图；其他各层楼梯建筑平面图的剖切位置为各层上行的第一梯段内（图 12-22）。剖切后得到楼梯建筑平面图见图 12-23。

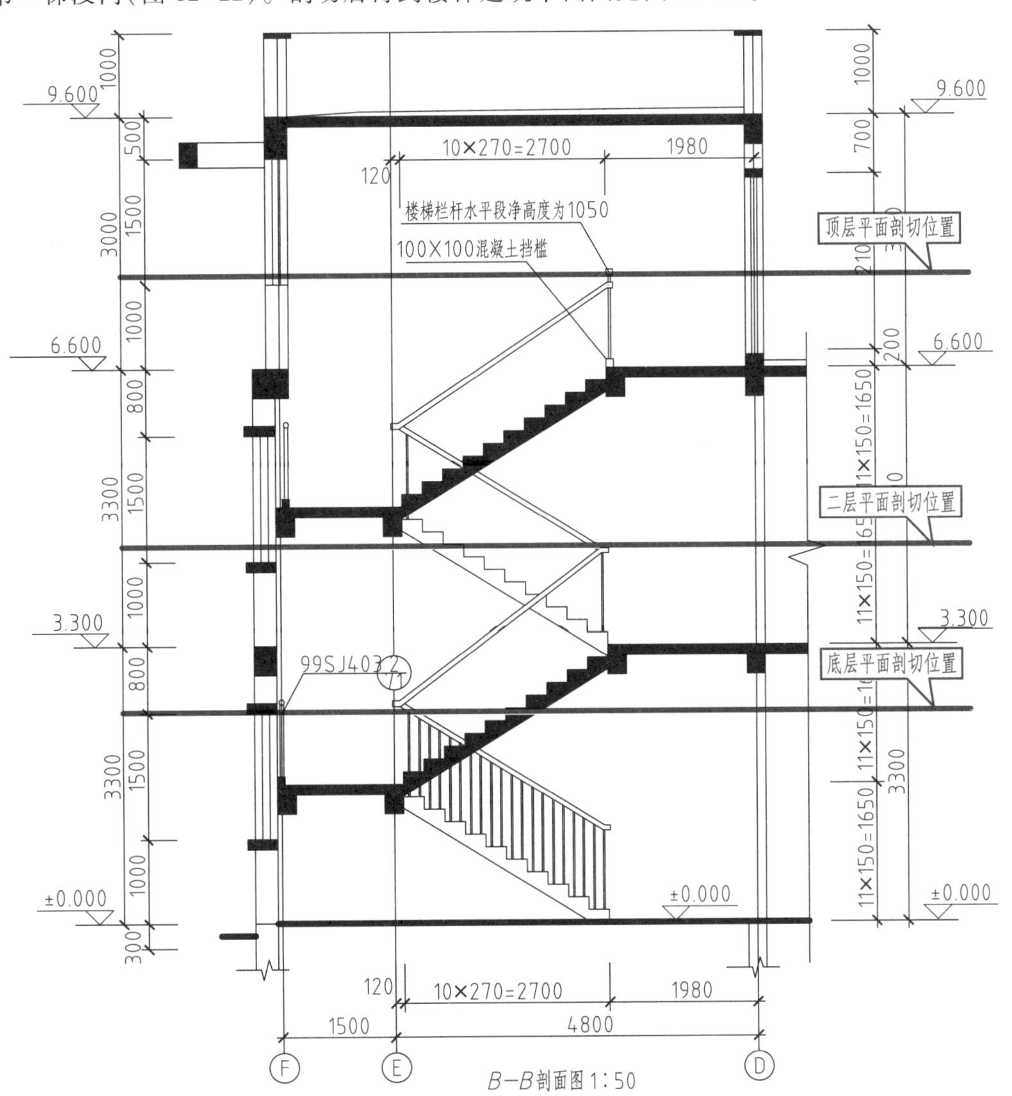


图 12-22　楼梯建筑施工图的剖切位置

2. 楼梯建筑平面图的内容

如图 12-23、图 12-24 所示，楼梯建筑平面图一般表达以下内容。

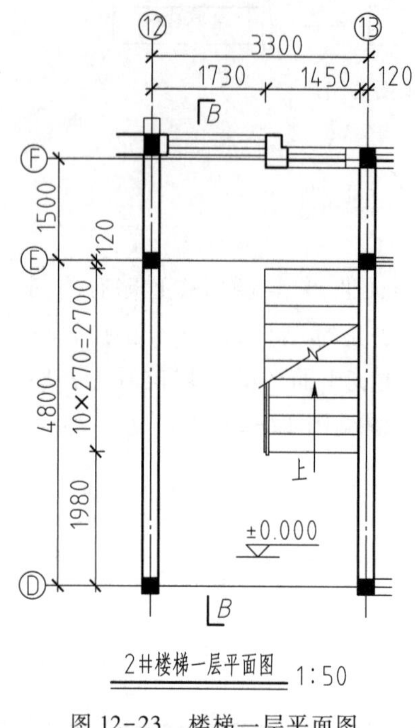


图 12-23　楼梯一层平面图

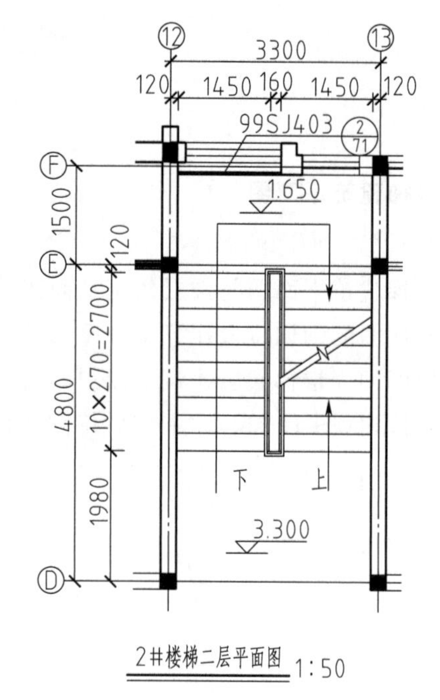


图 12-24　楼梯二层平面图

（1）建筑物中楼梯的平面位置。一般通过楼梯间的横、纵轴线来表达，并且与建筑平面图中的位置相一致（如楼梯位置为横向定位轴线 12～13 及纵向定位轴线 D～F 范围内）。

（2）楼梯间的平面大小、长度和宽度。

（3）楼梯段的长度和宽度，踏步的宽度和数量（一层楼梯段水平投影长度 2 700 mm，宽度 1 450 mm，踏步宽度 270 mm，数量 10 个）。

（4）楼梯平台的长度和宽度（如一层中间平台长度 3 060 mm，宽度 1 500 mm）。

（5）楼梯段的上、下行方向。

（6）各层楼梯平台的顶面标高（如一层中间平台顶标高为 1.650 m）。

（7）一层平面图中给出楼梯剖面图的位置和剖视方向（如剖视方向由左至右）。

3. 楼梯建筑平面图的数量

与前述的建筑平面图类似，一般来说，建筑物的每一层均应绘制楼梯平面图。但当中间各层楼梯的布置相同时，可采用楼梯标准层平面图来代替布置相同的各层楼梯平面布置图。

4. 楼梯建筑平面图的识读方法

（1）看轴线编号——了解楼梯所在位置，与建筑平面图核对是否有误。

（2）看轴线间尺寸标注——了解楼梯间开间和进深。

（3）看平面图个数——了解建筑物层数及梯段数。

（4）看平台标高——了解楼层、中间平台标高。

(5) 看细部尺寸标注——了解梯段宽度和踏步数量。

(6) 看剖切符号——了解剖面的位置和剖视方向。

## 五、楼梯建筑剖面图

### 1. 楼梯建筑剖面图的形成

楼梯建筑剖面图的形成与建筑剖面图的形成原理是一致的,其内容本身就是建筑剖面图的必备内容之一。楼梯建筑剖面图的形成应按下述原则进行(图 12-25 仅示意剖切方法):

(1) 剖切面为竖向垂直面;

(2) 剖切位置为各层的某一梯段,并通过楼梯间窗洞口位置;

(3) 剖面符号应标注在底层楼梯建筑平面图中。

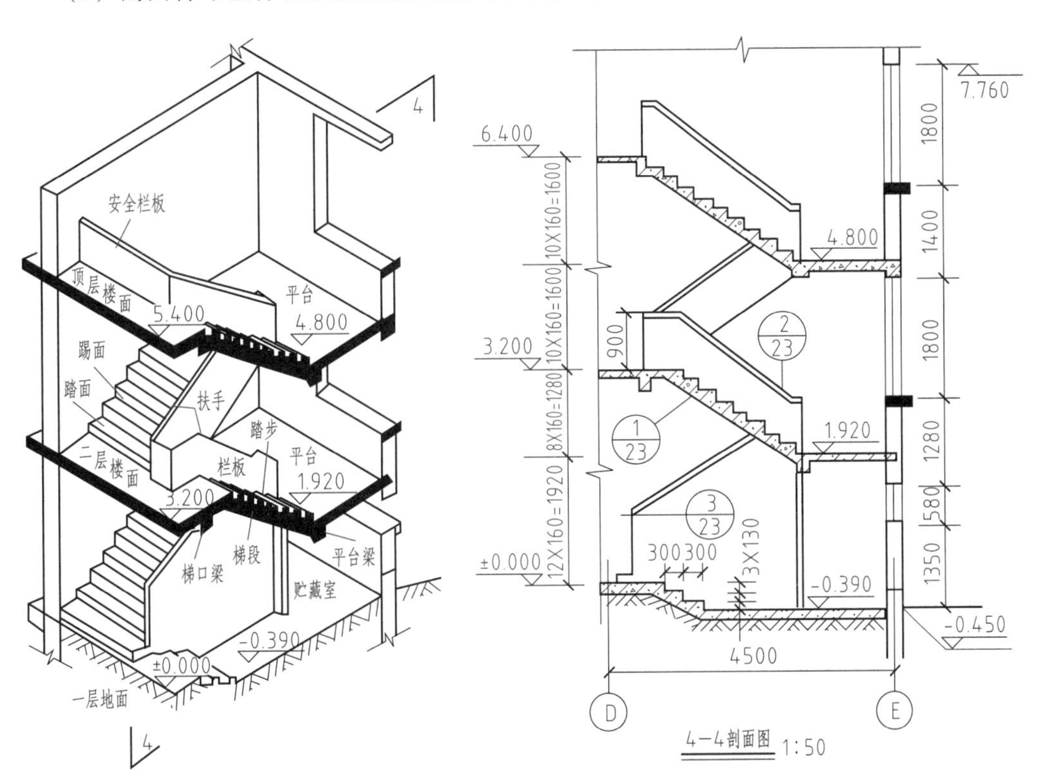


图 12-25 楼梯建筑剖面图的形成原理示意图

### 2. 楼梯建筑剖面图的内容

楼梯建筑剖面图一般表达如下基本内容,如图 12-26 所示:

(1) 楼梯间各楼层平台和中间平台的顶面标高;

(2) 各楼梯段的踏步高度和踏步宽度;

(3) 一层楼梯间入口处台阶的布置;

(4) 各层楼梯栏杆的布置和高度;

(5) 需要给出建筑详图的详图索引。

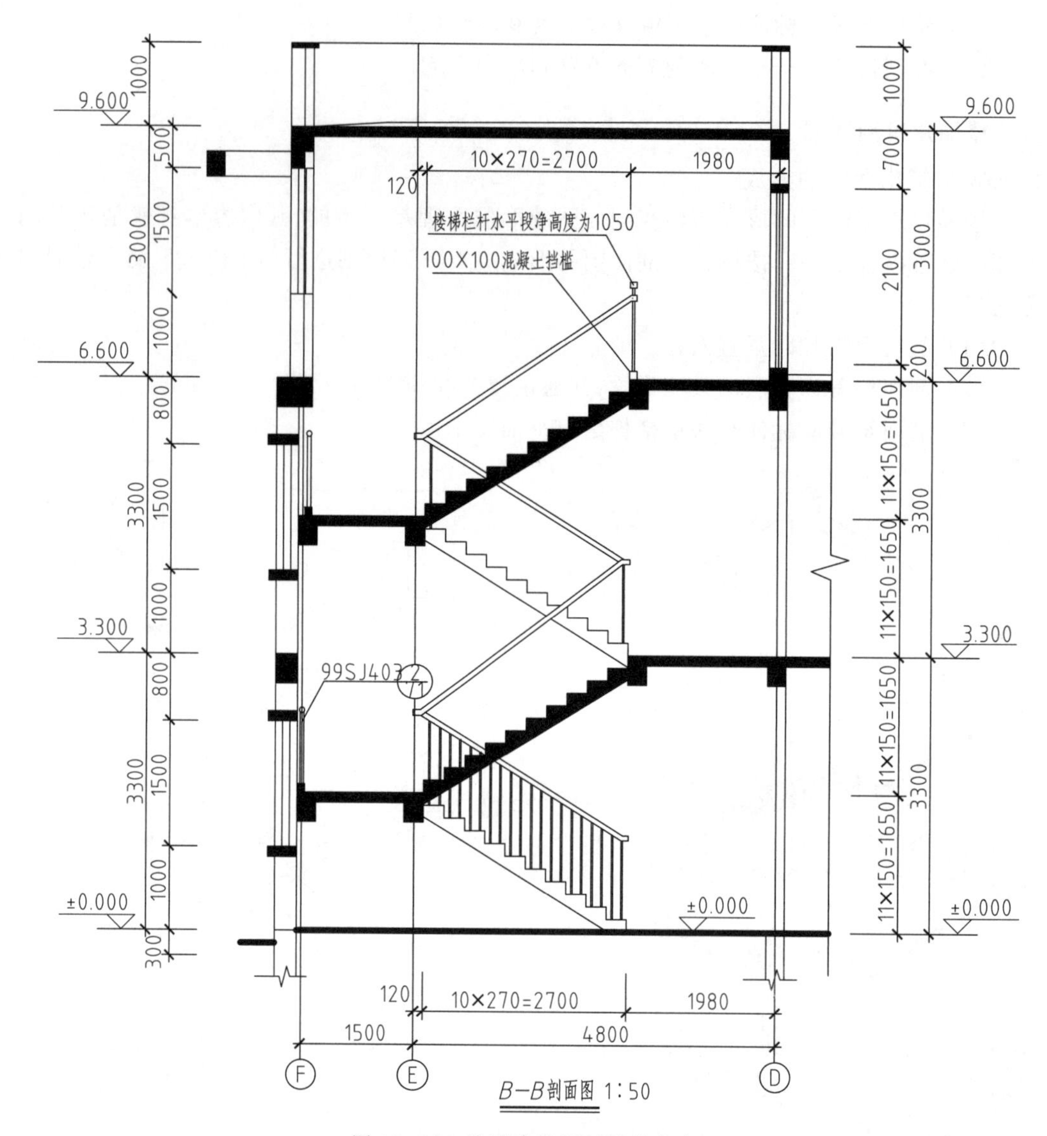


图 12-26　楼梯建筑剖面图的内容

3. 楼梯建筑剖面图的识读方法

（1）看标高——了解楼层平台和中间平台的高度、窗洞口的高度方向位置及栏杆高度，核对楼梯间净空高度是否满足规范要求。

（2）看细部尺寸标注——了解踏步宽度和数量，踏步高度及数量。

（3）看详图索引——了解栏杆扶手的细部做法。

（4）看门、窗、梁、板位置——与楼梯结构施工图对照，核对楼梯建筑施工图和结构施工图是否一致。

## 六、楼梯建筑详图

1. 楼梯建筑详图的内容

楼梯建筑详图一般应包括楼梯栏杆、扶手的详图和楼梯踏步的做法详图。其表达方法是，除特殊情况下单独在图中绘制剖面详图外，均采用详图索引的选用标准图集的方式来表达。

(1) 栏杆扶手详图

楼梯栏杆是为了保证楼梯使用的安全，在楼梯段和楼梯平台临空一侧设置的防护装置，而扶手则是为了使用舒适的要求，在栏杆顶部设置的供人们扶持的构配件。楼梯栏杆一般采用金属材料制作，如普通钢材、不锈钢、铝材、铸铁、玻璃等；扶手则多采用木材，经过表面刨光处理钢材等材料制作，如图 12-27 所示。

动画
楼梯栏杆扶手详图识读

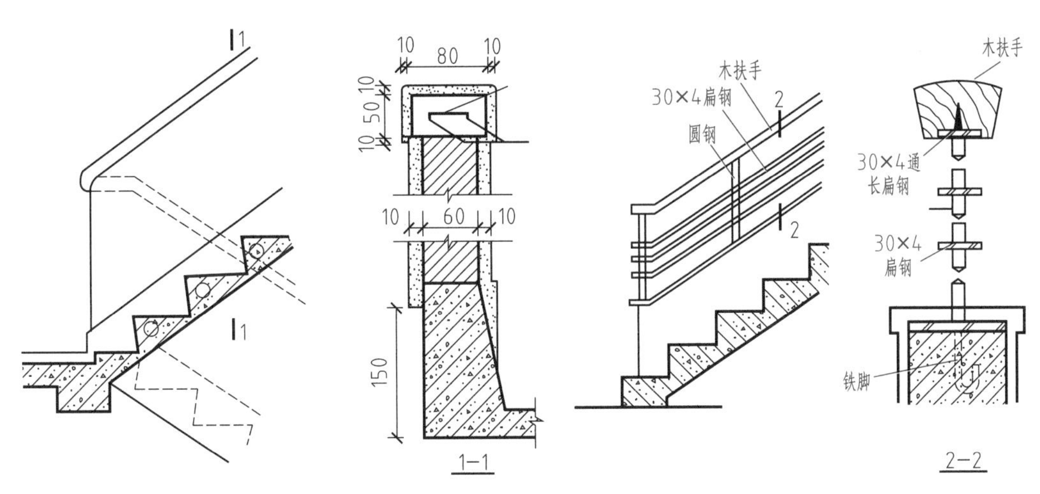


图 12-27　标准图集中楼梯栏板及栏杆详图实例

动画
楼梯踏步详图识读

(2) 楼梯踏步详图

按照规范要求，楼梯踏步需做抹面及防滑处理，标准图集中给出的具体做法有很多种，图 12-28 为标准图集中楼梯踏步详图实例。

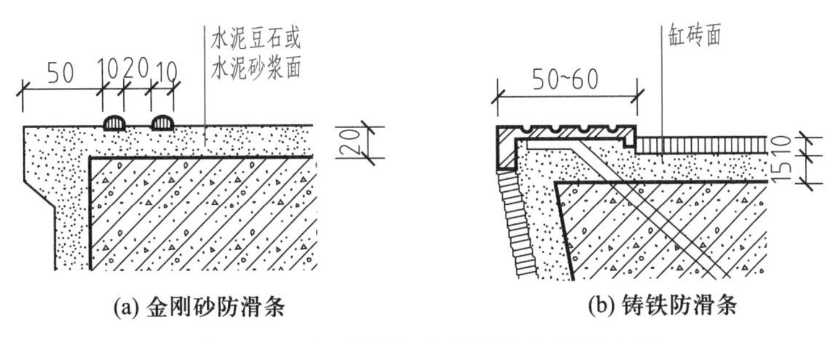


(a) 金刚砂防滑条　　(b) 铸铁防滑条

图 12-28　标准图集中楼梯踏步详图实例

动画
楼梯详图识读

2. 楼梯详图的具体识读方法

(1) 核对楼梯剖面图中所有应该给出详图的位置是否有详图索引符号，如栏杆、扶手和踏步等位置。

(2) 按照详图索引符号的要求寻找详图所在施工图位置(找到选用的标准图集)，并阅读详图内容。

## 第二课堂学习任务

任务内容：

识读并用 AutoCAD 软件抄绘“后勤临时办公用房楼梯建筑施工图”（详见本书配套例图集）。

成果内容：

“后勤临时办公用房楼梯建筑施工图”电子图形文件。

项目成果文件编制要求：

- 采用 A2 图幅绘制，图样比例自行确定；
- 所有字体采用 hztxt.shx，其中尺寸标注字体高度采用 3 mm，说明文字高度采用 5 mm，图名文字高度采用 8 mm，宽高比均采用 0.7。

完成项目后思考的问题：

- 现浇钢筋混凝土楼梯的构造组成如何？
- 楼梯建筑施工图包括哪些图样？分别表达哪些主要内容？
- 什么是梁式楼梯和板式楼梯？两者区别在哪里？
- 识读楼梯建筑施工图应与整套施工图中哪些图纸对照？目的是什么？
- 识读楼梯建筑施工图能够得到哪些信息？

项目十三

# 13

# 钢筋混凝土楼梯结构施工图的识读

**项目描述**

识读现浇钢筋混凝土楼梯结构施工图,完成相关学习任务。

**教学目标**

技能目标:

能够识读钢筋混凝土楼梯结构施工图。

知识目标:

1. 掌握板式与梁式楼梯的结构构件组成与构造;
2. 了解楼梯间结构的荷载传递路径;
3. 掌握钢筋混凝土楼梯结构施工图的表达内容及识读方法。

## 项目支撑知识

### 一、两种典型楼梯的结构构成

#### 1. 钢筋混凝土现浇板式楼梯

(1) 板式楼梯的结构含义

板式楼梯是把构成楼梯间的重要构件——“梯段”作为结构意义上的“板”(假设成板构件进行构件计算),这种由板式梯段构成的楼梯称为板式楼梯。

(2) 板式楼梯(间)的结构构成

由图 13-1 可以看出,作为楼梯间,不仅包括梯段板、平台梁和平台板(图 13-2),还包括与之相连接的相邻主体结构构件,如梯柱、框架梁柱、墙体等。现浇板式楼梯间的结构构成如图 13-3 所示。

(3) 板式楼梯间的荷载传递路径

为了保证楼梯间的荷载(包括结构构件的自重、构件上的人和设备重量等)能够安全传递至地基土当中,即所谓保证楼梯间的结构安全,我们设置了楼梯间结构构件。现浇板式楼梯间的荷载传递路径如图 13-4 所示。

从图 13-4 可以看出,整个荷载传递路径是由构成板式楼梯间的各种构件相互连接形成的,也就是说每一个构件都是必须存在的,假定其中有一个构件缺失或破坏(构件本身或构件间连接)都会危及楼梯间的结构安全。

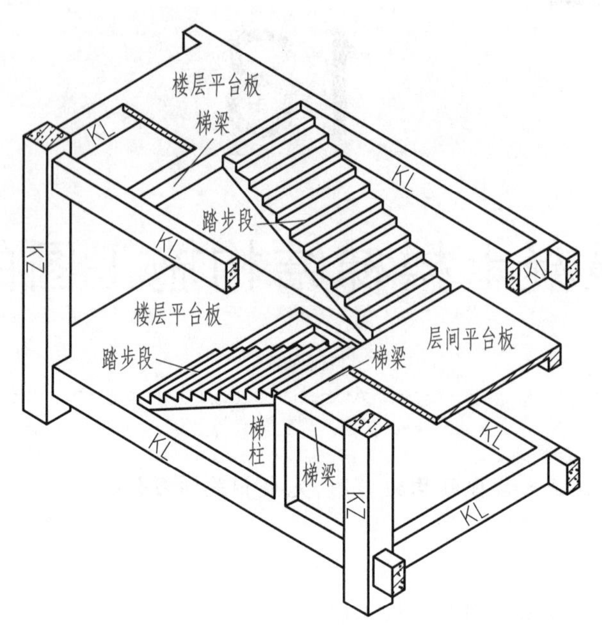


图 13-1　现浇板式楼梯间的空间构成

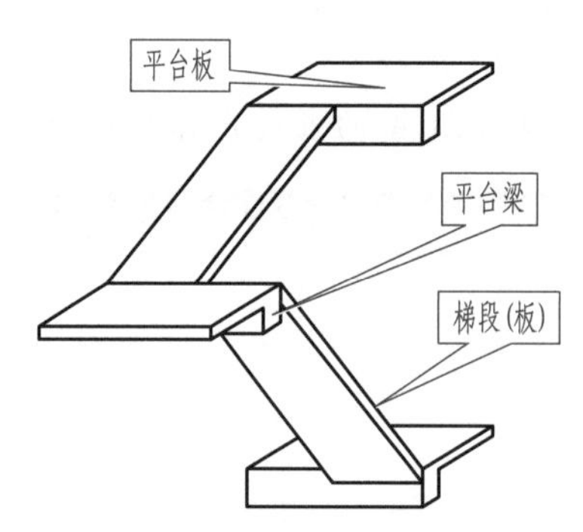


图 13-2　板式楼梯间结构构件间的联系

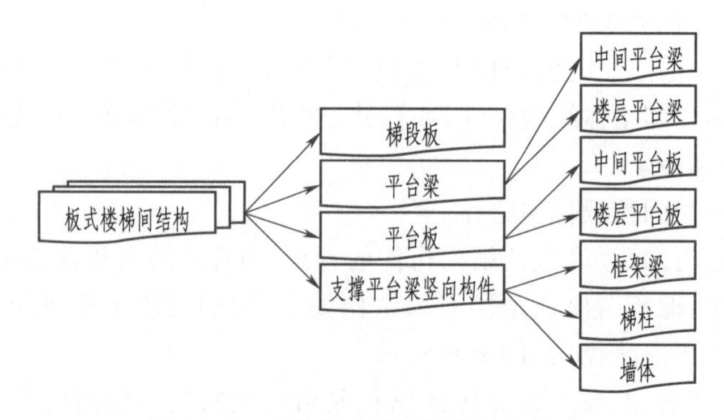


图 13-3　现浇板式楼梯间的结构构成

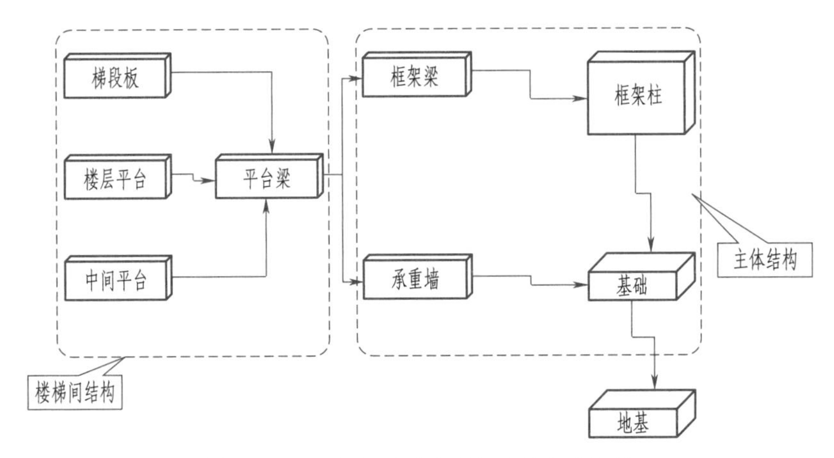


图 13-4　现浇板式楼梯间的荷载传递路径

2. 钢筋混凝土梁式楼梯

(1) 梁式楼梯的结构含义

梁式楼梯是把构成楼梯间的重要构件——“梯段”作为结构意义上的“梁板结构”(假设成由踏步板和梯段斜梁两种构件形成的梁板结构进行计算),这种由梁板结构构成梯段的楼梯称为梁板式楼梯,简称为梁式楼梯。

(2) 梁式楼梯的结构构成

由图 12-17、图 12-18 可知,梁式与板式楼梯相比,差异之处就在于“梯段”结构不同。因此,现浇梁式楼梯间的结构构成如图 13-5 所示。

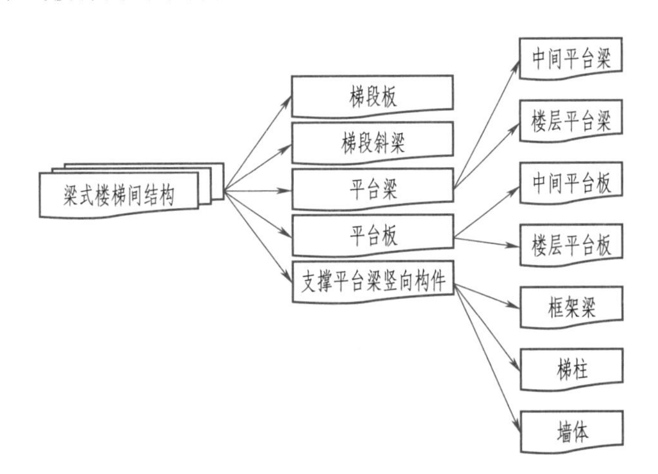


图 13-5　现浇梁式楼梯间的结构构成

(3) 梁式楼梯间的荷载传递路径

梁式楼梯间的荷载传递路径与前述板式楼梯的差异在于,梯段板与平台梁之间的荷载传递方式不同。板式楼梯由梯段板直接传递给平台梁(可视作均布荷载);梁式楼梯由踏步板传递给梯段斜梁,再由梯段斜梁传递给与之相连的上下端平台梁(集中荷载)。

现浇梁式楼梯间的荷载传递路径如图 13-6 所示。

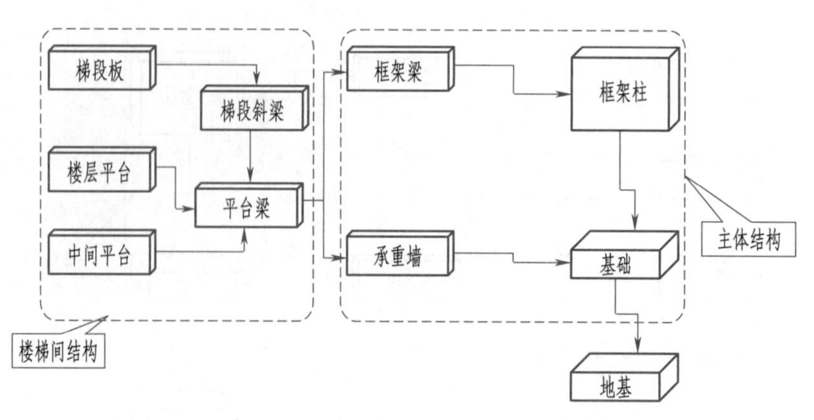


图 13-6　现浇梁式楼梯间的荷载传递路径

## 二、现浇钢筋混凝土楼梯的结构施工图

1. 楼梯结构施工图要解决的问题

绘制楼梯结构施工图的目的与绘制主体结构施工图一样,是让读图者能够了解以下四个问题:

(1) 组成楼梯间的结构构件有哪些?

(2) 每一个结构构件放置在什么位置?

(3) 构件的制作要求是什么?

(4) 构件之间如何连接(仅预制装配结构)?

2. 钢筋混凝土楼梯结构施工图的组成与形成

(1) 楼梯结构施工图的组成

由图 13-7 可以看出,楼梯结构施工图同其他结构施工图的组成基本相同,即由结构布置图和结构详图两大部分组成。此外,结构布置图由楼梯结构平面图和楼梯结构剖面图组成;楼梯结构详图则由平台梁施工图、平台板施工图、梯段板施工图和梯段斜梁施工图(仅梁式楼梯有)组成,此外,尚应有结构施工说明表达相关技术要求等内容。

一般情况下,现浇钢筋混凝土楼梯结构的施工图如图 13-7 所示。由于结构施工图较为普遍地采用了平面整体表达方法,内容涵盖楼梯结构施工图中的梯段、平台梁和平台板等(图 13-8,幅面所限,例图只表达图纸内容构成,详细内容见项目 14 中相关内容)。但平面整体表达方法是基于传统表达方法的,因此本项目将重点讲解用传统表达方法表达的施工图。

由上述两例图(图 13-7、图 13-8)可知,一般情况下,现浇钢筋混凝土楼梯的施工图构成如图 13-9 所示。

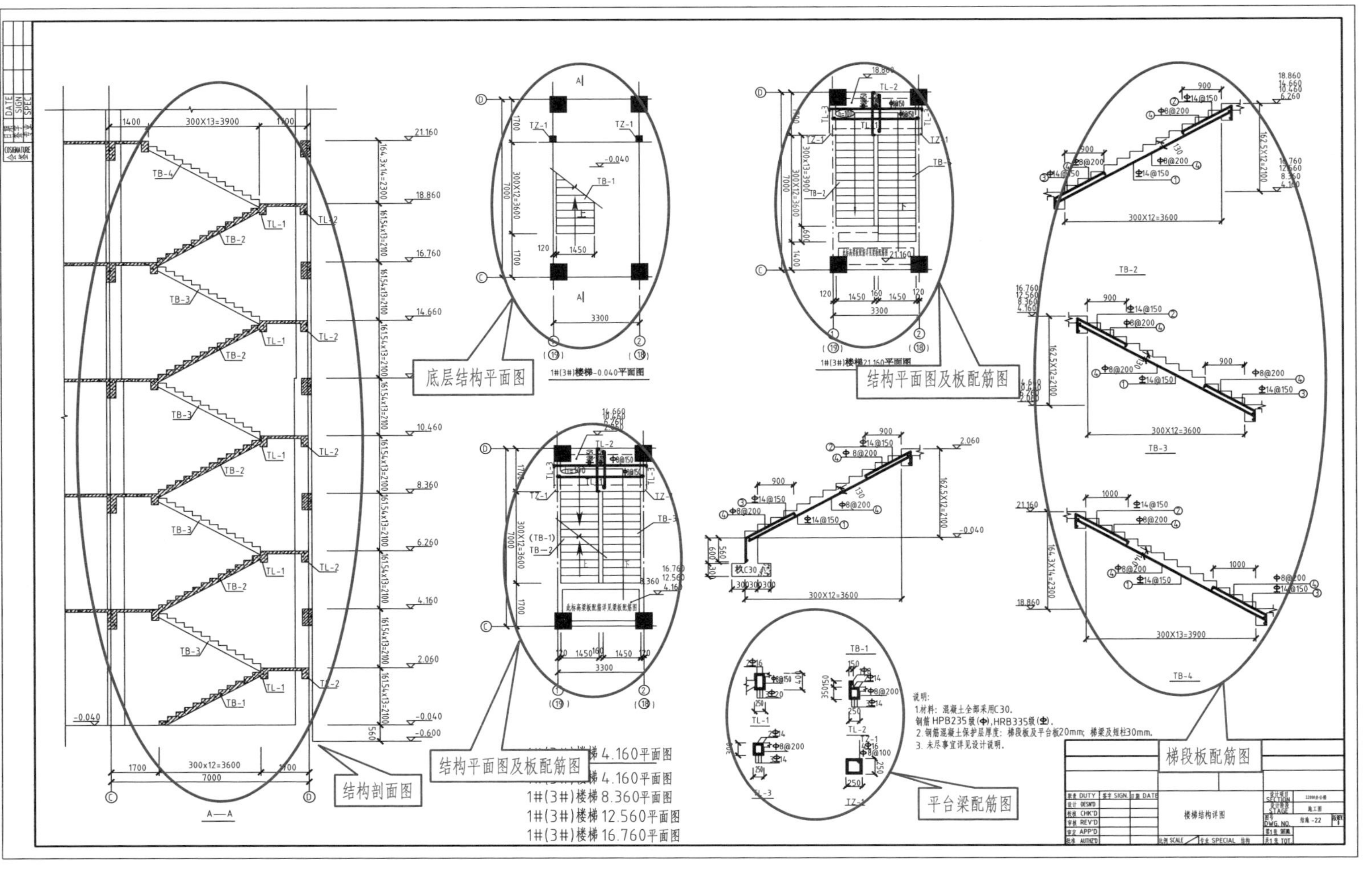


图 13-7　钢筋混凝土楼梯结构施工图例图

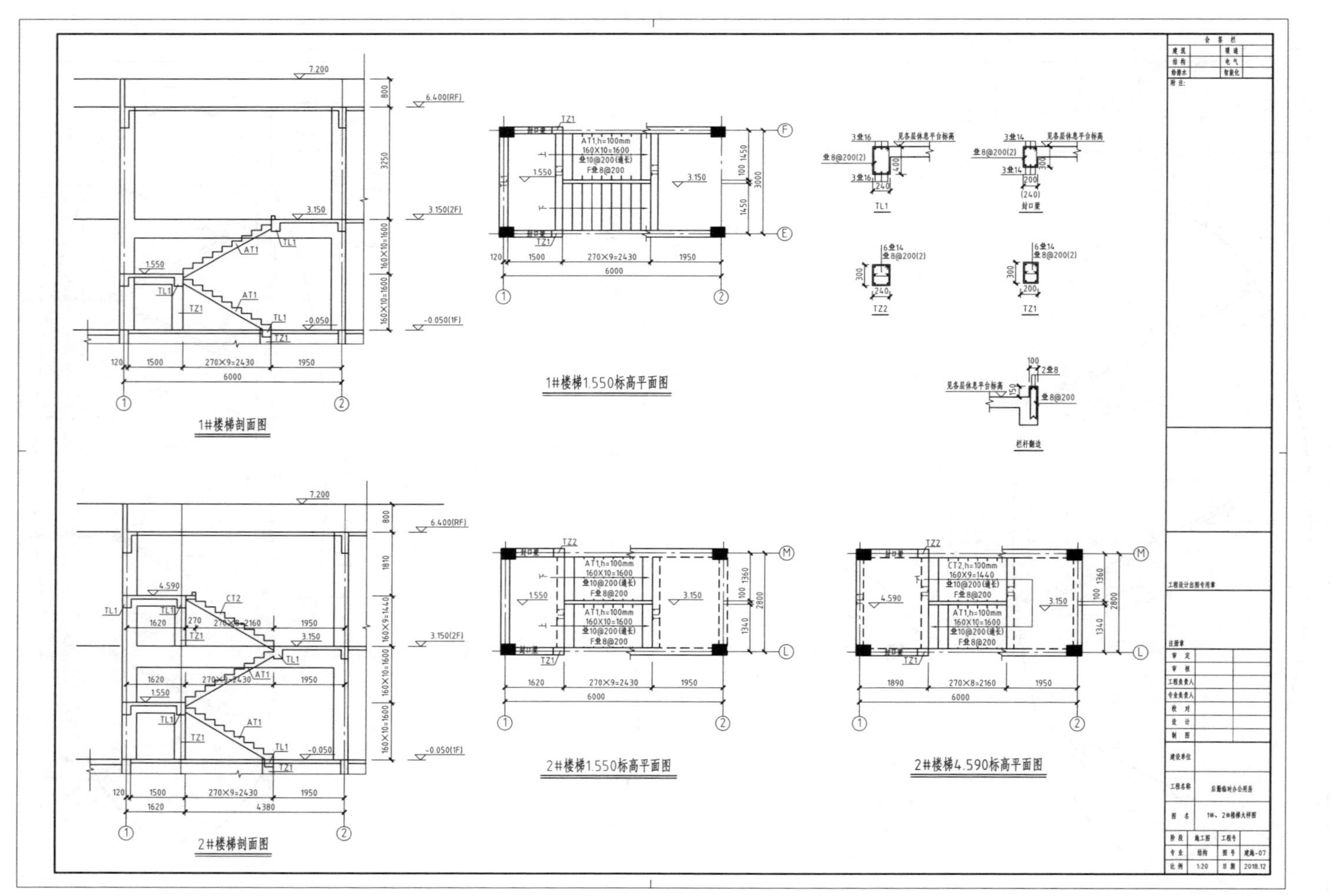

图 13-8 平法钢筋混凝土楼梯结构施工图例

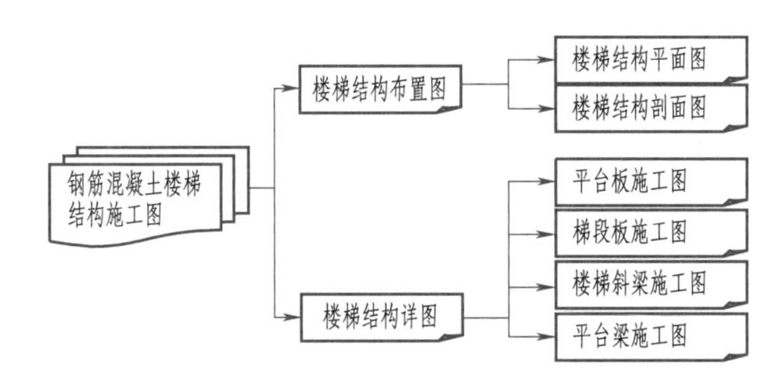


图 13-9　钢筋混凝土楼梯结构施工图的构成

（2）楼梯结构平面图和剖面图的形成

在前述的几个项目当中我们知道，无论是建筑平面图或者结构平面图，其形成过程都要经过用假想平面进行剖切，移除不需要表达的被剖切部分，对需要表达的遗留部分作正投影。因此可见，剖切位置的确定取决于需要表达的内容。

由于楼梯结构平面图要表达的内容是本层楼梯结构中包括的结构构件（如平台梁、平台板及梯段板等）的位置，因此剖切位置就确定在该层楼面板的板顶，剖切后移去上部分结构，对余下的下部结构进行正投影，即得到本层楼梯结构平面图（图 13-10）。

楼梯结构剖面图的剖切位置一般在一侧梯段板的中间位置，向未被剖切到的梯段板方向作正投影，得到的正投影图即为楼梯间剖面图。剖切位置表达在底层楼梯结构平面图中（如图 13-7 中的 *A*—*A* 剖面）。

3. 楼梯结构施工图表达的内容

（1）楼梯结构平面图（以板式楼梯为例）

如图 13-11 所示，在楼梯结构平面图中对该层所见的结构构件（梯段、平台梁、平台板）进行了编号，并通过标注其与横纵轴线的尺寸给出了每个构件的平面位置，通过标注标高给出了高度方向的位置（具体内容请读者阅读例图，此处不再赘述。其中构件 TL 为平台梁，TB 为梯段板）。

（2）楼梯结构剖面图

如图 13-10 所示，楼梯结构剖面图的剖切位置也用剖切符号来表示，与建筑平面图的剖切符号一样，一般也会在底层楼梯结构平面图中给出（图 13-7）。所不同的是，图中标注的尺寸为结构构件（不含装修层）的尺寸，所注标高为结构标高。

图中所示内容为：所有因剖切可视的结构构件编号；各结构构件（楼层平台板、中间平台板、梯段板等）的定位标高（结构标高，与建筑标高的区别见本书前述内容）；结构构件的定位（与横纵定位轴线间的尺寸标注）。特别注意，楼梯结构剖面图中内容是与各楼梯结构平面图严格对应的，因此，在阅读图纸时须将两者对照阅读。

（3）梯段板配筋图

图 13-12 所示为梯段板（TB-1）配筋构造图，其位置见图 13-10。具体表达内容如下：

板上部钢筋为“负弯矩钢筋”，用来承受与平台梁（梯段板的支座）相连处板上部一定范围内产生的拉力。钢筋的一端锚入平台梁（或基础，仅一层梯段板）内，满足锚固长度；另一端伸入梯段板内 $L/4$ 处截断（$L$ 为梯段板跨度），沿板宽度方向（即与纸面垂直方

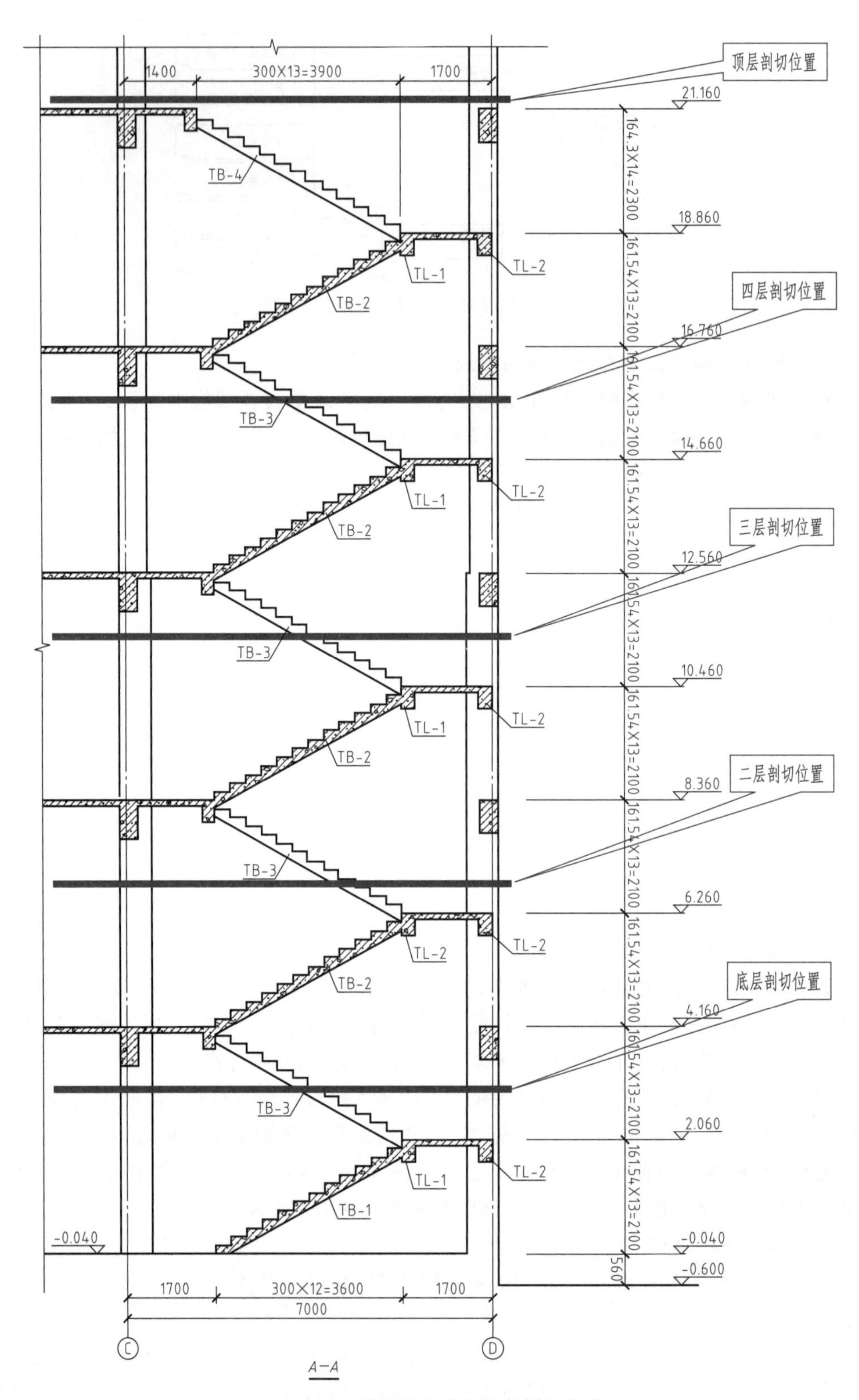


图 13-10　楼梯结构平面图的剖切位置

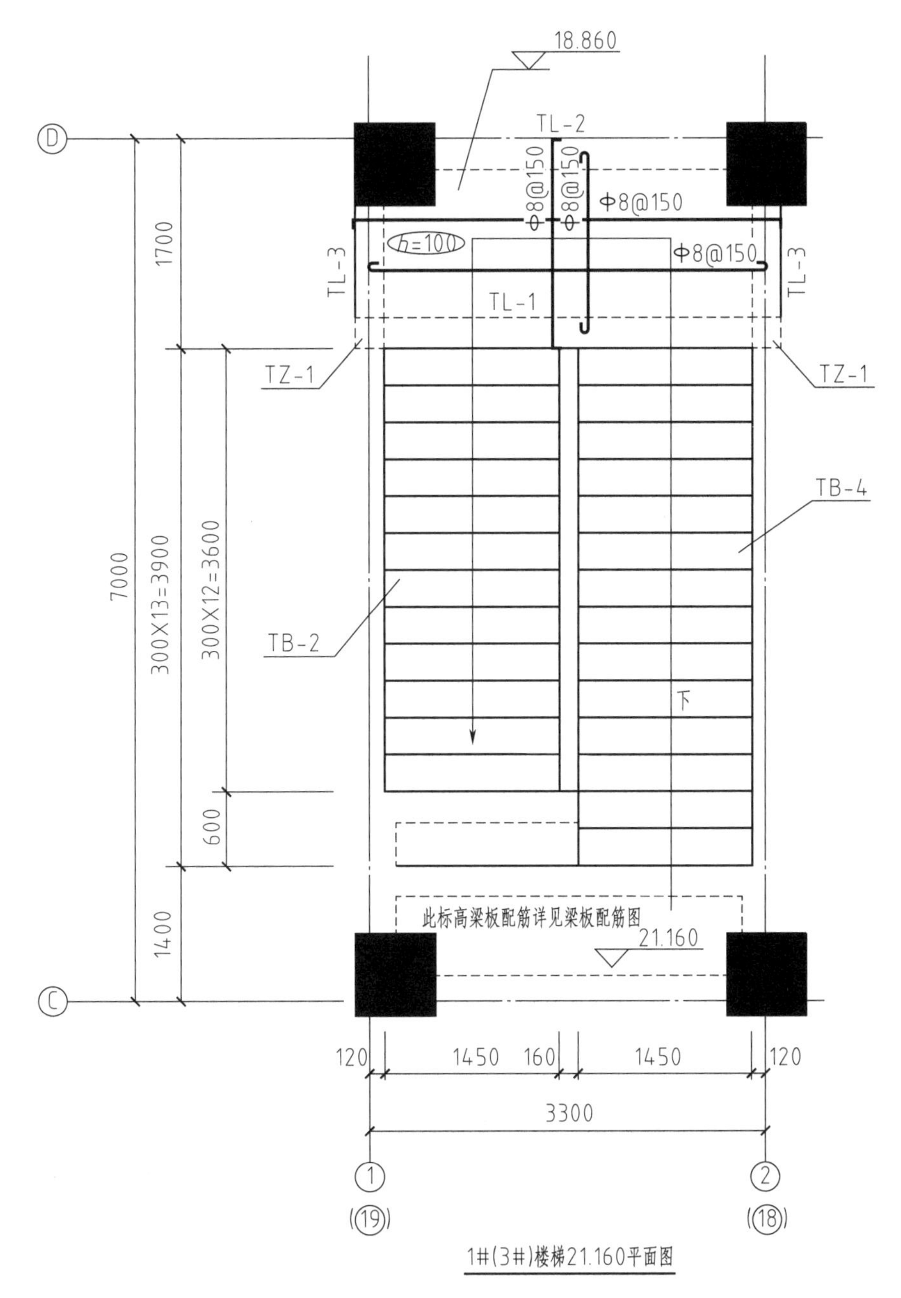


图 13-11　楼梯结构平面图

向)均匀分布。图 13-14 中的板上部负弯矩钢筋为②、③号钢筋,选用直径为 14 mm、牌号 HRB335 级钢筋,钢筋间距 150 mm(垂直纸面方向布置)。

板下部为正截面受拉钢筋,沿板宽度方向均匀分布,深入平台梁(或基础)内,满足锚固长度。图中①号钢筋,选用直径为 14 mm、牌号 HRB335 级钢筋,钢筋间距 150 mm(垂直纸面方向布置)。

板上部负弯矩钢筋下布置分布钢筋,用来使负弯矩钢筋均匀受力。图中④号钢筋,选用直径 8 mm、牌号 HPB300 级钢筋,钢筋间距 200 mm,与负弯矩钢筋垂直布置。

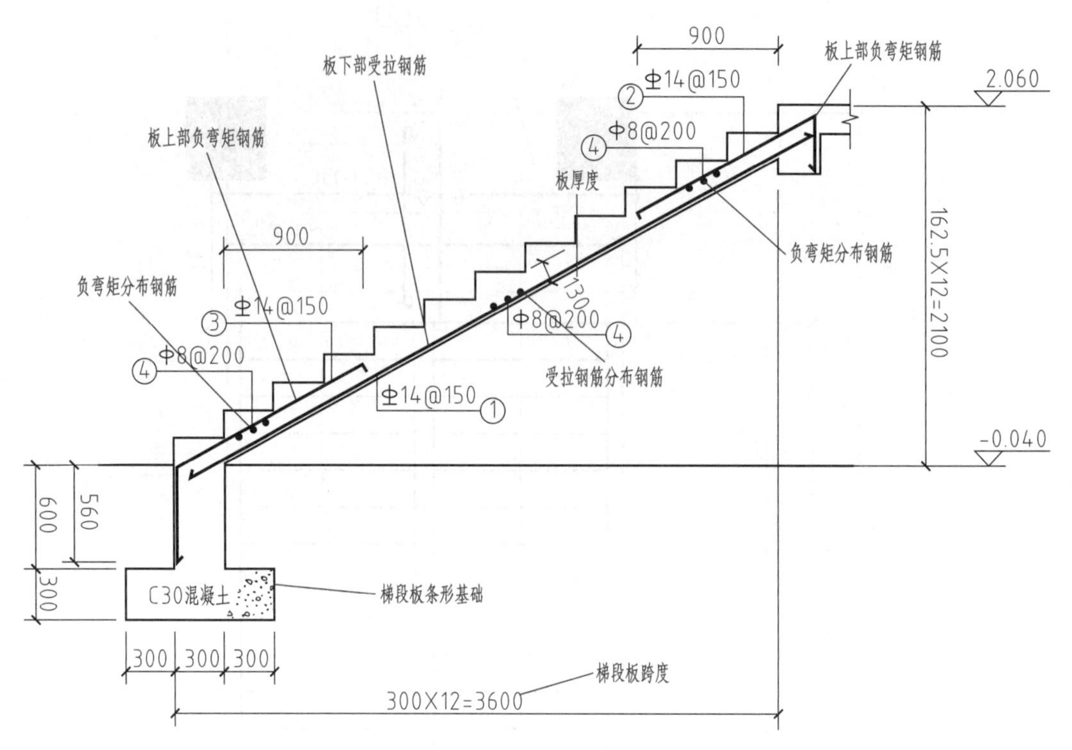


图 13-12　楼梯梯段板(TB-1)配筋构造

板下部分布钢筋与下部受拉钢筋垂直布置,图中④号钢筋,选用直径 8 mm、牌号 HPB300 级钢筋,钢筋间距 200 mm。特别注意,实际布置板下部分布钢筋时,每踏步内至少布置 1 根。

(4) 平台梁配筋图

楼梯间平台梁由于一般情况下荷载不大,因而梁内的配筋为简化配置。一般会采用图 13-13 的形式。由于是简化配置,实际施工图中会用 1 个断面图来代替图 13-13 的形式表达(图 13-14)。用 1 个断面图表达的配筋图意味梁沿全长配筋相同。

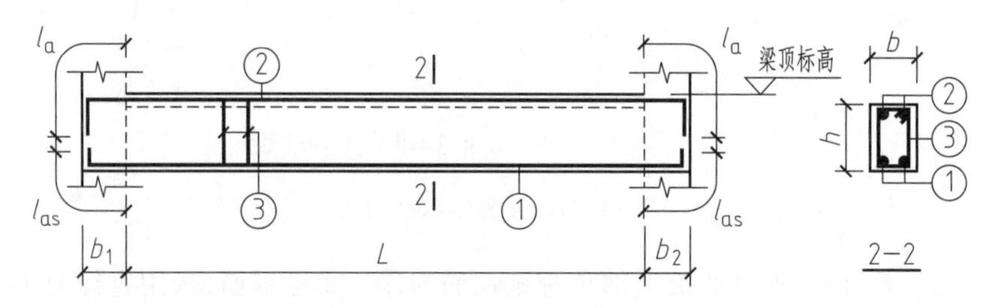


图 13-13　平台梁的传统表达方法

(5) 梯柱配筋图

由于梯柱不作为框架柱考虑,仅作为轴心受压柱来支撑各平台梁,作为平台梁的支座,因此其截面及配筋量均不大,表达方式为 1 个断面图,或采用平面整体表达方法表达(图 13-15)。图 13-15 含义:梯柱(TZ)断面为 250 mm×250 mm,四角配 4 根 HRB335 级钢筋,箍筋为全高配置,直径为 8 mm、牌号 HPB300 级,间距 100 mm。

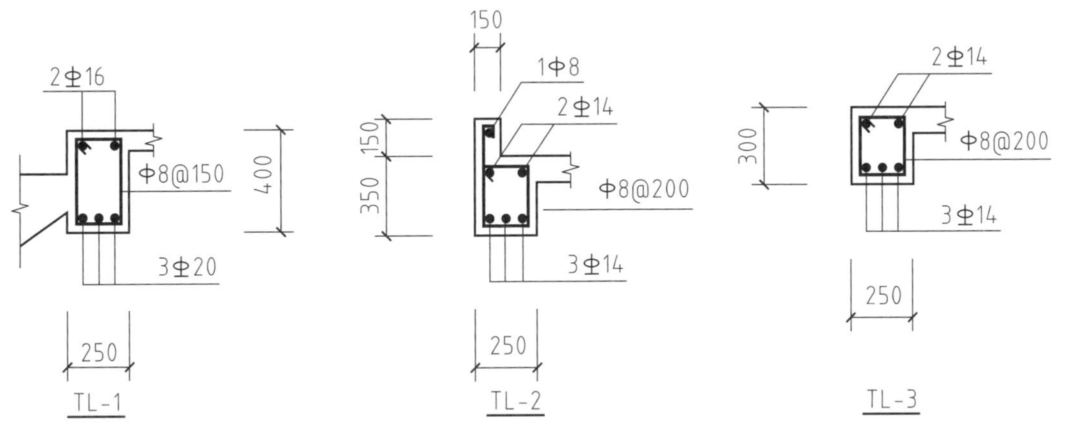


图 13-14 平台梁的断面表达方法

(6) 平台板配筋图

实际施工图中,一般将平台板的配筋图与楼梯结构平面图合并表达,如图 13-11 所示。其中平台板配筋部分图样如图 13-16 所示。图样中的具体内容含义:平台板四周由 TL-1、TL-2、TL-3 围绕,为四边支承板。板厚度为 100 mm,板顶标高为 18.860 m。板上部钢筋(带 90°弯钩)双向配置直径 8 mm、牌号 HPB300 级、间距 150 mm 钢筋网;板下部钢筋(带 180°弯钩)双向配置直径 8 mm、牌号 HPB300 级、间距 150 mm 钢筋网(此种板配筋形式又称为双层双向钢筋网)。

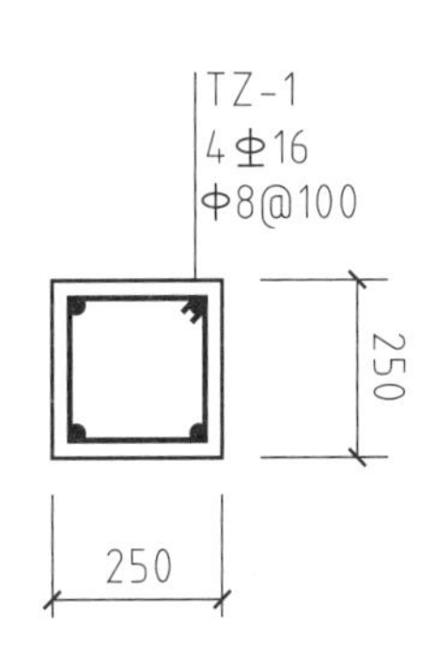


图 13-15 梯柱的平法表达方法

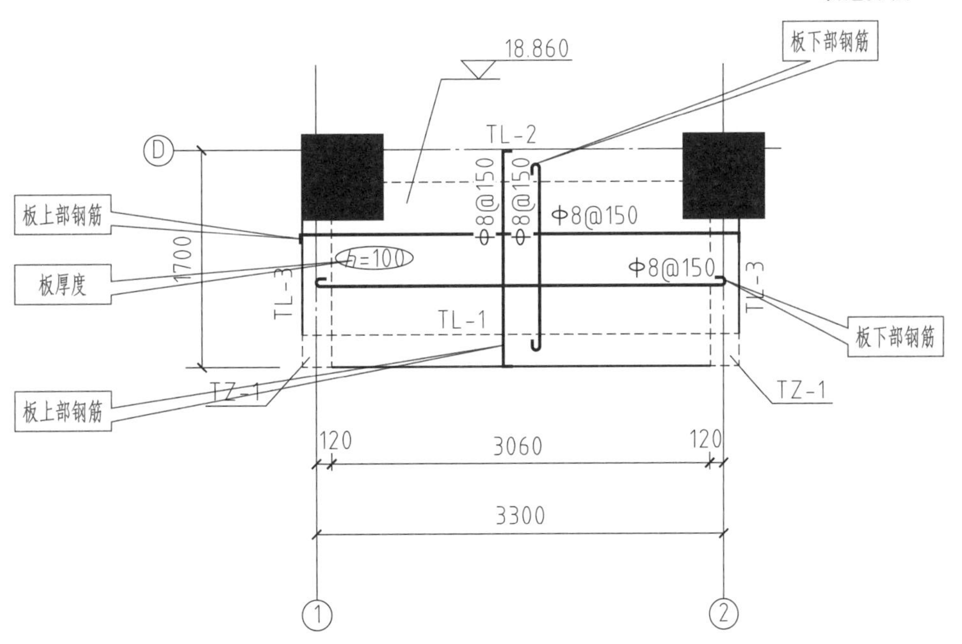


图 13-16 平台板配筋图

（7）梁式楼梯梯段配筋图

梁式楼梯的梯段包括斜梁、梯段板和踏步三部分。配筋时分为斜梁和梯段板两部分，踏步中无配筋。其配筋图形式如图 13-17 所示。具体含义不做详解，请读者自行阅读。

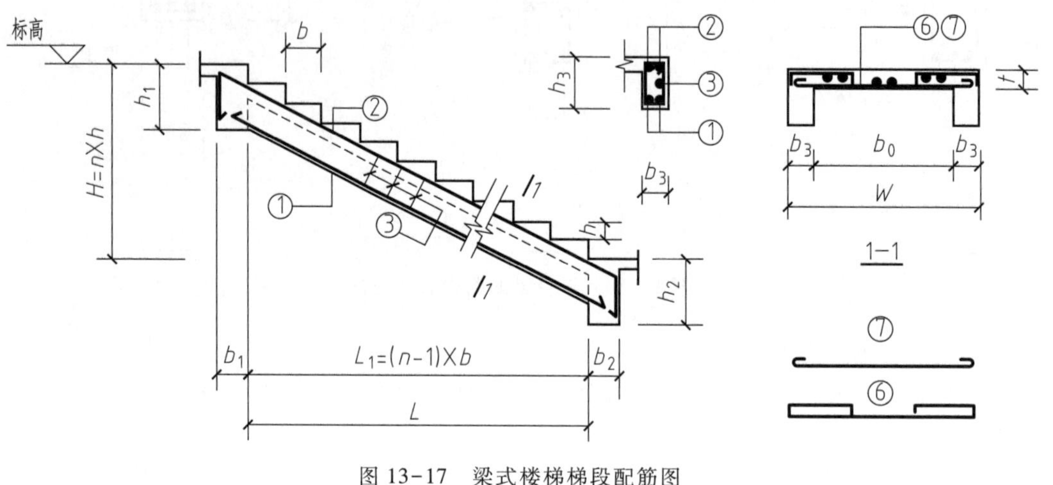


图 13-17　梁式楼梯梯段配筋图

## 三、楼梯结构施工图的识读方法

1. 结构平面图的识读方法

（1）看纵、横定位轴线编号——了解楼梯间位置，并与建筑平面图及结构楼层平面图核对，避免遗漏结构详图。

（2）看总尺寸标注——了解平台梁、板、梯段板、斜梁等结构构件的详细尺寸。

（3）看细部尺寸及标高标注——了解各结构构件是否均有定位。

（4）看结构构件编号——了解结构构件的类型及数量。

（5）看详图索引、构件列表或本图说明——了解构件详图所在施工图号或标准图集号，及施工技术要求。

2. 楼梯结构剖面图的识读方法

（1）看轴线编号及剖面图名——与建筑平面图和结构平面图对照，核对剖面的剖切位置与平面图是否对应（建筑物中一般不止一个楼梯间）。

（2）看水平尺寸标注——了解梯段板跨度、踏步数量、梯段梁位置及平台板跨度。

（3）看竖向尺寸标注及标高——了解梯段板、平台板、梯梁的竖向定位，核对踢步高度和数量，以及图中标注的“结构标高”与楼梯建筑剖面图中的“建筑标高”是否协调一致。

（4）看结构构件编号——了解各构件详图所在图号或图集编号，核对有无遗漏编号的结构构件。

3. 楼梯结构详图的识读方法

（1）看梯段板结构详图——了解梯段板跨度、厚度、踏步宽度、踏步高度、板底、板顶受力钢筋及分布钢筋配置情况。

（2）看梯梁结构详图——了解平台梁的跨度、断面大小，梁顶和梁底受力钢筋配置，箍筋配置。

（3）看平台板结构详图——板配筋图——了解板的平面尺寸、厚度，钢筋配置。

（4）看详图设计说明——了解钢筋混凝土施工技术要求。

4. 楼梯施工图的综合识读

在项目 12 和项目 13 当中，我们分别对楼梯建筑施工图和结构施工图进行了识读，两个项目中基本包括楼梯施工图识读的全部内容。虽然楼梯施工图的内容可以分成建筑施工图和结构施工图两大部分，但各部分内容之间不是孤立的，只不过表达内容的分工各有侧重。因此，必须在读懂各部分施工图的基础上，将整个楼梯施工图联合起来进行综合识读，才能真正掌握楼梯施工图的全部内容。综合项目 12 和项目 13 的内容，现浇钢筋混凝土楼梯施工图总体构成如图 13-18 所示。

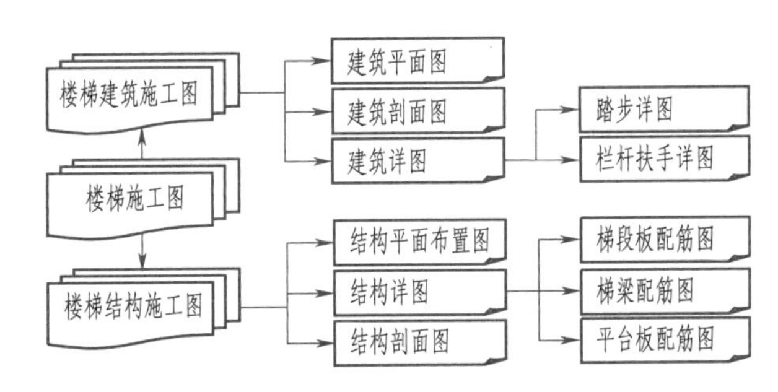


图 13-18　楼梯施工图的总体构成

从图 13-20 可以看出，楼梯建筑施工图主要表达了楼梯间的具体位置、楼梯间的总体大小（长和宽）、楼梯上下行的方向、入口和各平台板的高度位置、栏杆扶手及踏步的具体做法等内容；而楼梯结构施工图则表达了组成楼梯间所有结构构件（包括平台板、平台梁、梯段板、斜梁等）的空间位置，以及每一个构件的施工详图。

由于楼梯承担着建筑物的垂直交通，即上下层间联系的重要功能，是建筑物中不可分割的重要组成部分，因而，其施工图与建筑物其他部分施工图之间也是密不可分的。所以，在识读楼梯施工图时，必须与其他相关图纸相互对照，才能真正读懂施工图纸，避免遗漏。

5. 可供读者借鉴的楼梯施工图的综合识读方法

（1）阅读楼梯建筑平面图和结构平面图的轴线编号及尺寸标注，并与建筑物建筑平面布置图及结构平面布置图相比较

——核对本建筑物中的楼梯数量、位置及楼梯间的开间进深是否与建筑物建筑平面图一致。

（2）阅读楼梯建筑剖面图和结构剖面图的标高标注及楼地面做法

——核对建筑标高与结构标高是否与楼地面面层做法厚度相一致（结构标高 = 建筑标高 - 面层厚度）。

（3）阅读楼梯建筑平面图、剖面图中有关详图及索引

——核对楼梯踏步、栏杆扶手等详图是否齐全，栏杆高度是否满足要求。

（4）阅读楼梯结构平、剖面图

——核对梯段板(斜梁)、梯梁、平台板编号及详图是否有遗漏,楼层平台的梁、板是否缺少配筋详图。

(5) 阅读楼梯建筑、结构剖面图

——核对楼梯净空尺寸是否满足强制性规范要求。

## 第二课堂学习任务

任务内容:

识读并用AutoCAD软件抄绘图13-12“楼梯梯段板(TB-1)配筋构造”。

成果内容:

“板式楼梯梯段配筋图”电子图形文件。

项目成果文件编制要求:

- 采用A4图幅绘制,图样比例自行确定;
- 所有字体采用hztxt.shx,其中尺寸标注字体高度采用3 mm,说明文字高度采用5 mm,图名文字高度采用8 mm,宽高比均采用0.7。

完成项目后思考的问题:

- 现浇钢筋混凝土楼梯的构造组成如何?
- 楼梯建筑施工图包括哪些图样?分别表达哪些主要内容?
- 楼梯结构施工图包括哪些图样?分别表达哪些主要内容?
- 什么是钢筋混凝土梁式楼梯和板式楼梯?两者区别在哪里?
- 识读楼梯建筑、结构施工图时应与整套施工图中哪些图纸对照?目的是什么?
- 识读楼梯建筑、结构施工图分别能够得到哪些信息?

项目十四

# 14

# 混凝土结构施工图平面整体表达方法

项目描述

识读钢筋混凝土梁、板、柱“平法”施工图，完成相关学习任务。

教学目标

技能目标：

能够识读采用“平法”绘制的钢筋混凝土结构施工图。

知识目标：

1. 掌握结构施工图的平面整体表达方法与传统表达方法之间的关系；
2. 掌握平法图集 16G101-1 中平法制图规则；
3. 掌握钢筋混凝土结构构造详图的内容；
4. 了解平法图集 16G101-2、3 表达的内容。

## 项目支撑知识

### 一、结构施工图的传统表达方法与平面整体表达方法

#### 1. 钢筋混凝土结构施工图的传统表达方法

(1) 传统表达方法的图样构成

由前述可知，用传统表达方法绘制的混凝土结构施工图包括两种图样，即结构布置图和结构详图。本项目之前涉及的结构施工图均采用传统表达方法绘制。结构布置图解决的是结构构件的位置问题，而结构详图解决的则是结构构件如何制作和构件之间如何连接的问题。对现浇钢筋混凝土结构来说，结构详图由“结构构件模板图+结构构件配筋图”组成；对预制装配结构来说，结构详图由“结构构件模板图+结构构件配筋图+构件连接详图”组成。

(2) 传统表达方法绘制的结构布置图

如图 14-1 所示，结构平面布置图的表达方式为：

① 对需表达的构件（梁、板、柱、墙等）位置作水平投影图，用横纵定位轴线及尺寸标注方式给出每个构件的平面位置；

② 给每个构件编号，为将要绘制的构件详图与布置图对应之用；

③ 列出本页结构布置图的结构构件一览表，汇总列出图中构件名称、编号、详图（模

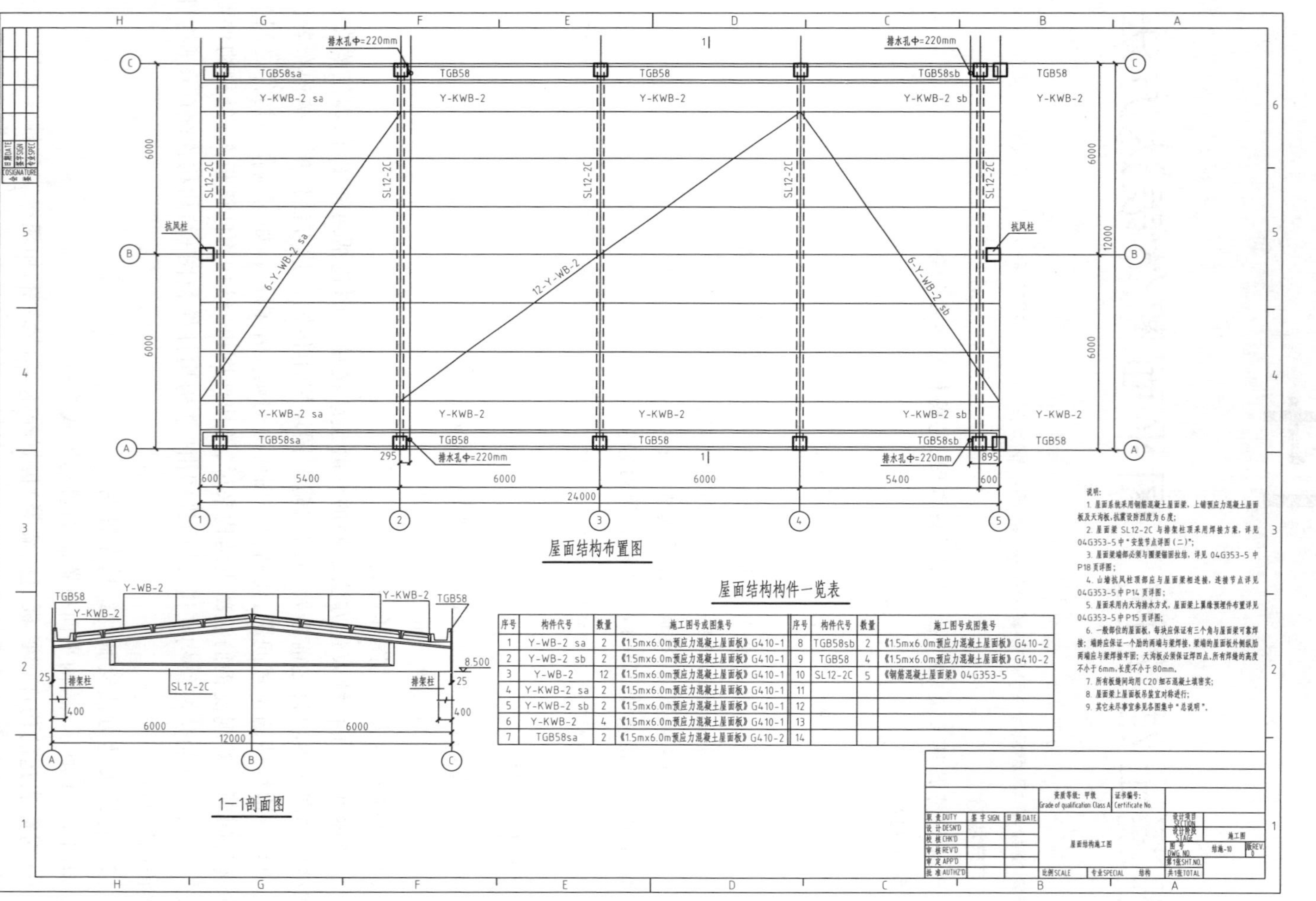

屋面结构布置图
1—1剖面图
排水孔中=220mm
抗风柱
排架柱
TGB58sa
TGB58
TGB58sb
Y-KWB-2 sa
Y-KWB-2
Y-KWB-2 sb
Y-WB-2
SL12-2C
6-Y-WB-2 sa
12-Y-WB-2
6-Y-WB-2 sb
600
5400
6000
24000
12000
295
895
400
25
8.500
说明：
1. 屋面系统采用钢筋混凝土屋面梁，上铺预应力混凝土屋面板及天沟板，抗震设防烈度为6度；
2. 屋面梁 SL12-2C 与排架柱顶采用焊接方案，详见 04G353-5 中"安装节点详图（二）"；
3. 屋面梁端部必须与圈梁锚固拉结，详见 04G353-5 中 P18 页详图；
4. 山墙抗风柱顶部应与屋面梁相连接，连接节点详见 04G353-5 中 P14 页详图；
5. 屋面采用内天沟排水方式，屋面梁上翼缘预埋件布置详见 04G353-5 中 P15 页详图；
6. 一般部位的屋面板，每块应保证有三个角与屋面梁可靠焊接；端跨应保证一个肋的两端与梁焊接，梁端的屋面板外侧纵肋两端应与梁焊接牢固；天沟板必须保证焊四点，所有焊缝的高度不小于6mm，长度不小于80mm。
7. 所有板缝间均用 C20 细石混凝土填密实；
8. 屋面梁上屋面板吊装宜对称进行；
9. 其它未尽事宜参见各图集中"总说明"。
屋面结构施工图
施工图
结施-10


屋面结构构件一览表

| 序号 | 构件代号 | 数量 | 施工图号或图集号 | 序号 | 构件代号 | 数量 | 施工图号或图集号 |
|---|---|---|---|---|---|---|---|
| 1 | Y-WB-2 sa | 2 | 《1.5m×6.0m预应力混凝土屋面板》G410-1 | 8 | TGB58sb | 2 | 《1.5m×6.0m预应力混凝土屋面板》G410-2 |
| 2 | Y-WB-2 sb | 2 | 《1.5m×6.0m预应力混凝土屋面板》G410-1 | 9 | TGB58 | 4 | 《1.5m×6.0m预应力混凝土屋面板》G410-2 |
| 3 | Y-WB-2 | 12 | 《1.5m×6.0m预应力混凝土屋面板》G410-1 | 10 | SL12-2C | 5 | 《钢筋混凝土屋面梁》04G353-5 |
| 4 | Y-KWB-2 sa | 2 | 《1.5m×6.0m预应力混凝土屋面板》G410-1 | 11 | | | |
| 5 | Y-KWB-2 sb | 2 | 《1.5m×6.0m预应力混凝土屋面板》G410-1 | 12 | | | |
| 6 | Y-KWB-2 | 4 | 《1.5m×6.0m预应力混凝土屋面板》G410-1 | 13 | | | |
| 7 | TGB58sa | 2 | 《1.5m×6.0m预应力混凝土屋面板》G410-2 | 14 | | | |

图 14-1　用传统表达方法绘制的钢筋混凝土结构布置图

板及配筋图)所在施工图号(或选用图集号)及构件数量;

④ 给出本图文字说明(需说明的技术、施工要求)。

(3) 传统表达方法绘制的结构详图

① 预制装配结构的梁结构详图:由模板图和配筋图构成。

② 现浇梁配筋图:由配筋立面图和配筋断面图组成(图 14-2)。

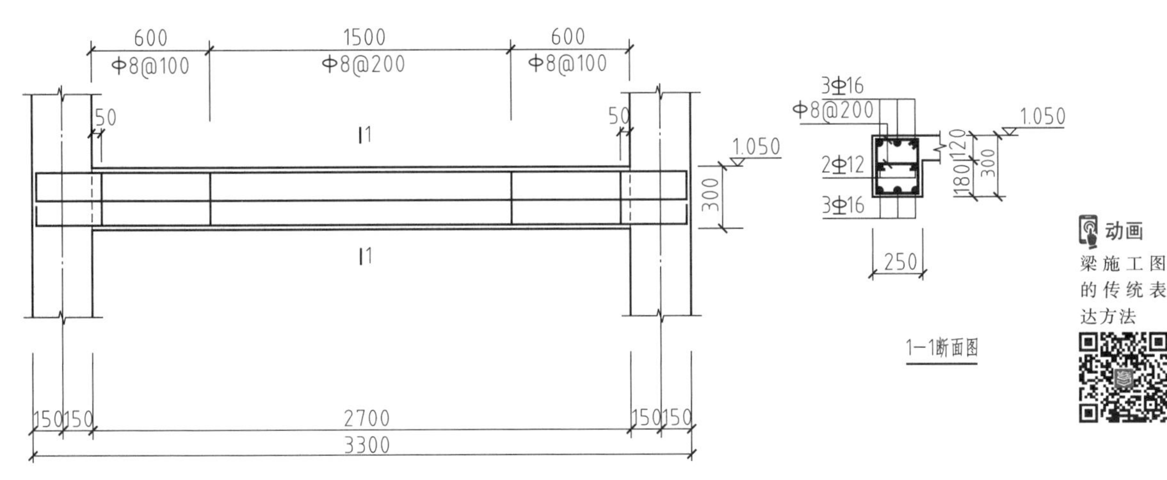


图 14-2 传统表达方法绘制的梁配筋图

③ 柱结构详图:由柱模板图、柱配筋立面图、柱配筋断面图组成。

④ 现浇板结构详图:此详图较为特殊,一般是将板的布置图和配筋图表达在一个图样中(图 14-3)。

动画

板施工图的传统表达方法

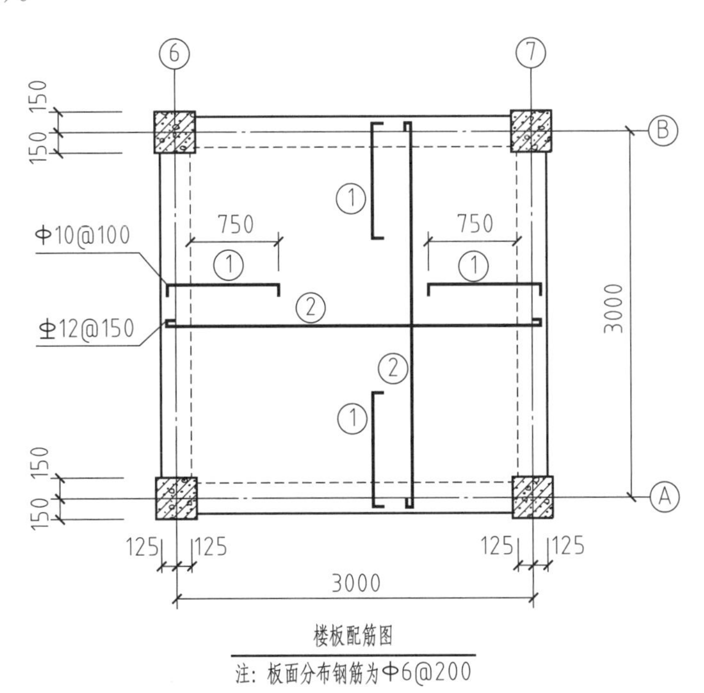


图 14-3 传统表达方法绘制的板配筋图

2. 钢筋混凝土结构施工图的平面整体表达方法

传统表达方法是建筑工程界长期使用的,并被证明行之有效的结构施工图表达方法。但这种方法也有其明显的不尽如人意之处,即设计者需要绘制大量的结构构件施工详图,绘制图纸量巨大使得设计周期延长,读图人也不得不阅读大量的结构施工图纸。于是,设计人员开发了一种既能减少设计制图工作量又能使工程技术人员认可的,专门针对混凝土结构施工图的表达方法,简单来说,就是将结构构件详图与结构布置图合并在一个图样中来表达,再配以标准的构造详图构成完整的混凝土结构施工图。这种方法已经成为我国目前比较常见的混凝土结构施工图表达方法,即平面整体表达方法。

为使表达方法统一,有关部门组织设计单位编制了国家标准图集《混凝土结构施工图平面整体表达方法制图规则和构造详图(现浇混凝土框架、剪力墙、梁板)》(16G101-1),该图集既作为设计人员的制图依据,同时也作为施工和监理人员理解和实施施工图的依据。

用两种表达方法绘制的钢筋混凝土结构施工图所表达的内容是相同的,但两者在表达方法上有很大的区别(图 14-4)。

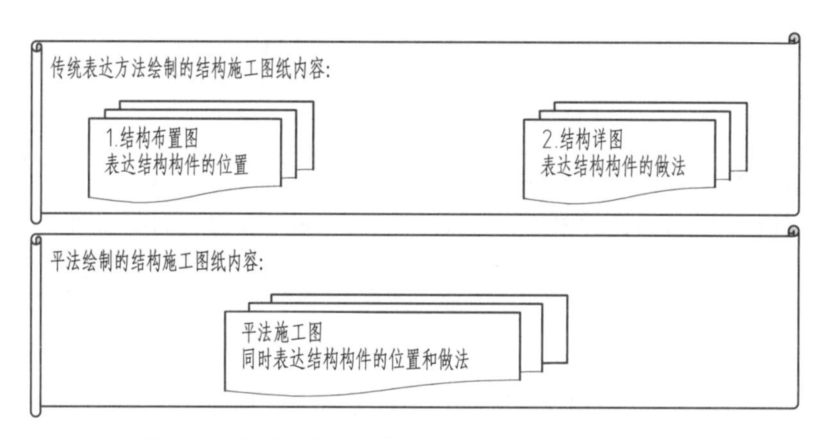


图 14-4　钢筋混凝土结构施工图两种表达方法的比较

传统表达方法是在结构布置图中表达结构构件的位置,在结构详图中表达结构构件的做法。

平法则是把结构构件的尺寸和配筋等详图信息,按照平面整体表示方法制图规则,直接表达在各类构件的结构平面布置图上。

不难看出,用平法绘制的施工图,将大量的结构详图(构件配筋图)合并在结构布置图当中,使得平法的图纸量远远少于传统表达方法施工图,节省了很大的设计工作量,同时减少了读图者的阅读工作量,比较彻底地改变了传统表达方法的那种将构件从结构平面布置图中索引出来,再逐个绘制配筋详图的繁琐做法。

## 二、平法图集系列及其内容构成

1. 平法图集 16G101 系列

《混凝土结构施工图平面整体表示方法制图规则和构造详图》系列图集(以下简称“平法图集”)共有 3 本(图 14-5)。

图 14-5　平法系列图集

从图集名称中可以看出，平法图集可以表达现浇混凝土结构中的以下结构构件：现浇混凝土框架、剪力墙、梁、板；现浇混凝土板式楼梯；独立基础、条形基础、筏形基础及桩基承台。

本项目仅以 16G101-1，即钢筋混凝土梁、板、柱的平法施工图为例，进行平法施工图的识读训练。其他内容请参照相关图集内容，由读者自学完成。

2. 平法图集的内容构成

在传统表达方法绘制的混凝土结构施工图中，施工图内容主要由两大部分构成：混凝土构件结构布置图，用来表达结构构件的位置；结构构件详图，用来表达构件的尺寸、配筋及构件连接等内容。

平法图集将传统表达方法中分别表达的上述两个内容合二而一，即把结构构件的尺寸和配筋等，按照平面整体表示方法制图规则，整体直接表达在各类构件的结构平面布置图上，再与标准构造详图相配合，构成一套完整的结构设计施工图。

## 三、平法图集中的混凝土结构相关知识

1. 混凝土结构的耐久性

在混凝土结构施工图（包括传统表达方法和平法施工图）中，经常会在“设计说明”中看到诸如结构所处环境、混凝土保护层厚度尺寸、混凝土的最大水胶比、最大氯离子含量等相关技术要求。这些要求均来自于混凝土结构的耐久性设计要求，即为保证混凝土整体结构及构成结构的构件达到设计使用年限而提出的相关措施要求（有关结构安全的措施，如构件尺寸、混凝土强度等级、配筋大小等，可通过计算得到保障）。

所谓混凝土结构的耐久性能，是指整体结构或结构构件以结构的设计使用年限为时限，保证不因为时间的延长或材料的劣化而发生性能衰减的能力。耐久性出现问题通常表现为：混凝土表面出现因钢筋锈蚀后膨胀引起的裂缝，结构表面出现可见的酥裂粉化现象等（图 14-6）。

研究表明，影响混凝土耐久性的主要因素为：混凝土结构的设计使用年限、结构所处的环境及混凝土材料的质量。现行的《混凝土结构设计规范（2015 年版）》（GB 50010—2010）通过按结构的设计使用年限和使用环境类别，对混凝土材料的质量和保护层厚度等内容作出具体规定的方法来保障结构的耐久性能。

按照《混凝土结构设计规范（2015 年版）》（GB 50010—2010）的规定，混凝土的环境类别按结构所处的外露环境条件划分，具体见表 8-4（或第 3.5.2 条）。同时，第

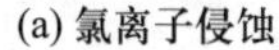
(a) 氯离子侵蚀

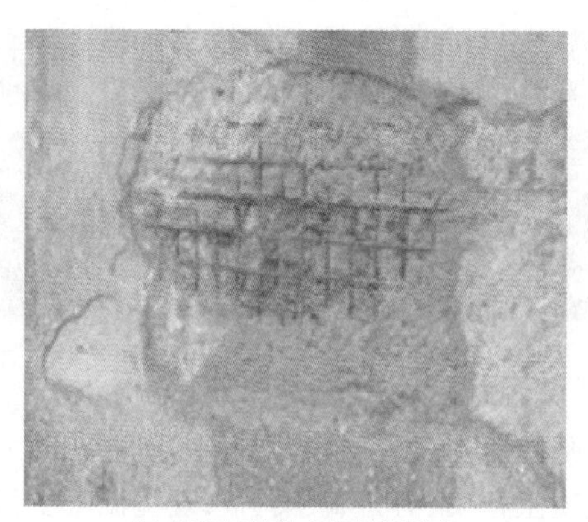
(b) 钢筋锈蚀造成保护层脱落

图 14-6　混凝土结构耐久性不足现象

3.5.3条按照结构的环境类别规定：对于设计使用年限为 50 年的混凝土结构，混凝土用材料宜符合表 14-1 的规定。除此之外，《混凝土结构设计规范（2015 年版）》（GB 50010—2010）还制定了一系列耐久性技术措施，包括混凝土的抗渗、不同环境的钢筋保护层、使用抗锈蚀环氧树脂钢筋以及使用可更换结构构件等内容。如果结构的设计使用年限为 100 年，《混凝土结构设计规范（2015 年版）》（GB 50010—2010）制定比 50 年使用年限更为严格的保障结构耐久性能的措施（见第 3.5.5 条，此处不再赘述）。

**表 14-1　结构混凝土材料的耐久性基本要求**

<table>
<tr><th>环境等级</th><th>最大水胶比</th><th>最低强度等级</th><th>最大氯离子含量/（%）</th><th>最大碱含量/（kg/m³）</th></tr>
<tr><td>一</td><td>0.60</td><td>C20</td><td>0.30</td><td>不限制</td></tr>
<tr><td>二 a</td><td>0.55</td><td>C25</td><td>0.20</td><td rowspan="4">3.0</td></tr>
<tr><td>二 b</td><td>0.50（0.55）</td><td>C30（C25）</td><td>0.15</td></tr>
<tr><td>三 a</td><td>0.45（0.50）</td><td>C35（C30）</td><td>0.15</td></tr>
<tr><td>三 b</td><td>0.40</td><td>C40</td><td>0.10</td></tr>
</table>

注：1. 氯离子含量系指其占胶凝材料总量的百分比。

2. 预应力构件混凝土中的最大氯离子含量为 0.06%；其最低混凝土强度等级宜按表中的规定提高两个等级。

3. 素混凝土构件的水胶比及最低强度等级的要求可适当放松。

4. 有可靠工程经验时，二类环境中的最低混凝土强度等级可降低一个等级。

5. 处于严寒和寒冷地区二 b、三 a 类环境中的混凝土应使用引气剂，并可采用括号中的有关参数。

6. 当使用非碱活性骨料时，对混凝土中的碱含量可不作限制。

针对不同的使用环境类别，《混凝土结构设计规范（2015 年版）》（GB 50010—2010）第 8.2.1 条对设计使用年限为 50 年的结构构件的混凝土保护层厚度做出了具体规定（表 14-2）。同时规定，构件中受力钢筋的保护层厚度不应小于钢筋的公称直径 $d$，而对设计使用年限为 100 年的混凝土结构，最外层的钢筋保护层厚度按表 14-2 的 1.4 倍采用。

表 14-2 混凝土保护层的最小厚度 mm

| 环境类别 | 板、墙、壳 | 梁、柱、杆 |
|---|---|---|
| 一 | 15 | 20 |
| 二 a | 20 | 25 |
| 二 b | 25 | 35 |
| 三 a | 30 | 40 |
| 三 b | 40 | 50 |

注:1. 混凝土强度等级不大于 C25 时,表中保护层厚度数值应增加 5 mm。

2. 钢筋混凝土基础宜设置混凝土垫层,基础中钢筋的混凝土保护层厚度应从垫层顶面算起,且不应小于 40 mm。

2. 钢筋在混凝土中的锚固

(1) 钢筋与混凝土的“共同工作”

利用钢筋抗拉强度高和混凝土抗压性能好的特点形成的人造工程结构用复合材料已经在建筑工程中被广泛利用,并取得良好效果。但迄今为止,工程界尚未能对此复合材料的受力性能和工作原理做出精确的理论化解释,当前的结构设计仍然依赖半理论半实践的方法。

钢筋和混凝土这两种截然不同的材料之所以能够相互协调、共同工作,是因为混凝土“包裹”着钢筋,使得两者之间在一定条件下不发生相对位移,即所谓钢筋锚固在混凝土当中,并且在受力过程中,这种锚固不失效(发生相对位移直至完全分离)。显然,钢筋与混凝土之间的有效锚固是钢筋混凝土构件安全有效工作的前提,因此《混凝土结构设计规范(2015 年版)》(GB 50010—2010)要求在不同强度等级混凝土中,钢筋必须保证“锚入”一定长度,工程实践证明,这种方法确保了钢筋在混凝土中的锚固不失效,保障了两种受力性能差异较大的材料能够共同、有效工作。

(2) 锚固长度的计算

《混凝土结构设计规范(2015 年版)》(GB 50010—2010)第 8.3.1 条规定,当计算中充分利用钢筋的抗拉强度时,受拉钢筋的锚固长度应符合下列要求。

1. 基本锚固长度应按下列公式计算

$$l_{ab}=\alpha\frac{f_y}{f_t}d$$

式中:$\alpha$——锚固钢筋的外形系数,见表 14-3;

$f_y$——钢筋抗拉强度设计值,见表 14-4;

$f_t$——混凝土轴心抗拉强度设计值,见表 14-5;

$d$——钢筋直径。

表 14-3 锚固钢筋外形系数 $\alpha$

| 钢筋类型 | 光圆钢筋 | 带肋钢筋 | 螺旋肋钢丝 | 三股钢绞线 | 七股钢绞线 |
|---|---|---|---|---|---|
| $\alpha$ | 0.16 | 0.14 | 0.13 | 0.16 | 0.17 |

**表 14-4　钢筋抗拉强度设计值**

| 牌号 | 抗拉强度设计值 $f_y$ | 抗压强度设计值 $f'_y$ |
|---|---|---|
| HPB300 | 270 | 270 |
| HRB335 | 300 | 300 |
| HRB400、HRBF400、RRB400 | 360 | 360 |
| HRB500、HRBF500 | 435 | 435 |

**表 14-5　混凝土轴心抗拉强度设计值**

| 强度 | 混凝土强度等级 | | | | | | | | | | | | | |
|---|---|---|---|---|---|---|---|---|---|---|---|---|---|---|
| | C15 | C20 | C25 | C30 | C35 | C40 | C45 | C50 | C55 | C60 | C65 | C70 | C75 | C80 |
| $f_t$ | 0.91 | 1.10 | 1.27 | 1.43 | 1.57 | 1.71 | 1.80 | 1.89 | 1.96 | 2.04 | 2.09 | 2.14 | 2.18 | 2.22 |

2. 受拉钢筋的锚固长度应根据锚固条件按下列公式计算

$$l_a = \zeta_a l_{ab}$$

式中：$\zeta_a$——受拉钢筋锚固长度修正系数，见表 14-6。

**表 14-6　受拉钢筋锚固长度修正系数**

<table>
<tr><th colspan="2">锚固条件</th><th>$\zeta_a$</th><td rowspan="4">—</td></tr>
<tr><td colspan="2">带肋钢筋的公称直径大于 25</td><td>1.10</td></tr>
<tr><td colspan="2">环氧树脂涂层带肋钢筋</td><td>1.25</td></tr>
<tr><td colspan="2">施工过程中易受扰动的钢筋</td><td>1.10</td></tr>
<tr><td rowspan="2">锚固区保护层厚度</td><td>3d</td><td>0.80</td><td rowspan="2">注：中间时按内插值。d 为锚固钢筋直径</td></tr>
<tr><td>5d</td><td>0.70</td></tr>
</table>

为减少工程施工时对钢筋锚固长度的计算量，给使用者提供方便，《混凝土结构施工图平面整体表达方法制图规则和构造详图（现浇混凝土框架、剪力墙、梁、板）》（16G101-1）图集将上述计算过程进行了简化，形成了以钢筋直径为计算基数的表格，见表 14-7。

**表 14-7　受拉钢筋基本锚固长度 Lab、LabE**

| 钢筋种类 | 抗震等级 | 混凝土强度等级 | | | | | | | | |
|---|---|---|---|---|---|---|---|---|---|---|
| | | C20 | C25 | C30 | C35 | C40 | C45 | C50 | C55 | ≥C60 |
| HPB300 | 一、二级（$l_{abE}$） | 45*d* | 39*d* | 35*d* | 32*d* | 29*d* | 28*d* | 26*d* | 25*d* | 24*d* |
| | 三级（$l_{abE}$） | 41*d* | 36*d* | 32*d* | 29*d* | 26*d* | 25*d* | 24*d* | 23*d* | 22*d* |
| | 四级（$l_{abE}$）<br>非抗震（$l_{ab}$） | 39*d* | 34*d* | 30*d* | 28*d* | 25*d* | 24*d* | 23*d* | 22*d* | 21*d* |

续表

| 钢筋种类 | 抗震等级 | 混凝土强度等级 | | | | | | | | |
|---|---|---|---|---|---|---|---|---|---|---|
| | | C20 | C25 | C30 | C35 | C40 | C45 | C50 | C55 | ≥C60 |
| HPB335<br>HPBF335 | 一、二级($l_{abE}$) | 44$d$ | 38$d$ | 33$d$ | 31$d$ | 29$d$ | 26$d$ | | 24$d$ | 24$d$ |
| | 三级($l_{abE}$) | 40$d$ | 35$d$ | 31$d$ | 28$d$ | 26$d$ | 24$d$ | 23$d$ | 22$d$ | 22$d$ |
| | 四级($l_{abE}$)<br>非抗震($l_{ab}$) | 38$d$ | 33$d$ | 29$d$ | 27$d$ | 25$d$ | 23$d$ | 22$d$ | 21$d$ | 21$d$ |
| HRB400<br>HRBF400<br>RRB400 | 一、二级($l_{abE}$) | — | 46$d$ | 40$d$ | 37$d$ | 33$d$ | 32$d$ | 31$d$ | 30$d$ | 29$d$ |
| | 三级($l_{abE}$) | — | 42$d$ | 37$d$ | 34$d$ | 30$d$ | 29$d$ | 28$d$ | 27$d$ | 26$d$ |
| | 四级($l_{abE}$)<br>非抗震($l_{ab}$) | — | 40$d$ | 35$d$ | 32$d$ | 29$d$ | 28$d$ | 27$d$ | 26$d$ | 25$d$ |
| HRB500<br>HRBF500 | 一、二级($l_{abE}$) | — | 55$d$ | 49$d$ | 45$d$ | 41$d$ | 39$d$ | 37$d$ | 36$d$ | 35$d$ |
| | 三级($l_{abE}$) | — | 50$d$ | 45$d$ | 41$d$ | 38$d$ | 36$d$ | 34$d$ | 33$d$ | 32$d$ |
| | 四级($l_{abE}$)<br>非抗震($l_{ab}$) | — | 48$d$ | 43$d$ | 39$d$ | 36$d$ | 34$d$ | 32$d$ | 31$d$ | 30$d$ |

(3) 混凝土结构的抗震要求

有关地震、震级、烈度、抗震设防烈度及混凝土结构的抗震等级等相关知识内容见项目8。

《混凝土结构施工图平面整体表达方法制图规则和构造详图(现浇混凝土框架、剪力墙、梁、板)》(16G101-1)中的构造详图与措施需要依据工程的“抗震等级”来选择图集中的对应内容,而工程的抗震等级信息会在结构施工图的“结构首页图”中的设计总说明中明确。

## 四、16G101-1图集的内容及其适用性

1. 图集的内容

图集“总说明”中第4条规定:“本图集的内容包括基础顶面以上的现浇钢筋混凝土柱、剪力墙、梁、板(包括有梁楼盖和无梁楼盖)等构件的制图规则和标准构造详图两大部分内容。”

2. 图集的适用范围

图集“总说明”中第5条规定:“本图集适用于非抗震和抗震设防烈度为6~9度地区的现浇钢筋混凝土框架、剪力墙、框架-剪力墙和部分框支剪力墙等主体结构施工图的设计,以及各类结构中的现浇混凝土板(包括有梁楼盖和无梁楼盖)、地下室结构部分现浇混凝土墙体、柱、梁、板结构施工图设计。”

上述两条内容明确了《混凝土结构施工图平面整体表达方法制图规则和构造详图(现浇混凝土框架、剪力墙、梁、板)》(16G101-1)的内容和适用范围。但不要误认为图集只适用于施工图设计。图集在总说明第5条明确说明:本图集的制图规则(图集的两大内容之一),既是设计者完成平法施工图的依据,也是施工、监理人员准确理解和实施施工图的依据。

## 五、柱的“平法”施工图制图（识读）规则

1. 柱平法(识图)制图规则的分类

同传统表达方式一样,柱施工图需要表达的信息内容包括每个柱的平面位置、高度起止范围、柱截面尺寸、柱的配筋(包括纵向受力钢筋、箍筋、拉结钢筋等)、柱上预埋铁件(一般采用传统方法表达在外形图中)等。

按照《混凝土结构施工图平面整体表达方法制图规则和构造详图(现浇混凝土框架、剪力墙、梁、板)》(16G101-1)的规定,柱的平法施工图制图与识图规则分为两类,即列表注写方式或截面注写方式。

2. 柱的编号规则

无论是采用列表注写方式还是截面注写方式绘制的柱平法施工图,图集对不同类型柱的编号规则做出了统一规定,以方便从柱编号中直接读出柱的类型,见表 14-8。

**表 14-8　柱的统一编号**

| 柱类型 | 代号 | 序号 |
| --- | --- | --- |
| 框架柱 | KZ | ×× |
| 框支柱 | KZZ | ×× |
| 芯柱 | XZ | ×× |
| 梁上柱 | LZ | ×× |
| 剪力墙上柱 | QZ | ×× |

柱编号实例如图 14-7 所示。

编为同一序号的柱必须具备的条件是:柱的总高度、分段截面尺寸、混凝土强度等级和配筋均相同。特别需要说明的是,当上述内容符合条件,但截面与轴线的尺寸关系不同时,柱仍可编为同一编号,此时需在平面布置图中单独标注该柱与轴线的关系。

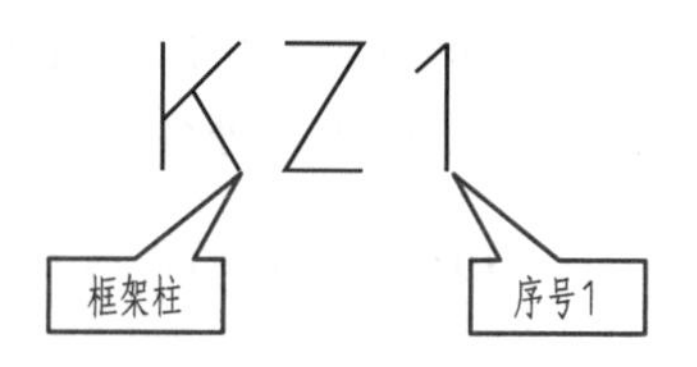

图 14-7　柱编号实例

3. 列表注写方式的制(识)图规则

(1) 表达的内容

柱的结构施工图需要表达的内容包括柱的空间位置(平面及高度位置)、柱的外形尺寸、柱的配筋及技术要求(混凝土强度等级等)。

(2) 表达的方式

用列表注写方式绘制的柱平法施工图(图 14-8),是使用柱平面布置图、柱表和结构层楼面标高及层高表三部分图样来实现上述内容的表达的。具体方式为:

① 平面布置图中会对每根柱进行编号,并给出每一根柱的类型编号;

② 给出每根柱的具体位置(与定位轴线的关系)。其中,对同一编号且与轴线位置关系相同的柱,仅在一根柱的位置标注其编号,并标注其与轴线关系尺寸($b1$、$b2$、$h1$、$h2$,具体数值在柱表中给出);

③ 柱表(图 14-8)中会给出每个编号柱的高度起止范围、截面尺寸、纵向受力钢筋、箍筋类型及间距等信息;

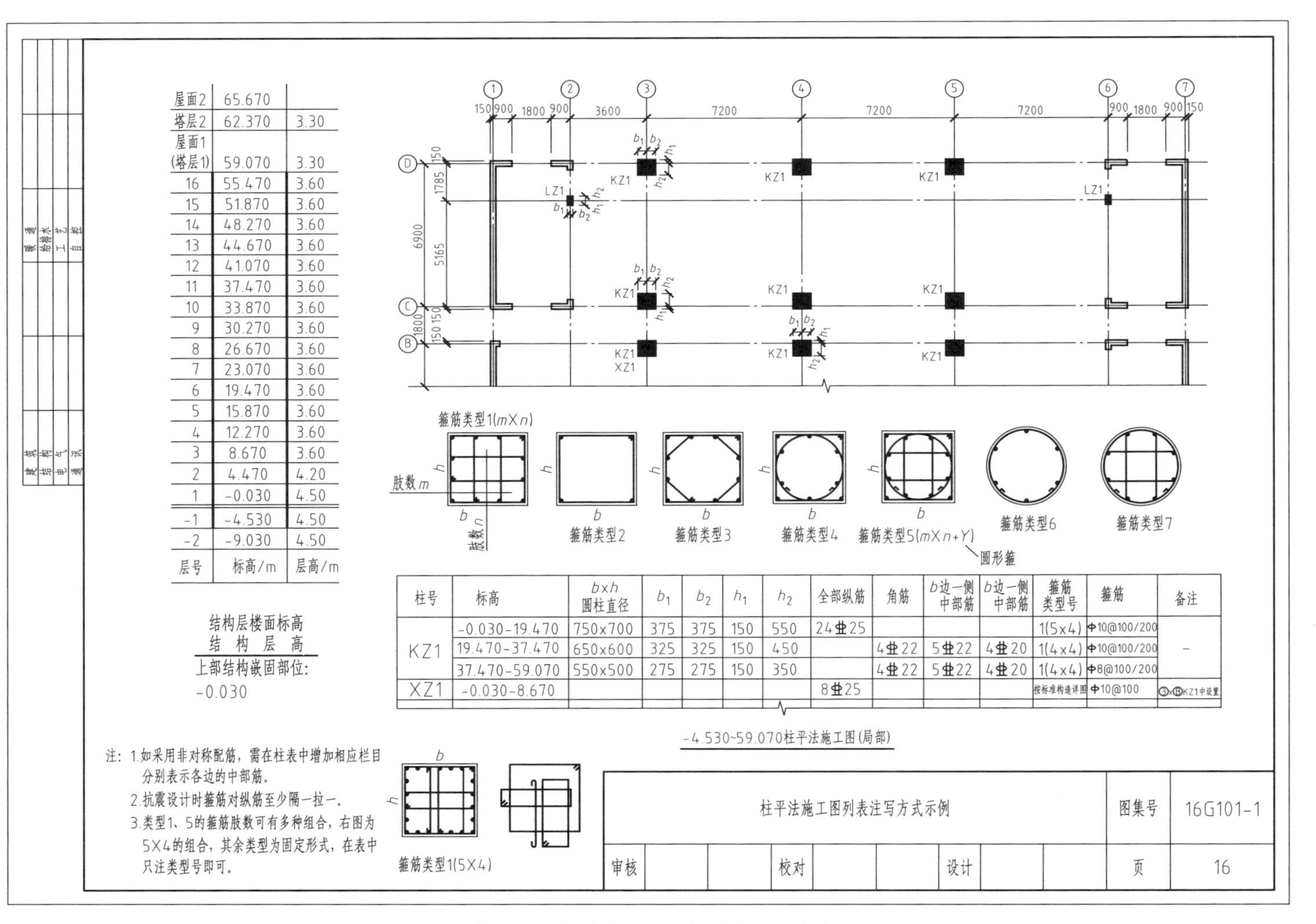

图 14-8 柱平法施工图的列表注写方式

④ 层高表（图 14-8）则明确了本图中表达的柱的高度范围和结构层高（标高均为结构标高）。

（3）柱表中有关钢筋表述的含义

① 纵向受力钢筋

如图 14-8 所示，当柱表中只给出全部纵筋时，表示全部的纵向受力钢筋数量将沿矩形柱的四边平均分配。

如图 14-9 所示，当分别给出角筋、$b$ 边纵筋、$h$ 边纵向受力钢筋时（$b$ 边为矩形截面柱的两个水平方向的侧边，$h$ 边为矩形截面柱两个竖直方向侧边），表示柱的四角各布置 1 根角筋，$b$ 边纵筋和 $h$ 边纵筋将沿两个 $b$ 边和两个 $h$ 边对称布置（两个边的钢筋数量及直径均相同）。

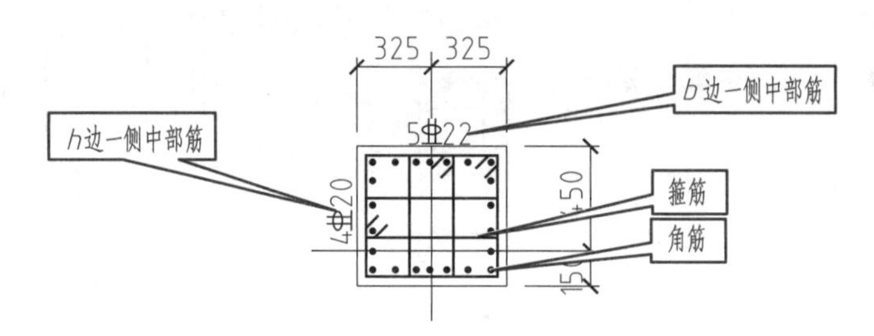


图 14-9　柱表中有关钢筋表述的含义

“一侧中部筋”是该侧边的钢筋除 2 根角筋外，中部需布置的纵筋。

② 箍筋

a. 截面配置类型。

柱的截面箍筋配置没有绝对固定的形式，为了统一截面箍筋的配置形式，用列表注写法绘制的柱施工图中一般会给出供设计选择的箍筋截面配置形式。图 14-8 中提供了 7 种箍筋配置类型，图 14-8 中每一种编号的柱均有明确的柱箍筋配置类型，并表达在柱表中。

箍筋的具体截面类型的含义如图 14-10 所示，柱表中的“1(4×4)型箍筋”实际是在一个截面中由三个封闭的钢筋套组成，“4×4”是指柱的 b 向和 h 向均由 4 个箍筋“肢”组成，即所谓 4 肢箍筋。

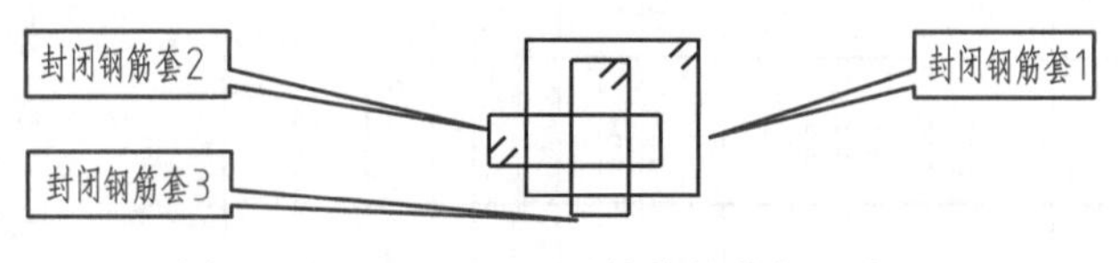


图 14-10　“1(4×4)型”箍筋的分解示意图

b. 箍筋的间距。

箍筋的间距在柱表中的表达方式如图 14-11 所示。其含义是，当为抗震设计时，用“/”区分柱端箍筋加密区和柱身非加密区范围内箍筋间距的不同。读图者应根据标准构造详图的规定，在规定的加密区长度取值中取其最大者作为加密区长度。

如图 14-12 所示，当框架节点核心区（即梁与柱交接范围）内箍筋与柱端箍筋设置不同时，应在括号内注明核心区箍筋直径和间距。

图 14-11　抗震设计时的箍筋

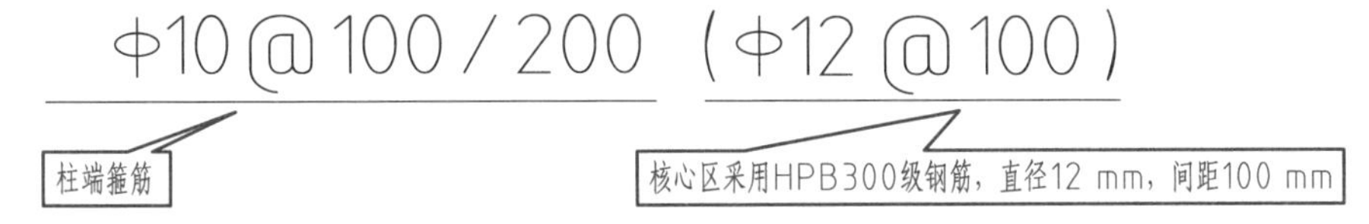


图 14-12　包含梁柱节点核心区箍筋的表达方法

如图 14-13 所示，当柱箍筋沿柱全高间距不变时，不使用“/”线。

当圆柱使用螺旋箍筋时，需在箍筋前加“L”（图 14-13）。

图 14-13　圆柱采用螺旋箍筋且全高间距不变的表达方法

c. 箍筋加密区范围的计算原则。

特别说明：柱的平法施工图中是不会给出箍筋加密区的长度的，此数据需要读图者根据图集构造详图部分自行计算。16G101-1 规定，柱中的箍筋加密分为两类情况：

当没有抗震要求时（抗震设防烈度为小于 6 度）柱中箍筋一般不需加密，但如果柱中纵向受力钢筋采用“搭接”连接方式时，搭接区域范围内的箍筋需要加密，加密区长度按图 14-14 规定计算；当有抗震要求时（抗震设防烈度不小于 6 度）柱中箍筋必须加密，加密区的范围应按图 14-15 规定计算确定。

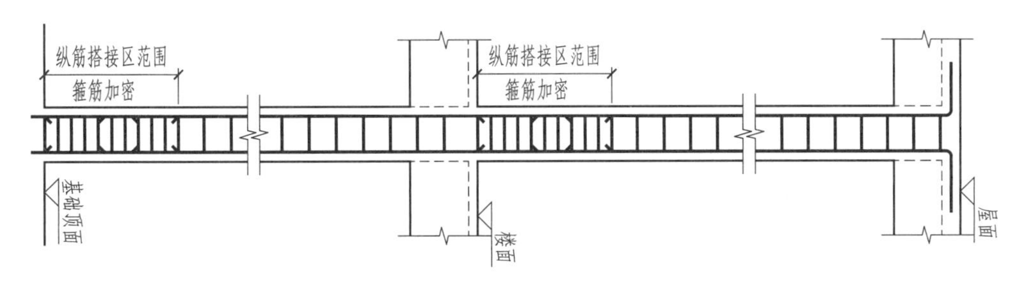


图 14-14　非抗震情况箍筋加密区计算 1

③ 列表法例图（图 14-8）中的具体信息

为方便读者读图实践，现将图 14-8 中表达的具体信息简要说明如下。

① 图 14-8 为标高 -0.030~59.070 标高范围的柱施工图。

② 图中共表达两个编号柱的施工信息，即 KZ1 和 XZ1（LZ1 未在柱表中列出）。

③ KZ1 及 XZ1 的位置分布在横向定位轴线③、④、⑤与纵向定位轴线 B、C、D 的交点处，具体定位尺寸见柱表中的 $b$、$h$ 数据。

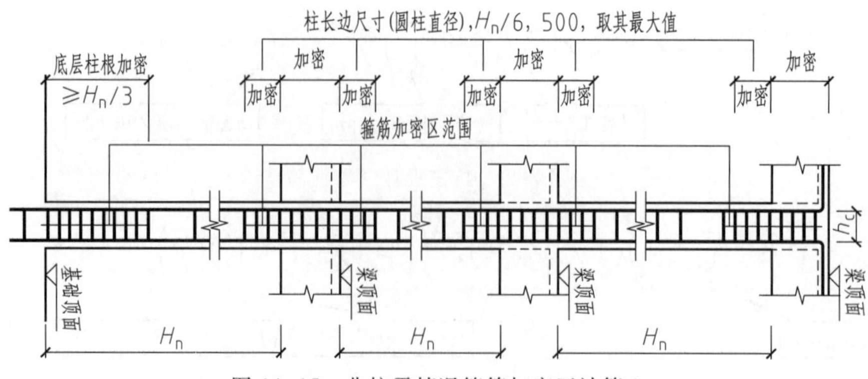


图 14-15　非抗震情况箍筋加密区计算 2

④ KZ1 柱为变截面柱。-0.030～19.470 标高范围柱截面为 750 mm×700 mm。19.470～37.470 标高范围截面为 650 mm×600 mm；39.470～59.070 标高柱截面为 550 mm×500 mm。

⑤ 柱纵向受力钢筋配置(以 19.470～37.470 标高范围为例)如图 14-16 所示。

图 14-16 中，柱四角配有 4 根牌号为 HRB400 级、直径为 22 mm 钢筋；两个“$b$ 边”中部各配有 5 根牌号为 HRB400 级、直径为 22 mm 钢筋；两个“$h$ 边”中部各配有 4 根直径为 20 mm、牌号为 HRB400 级钢筋。

⑥ 柱中箍筋(以 KZ1-0.030～19.470 标高范围为例)配置如图 14-17 所示。

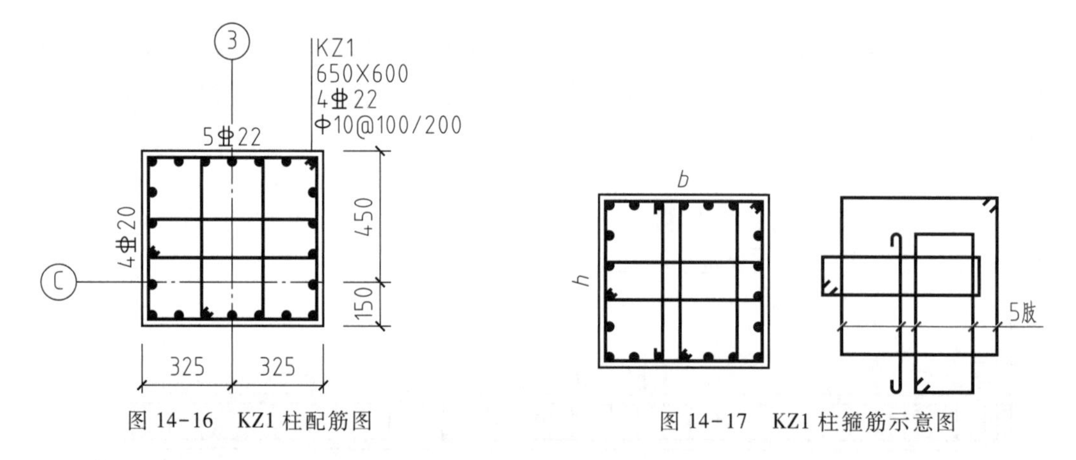


图 14-16　KZ1 柱配筋图　　图 14-17　KZ1 柱箍筋示意图

图 14-17 中箍筋采用类型为“1(5×4)”，水平方向为 5 肢箍筋，竖直方向为 4 肢箍筋；箍筋直径为 10 mm，牌号为 HPB300 级；箍筋加密区间距 100 mm，非加密区间距 200 mm。由于缺少梁施工图，无法确定该段柱的净高(图 14-15)，加密区尺寸无法确定。

4. 截面注写方式的制(识)图规则

(1) 表达的内容

柱平法的截面注写方式所需表达的内容与列表注写方式表达的内容是相同的。即柱的空间位置(平面及高度位置)、柱的外形尺寸、柱的配筋及技术要求(混凝土强度等级等)。

(2) 表达的方式

用截面注写方式绘制的柱平法施工图(图 14-18)，是使用柱平面布置图、典型柱截面配筋图和“结构层楼面标高及层高表”三部分图样来实现上述内容的表达的。具体方式为：

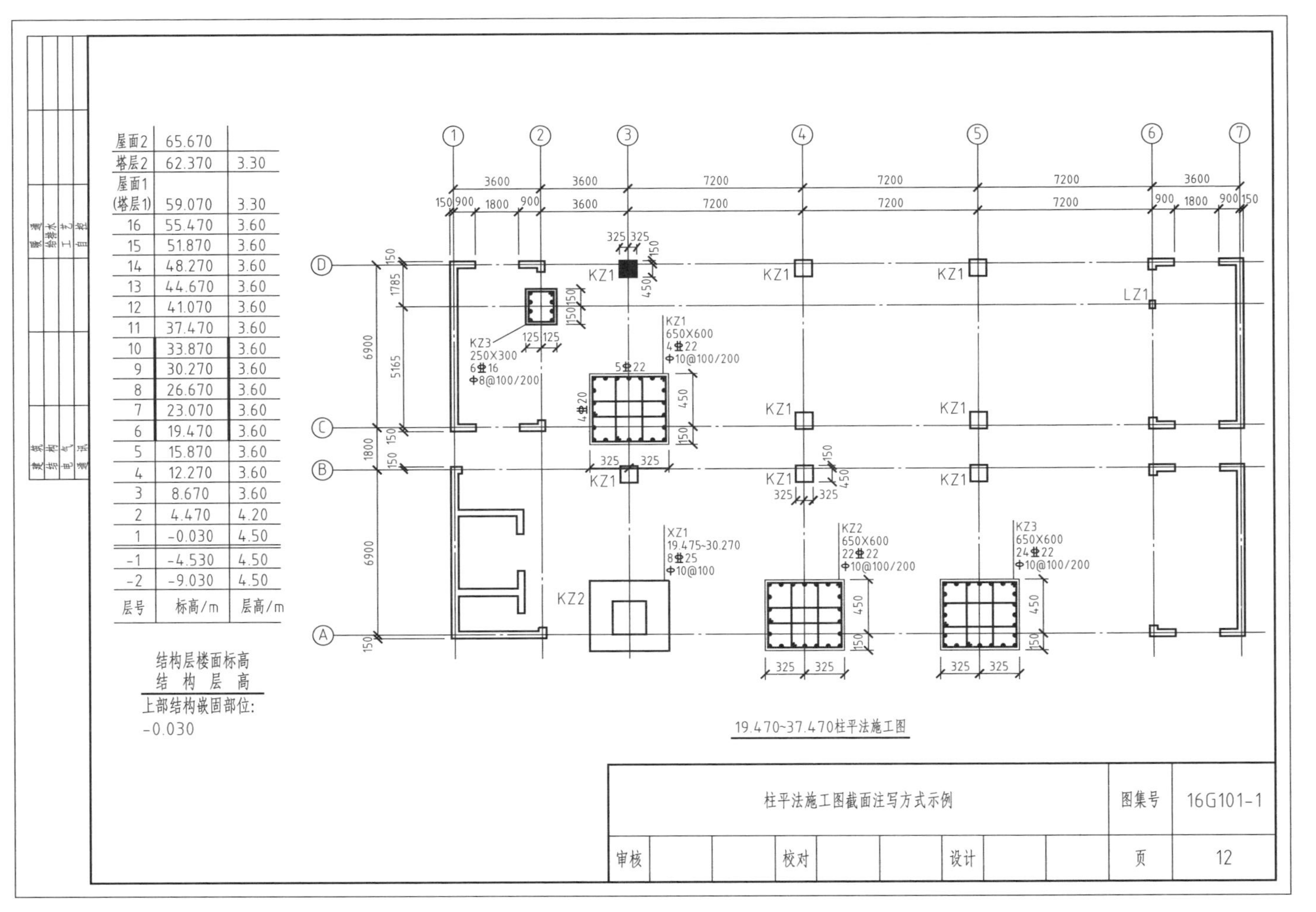


图 14-18 柱平法施工图的截面注写方式

① 平面布置图中会对每根柱进行编号，并给出每一根柱的类型编号；

② 给出每根柱的具体位置（与定位轴线的关系），其中，对同一编号且与轴线位置关系相同的柱，仅在一根柱的位置标注其编号，并在图中标注其与轴线关系尺寸；

③ 截面法表达的柱均为在确定高度范围内等截面的柱，即图中每一个编号的柱均为等截面的；

④ 层高表（图 14-18）则明确了本图中表达的柱的高度范围和结构层高（标高均为结构标高）；

⑤ 每一个编号柱的截面尺寸、纵向受力钢筋配置、箍筋配置等信息均在平面图中所示位置的原位，用放大比例的方式绘制出。

（3）图中有关钢筋表述的含义

① 给出全部纵向受力钢筋的注写方式

当截面配筋图中给出全部纵筋时，截面注写方式的核心信息内容是采用集中注写的方式表达的。集中注写的内容包括柱的编号、柱的截面尺寸、与轴线的定位尺寸标注、全部钢筋（根数、牌号及直径）、箍筋配置等。

特别注意，给出全部纵筋时，钢筋的具体布置位置需按照配筋截面图的布置，其注写内容的具体含义如图 14-19 所示。

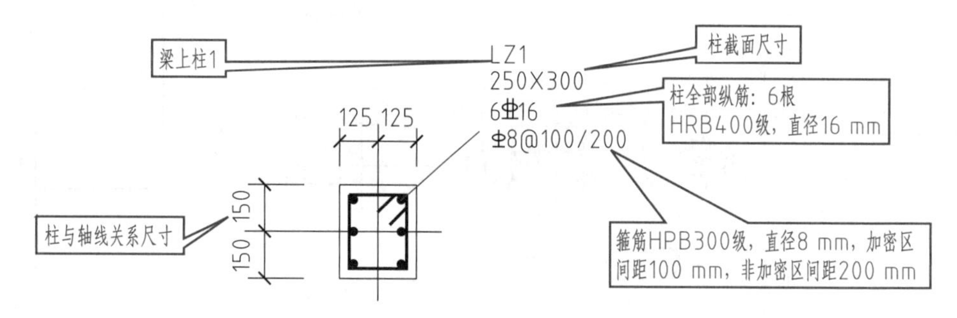


图 14-19 给出全部纵筋的截面注写内容

② 给出角筋和中部钢筋的注写方式

此种注写方式的核心信息内容也是通过集中注写的方式表达的。集中注写的内容包括柱的编号、柱的截面尺寸、与轴线的定位尺寸标注、全部钢筋（根数、牌号及直径）、箍筋配置等。需要特别指出的是，图中仅给出一侧中部的钢筋，其意义是柱配筋对称配筋，即与其对应一侧的钢筋配置是相同的。

当典型截面配筋图中分别给出角筋和侧边中部筋时，其注写内容的具体含义如图 14-20所示。

对柱的外形较复杂，且有预埋件需要表达时，采用柱施工图的平面整体表达方式需单独绘制柱模板图。

## 六、梁的平法施工图制图（识读）规则

1. 梁平法（识图）制图规则的分类

与传统表达方式一样，钢筋混凝土梁施工图应表达的信息内容包括：每个梁的平面位置、高度位置（顶面结构标高）、梁的截面尺寸、沿梁纵向分段范围的配筋（包括纵向受

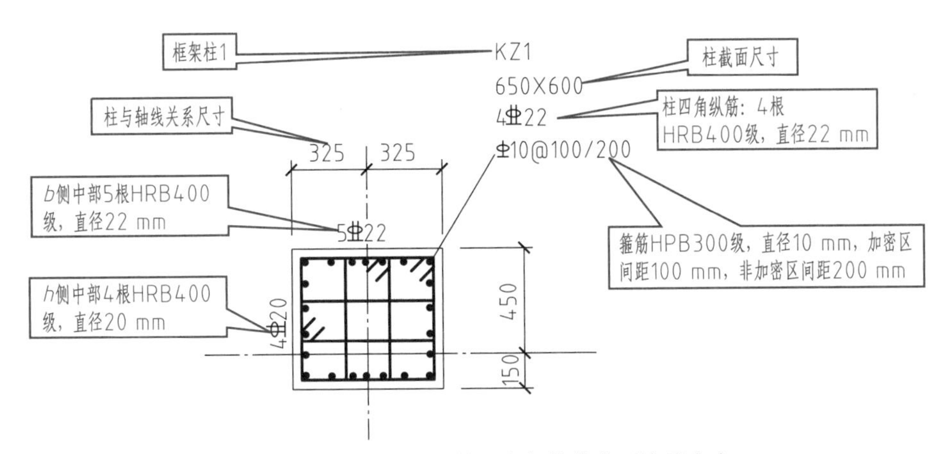


图 14-20　分别给出角筋和中部筋的截面注写内容

力钢筋、箍筋、拉结钢筋、横向附加钢筋等）、梁上预埋铁件（一般采用传统方法表达在外形图中）等。

图集 16G101-1 规定，梁的平法施工图是在梁的平面布置图上采用平面注写方式或截面注写方式表达。

2. 梁的"编号"规则

无论是采用平面注写方式还是截面注写方式绘制的梁平法施工图，图集对不同类型梁的编号规则均做出了统一规定，以方便从梁编号中直接读出梁的相关信息，见表 14-9。

表 14-9　梁的统一编号

| 梁类型 | 代号 | 序号 | 跨数及是否带有悬挑 |
|---|---|---|---|
| 楼层框架梁 | KL | ×× | (××)、(××A)或(××B) |
| 屋面框架梁 | WKL | ×× | (××)、(××A)或(××B) |
| 框支梁 | KZL | ×× | (××)、(××A)或(××B) |
| 非框架梁 | L | ×× | (××)、(××A)或(××B) |
| 悬挑梁 | XL | ×× | |
| 井字梁 | JZL | ×× | (××)、(××A)或(××B) |

注：表中(××A)表示梁一端有悬挑；(××B)表示梁两端有悬挑。悬挑不计入梁的跨数。

可以看出，梁的编号由梁类型、代号、序号、跨数及是否带有悬挑几项内容组成。此种编号规则的制定，从较大程度上代替了用传统表达方法绘制的钢筋混凝土梁施工图中的梁立面配筋图应该表达的内容（图 14-2），但表达方式大为简化。

例如：梁编号为 KL7(5A)，其含义为：第 7 号框架梁，梁有 5 跨，一端有悬挑；梁编号为 L9(7B)，其含义为：第 9 号非框架梁，梁有 7 跨，两端均有悬挑。

3. 梁的平面注写方式制（识）图规则

（1）表达的内容

梁的平面注写方式，应表达梁的空间位置、梁的截面尺寸及长度、梁的纵向受力钢筋配置、梁的箍筋配置、梁的附加钢筋配置及其他技术要求等。

从图 14-21 中可以看出，梁的平面位置已经通过横纵定位轴线及相关尺寸标注确定，由于平面布置图是按照板顶标高来命名的，因此各梁的顶标高也已确定，不必通过其他方式寻找。

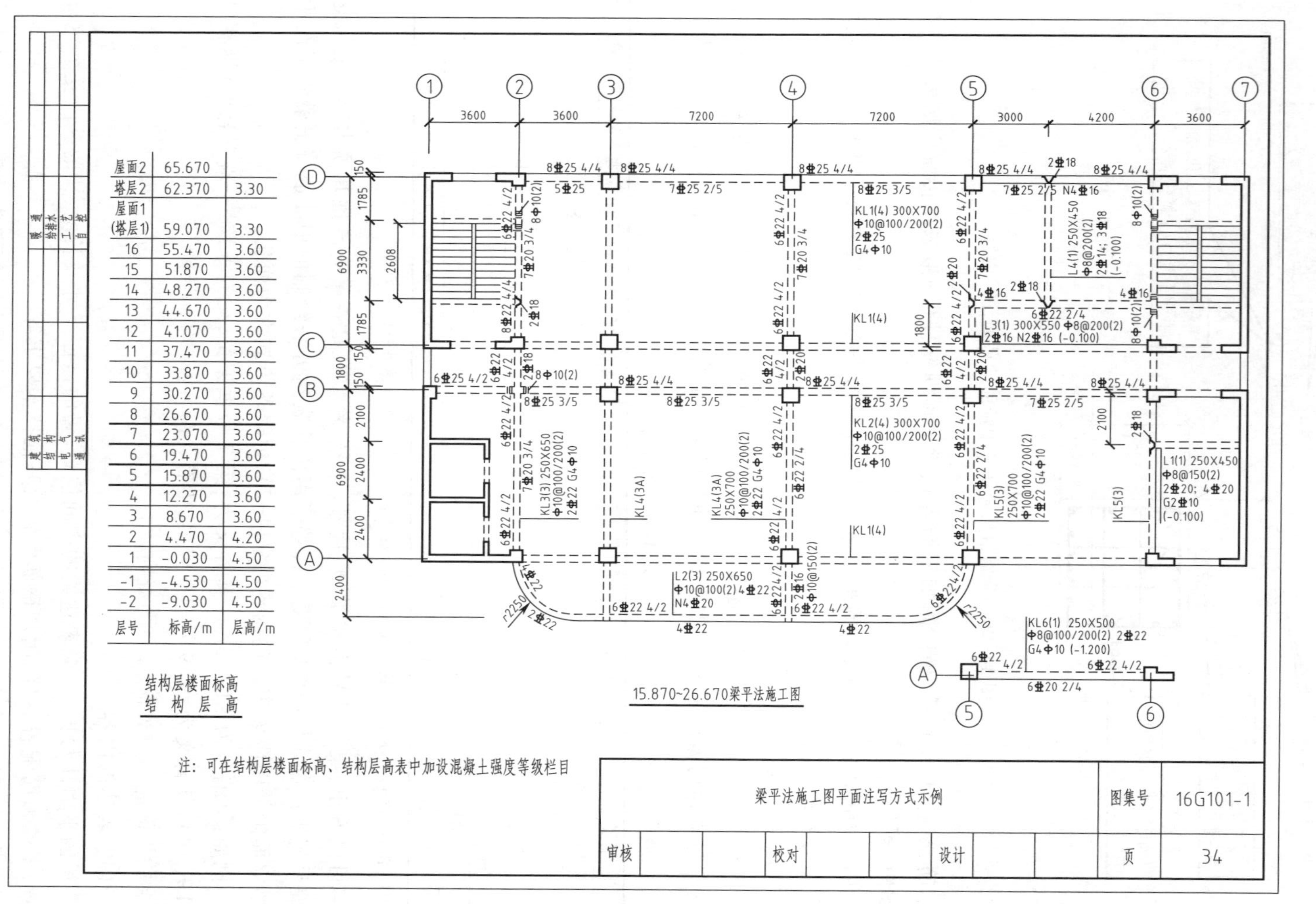


图 14-21　梁平法施工图的平面注写方式

(2) 表达的方式

梁的平面注写方式是用平面布置图、集中标注、原位标注、层高表和文字说明五种方式表达梁的信息,具体如下:

① 用“平面布置图”当中的横纵定位轴线及其定位尺寸表达梁的平面位置,用梁的层高表达梁顶的标高(高度位置),定位梁的空间位置;

② 用“集中标注”表达每根梁的编号、截面尺寸、梁上部通长钢筋、侧向钢筋配置和箍筋配置等全长范围的通用信息;

③ 用“原位标注”表达梁支座处上部纵向钢筋配置、梁跨中下部钢筋配置、主次梁相交处附加钢筋配置等信息,所表达信息将被优先选用(与集中标注矛盾时)。

④ “文字说明”一般用于说明混凝土及钢筋相关技术要求,如强度等级等。

(3) 集中标注与原位标注的标注规则

图集规定:当集中标注中的某项数值不适用于梁的某一部位时,则该部位必须进行原位标注,并且施工时,原位标注的取值优先。

一般来说,梁的支座位置(图 14-22 中 1-1、2-2、3-3 断面位置)和梁的跨中位置(图 14-22中 4-4 断面位置)的配筋与集中标注的内容不同,因而必须进行原位标注,读者可比较图 14-22 中用传统方法绘制的梁配筋断面图和平法施工图给出的集中标注及原位标注信息,体会集中标注和原位标注的内容。

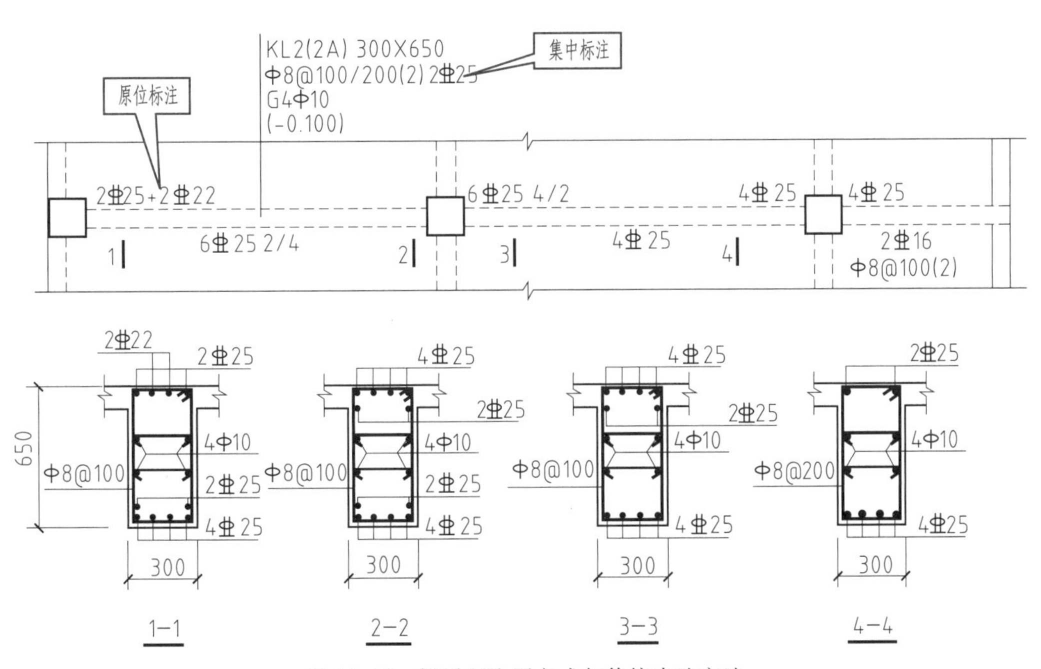


图 14-22　梁平面注写方式与传统表达方法

特别要说明的是,图 14-22 中,断面图 1-1~4-4 是采用传统表达方法绘制的,用于对比内容相同时平法的平面注写方式与传统表达方法的对应关系。实际施工图中采用平面注写方式表达时,不需要绘制梁的截面配筋图及相应的断面符号,读者万勿误解。

(4) 集中标注的内容

以图 14-22 为例,说明梁的平面注写方式中的集中标注的内容。

梁的集中标注可以从梁的任意一跨引出，其内容包括五项“必注值”和一项“选注值”。具体内容见图 14-23 所示，其中 1~5 项为必须注写的内容（必注值），第 6 项为可选择注写的内容（选注值）。

① 图 14-23 中第 1 项为“梁编号”，此项为“必注值”。

若注写为“KL2(2A)，其含义为：第 2 号框架梁，梁有 2 跨，梁一端有悬挑。

② 图 14-23 中第 2 项为“梁截面尺寸”，此项为“必注值”。

若注写为 300×650，其含义为：梁的截面宽度为 300 mm，高度为 650 mm，见图 14-22 中 1-1~4-4 断面图。

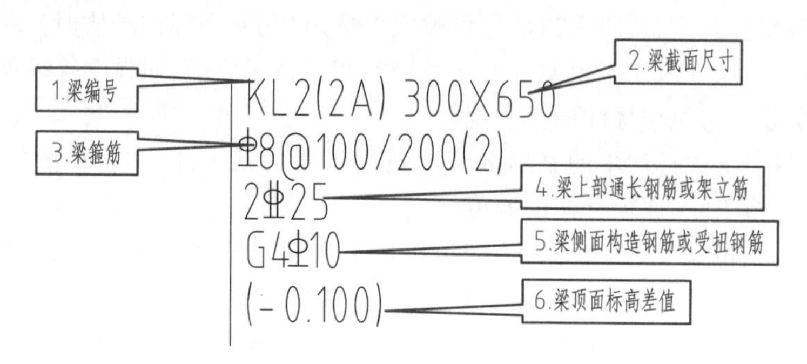


图 14-23 梁平面注写方式的集中标注

需要说明的是，梁的截面形式不同，表达方式不同：

a. 当梁为等截面梁（图 14-23）时，用 $b\times h$ 表示；

b. 当为竖向加腋梁（梁支座截面高度加大的梁）时，图集规定用 $b\times h$ GYC1×C2 表示，其中 C1 为腋长，C2 为腋高（图 14-24）；

c. 当为水平加腋梁（梁支座截面宽度加大的梁）时，图集规定用 $b\times h$ PYC1×C2 表示，其中 C1 为腋长，C2 为腋宽（图 14-25）；

d. 当有悬挑梁（一端有支座，另一端无支座的梁），且根部和端部的高度不同时，用斜线分隔根部和端部的高度值，即为 $b\times h1/h2$（图 14-26）。

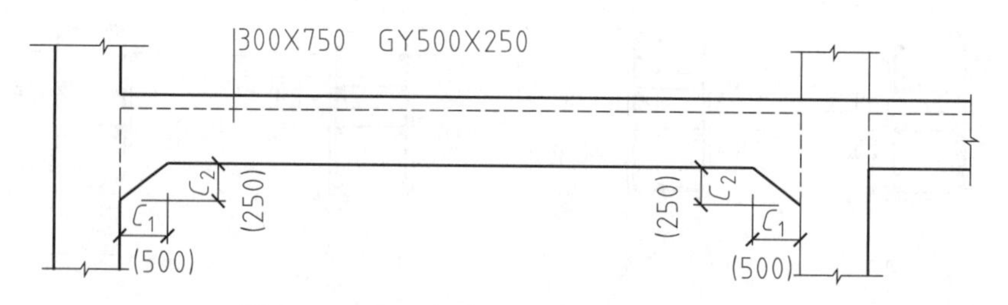


图 14-24 竖向加腋梁的截面尺寸标注示例

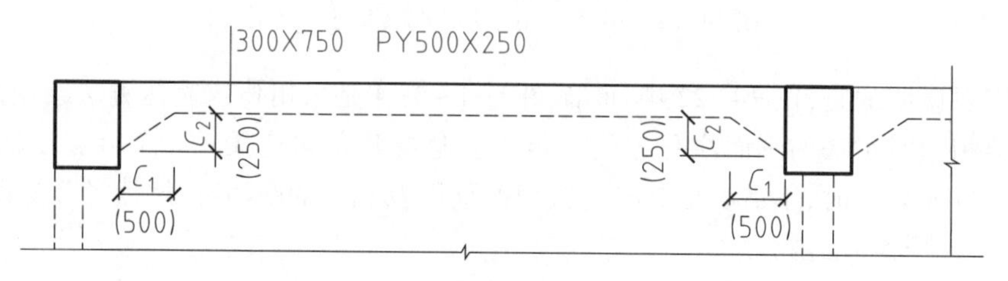


图 14-25 水平加腋梁的截面尺寸标注示例

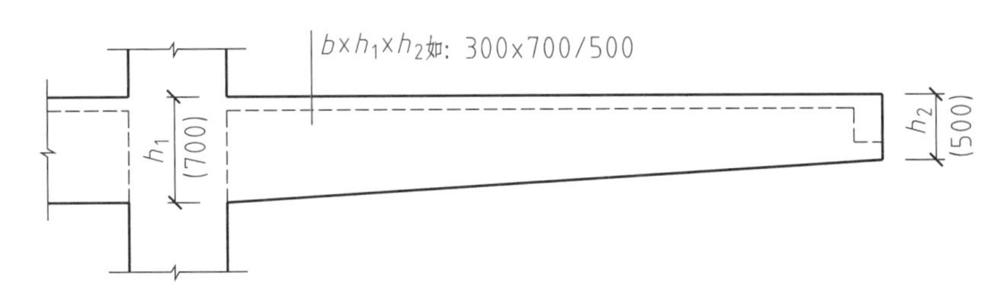


图 14-26 悬挑梁的截面尺寸标注示例

③ 图 14-23 中的第 3 项为“梁箍筋”,此项为“必注值”。

梁箍筋的注写内容包括钢筋级别、直径、加密区与非加密区间距及肢数。

a. 箍筋加密区与非加密区的不同间距和肢数之间用斜线“/”分隔。

b. 当梁箍筋为同一种间距及肢数时,则不需用斜线。

c. 当加密区与非加密区的箍筋肢数相同时,则将肢数注写一次;箍筋肢数应写在括号内。示例如下:

若某梁箍筋采用 HPB300 级,直径 10 mm,加密区间距 100 mm,非加密区间距 200 mm,4 肢箍,其注写内容如图 14-27 所示。

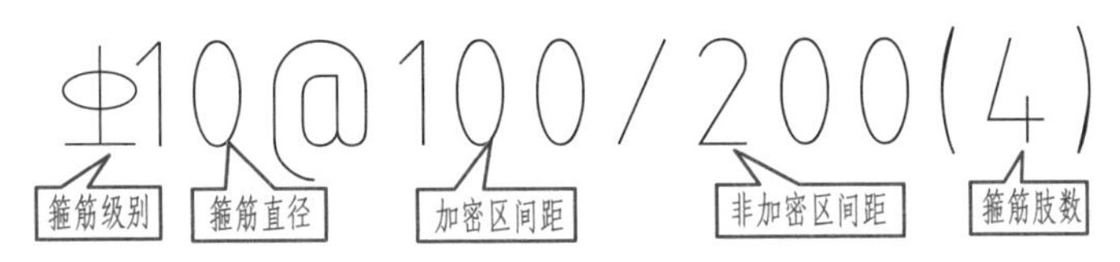


图 14-27 梁箍筋的注写示例 1

若某梁箍筋采用 HPB300 级,直径 8 mm,加密区间距 100 mm,4 肢箍;非加密区间距 150 mm,双肢箍,其注写内容如图 14-28 所示。

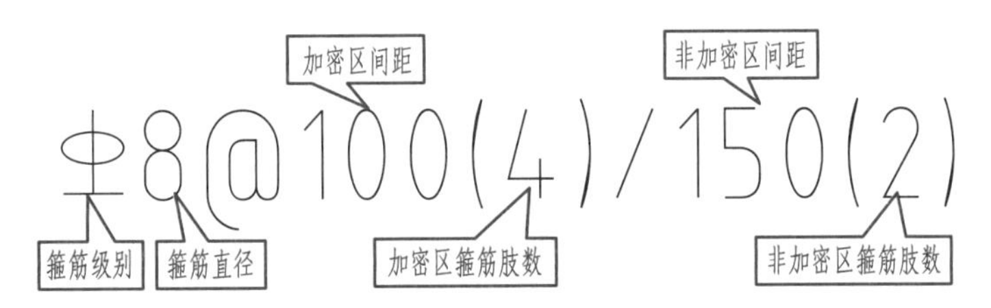


图 14-28 梁箍筋的注写示例 2

当抗震设计中的非框架梁、悬挑梁、井字梁,及非抗震设计的各类梁采用不同的箍筋间距及肢数时,也用斜线“/”将其分隔开来。注写时先注写梁支座端部的箍筋(内容包括箍筋的数量、钢筋级别、直径、间距及肢数),在斜线后注写梁跨中部分的箍筋间距及肢数。

如图 14-29 所示,其注写内容含义为:采用 HPB300 级钢筋,梁两端各有 13 个四肢箍,间距为 100 mm;跨中部分箍筋间距为 200 mm,4 肢箍。

④ 图 14-23 中的第 4 项为“梁上部通长钢筋或架立筋”,此项为必注值。

此处的通长钢筋可以为直径相同或不同直径的,采用搭接连接、机械连接或对焊连接的钢筋。当同排纵向钢筋中既有通长筋又有架立筋时,应用加号“+”将两者连在一起

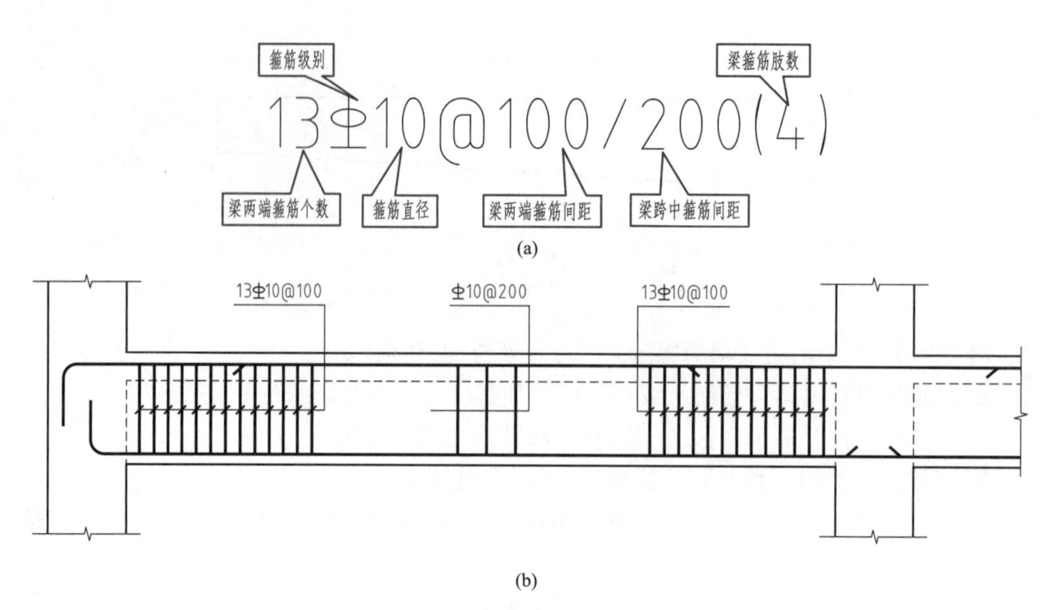


(a)

(b)

图 14-29　梁箍筋的注写示例 3

注写，注写时角部纵筋写在加号的前面，架立筋写在加号后面的括号内，以示不同直径及与通长筋的区别。示例如下：

若梁一排钢筋中通长钢筋为 2 根 HRB400 级、直径为 22 mm 的钢筋，中部设置 4 根 HPB300 级、直径为 12 mm 的架立筋，则注写的内容如图 14-30 所示。

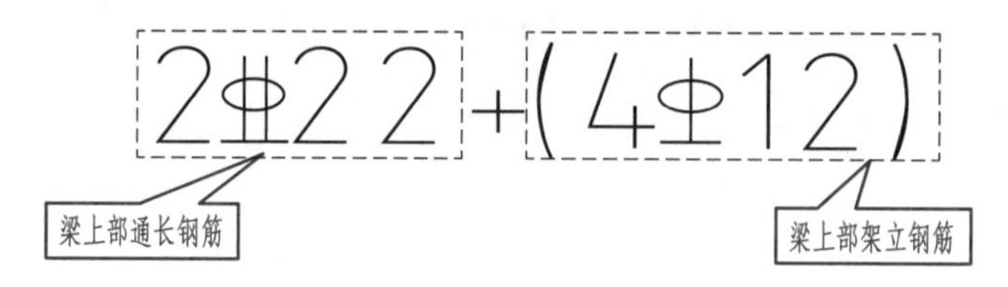


图 14-30　梁上部通长钢筋和架立钢筋同在一排的注写示例

图 14-23 中的第 4 项还可以同时表达梁上部纵向钢筋和下部纵向钢筋。当梁的上部纵向钢筋和下部纵向钢筋为沿梁全跨相同，且多数跨配筋相同时，此项可以加注下部纵筋的配筋值，上、下部配筋值之间用分号“；”分隔开来。示例如下：

若梁的上部通长钢筋采用 2 根 HRB400 级、直径为 25 mm 的钢筋，且全跨相同；下部纵向钢筋采用 4 根 HRB400 级、直径为 22 mm 的钢筋，且全跨相同，其注写内容如图 14-31所示。

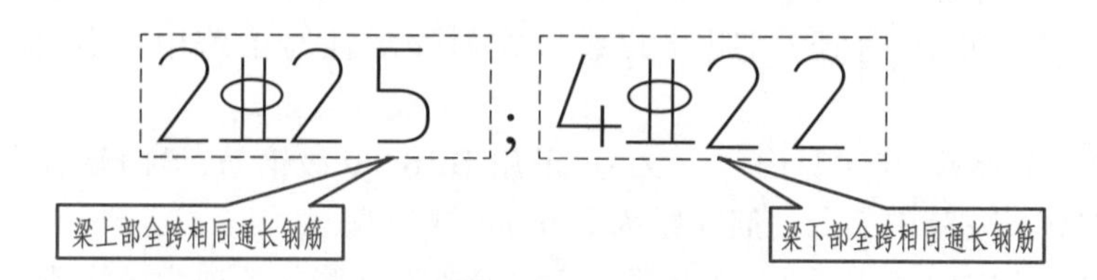


图 14-31　梁上部、下部仅配置全跨相同通长钢筋的注写示例

⑤ 图 14-23 中的第 5 项为“梁侧面构造钢筋或受扭钢筋”，此项为必注值。

当梁腹板高度 $h_w \geqslant 450$ mm 时，须配置纵向构造钢筋，所注规格与根数应符合规范规定。此项注写以大写字母 G 开头，接续注写设置在梁两个侧面的总配筋值，且对称配置。示例如下：

梁的两个侧面共配置 4 根 HPB300 级、直径 10 mm 的纵向构造钢筋，每侧各配置 2 根，其集中注写内容如图 14-32 所示，钢筋具体位置如图 14-33 所示。

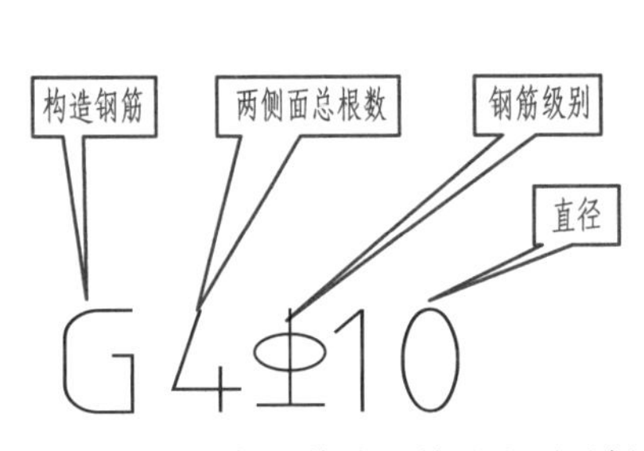


图 14-32　梁侧面构造钢筋的注写示例

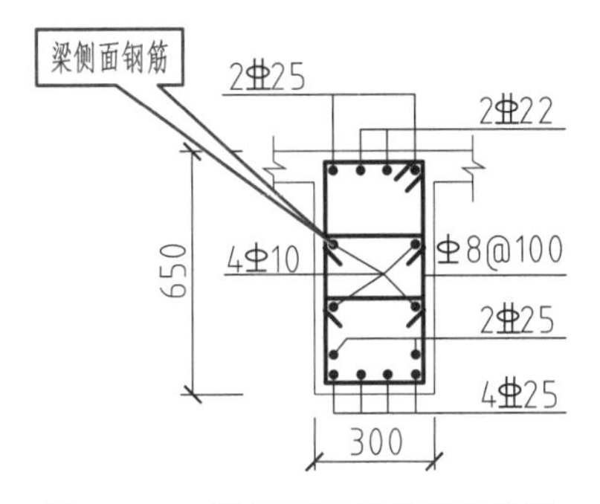


图 14-33　梁侧面钢筋的配置位置

当梁侧面需要配置受扭纵向钢筋时，此项注写值以大写字母 N 开头，接续注写配置在梁两个侧面的总配筋值，且对称配置。受扭纵向钢筋应满足梁侧面纵向构造钢筋的间距要求，且不再重复配置纵向构造钢筋。示例如下：

梁的两个侧面共配置 6 根 HRB400 级、直径 12 mm 的纵向抗扭钢筋，每侧各配置 3 根，其注写内容如图 14-34 所示。

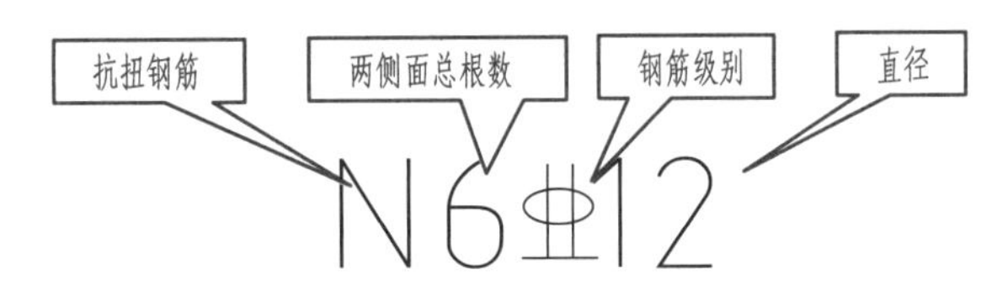


图 14-34　梁侧面抗扭钢筋的注写示例

此处应说明的是，梁的侧向“构造”钢筋和“抗扭”钢筋在梁中配置的位置是相同的，其区别在于钢筋锚入梁支座（如柱、剪力墙等）的长度不同。

当梁侧配置构造钢筋时，其搭接与锚固长度可取 15$d$（$d$ 为钢筋直径）。

当梁侧配置抗扭钢筋时，其搭接长度取 $l_l$ 或 $l_{aE}$（抗震），锚固长度取 $l_a$ 或 $l_{aE}$（抗震），其锚固方式与框架梁下部钢筋在支座中锚固方式相同。

⑥ 图 14-23 中的第 6 项为“梁顶面标高差值”，此项为选注值。

梁顶面标高差值，系指相对于结构层楼面标高的高差值，对位于结构夹层的梁，则指相对于结构夹层楼面标高的高差。有高差时，须将其写入括号内，无高差时不注写。当梁的顶面高于所在结构层的楼面标高时，其标高高差为正值，反之为负值。

（5）原位注写的内容

梁支座处上部纵筋（包括通长筋在内的所有纵筋）通常情况下会配置较多根数的钢筋，钢筋的数量和位置用平法的文字注写方式较为繁琐，图集中将其注写方式分为几种典型情况。

① 当上部钢筋总数多于一排时，用斜线“/”将各排纵筋自上而下分开。

例：图 14-22 中断面 3-3 位置的标注如图 14-35 所示。表示靠近梁顶面的上一排纵筋为 4 根 HRB400 级、直径为 25 mm 的钢筋，下一排纵筋为 2 根 HRB400 级、直径为 25 mm的钢筋。

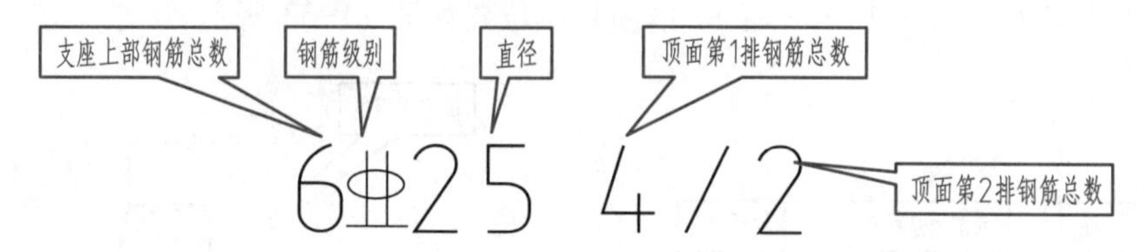


图 14-35　梁顶面钢筋多于 1 排的注写示例

② 当梁上部同一排纵筋有两种直径时，用加号“+”将两种直径的纵筋相连，注写时将角部纵筋写在前面。

例：梁支座上部有四根纵筋，2 根 HRB400 级、直径 25 mm 的钢筋放在角部；2 根 HRB400 级、直径 22 mm 的钢筋放在中部，其注写内容如图 14-36 所示（钢筋排列见图 14-22中断面 1—1）。

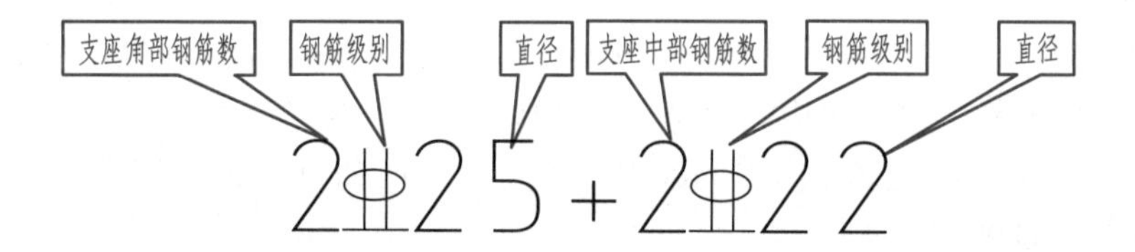


图 14-36　梁顶面钢筋有两种直径时的注写示例

③ 当梁下部（靠近梁底面处）纵筋多于 1 排时，用斜线“/”将各排纵筋自上而下分开。

例：梁下部纵筋上一排纵筋为 2 根 HRB400 级、直径 25 mm，下一排纵筋为 4 根 HRB400 级、直径 25 mm，且全部伸入支座时，其注写内容如图 14-37 所示（钢筋位置排列见图 14-22 断面 2—2）。

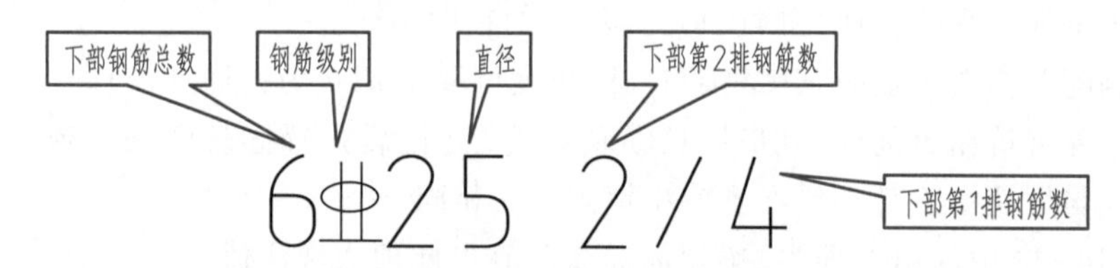


图 14-37　梁底部钢筋多于 1 排时的注写示例

④ 当梁下部同 1 排纵筋有两种直径组成时，用加号“+”将两种直径的纵筋相连，注写时角筋写在前面。

⑤ 当梁下部纵筋不全部伸入支座时，将梁支座下部纵筋减少的数量写在括号内。

例：梁下部纵筋共 6 根 HRB400 级、直径为 25 mm，分两排布置，上排纵筋 2 根不伸入支座，下排纵筋为 4 根，全部伸入支座，其注写内容如图 14-38 所示。

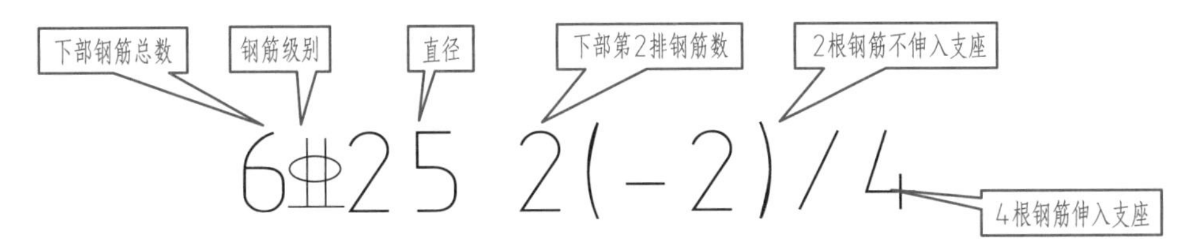


图 14-38　梁底部钢筋多于 1 排时且不全部伸入支座的注写示例

⑥ 当梁的集中标注中已经分别注写了梁上部和下部均为通长纵筋值时，不再需要在梁下部重复做原位标注。

⑦ 附加箍筋或吊筋的注写方法是，将箍筋或“吊筋”直接画在平面图的主梁上，用线引注总配筋值(附加箍筋的“肢数”注在括号内，如图 14-39 所示)。

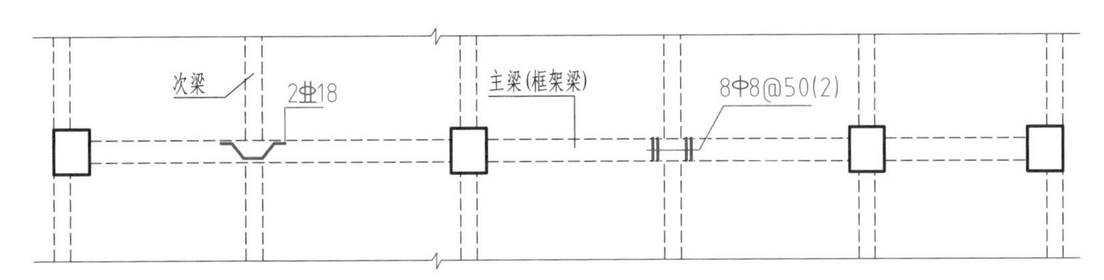


图 14-39　附加箍筋和吊筋的注写示例

当多数附加箍筋或吊筋相同时，可在梁平法施工图上统一注明，少数与统一注明值不同时，再进行原位标注。

特别要说明的是，附加箍筋或吊筋的几何尺寸应按照图集(16G101-1)的标准构造详图，并结合其所在位置的主梁和次梁的截面尺寸确定。

4. 梁的截面注写方式制(识)图规则

所谓梁的截面注写方式，是在分标准层绘制的梁平面布置图上，分别在不同编号的梁中各选择一根梁，用剖面号引出配筋图，并在其上注写配筋具体数值的方式来表达梁平法施工图(图 14-40)。

具体表达方法如下：

(1) 对所有梁按前述梁的编号规定进行编号，从相同编号的梁中选择一根梁，先将单边截面号绘制在该梁上，再将截面配筋详图画在本图或其他图上。当某梁的顶面标高与结构层的楼面标高不同时，尚应继其梁编号后注写梁顶面标高高差(注写规定与平面注写方式相同)。

(2) 在截面配筋详图上注写截面尺寸 $b \times h$、上部筋、下部筋、侧面构造筋或受扭筋以及箍筋的具体数值时，其表达方式与平面注写方式相同。

(3) 截面注写方式既可以单独使用，也可以与平面注写方式结合使用。

## 七、板的平法施工图制(识)图规则

1. 有梁楼盖与无梁楼盖

16G101-1 图集中有关钢筋混凝土现浇板的制(识)图规则，是针对两种典型板的类

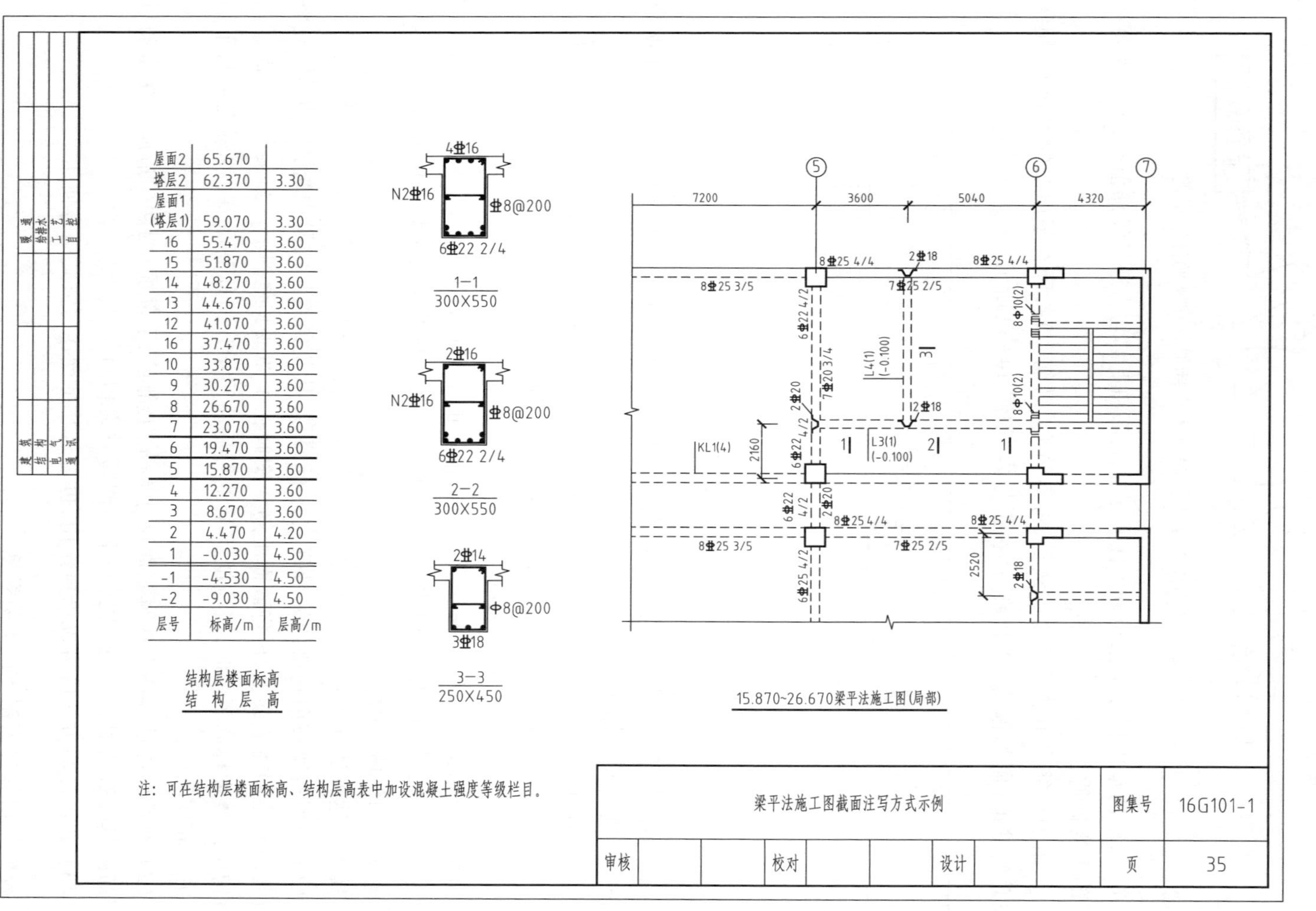


图 14-40　梁平法施工图截面注写方式示例

型制定的,即有梁楼盖和无梁楼盖。

所谓有梁楼盖,是指以梁为支座的钢筋混凝土楼面板或屋面板;无梁楼盖则指仅以柱为支座的无梁钢筋混凝土楼面板或屋面板。

本书仅以有梁楼盖为例,讲述钢筋混凝土板的平法施工图的制(识)图规则。无梁楼盖与有梁楼盖的规则类似,请读者自行阅读图集相关部分。

2. 有梁楼盖(板)平法施工图的表示方法

(1) 有梁楼盖(板)施工图需表达的内容

由前述可知(图 10-12),钢筋混凝土板中的钢筋包括板上部钢筋(一般位于支座附近一定范围,并按定间距分布),用以承受支座负弯矩产生的拉力;板下部钢筋一般沿下部通长布置,用以承受板下部正弯矩产生的拉力;与板上、下部钢筋垂直布置的分布钢筋,用以抵抗板上部跨中的温度应力,并使板上、下部受拉钢筋均匀受力。因此板施工图需表达的内容包括:

① 板的空间位置(平面位置及高度方向位置);

② 板的钢筋配置(上部钢筋、下部钢筋、分布钢筋);

③ 板厚度;

④ 板材料及施工技术要求(混凝土强度等级、钢筋连接方法等)。

(2) 平法的表示方法

如图 14-41 所示,平法表达有梁楼盖施工图的方法如下:

① 对板按照“板块”(由梁围成的板区域)进行编号,对每一板块标注板编号。编号原则为:板配筋相同即为同一编号;

② 对每一个相同编号的“板块”进行配筋标注,标注方式包括板块集中标注和板支座原位标注,标注内容包括板上、下部钢筋级别、直径、间距、板厚及标高等信息。

(3) 板块的统一编号规则

为方便绘制和识读板施工图,图集对板的编号做了统一规定,以使识图者从编号中即可知晓板的类型和位置。具体编号见表 14-10。

**表 14-10 板块编号**

| 板类型 | 代号 | 序号 |
| --- | --- | --- |
| 楼面板 | LB | ×× |
| 屋面板 | WB | ×× |
| 悬挑板 | XB | ×× |

(4) 板块集中标注的内容和规则

① 板块标注的规则。如图 14-41 所示,对于普通楼面板,两个方向均以一跨为一板块;对于密肋楼盖,两个方向主梁(即框架梁)均以一跨为一板块(非主梁密肋不计)。所有板块应逐一编号,相同编号的板块可择其一做集中标注,其他板块仅注写置于圆圈内的板编号,以及当板面标高不同时的板面高差。

② 板块集中标注的内容。板块集中标注的内容包括板块编号、板厚、板上部和下部贯通钢筋,和当板面标高不同时的标高高差。如图 14-42 所示,该集中标注的具体含义为:

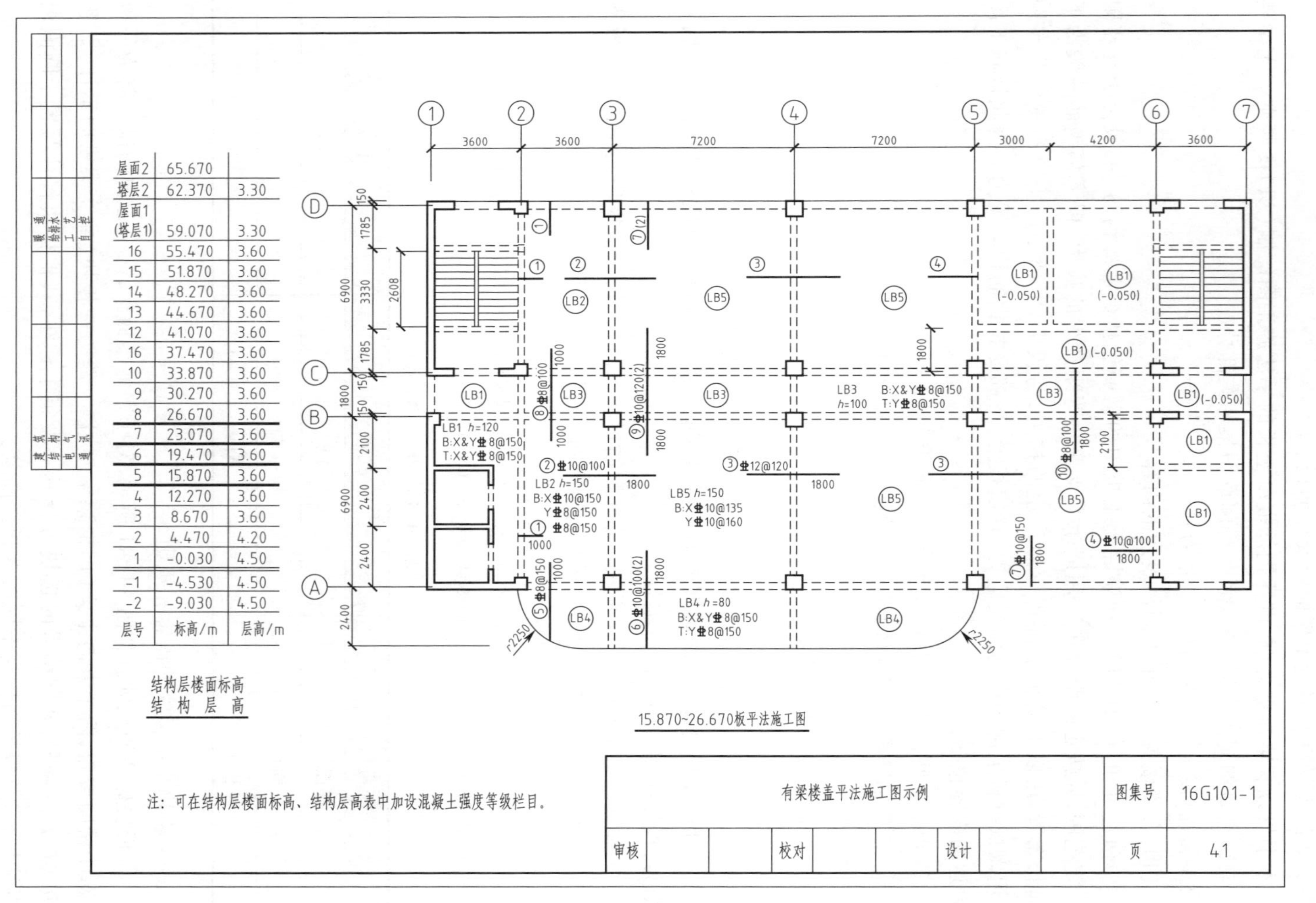


| 层号 | 标高/m | 层高/m |
|---|---|---|
| 屋面2 | 65.670 | |
| 塔层2 | 62.370 | 3.30 |
| 屋面1（塔层1） | 59.070 | 3.30 |
| 16 | 55.470 | 3.60 |
| 15 | 51.870 | 3.60 |
| 14 | 48.270 | 3.60 |
| 13 | 44.670 | 3.60 |
| 12 | 41.070 | 3.60 |
| 16 | 37.470 | 3.60 |
| 10 | 33.870 | 3.60 |
| 9 | 30.270 | 3.60 |
| 8 | 26.670 | 3.60 |
| 7 | 23.070 | 3.60 |
| 6 | 19.470 | 3.60 |
| 5 | 15.870 | 3.60 |
| 4 | 12.270 | 3.60 |
| 3 | 8.670 | 3.60 |
| 2 | 4.470 | 4.20 |
| 1 | -0.030 | 4.50 |
| -1 | -4.530 | 4.50 |
| -2 | -9.030 | 4.50 |

图 14-41　有梁楼盖平法施工图示例

LB1 h=120
B:X&YΦ8@150
T:X&YΦ8@150

图 14-42　板块集中标注示例

a. LB1 板块的厚度为 120 mm；

b. 板底部沿 X 方向和 Y 方向布置通长钢筋，采用 HRB400 级、直径 8 mm 的钢筋，间距 150 mm；

c. 板顶部沿 X 方向和 Y 方向布置通长钢筋，采用 HRB400 级、直径 8 mm 的钢筋，间距 150 mm。

图 14-42 中的“B”为英文 Bottom 的缩写，含义是：在板底部布置通长钢筋；“T”为英文 Top 的缩写，含义是：在板顶部布置通长钢筋；“X&Y”表示板顶或板底沿 X 及 Y 方向布置的通长钢筋级别、直径及间距相同。

图 14-42 中的 X 和 Y 代表钢筋布置方向，X 代表钢筋沿 X 方向布置，Y 代表沿 Y 方向布置。X 和 Y 的方向规定为：当建筑物的横向定位轴线和纵向定位轴线相互垂直时，X 方向为从左至右（即与纵向定位轴线平行方向），Y 方向为从下至上（即与横向定位轴线平行方向）。其他情形的 X、Y 方向的具体规定请读者阅读图集第 5.1.2 条，此处不再赘述。

板的厚度采用 h=×××的方式标注，单位为 mm，表达板垂直于板面的厚度。当表达根部和端部厚度不同的悬挑板厚度时，采用 h=×××/×××的方式表达，斜线前的数字表示悬挑板根部的厚度，斜线后的数字表示悬挑板端部的厚度。

③ 板支座处钢筋的原位标注。原位标注是用来标注板支座处顶部或悬挑板板顶处钢筋的配置，因该处的板顶钢筋经常为非贯通布置，所以需单独在钢筋配置的原位处标注。

例 1：图 14-43 所示为板支座处顶部钢筋向两侧对称伸出配置的原位标注。其含义为：板顶部钢筋沿垂直于梁长度方向布置，钢筋编号③，采用 HRB400 级、直径为 12 mm 的钢筋，间距 120 mm，钢筋自梁边（图中虚线处）向梁两侧对称伸出 1 800 mm。

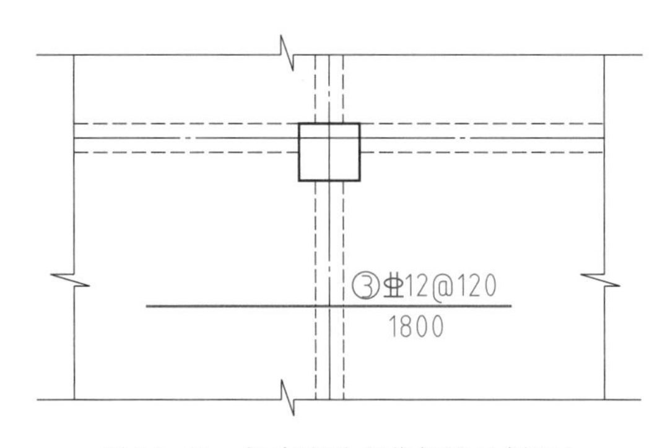


图 14-43　板支座处原位标注示例（1）

例 2：图 14-44 所示为板支座处顶部钢筋向两侧非对称伸出配置的原位标注。其含义为：板顶部钢筋沿垂直于梁长度方向布置，钢筋编号③，采用 HRB400 级、直径为 12 mm 的钢筋，间距 120 mm，钢筋自梁边（图中虚线处）向梁两侧非对称伸出，一侧伸出 1 800 mm，另一侧伸出 1 500 mm。

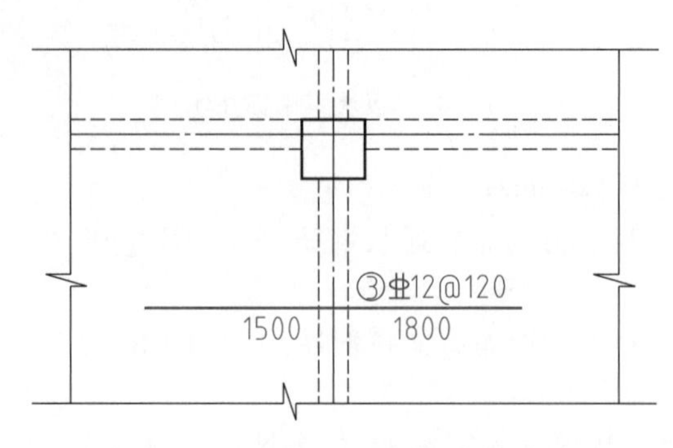


图 14-44　板支座处原位标注示例(2)

例 3：图 14-45 所示为悬挑板支座处顶部钢筋配置的原位标注。其含义为：板顶部钢筋沿垂直于悬挑板板边方向布置，钢筋编号⑤，采用 HRB400 级、直径为 8 mm 的钢筋，间距 150 mm，钢筋自悬挑板支座（梁）边向外伸出 1 000 mm，另一侧伸至悬挑板边。

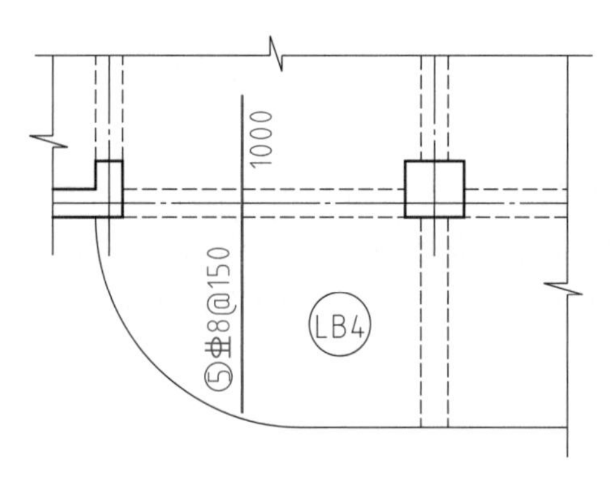


图 14-45　板支座处原位标注示例(3)

## 八、平法施工图识读的方法

如前所述，结构施工图平面整体表达方法是在传统表达方法的基础上，经过简化改进形成的一种施工图表达方法。目前应用的版本中几乎包括现浇混凝土结构施工图的绝大部分内容，本书只介绍了其中 16G101-1 所包含的现浇钢筋混凝土框架的梁、板、柱制（识）图规则部分，尤其是混凝土结构构造部分的梗概内容。由于 16G101-2、3 的规则与 16G101-1 基本相同，仅表达的构件内容不同，因此，读者需在阅读本书的基础上，自学该系列图集的所有其他部分，只有这样，才能真正达到掌握混凝土结构施工图平面整体表达方法的目的。

建议读者在阅读平法施工图时应注意以下特点：

（1）平法图集的版本经过了几次修订，现行版本为 16G101-1、2、3 共三本图集。现行版本虽然与之前版本大部分内容相似，但由于混凝土结构设计规范的更新，之前版本的基本内容也已经在 16 系列平法图集中随之更新。因此，在阅读混凝土结构平法施工图时，必须核对该结构施工图所选用的平法图集版本，此信息一般会在结构首页图（或结构设计总说明）中给出，避免误读。

（2）结构构造详图是平法图集的两大组成部分中非常重要的内容，也是构成完整的结构施工图必备的部分（本书由于篇幅所限未做详细介绍）。读者在识读平法施工图时务必确认该施工图选用的是平法图集中哪些结构构造详图（一般在结构设计总说明中会给出），并仔细阅读所选结构构造详图的内容，再配合结构布置和配筋等信息，才能完整、准确地读懂平法施工图。

（3）混凝土结构施工图均需相关的结构类知识做支撑，如混凝土材料、钢筋材料、荷载、力学、地震学、地质学等（虽然本书给出一些相关知识，但尚不完整）。因此，无论是传统表达方法还是平法，要真正读懂混凝土结构施工图，读者必须自学掌握相关知识内容。

（4）规范是施工图的设计和使用的基本依据，要真正读懂混凝土结构施工图，必须掌握现行《建筑结构荷载设计规范》《混凝土结构设计规范》《建筑抗震设计规范》等相关规范的内容。

（5）平法虽然较传统表达方法简洁和高效，但其并非可以完全代替传统表达方法。如混凝土结构上的预埋件、复杂外形的混凝土结构构件、基础等，仍需绘制相应的结构构件模板（外形）图来表达。所以读图时经常会遇到一套混凝土结构施工图中传统表达表达方法和平法共存的情况，传统表达方法仍然是混凝土结构施工图的基础表达方法。

## 第二课堂学习任务

任务内容：

利用 AutoCAD 软件将图 14-21 中的 KL4 梁绘制成由配筋立面图及断面图组成的传统表达方法梁配筋图。

成果内容：

“KL4 梁配筋图”电子图形文件。

项目成果文件编制要求：

- 采用 A3 图幅绘制，图样比例自行确定。
- 所有字体采用 hztxt.shx，其中尺寸标注字体高度采用 3 mm，说明文字高度采用 5 mm，图名文字高度采用 8 mm，宽高比均采用 0.7。

完成项目后思考的问题：

- 混凝土结构平面整体表达方法与传统表达方法的区别是什么？
- 柱的平面整体表达方法分为哪两种？组成要素分别有哪些？
- 梁的平面整体表达方法分为哪两种？组成要素分别有哪些？
- 什么是梁的集中标注和原位标注？两者不一致时何者优先？
- 哪些钢筋混凝土结构构件施工图可以采用平面整体表达方法？
- 现行的《混凝土结构施工图平面整体表示方法制图规则和构造详图》系列图集包括哪些？分别表达什么内容？

项目十五

# 15

# 建筑工程施工图的综合识读

**教学目标**

技能目标：

能够根据岗位任务特点识读建筑工程施工图。

知识目标：

1. 了解工程建设的程序；
2. 掌握工程建设各阶段与识图相关的工作内容和识图方法。

## 一、建筑工程的建设程序

通过完成前述项目，我们掌握了建筑工程施工图各组成部分的内容，以及每一类施工图的识读方法。但仅仅如此，对于从事建筑行业各岗位的从业人员，要具体完成各岗位的工作任务还远远不够。从事建筑行业的人员包括规划、勘察、设计、咨询、施工和监理等各类企业的人员，各企业人员要完成各自岗位的、有着不同任务内涵的工作任务，这些工作任务无一不与建筑工程图纸相关，并且工作任务将随着工程建设的不同阶段发生变化。因此，掌握建筑工程的建设程序，明确各建设阶段、各岗位与制图和识图相关任务的完成方法就显得非常重要。

由图 15-1 可以看出，建筑工程的建设程序大致可以分为三个阶段，即策划、设计、实施阶段，每个阶段又有具体的内容。

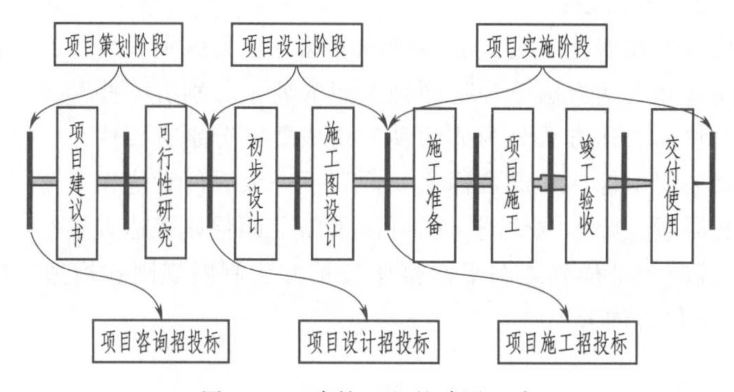


图 15-1　建筑工程的建设程序

第一个阶段是项目策划阶段，包括项目建议书和可行性研究两个阶段内容。项目建议书阶段的主要工作是由项目业主（建设单位）通过项目咨询招投标的方式，选择并委托工程咨询企业提出书面的工程项目设想，包括项目建设的目的、规模、建设地点、投资来源及额度等内容。如果项目建设的设想与政府规划相一致，且有利于地方经济的发展，即会得到政府主管部门的批准而进入工程建设的下一阶段。

第二个阶段是可行性研究阶段，一般由项目咨询企业（或设计企业）完成。主要工作内容就是要对项目的可行性，即是否违法国家法律法规、技术上、资源支撑上等方面是否可行。国家目前已经把工程项目的可行性研究提高到相当重要的位置，并要求此类任务必须由具备相关资质的设计单位来完成。通过这一程序的实施，客观上避免了许多重复性建设项目和违反国家环保政策的项目的实施，提高了项目决策的科学性。国家规定，所有具备规定规模的建设项目，必须经过可行性研究并获得主管部门的批准，才能进入项目的实质性设计阶段。

所谓项目的实质性设计阶段，一般可以分为初步设计、扩初设计（技术设计）和施工图设计三大阶段，对相对简单的项目可将扩初设计阶段省略，直接进行施工图设计，即所谓初步设计和施工图设计两阶段设计。我们在施工现场看到的建筑工程施工图就是施工图设计的最终成果。

第三个阶段是项目实施阶段，即我们所说的项目施工阶段。它是建筑工程项目建设工程中最重要的阶段，即将建筑工程施工图变成工程实体的阶段，是由建筑工程承包单位通过投标的方式获得项目施工权，在监理单位和建设行政主管部门的监督管理下，按照承包合同的要求完成施工任务的过程。

最后的阶段是竣工验收阶段，应该说是整个工程建设程序中最为重要的阶段。通过竣工验收，我们要证明，整个建筑工程是否按照设计意图（即按图施工）施工，是否满足国家颁布的施工质量验收规范的要求，是否最终实现了项目建议书中提出的设想。

## 二、建筑工程施工图的概念扩展

建筑工程施工图的主要功能就是指导工程建设施工，但在整个工程建设的过程中，能够起到指导工程施工的文件不仅仅只有“建筑工程施工图”。

首先，建筑工程施工图在实施之前必须经过由业主组织的，由设计单位、施工单位、监理单位共同参加的施工图审核，对施工图存在的问题以“施工图会审纪要”的方式进行修正，并规定，施工图会审纪要将作为施工图的合法组成部分。

其次，在施工图设计的过程中，设计单位不可能做到百分之百符合规范要求，难免会出现错误。此时，设计单位要出具“设计修改通知单”以修正设计错误，国家法律明确规定，“设计修改通知单”是工程施工图的合法组成部分，与施工图具有同等法律效力。

最后，项目业主（建设单位）在工程实施的过程中会因为使用功能变更等原因提出修改设计，设计单位在符合国家规范规定的前提下也会出具“设计修改通知单”，这类文件也将成为工程施工图的组成部分；施工承包方由于自身施工方便的原因或者施工错误，会主动提出“施工技术联系单”提交给设计单位批准后实施，这类经过批准文件也会成为施工图的组成部分。

由此可知，所谓“建筑工程施工图”，应当视为指导工程施工的系列文件的组合，它包括设计单位出具的施工图设计文件，工程实施过程中由参加建设的各方提出的各类补充、修改文件等(图 15-2)。这些补充或修改的文件的表达方式比较灵活，可以与施工图表达方式(图样加说明)相同，也可以仅用文字说明来完成。

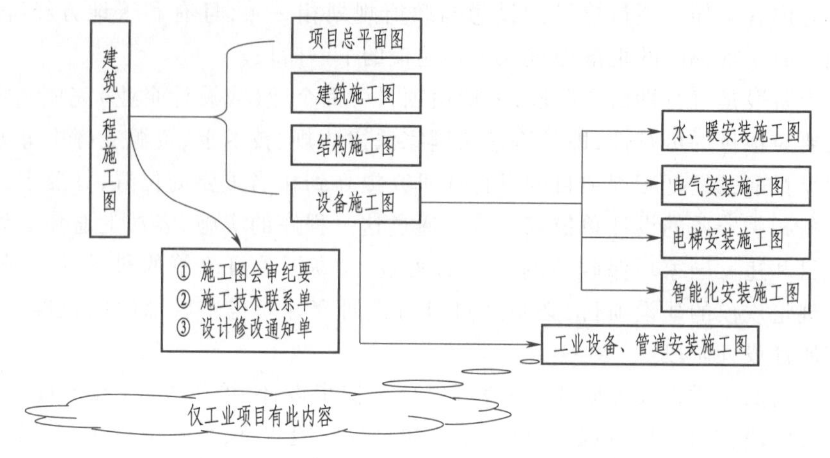


图 15-2　建筑工程实施阶段的施工图内容

## 三、各建设阶段所涉及的建筑工程施工图内容

建筑工程各建设阶段均与图纸具有密切的关系，如图 15-3 所示。

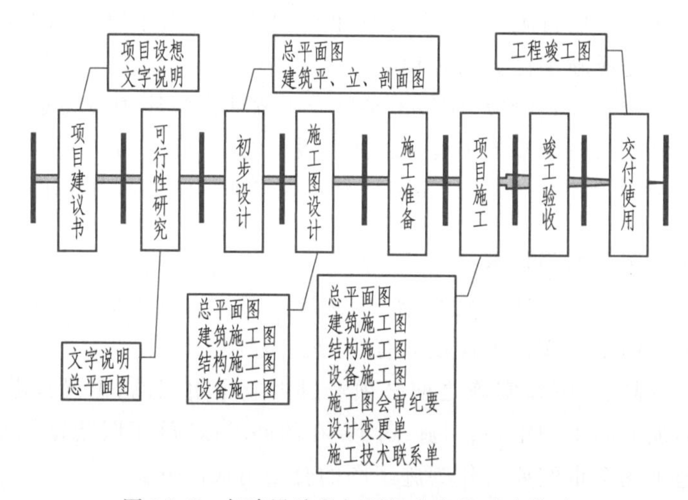


图 15-3　各建设阶段与图纸内容的对应关系

可行性研究阶段，图纸的内容为“总平面布置方案图”。其中主要表达工程建设地点、建设项目包含的建筑单体数量、各建筑物单体的层数和面积等信息；初步设计阶段则开始涉及各建、构筑物的具体布置信息，包括各建筑物的建筑平面图、立面图和剖面图等；施工图设计阶段是在初步设计方案获得批准后，在初步设计方案图的基础上作出详细的施工图设计，供指导施工之用。

在项目实施的施工准备阶段，即正式开工之前，必须经过施工图会审。在业主的组织下，召开由设计单位、施工单位、监理单位及政府质量监督部门等参建各方参加的施工图会审会议，形成施工图的补充文件——“施工图会审纪要”，建筑法规定，未经施

工图会审的项目不予颁发施工许可证,监理单位不能签署开工报告。此外,在项目施工过程中所产生的“设计修改通知单”和“施工技术联系单”的内容也将作为施工图的补充部分。施工结束后,必须将施工过程中对原设计的修改信息添入建筑工程施工图,形成竣工图。

由此可见,整个建筑工程建设期间,每一步都离不开施工图纸,它是参建各方所有人员工作的基本依据。

## 四、建筑行业各单位的岗位设置及各岗位与图纸内容的关系

建筑行业各单位的基本岗位设置情况如图 15-4 所示。

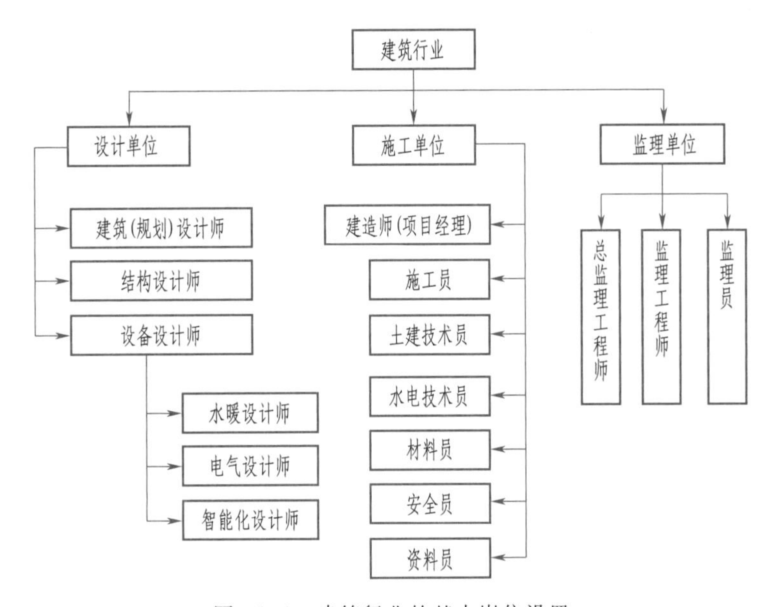


图 15-4　建筑行业的基本岗位设置

图 15-4 中各单位所有岗位工作均与建筑工程施工图有关,现分述如下。

### 1. 设计单位各岗位与图纸的关系

如图 15-5 所示,设计单位各岗位的设计人员包括建筑(规划)设计师,结构设计师及设备设计师(水暖设计师、电气设计师和智能化设计师)。按照国家现行的建筑行业人员执业资格制度,分别由持有国家执业资格证书的人员担任。如建筑设计师持有国家注册建筑师证书,结构设计师持有国家注册结构师证书,设备设计师持有国家注册电气工程师等证书。各岗位设计人员完成各自专业施工图设计任务。

### 2. 施工单位项目部各岗位与图纸的关系

图 15-6 中所示的各岗位,实际上是目前各施工单位基层项目部所设的岗位。可以看出,所有各岗位的人员的岗位工作任务均与建筑工程施工图密切相关。担任项目经理的人员必须具备国家注册建造师资格,同时必须熟悉所承接项目的整体情况,即所有施工图的详细情况项目经理必须掌握;施工员是现场生产的直接组织者,土建技术员和水电技术员是现场的技术负责人,两者必须熟悉全部施工图的技术细节、掌握设计意图,才能保证所承包工程的质量;材料员负责所有建筑材料的采购和进场验收工作,更要掌握施工图对材料的详细技术要求;资料员负责工程验收的一切资料的填写、整理归档工作,

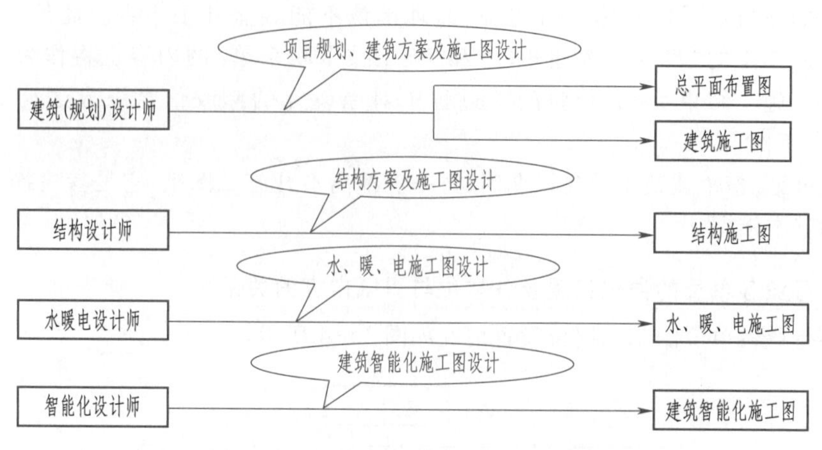


图 15-5　设计单位各岗位与图纸的关系

必须熟悉工程检验批、分项、分部工程的划分细节。

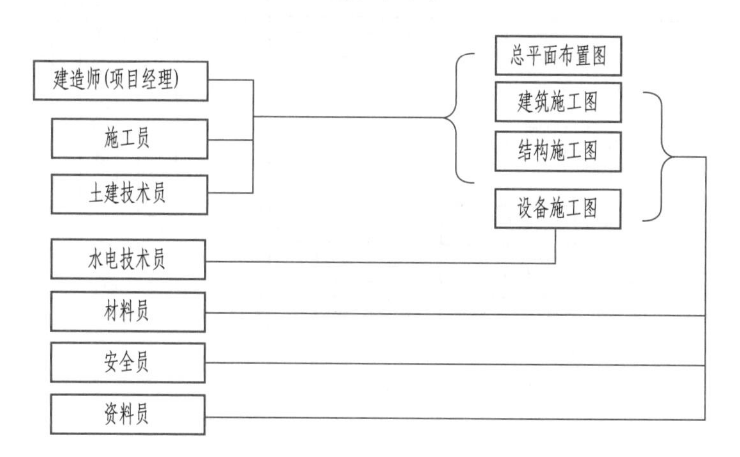


图 15-6　施工单位各岗位与图纸的关系

3. 监理单位各岗位与图纸的关系

如图 15-7 所示，监理单位设立在施工现场的监理项目部一般设有三类工作岗位，即总监理工程师、监理工程师（包括土建专业监理工程师、设备专业监理工程师等）和监理员。国家规定，监理单位所监理的项目实行总监理工程师（简称总监）负责制，由具备国家注册监理工程师资格的人员担任总监理工程师，代表监理单位行使现场监督管理的职权；监理工程师也须具备国家注册监理工程师资格，各专业监理工程师负责现场本专业工程内容的监督管理工作；监理员则负责现场一线的旁站、检查、检测等监理工作。按照工作岗位职责的划分，三类工作岗位的人员均必须熟悉建筑工程施工图的内容细节，并具备丰富的工程设计、施工管理经验，才能高质量地完成各自岗位的工作，保障所监理工程的质量。

## 五、施工单位在工程实施各阶段与图纸相关的工作内容

1. 工程招投标阶段

按照我国法律规定，所有规定规模以上的建筑工程施工必须经过公开招标获得工程

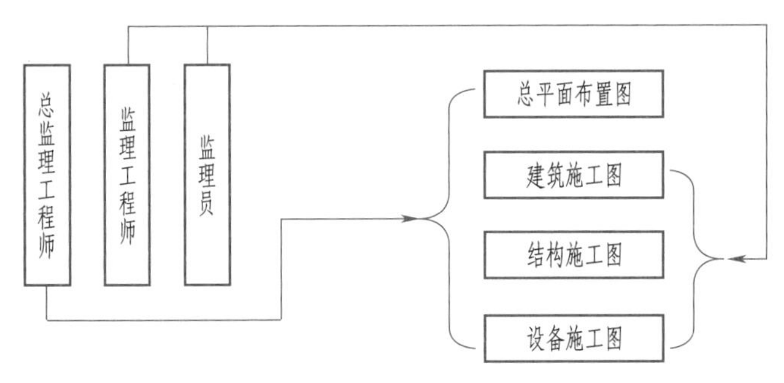


图 15-7　监理单位各岗位与图纸的关系

承包权，这也是建筑施工承包单位获取项目的主要途径。因此，在工程项目施工前，施工单位必须做的一项工作就是工程投标。工程投标的最主要工作就是编制工程投标文件，它包括两项主要工作内容，即编制施工图组织设计，形成"技术标"；编制施工图预算，形成"商务标"（图 15-8）。

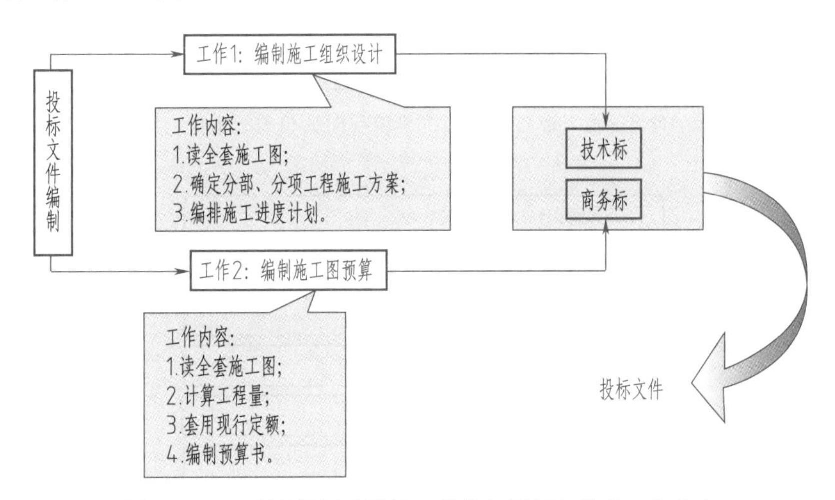


图 15-8　工程招投标阶段施工单位与图纸相关的工作内容

编制施工组织设计时的基本工作内容有：阅读全套建筑工程施工图；确定分部分项工程施工方案；编排施工进度计划，最后形成技术标文件。

编制施工图预算时的基本工作内容有：阅读全套施工图；计算工程量；套用定额；编制预算书并进行报价，最后形成商务标文件。

从图 15-8 中可以看出，工程投标时编制投标文件的最基本工作就是要阅读施工图纸，这项工作是工程"中标"、获取项目的基础。

2. 施工准备阶段

在施工准备阶段，施工单位的主要工作内容有三项（图 15-9），即施工场地的"三通一平"、材料和施工机械的准备及参加图纸会审会议。三项工作的基础是阅读建筑工程施工图的相关部分内容，尤其是参加图纸会审会议（图纸会审会议流程和内容见图 15-10），会前准备工作就是阅读全套图纸，找出问题，具体工作的内容和重点见图 15-9。

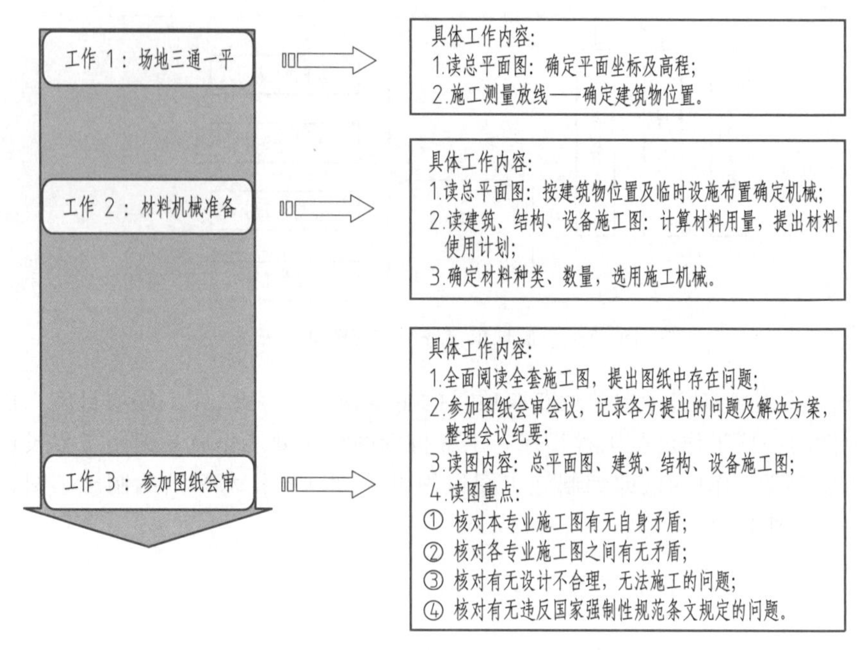


图15-9　施工准备阶段施工单位与图纸相关的工作内容

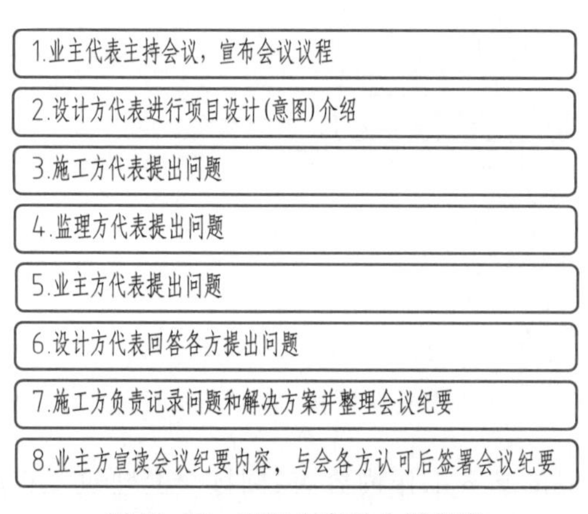


图15-10　图纸会审的会议程序

3. 施工阶段

施工阶段是将建筑工程施工图变成工程实体的阶段，在此过程当中，最重要的依据就是建筑工程施工图，虽然在施工前期经过图纸会审对施工图进行了修正，但随着工程施工的开展，仍会出现涉及施工图变更的各种情况，如业主基于建筑物使用功能的改变要求变更设计，施工单位在不影响设计意图实现的前提下要求变更设计，由于施工错误不得已修改设计，以及经实践检验证明设计不合理而修改设计等。无论是何种原因导致设计变更，均要导致施工图设计文件的补充，因此，施工单位在施工过程中必须要做的涉及图纸变更的工作如图15-11所示，图中列出了工作内容、工作方式和工作方法，供读者学习参考。

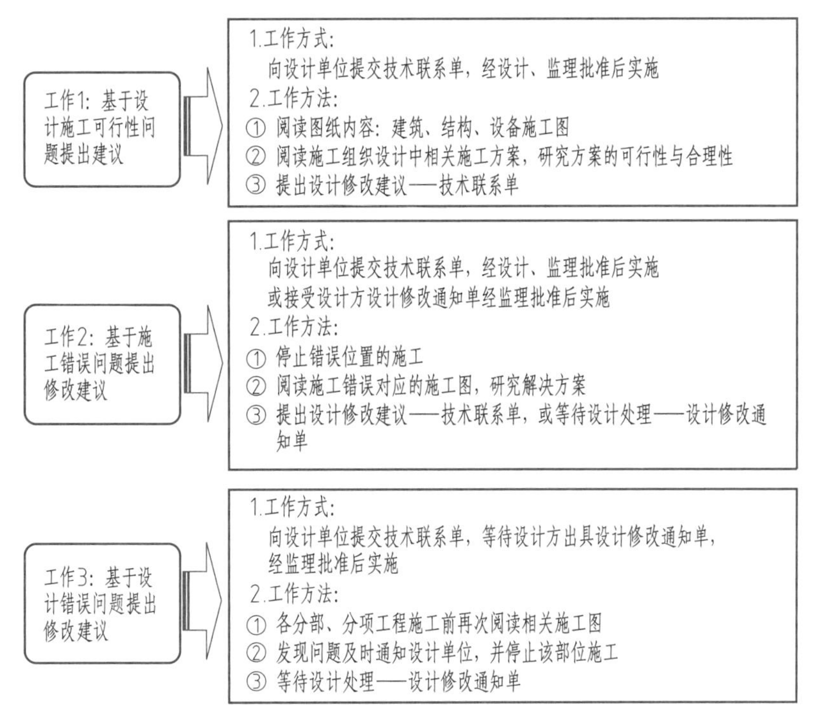


图 15-11　施工阶段施工单位与图纸相关的工作内容

4. 竣工验收阶段

竣工验收阶段是工程实施过程的最后阶段，在这一阶段，除对工程实体进行验收外，就是要完成各种涉及设计变更资料的整理归档，并完成工程竣工图的绘制工作。

工程竣工图是建筑物正常使用期间处理工程事故、建筑物维修改造等工作的重要依据。简单来说，工程竣工图就是将工程实施期间所有有关设计修改的内容添加在原有建筑工程施工图上，使其成为完全反映实际工程原貌的工程图纸。工作内容和程序如图 15-12所示。

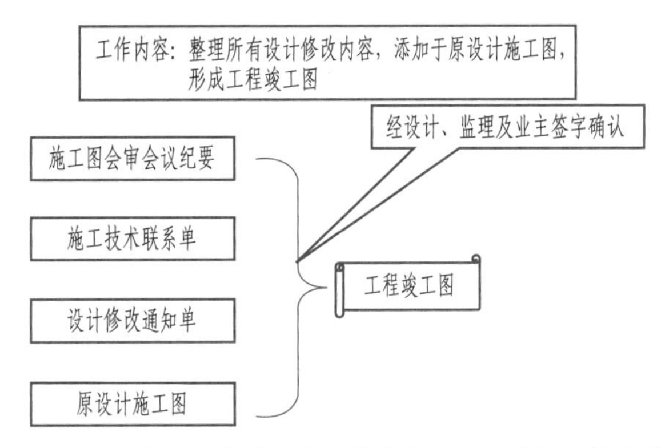


图 15-12　竣工验收阶段施工单位与图纸相关的工作内容

## 六、工程实施阶段监理单位与图纸相关的工作内容

监理单位的工作如图 15-13 所示，是指通过招投标承接到工程项目，到工程验收交付使用期间，监理单位所做的工作内容。

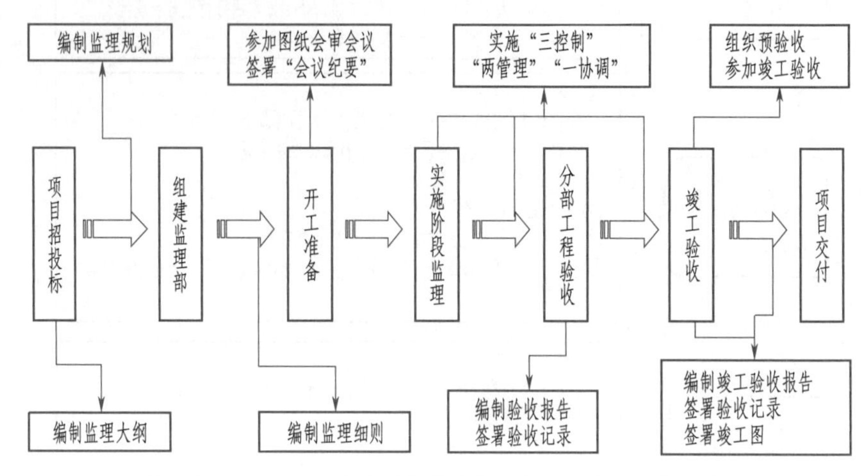


图 15-13　工程实施阶段监理单位与图纸相关的工作内容

按照国家规定，监理单位在承接工程监理项目时必须通过项目招投标的方式。如同施工单位参加项目招投标类似，参加投标的单位必须编制说明监理计划的“监理大纲”，作为投标文件之一，即技术标；同时还应提供监理收取费用的报价文件，即商务标。编制技术标和商务标之前，必须仔细阅读招标方提供的建筑工程施工图，全面了解项目情况，才能编制出切实可行的技术标和商务标内容，从而获得项目的监理业务。

获取项目后的第一项任务，就是依据投标时编制的“监理大纲”，对监理方案和措施进行细化，编制“监理规划”和“专业监理细则”。两项文件必须具有针对性和可行性，同时总监理工程师必须组织项目部人员仔细阅读图纸，提出设计中存在的问题，为“图纸会审会议”做好充分准备。

在项目监理工作的实施过程中，项目部的监理人员必须反复阅读施工图，尽可能在分部分项工程实施前发现并解决问题，保证工程符合质量要求、进度要求和投资控制要求。在工程实施过程中，总监理工程师必须认真详细地阅读建筑工程施工图，确认各方提出的设计变更文件，即核对变更的正确性和合理性，并在变更文件实施前签字确认。在工程结束时，监理工程师还应核对竣工图纸中所包含的工程实施过程中所发生的所有工程变更（包括业主、设计和施工方提出的变更）内容，最后由总监理工程师签署竣工图纸。

由上述可知，监理单位从获取项目开始，到项目竣工验收为止，几乎所有岗位的工作内容均离不开阅读建筑工程施工图。总监理工程师需阅读整套图纸内容，各专业监理工程师则需阅读各专业图纸内容，监理员则以阅读详图为主。

## 七、建筑工程施工图综合识读要点

（1）应全面了解建设工程的程序，及不同阶段岗位工作任务对阅读图纸的不同要

求，做到“重点突出，目的明确”。

例如：施工企业测量人员在进行场地平整、建筑物放线定位时，其读图重点应放在阅读总平面布置图及各建筑物底层建筑平面图上，不必要阅读所有单体建筑的所有施工图。要完成工程预算，或做工程投标的商务标书，预算人员必须阅读整套建筑工程施工图，包括总平面布置图、建筑施工图、结构施工图、设备施工图等。

（2）了解建筑行业各岗位的工作内容对施工图阅读的不同要求，做到“认真仔细，目的明确，计算准确，不放过疑点”。

例如：施工企业的质检人员或监理企业的监理工程师要对工程的分项、分部、单位工程的质量负责，其读图重点应该是在全面阅读全套施工图的基础上，详细阅读各部位的建筑、结构详图和设备安装详图，同时掌握各专业工程质量验收规范的要求。

（3）应全面掌握设计文件包括的内容，除施工图外，还包括“施工图会审会议纪要”“施工技术联系单”和“设计变更通知单”。

动画
建筑工程施工图识读模拟

例如：施工企业质检人员或监理企业的监理工程师在进行分项、分部及单位工程的质量验收之前，需阅读相关部分的施工图，因此时竣工图尚未绘制，读图时必须查阅所有与验收部分有关的变更文件，包括“施工图会审会议纪要”“施工技术联系单”和“设计变更通知单”等相关内容。

（4）每套图纸的阅读应遵从下述规律：

① 正向识图与逆向识图相结合；

② 文字说明与图样相结合；

③ 初次识图应多遍识读，避免以点代面；

④ 遵守“正投影”规律，避免得到错误信息；

⑤ 本专业图纸之间应相互联系；

⑥ 各专业图纸之间应相互联系；

⑦ 掌握施工图以外设计文件的内容和阅读方法。

## 第二课堂学习任务

任务内容：

识读某单层工业厂房施工图（详见本书配套例图集），列出“问题清单”，准备参加“图纸会审”会议。

案例图纸：

见本书配套例图集。

项目成果内容：

- 施工图会审会议纪要。

项目活动程序：

- 教师分别代表建设单位支持会议、代表设计单位解释设计意图；
- 学生以“技术员”身份提出施工图中存在的问题；
- 教师以设计单位身份提出解决方案；
- 学生整理经各方审核确认的问题，撰写“施工图会审会议纪要”。
- 教师总结施工图中常见问题，讲述读图技巧。

完成项目后思考的问题：

- 整套施工图中存在的问题包括哪些方面？
- 建筑施工图与结构施工图内容不一致的问题有哪些内容？
- 什么是国家强制性规范条文规定？常见内容有哪些？
- 必须给出“建筑详图”或“结构详图”的内容有哪些？图中是否有类似问题？
- “施工图会审会议纪要”需要履行哪些确认手续？经确认后的文件起什么作用？

# 附录 1　AutoCAD 常用命令表

| 序号 | 命令 | 快捷键 | 命令说明 | 备注 |
| --- | --- | --- | --- | --- |
| 1 | arc | A | 绘制圆弧 | |
| 2 | area | AA | 计算所选区域的面积 | |
| 3 | array | AR | 图形阵列 | |
| 4 | bhatch | BH 或 H | 区域图案填充 | |
| 5 | break | BR | 打断图素 | |
| 6 | block | | 定义块 | |
| 7 | chamfer | CHA | 倒圆角 | |
| 8 | change | CH | 图形属性修改 | |
| 9 | circle | CI | 绘制圆 | |
| 10 | color | | 设置实体颜色 | |
| 11 | copy | CO 或 CP | 复制图素 | |
| 12 | dim | | 进入尺寸标注状态 | |
| 13 | dimbaseline | | 基线标注 | |
| 14 | dimcontinue | | 连续标注 | |
| 15 | dist | DI | 测量两点间的距离 | |
| 16 | donut | DO | 绘制圆环 | |
| 17 | dtext | DT | 单行文本标注 | |
| 18 | dimstyle | | 标注样式设置 | |
| 19 | ddedit | | 修改文字内容 | |
| 20 | erase | E | 删除实体 | |
| 21 | explode | X | 分解实体 | |
| 22 | extend | EX | 延伸实体 | |
| 23 | fillet | F | 倒圆角 | |
| 24 | grid | | 显示栅格 | |

续表

| 序号 | 命令 | 快捷键 | 命令说明 | 备注 |
|---|---|---|---|---|
| 25 | help | FL | 打开帮助信息 | |
| 26 | insert | I | 插入图块 | |
| 27 | layer | LA | 图层控制 | |
| 28 | line | L | 绘制直线 | |
| 29 | linetype | LT | 设置线型 | |
| 30 | ltscale | LTS | 设置线型比例 | |
| 31 | list | | 查看图素属性 | |
| 32 | mirror | MI | 镜像图素 | |
| 33 | move | M | 移动图素 | |
| 34 | mtext | MT | 书写多行文字 | |
| 35 | offset | O | 偏移复制 | |
| 36 | open | | 打开图形文件 | |
| 37 | ortho | | 切换正交状态 | |
| 38 | osnap | OS | 设置捕捉方式 | |
| 39 | pedit | PE | 编辑多义线 | |
| 40 | polyline | PL | 绘制多义线 | |
| 41 | plot | | 图形输出 | |
| 42 | polygon | | 绘制正多边形 | |
| 43 | qsave | | 图形另存 | |
| 44 | quit | | 退出 | |
| 45 | rectang | REC | 绘制矩形 | |
| 46 | redo | | 恢复一条被取消的命令 | |
| 47 | rotate | RO | 旋转实体 | |
| 48 | save | | 保存图形文件 | |
| 49 | scale | SC | 比例缩放实体 | |
| 50 | stretch | S | 拉伸实体 | |
| 51 | style | ST | 设置文字书写样式 | |
| 52 | trim | TR | 剪切实体 | |
| 53 | wblock | W | 图块存盘 | |
| 54 | zoom | Z | 视图缩放 | |

注:快捷键内容是软件默认内容,仅供读者参考。读者可通过自定义 ACAD.PGP 文件自行设置快捷键内容。

# 附录 2　AutoCAD 常用命令使用教学微课

教学微课一览表

| 编号 | 微课内容 | 编号 | 微课内容 |
|---|---|---|---|
| 1 | CAD 软件简介 | 12 | 块的建立与使用 |
| 2 | 直线的绘制 | 13 | 矩形的绘制 |
| 3 | 圆的绘制 | 14 | 正多边形的绘制 |
| 4 | 图素的复制和镜像 | 15 | 点的绘制 |
| 5 | 图素的偏移和剪切 | 16 | 圆弧的绘制 |
| 6 | 多义线的绘制 | 17 | 椭圆的绘制 |
| 7 | 多线的绘制 | 18 | 图素的旋转 |
| 8 | 图素的阵列 | 19 | 图素的拉伸和延伸 |
| 9 | 图形的填充和缩放 | 20 | 图形的倒角和圆角 |
| 10 | 图层的设置和使用 | 21 | 图形的周长及面积查询 |
| 11 | 尺寸的自动标注 | | |

AutoCAD
软件简介
直线的
绘制
圆的
绘制
图素的复
制和镜像
图素的偏
移和剪切
多义线
的绘制
多线的
绘制
图素的
阵列
图形的填
充和缩放
图层的设
置和使用
尺寸的自
动标注
块的建立
与使用
矩形的
绘制
正多边形
的绘制
点的
绘制
圆弧的
绘制
椭圆的
绘制
图素的
旋转
图素的拉
伸和延伸
图形的倒
角和圆角
图形的周长
及面积查询

# 附录3 专业名词中英文对照及名词解释

| 序号 | 名词 | 英文 | 解释 |
| --- | --- | --- | --- |
| 1 | 混凝土结构 | concrete structure | 以混凝土为主制成的结构,包括素混凝土结构、钢筋混凝土结构和预应力混凝土结构等 |
| 2 | 素混凝土结构 | plain concrete structure | 无筋或不配置受力钢筋的混凝土结构 |
| 3 | 普通钢筋 | steel bar | 用于混凝土结构构件中的各种非预应力筋的总称 |
| 4 | 预应力筋 | pre - stressing tendon and/or bar | 用于混凝土结构构件中施加预应力的钢丝、钢绞线和预应力螺纹钢筋等的总称 |
| 5 | 钢筋混凝土结构 | reinforced concrete structure | 配置受力普通钢筋的混凝土结构 |
| 6 | 预应力混凝土结构 | pre-stressed concrete structure | 配置受力的预应力筋,通过张拉或其他方法建立预加应力的混凝土结构 |
| 7 | 现浇混凝土结构 | cast-in-situ concrete structure | 在现场原位支模,并整体浇筑而成的混凝土结构 |
| 8 | 装配式混凝土结构 | precast concrete structure | 由预制混凝土构件或部件装配、连接而成的混凝土结构 |
| 9 | 装配整体式混凝土结构 | assembled monolithic concrete structure | 由预制混凝土构件或部件通过钢筋、连接件或施加预应力加以连接,并在连接部位浇筑混凝土而形成整体受力的混凝土结构 |

续表

| 序号 | 名词 | 英文 | 解释 |
|---|---|---|---|
| 10 | 叠合构件 | composite member | 由预制混凝土构件(或既有混凝土结构构件)和后浇混凝土组成,以两阶段成型的整体受力结构构件 |
| 11 | 深受弯构件 | deep flexural member | 跨高比小于5的受弯构件 |
| 12 | 深梁 | deep beam | 跨高比小于2的简支单跨梁,或跨高比小于2.5的多跨连续梁 |
| 13 | 先张法预应力混凝土结构 | pretensioned prestressed concrete structure | 在台座上张拉预应力筋后浇筑了混凝土,并通过放张预应力筋由黏结传递而建立预应力的混凝土结构 |
| 14 | 后张法预应力混凝土结构 | post-tensioned prestressed concrete structure | 浇筑混凝土并达到规定强度后,通过张拉预应力筋并在结构上锚固而建立预应力的混凝土结构 |
| 15 | 无黏结预应力混凝土结构 | unbonded prestressed concrete structure | 配置与混凝土之间可保持相对滑动的无黏结预应力筋的后张法预应力混凝土结构 |
| 16 | 有黏结预应力混凝土结构 | bonded prestressed concrete structure | 通过灌浆或与混凝土直接接触使预应力筋与混凝土之间相互黏结而建立预应力的混凝土结构 |
| 17 | 结构缝 | structural joint | 根据结构设计需求而采取的分割混凝土结构间隔的总称 |
| 18 | 混凝土保护层 | concrete cover | 结构构件中钢筋外边缘至构件表面范围用于保护钢筋的混凝土,简称保护层 |
| 19 | 锚固长度 | anchorage length | 受力钢筋依靠其表面与混凝土的黏结作用或端部构造的挤压作用而达到设计承受应力所需的长度 |
| 20 | 钢筋连接 | splice of reinforcement | 通过绑扎搭接、机械连接、焊接等方法实现钢筋之间内力传递的构造形式 |
| 21 | 配筋率 | ratio of reinforcement | 混凝土构件中配置的钢筋面积(或体积)与规定的混凝土截面面积(或体积)的比值 |

续表

| 序号 | 名词 | 英文 | 解释 |
| --- | --- | --- | --- |
| 22 | 剪跨比 | ratio of shear span to effective depth | 截面弯矩与剪力和有效高度乘积的比值 |
| 23 | 横向钢筋 | transverse reinforcement | 垂直于纵向受力钢筋的箍筋或间接钢筋 |
| 24 | 民用建筑 | civil building | 供人们居住和进行公共活动的建筑的总称 |
| 25 | 居住建筑 | residential building | 供人们居住使用的建筑 |
| 26 | 公共建筑 | public building | 供人们进行各种公共活动的建筑 |
| 27 | 无障碍设施 | accessibility facilities | 方便残疾人、老年人等行动不便或有视力障碍者使用的安全设施 |
| 28 | 停车空间 | parking space | 停放机动车和非机动车的室内、外空间 |
| 29 | 建筑基地 | construction site | 根据用地性质和使用权属确定的建筑工程项目的使用场地 |
| 30 | 道路红线 | boundary line of roads | 规划的城市道路（含居住区级道路）用地的边界线 |
| 31 | 用地红线 | boundary line of land; property line | 各类建筑工程项目用地的使用权属范围的边界线 |
| 32 | 建筑控制线 | building line | 有关法规或详细规划确定的建筑物、构筑物的基底位置不得超出的界线 |
| 33 | 建筑密度 | building density; building coverage ratio | 在一定范围内、建筑物的基底面积总和与占用地面积的比例(%) |
| 34 | 容积率 | plot ratio, floor area ratio | 在一定范围内,建筑面积总和与用地面积的比值 |
| 35 | 绿地率 | greening rate | 一定地区内,各类绿地总面积占该地区总面积的比例（%） |
| 36 | 日照标准 | insolation standards | 根据建筑物所处的气候区、城市大小和建筑物的使用性质确定的,在规定的日照标准日(冬至日或大寒日)的有效日照时间范围内,以底层窗台面为计算起点的建筑外窗获得的日照时间 |

续表

| 序号 | 名词 | 英文 | 解释 |
|---|---|---|---|
| 37 | 层高 | storey height | 建筑物各层之间以楼、地面面层(完成面)计算的垂直距离,屋顶层由该层楼面面层(完成面)至平屋面的结构面层或至坡顶的结构面层与外墙外皮延长线的交点计算的垂直距离 |
| 38 | 室内净高 | interior net storey height | 从楼、地面面层(完成面)至吊顶或楼盖、屋盖底面之间的有效使用空间的垂直距离 |
| 39 | 地下室 | basement | 房间地平面低于室外地平面的高度超过该房间净高的1/2者为地下室 |
| 40 | 半地下室 | semi-basement | 房间地平面低于室外地平面的高度超过该房间净高的1/3,且不超过1/2者为半地下室 |
| 41 | 设备层 | mechanical floor | 建筑物中专为设置暖通、空调、给水排水和配变电等的设备和管道且供人员进入操作用的空间层 |
| 42 | 避难层 | refuge storey | 建筑高度超过100 m的高层建筑,为消防安全专门设置的供人们疏散避难的楼层 |
| 43 | 架空层 | open floor | 仅有结构支撑而无外围护结构的开敞空间层 |
| 44 | 台阶 | step | 在室外或室内的地坪或楼层不同标高处设置的供人行走的阶梯 |
| 45 | 坡道 | ramp | 连接不同标高的楼面、地面,供人行或车行的斜坡式交通道 |
| 46 | 栏杆 | railing | 高度在人体胸部至腹部之间,用以保障人身安全或分隔空间用的防护分隔构件 |
| 47 | 楼梯 | stair | 由连续行走的梯级、休息平台和维护安全的栏杆(或栏板)、扶手以及相应的支托结构组成的作为楼层之间垂直交通用的建筑部件 |

续表

| 序号 | 名词 | 英文 | 解释 |
| --- | --- | --- | --- |
| 48 | 变形缝 | deformation joint | 为防止建筑物在外界因素作用下，结构内部产生附加变形和应力，导致建筑物开裂、碰撞甚至破坏而预留的构造缝，包括伸缩缝、沉降缝和抗震缝 |
| 49 | 建筑幕墙 | building curtain wall | 由金属构架与板材组成的，不承担主体结构荷载与作用的建筑外围护结构 |
| 50 | 吊顶 | suspended ceiling | 悬吊在房屋屋顶或楼板结构下的顶棚 |
| 51 | 管道井 | pipe shaft | 建筑物中用于布置竖向设备管线的竖向井道 |
| 52 | 烟道 | smoke uptake; smoke flue | 排除各种烟气的管道 |
| 53 | 通风道 | air relief shaft | 排除室内蒸汽、潮气或污浊空气以及输送新鲜空气的管道 |
| 54 | 装修 | decoration; finishing | 以建筑物主体结构为依托，对建筑内、外空间进行的细部加工和艺术处理 |
| 55 | 采光 | daylighting | 为保证人们生活、工作或生产活动具有适宜的光环境，使建筑物内部使用空间取得的天然光照度满足使用、安全、舒适、美观等要求的技术 |
| 56 | 采光系数 | daylight factor | 在室内给定平面上的一点，由直接或间接地接收来自假定和已知天空亮度分布的天空漫射光而产生的照度与同一时刻该天空半球在室外无遮挡水平面上产生的天空漫射光照度之比 |
| 57 | 采光系数标准值 | standard value of daylight factor | 室内和室外天然光临界照度时的采光系数值 |
| 58 | 通风 | ventilation | 为保证人们生活、工作或生产活动具有适宜的空气环境，采用自然或机械方法，对建筑物内部使用空间进行换气，使空气质量满足卫生、安全、舒适等要求的技术 |

续表

| 序号 | 名词 | 英文 | 解释 |
| --- | --- | --- | --- |
| 59 | 噪声 | noise | 影响人们正常生活、工作、学习、休息，甚至损害身心健康的外界干扰声 |
| 60 | 地基 | ground, foundation soils | 支承基础的土体或岩体 |
| 61 | 基础 | foundation | 将结构所承受的各种作用传递到地基上的结构组成部分 |
| 62 | 承载力特征值 | characteristic value of subsoil bearing capacity | 由载荷试验测定的地基土压力变形曲线线性变形段内规定的变形所对应的压力值，其最大值为比例界限值 |
| 63 | 标准冻结深度 | standard frost penetration | 在地面平坦、裸露、城市之外的空旷场地中不少于10年的实测最大冻结深度的平均值 |
| 64 | 地基处理 | ground treatment, ground improvement | 为提高地基承载力，或改善其变形性质或渗透性质而采取的工程措施 |
| 65 | 复合地基 | composite ground, composite foundation | 部分土体被增强或被置换，而形成的由地基土和增强体共同承担荷载的人工地基 |
| 66 | 扩展基础 | spread foundation | 为扩散上部结构传来的荷载，使作用在基底的压应力满足地基承载力的设计要求，且基础内部的应力满足材料强度的设计要求，通过向侧边扩展一定底面积的基础 |
| 67 | 无筋扩展基础 | non-reinforced spread foundation | 由砖、毛石、混凝土或毛石混凝土、灰土和三合土等材料组成的，且不需配置钢筋的墙下条形基础或柱下独立基础 |
| 68 | 桩基础 | pile foundation | 由设置于岩土中的桩和连接于桩顶端的承台组成的基础 |
| 69 | 砌体结构 | masonry structure | 由块体和砂浆砌筑而成的墙、柱作为建筑物主要受力构件的结构，是砖砌体、砌块砌体和石砌体结构的统称 |

续表

| 序号 | 名词 | 英文 | 解释 |
| --- | --- | --- | --- |
| 70 | 配筋砌体结构 | reinforced masonry structure | 由配置钢筋的砌体作为建筑物主要受力构件的结构，是网状配筋砌体柱、水平配筋砌体墙、砖砌体和钢筋混凝土面层或钢筋砂浆面层组合砌体柱(墙)、砖砌体和钢筋混凝土构造柱组合墙和配筋砌块砌体剪力墙结构的统称 |
| 71 | 烧结普通砖 | fired common brick | 由煤矸石、页岩、粉煤灰或黏土为主要原料，经过焙烧而成的实心砖。分烧结煤矸石砖、烧结页岩砖、烧结粉煤灰砖、烧结黏土砖等 |
| 72 | 烧结多孔砖 | fired perforated brick | 以煤矸石、页岩、粉煤灰或黏土为主要原料，经焙烧而成、孔洞率不大于35%，孔的尺寸小而数量多，主要用于承重部位的砖 |
| 73 | 蒸压灰砂普通砖 | autoclaved sand-lime brick | 以石灰等钙质材料和砂等硅质材料为主要原料，经坯料制备、压制排气成型、高压蒸汽养护而成的实心砖 |
| 74 | 蒸压粉煤灰普通砖 | autoclaved flyash-lime brick | 以石灰、消石灰(如电石渣)或水泥等钙质材料与粉煤灰等硅质材料及集料(砂等)为主要原料，掺加适量石膏，经坯料制备、压制排气成型、高压蒸汽养护而成的实心砖 |
| 75 | 混凝土小型空心砌块 | concrete small hollow block | 由普通混凝土或轻集料混凝土制成，主规格尺寸为390 mm×190 mm×190 mm、空心率为25%~50%的空心砌块。简称混凝土砌块或砌块 |
| 76 | 混凝土砖 | concrete brick | 以水泥为胶结材料，以砂、石等为主要集料，加水搅拌、成型、养护制成的一种多孔的混凝土半盲孔砖或实心砖。多孔砖的主规格尺寸为240 mm×115 mm×90 mm、240 mm×190 mm×90 mm、190 mm×190 mm×90 mm等；实心砖的主规格尺寸为240 mm×115 mm×53 mm、240 mm×115 mm×90 mm等 |

续表

| 序号 | 名词 | 英文 | 解释 |
|---|---|---|---|
| 77 | 混凝土砌块(砖)专用砌筑砂浆 | mortar for concrete small hollow block | 由水泥、砂、水以及根据需要掺入的掺合料和外加剂等组分,按一定比例,采用机械拌和制成,专门用于砌筑混凝土砌块的砌筑砂浆,简称砌块专用砂浆 |
| 78 | 混凝土砌块灌孔混凝土 | grout for concrete small hollow block | 由水泥、集料、水以及根据需要掺入的掺合料和外加剂等组分,按一定比例,采用机械搅拌后,用于浇注混凝土砌块砌体芯柱或其他需要填实部位孔洞的混凝土。简称砌块灌孔混凝土 |
| 79 | 蒸压灰砂普通砖、蒸压粉煤灰普通砖专用砌筑砂浆 | mortar for autoclaved silicate brick | 由水泥、砂、水以及根据需要掺入的掺合料和外加剂等组分,按一定比例,采用机械拌和制成,专门用于砌筑蒸压灰砂砖或蒸压粉煤灰砖砌体,且砌体抗剪强度应不低于烧结普通砖砌体的取值的砂浆 |
| 80 | 带壁柱墙 | pilastered wall | 沿墙长度方向隔一定距离将墙体局部加厚,形成的带垛墙体 |
| 81 | 混凝土构造柱 | structural concrete column | 在砌体房屋墙体的规定部位,按构造配筋,并按先砌墙后浇灌混凝土柱的施工顺序制成的混凝土柱。通常称为混凝土构造柱,简称构造柱 |
| 82 | 圈梁 | ring beam | 在房屋的檐口、窗顶、楼层、吊车梁顶或基础顶面标高处,沿砌体墙水平方向设置封闭状的按构造配筋的混凝土梁式构件 |
| 83 | 墙梁 | wall beam | 由钢筋混凝土托梁和梁上计算高度范围内的砌体墙组成的组合构件,包括简支墙梁、连续墙梁和框支墙梁 |
| 84 | 挑梁 | cantilever beam | 嵌固在砌体中的悬挑式钢筋混凝土梁。一般指房屋中的阳台挑梁、雨篷挑梁或外廊挑梁 |

续表

| 序号 | 名词 | 英文 | 解释 |
|---|---|---|---|
| 85 | 设计使用年限 | design working life | 设计规定的时期。在此期间结构或结构构件只需进行正常的维护，便可按其预定的目的使用，而不需进行大修加固 |
| 86 | 框架填充墙 | infilled wall in concrete frame structure | 在框架结构中砌筑的墙体 |
| 87 | 夹心墙 | cavity wall with insulation | 墙体中预留的连续空腔内填充保温或隔热材料，并在墙的内叶和外叶之间，用防锈的金属拉结件连接形成的墙体 |
| 88 | 永久荷载 | permanent load | 在结构使用期间，其值不随时间变化，或其变化与平均值相比可以忽略不计，或其变化是单调的并能趋于限值的荷载，包括结构自重、土压力、预应力等 |
| 89 | 可变荷载 | variable load | 在结构使用期间，其值随时间变化，且其变化与平均值相比，不可以忽略不计的荷载，包括楼面活荷载、屋面活荷载和积灰荷载、吊车荷载、风荷载、雪荷载、温度作用等 |
| 90 | 偶然荷载 | accidental load | 在结构设计使用年限内不一定出现，而一旦出现其量值很大，且持续时间很短的荷载，包括爆炸力、撞击力等 |
| 91 | 荷载效应 | load effect | 由荷载引起结构或结构构件的反应，例如内力、变形和裂缝等 |
| 92 | 等效均布荷载 | equivalent uniform live load | 结构设计时，楼面上不连续分布的实际荷载，一般采用均布荷载代替；等效均布荷载系指其在结构上所得的荷载效应能与实际的荷载效应保持一致的均布荷载 |
| 93 | 基本雪压 | reference snow pressure | 雪荷载的基准压力，一般按当地空旷平坦地面上积雪自重的观测数据，经概率统计得出50年一遇最大值确定 |

续表

| 序号 | 名词 | 英文 | 解释 |
|---|---|---|---|
| 94 | 基本风压 | reference wind pressure | 风荷载的基准压力，一般按当地空旷平坦地面上 10 m 高度处 10 min 平均的风速观测数据，经概率统计得出 50 年一遇最大值确定的风速，再考虑相应的空气密度，按伯努利（Bernoulli）公式确定的风压 |
| 95 | 抗震设防烈度 | seismic precautionary intensity | 按国家规定的权限批准作为一个地区抗震设防依据的地震烈度。一般情况下，取 50 年内超越概率 10%的地震烈度 |
| 96 | 抗震设防标准 | seismic precautionary criterion | 衡量抗震设防要求高低的尺度，由抗震设防烈度或设计地震动参数及建筑抗震设防类别确定 |
| 97 | 地震动参数区划图 | seismic ground motion parameter zonation map | 以地震动参数（以加速度表示地震作用强弱程度）为指标，将全国划分为不同抗震设防要求区域的图件 |
| 98 | 地震作用 | earthquake action | 由地震动引起的结构动态作用，包括水平地震作用和竖向地震作用 |
| 99 | 设计地震动参数 | design parameters of ground motion | 抗震设计用的地震加速度（速度、位移）时程曲线、加速度反应谱和峰值加速度 |
| 100 | 设计基本地震加速度 | design basic acceleration of ground motion | 50 年设计基准期超越概率 10%的地震加速度的设计取值 |
| 101 | 场地 | site | 工程群体所在地，具有相似的反应谱特征。其范围相当于厂区、居民小区和自然村或不小于 1 $km^2$ 的平面面积 |
| 102 | 建筑抗震概念设计 | seismic concept design of buildings | 根据地震灾害和工程经验等所形成的基本设计原则和设计思想，进行建筑和结构总体布置并确定细部构造的过程 |
| 103 | 抗震措施 | seismic measures | 除地震作用计算和抗力计算以外的抗震设计内容，包括抗震构造措施 |

续表

| 序号 | 名词 | 英文 | 解释 |
|---|---|---|---|
| 104 | 抗震构造措施 | details of seismic design | 根据抗震概念设计原则，一般不需计算而对结构和非结构各部分必须采取的各种细部要求 |
| 105 | 图纸幅面 | drawing format | 图纸宽度与长度组成的图面 |
| 106 | 图线 | chart | 起点和终点间以任何方式连接的一种几何图形，形状可以是直线或曲线，连续或不连续线 |
| 107 | 字体 | font | 文字的风格式样，又称书体 |
| 108 | 比例 | scale | 图中图形与其实物相应要素的线性尺寸之比 |
| 109 | 视图 | view | 将物体按正投影法向投影面投射时所得到的投影称为视图 |
| 110 | 轴测图 | axonometric drawing | 用平行投影法将物体连同确定该物体的直角坐标系一起沿不平行于任一坐标平面的方向投射到一个投影面上所得到的图形，称作轴测图 |
| 111 | 透视图 | perspective drawing | 根据透视原理绘制出的具有近大远小特征的图像，以表达建筑设计意图 |
| 112 | 标高 | elevation | 以某一水平面作为基准面，并作零点（水准原点）起算地面（楼面）至基准面的垂直高度 |
| 113 | 工程图纸 | project sheet | 根据投影原理或有关规定绘制在纸介质上的，通过线条、符号、文字说明及其他图形元素表示工程形状、大小、结构等特征的图形 |
| 114 | 计算机辅助设计 | CAD, computer aided design | 利用计算机及其图形设备帮助设计人员进行设计工作，简称CAD |
| 115 | 计算机辅助制图文件 | CAD drawing file, CAD file | 利用计算机辅助制图技术绘制的，记录和存储工程图纸所表现的各种设计内容的数据文件 |
| 116 | 计算机辅助制图文件夹 | CAD drawing folder | 在磁盘等设备上存储计算机辅助制图文件的逻辑空间，又称为计算机辅助制图文件目录 |

续表

| 序号 | 名词 | 英文 | 解释 |
| --- | --- | --- | --- |
| 117 | 图库文件 | document file | 可以在一个以上的工程中重复使用的计算机辅助制图文件 |
| 118 | 工程图纸编号 | construction drawing number | 用于表示图纸的图样类型和排列顺序的编号,亦称图号 |
| 119 | 图层 | layer | 计算机辅助制图文件中相关图形元素数据的一种组织结构。属于同一图层的实体具有统一的颜色、线型、线宽、状态等属性 |
| 120 | 标题栏 | title block | |
| 121 | 尺寸界线 | extention line | |
| 122 | 尺寸线 | dimension Line | |
| 123 | 尺寸起止符号 | arrowhead | |
| 124 | 尺寸数字 | dimension text | |

# 参考文献


[1] 李晓东.建筑识图与构造[M].北京:高等教育出版社,2012.

[2] 中华人民共和国住房和城乡建设部.房屋建筑制图统一标准:GB/T 50001—2017[S].北京:中国建筑工业出版社,2018.

[3] 中华人民共和国住房和城乡建设部.总图制图标准:GB/T 50103—2010[S].北京:中国建筑工业出版社,2010.

[4] 中华人民共和国住房和城乡建设部.建筑制图标准:GB/T 50104—2010[S].北京:中国建筑工业出版社,2010.

[5] 中华人民共和国住房和城乡建设部.建筑结构制图标准:GB/T 50105—2010[S].北京:中国建筑工业出版社,2010.

[6] 中华人民共和国住房和城乡建设部.混凝土结构设计规范:GB 50010—2010[S].北京:中国建筑工业出版社,2015.

[7] 中国国家标准化管理委员会.钢筋混凝土用钢第2部分:热轧带肋钢筋:GB/T 1499.2—2018[S].北京:中国标准出版社,2018.

[8] 中华人民共和国住房和城乡建设部.钢结构设计标准:GB 50017—2017[S].北京:中国建筑工业出版社,2017.

[9] 中华人民共和国住房和城乡建设部.建筑结构荷载规范:GB 50009—2012[S].北京:中国建筑工业出版社,2012.

[10] 中华人民共和国住房和城乡建设部.建筑地基基础设计规范:GB 50007—2011[S].北京:中国建筑工业出版社,2011.

[11] 中华人民共和国住房和城乡建设部.砌体结构设计规范:GB 50003—2011[S].北京:中国计划出版社,2011.

[12] 中华人民共和国住房和城乡建设部.建筑抗震设计规范:GB 50011—2010 [S].北京:中国建筑工业出版社,2010.

[13] 中华人民共和国建设部.民用建筑设计通则:GB 50352—2005[S].北京:中国建筑工业出版社,2005.

[14] 中华人民共和国住房和城乡建设部.混凝土结构施工图平面整体表达方法制图规则和构造详图(现浇混凝土框架、剪力墙、梁、板):16G101-1[S].北京:中国计划出版社,2016.

[15] 中华人民共和国建设部.钢筋混凝土屋面梁:04G353-5[S].北京:中国计划出版社,2004.

[16] 刘军旭.建筑工程制图与识图习题集[M].北京:高等教育出版社,2017.

## 郑重声明

# 《建筑识图与构造(第二版)》配套例图集

李晓东　编著

高等教育出版社·北京

# 例图集目录

| | | 图号 | 图名 |
|---|---|---|---|
| 单层工业厂房图纸 | 建筑施工图 | 建施-01 | 首页图 |
| | | 建施-02 | ±0.000 平面图 |
| | | 建施-03 | 开洞埋管图 |
| | | 建施-04 | 屋面平面图　1—1 剖面图 |
| | | 建施-05 | 立面图 |
| | 结构施工图 | 结施-01 | 首页图 |
| | | 结施-02 | 桩基础平面布置图 |
| | | 结施-03 | 设备基础平面布置图 |
| | | 结施-04 | 承台及设备基础施工图 |
| | | 结施-05 | 排架柱、构造柱、圈梁布置图及墙体拉结详图 |
| | | 结施-06 | Z1 柱施工图 |
| | | 结施-07 | 工艺预埋件布置图 |
| | | 结施-08 | Z2 抗风柱施工图 |
| | | 结施-09 | 吊车梁及轨道布置图 |
| | | 结施-10 | 屋面结构施工图 |
| | | 结施-11 | A、C 排纵向构件布置图 |

| | | 图号 | 图名 |
|---|---|---|---|
| 后勤临时办公用房图纸 | 建筑施工图 | 建施-01 | 建筑施工图设计总说明(一) |
| | | 建施-02 | 建筑施工图设计总说明(二) |
| | | 建施-03 | 一层平面图 |
| | | 建施-04 | 二层平面图　屋顶平面图 |
| | | 建施-05 | 立面图　剖面图 |
| | | 建施-06 | 楼梯详图　门窗详图 |
| | | 建施-07 | 建筑详图 |
| | | 建施-08 | 总平面图 |
| | 结构施工图 | 结施-01 | 结构设计总说明 |
| | | 结施-02 | 结构构造 |
| | | 结施-03 | 基础平面布置图 |
| | | 结施-04 | 基础顶~6.400 柱平面布置图 |
| | | 结施-05 | 二层、屋面板配筋图 |
| | | 结施-06 | 二层、屋面梁配筋图 |
| | | 结施-07 | 1#、2#楼梯大样图 |
| | | | |

# 设计说明

| 采用标准图纸目录 | | | | |
|---|---|---|---|---|
| 序号 | 标准图名称 | 代号 | 类别 | 档案号 |
| 1 | 硬聚氯乙烯塑钢门窗 | 92SJ704(一) | 国标 | |
| 2 | 混凝土小型空心砌块墙体建筑构造 | 02J102-1 | 国标 | |
| 3 | 钢筋混凝土雨篷 | 03J501-2 | 国标 | |
| 4 | 钢筋混凝土过梁 | 03G322-2 | 国标 | |
| 5 | 楼地面建筑构造 | 01J304 | 国标 | |
| 6 | 室外工程 | 02J003 | 国标 | |
| 7 | 钢、钢木大门 | 02J611-1 | 国标 | |
| 8 | 住宅建筑构造 | 03J930-1 | 国标 | |
| | | | | |

## 一、设计依据

1. 本工程根据热工条件设计，建筑物坐标及绝对标高见总图。
2. 本工程概况：
(1) 本工程抗震设防烈度:6度
(2) 建筑耐久年限：50年
(3) 建筑耐火等级:二级。火灾危险性分类为丙类。
(4) 屋顶防水等级为三级。
(5) 结构形式：钢筋混凝土排架结构。
3. 本工程按现行中国规范规定标准设计。

## 二、材料规格及要求

1. 混凝土多孔砖:采用强度等级为MU10，规格：240×115×90。
2. 蒸压粉煤灰砖:采用强度等级为MU10，规格：240×115×53，主要用于±0.000以下墙体的砌筑。
3. 水泥:32.5、42.5普通硅酸盐水泥。
4. 钢筋：采用HPB235钢筋时以Φ表示，焊条采用E4300。
5. 砂浆：采用M5混合砂浆,M7.5水泥砂浆。
6. 内墙涂料:丙烯酸内墙涂料。
7. 外墙涂料:丙烯酸外墙涂料。
8. 玻璃:5mm平板玻璃。
9. 装修详见室内装修做法表。

## 三、施工要求

1. 外围护墙体砌筑时,标高±0.000以上用M5混合砂浆砌筑,标高±0.000以下墙用M7.5水泥砂浆砌筑,并用1:2防水砂浆在墙侧面抹20厚。
2. 砌筑门洞口时,须在洞口两侧设C20细实混凝土抱框，宽度不小于120mm，并沿竖向400高设2Φ5水平拉结筋，宽为墙厚-30mm。
3. 墙身水平防潮层用1:2水泥砂浆掺5%(水泥重量)防水剂,铺厚20,设于标高-0.060处。
4. 雨水管：雨水管采用白色UPVC管$D$=100。
5. 地面回填土须分层夯实,压实系数大于等于0.9。
6. 散水:室外散水沿长度方向距离每隔6m作一道伸缩缝。
7. 门刷油:门内、外侧为灰白色调和漆两遍。
8. 雨篷梁伸至构造柱与框架柱内并一起捣制，过梁与柱相碰时一起捣制。
9. 外装修：水泥砂浆20厚，外刷白色丙烯酸涂料。具体做法见03J930-1 (6/91)。
10. 本工程砖墙砌筑方法及施工要求参见《混凝土小型空心砌块墙体建筑构造》(02J102-1)，本工程索引详图的具体要求见相关标准图说明。
11. 本工程尺寸以mm计,标高以m计，未考虑冬季施工。
12. 凡未注明要求者均按国家现行施工及验收规范要求进行施工。

| 门窗表 | | | | | | | | | |
|---|---|---|---|---|---|---|---|---|---|
| 编号 | 名称 | 标准图号 | 型号 | 洞宽 | 洞高 | 数量 | 五金配件 | 过梁型号 | 备注 |
| M1 | 钢木大门 | 02J611-1 | M12-3036 | 3000 | 3600 | 1 | | ML4A-301A | 门樘MT4-36A |
| M2 | 平开门 | 92SJ704(一) | PSM6-21 | 1000 | 2100 | 1 | | 雨篷兼过梁 | |
| C1 | 塑钢推拉窗 | 92SJ704(一) | TSC-73 | 1500 | 1800 | 8 | | 圈梁兼过梁 | |
| C2 | 塑钢固定窗 | 92SJ704(一) | 参GSC-48 | 3000 | 1800 | 1 | | 圈梁兼过梁 | |
| C3 | 塑钢固定窗 | 92SJ704(一) | GSC-45 | 1500 | 1800 | 16 | | 圈梁兼过梁 | |

| 设计指标表 | | | | |
|---|---|---|---|---|
| 名称指标 | 占地面积/m² | 建筑面积/m² | 建筑体积/m³ | 备注 |
| 本工程总计 | 301.8 | 301.8 | / | |

| 室内装修表 | | | | | |
|---|---|---|---|---|---|
| 房间名称 | 地面 | 踢脚 | 墙面 | 顶棚 | 备注 |
| 制冷站 | (1)C25细石混凝土40厚，表面撒1:1水泥砂子随打随抹光<br>(2)水泥浆一道（内掺建筑胶）<br>(3)C20混凝土垫层200厚<br>(4)夯实土 | 01J304 (1/120)<br>水泥砂浆踢脚板<br>踢脚板高300 | (1)16~18厚1:3石灰砂浆分层抹平<br>(2)2厚细纸筋灰光面<br>(3)刷白色内墙涂料两遍 | / | |

| 资质等级：甲级 Grade of qualification: Class A | 证书编号: Certificate No. | |
|---|---|---|
| 职责DUTY | 签字SIGN. | 日期DATE |
| 设计DESN'D | | |
| 校核CHK'D | | |
| 审核REV'D | | |
| 审定APP'D | | |
| 批准AUTHZ'D | | |

首页图

设计项目 SECTION；设计阶段 STAGE：施工图；图号 DWG. NO.：建施-01；版REV.：0；第1张SHT.NO.；共1张TOTAL；比例SCALE：/；专业SPECIAL：建筑

专业负责人Lead engineer　设计总负责人Chief Lead Engineer

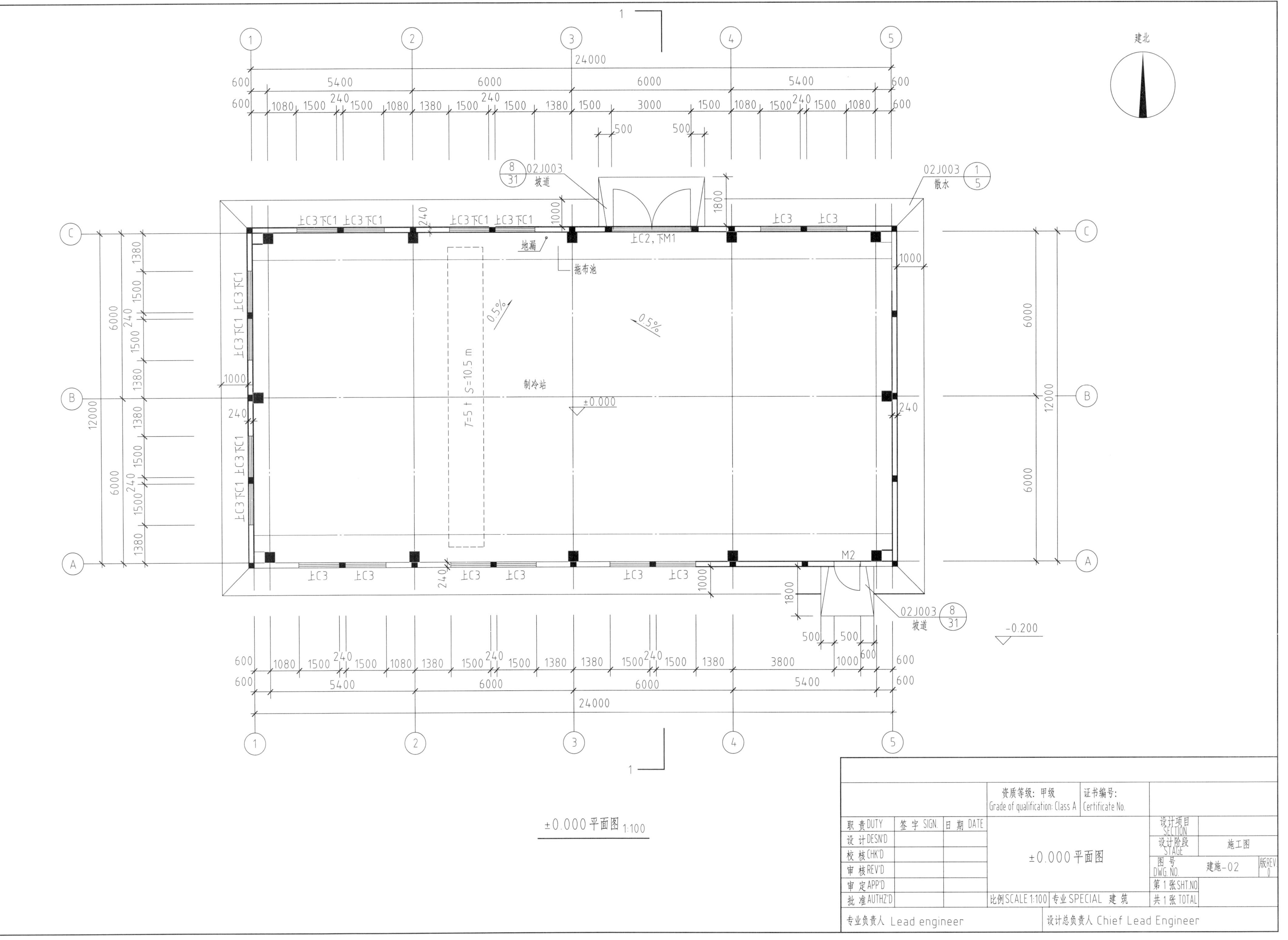

建北
02J003
坡道
02J003
散水
上C3下C1
上C3
上C2，下M1
地漏
拖布池
0.5%
制冷站
T=5 t S=10.5 m
±0.000
M2
-0.200
24000
5400
6000
12000
±0.000平面图 1:100
资质等级：甲级
Grade of qualification: Class A
证书编号：
Certificate No.
职 责DUTY
签 字 SIGN.
日 期 DATE
设 计DESN'D
校 核CHK'D
审 核REV'D
审 定APP'D
批 准AUTHZ'D
±0.000平面图
设计项目 SECTION
设计阶段 STAGE
施工图
图 号 DWG NO.
建施-02
版REV. 0
第 1 张SHT.NO
共 1 张 TOTAL
比例SCALE 1:100
专业SPECIAL 建 筑
专业负责人 Lead engineer
设计总负责人 Chief Lead Engineer

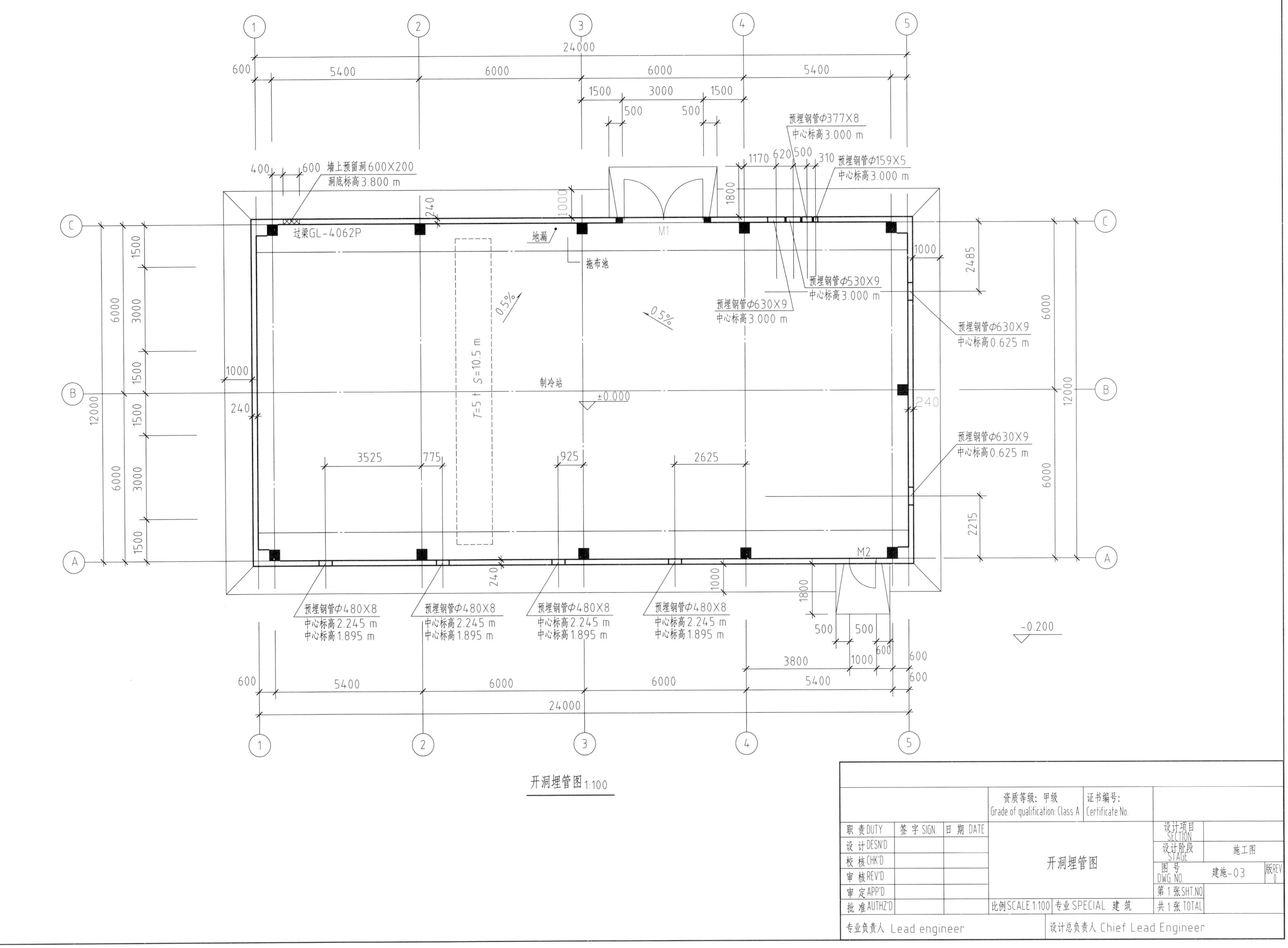

墙上预留洞600X200
洞底标高3.800 m
过梁GL-4062P
地漏
拖布池
M1
M2
预埋钢管Φ377X8
中心标高3.000 m
预埋钢管Φ159X5
中心标高3.000 m
预埋钢管Φ530X9
中心标高3.000 m
预埋钢管Φ630X9
中心标高3.000 m
预埋钢管Φ630X9
中心标高0.625 m
预埋钢管Φ630X9
中心标高0.625 m
预埋钢管Φ480X8
中心标高2.245 m
中心标高1.895 m
制冷站
±0.000
-0.200
0.5%
T=5 t S=10.5 m
24000
5400
6000
开洞埋管图1:100
资质等级：甲级
Grade of qualification: Class A
证书编号：
Certificate No.
职 责DUTY
签 字SIGN.
日 期DATE
设 计DESN'D
校 核CHK'D
审 核REV'D
审 定APP'D
批 准AUTHZ'D
开洞埋管图
设计项目 SECTION
设计阶段 STAGE
施工图
图 号 DWG.NO.
建施-03
版REV 0
第1张SHT.NO
共1张TOTAL
比例SCALE 1:100
专业SPECIAL 建 筑
专业负责人 Lead engineer
设计总负责人 Chief Lead Engineer

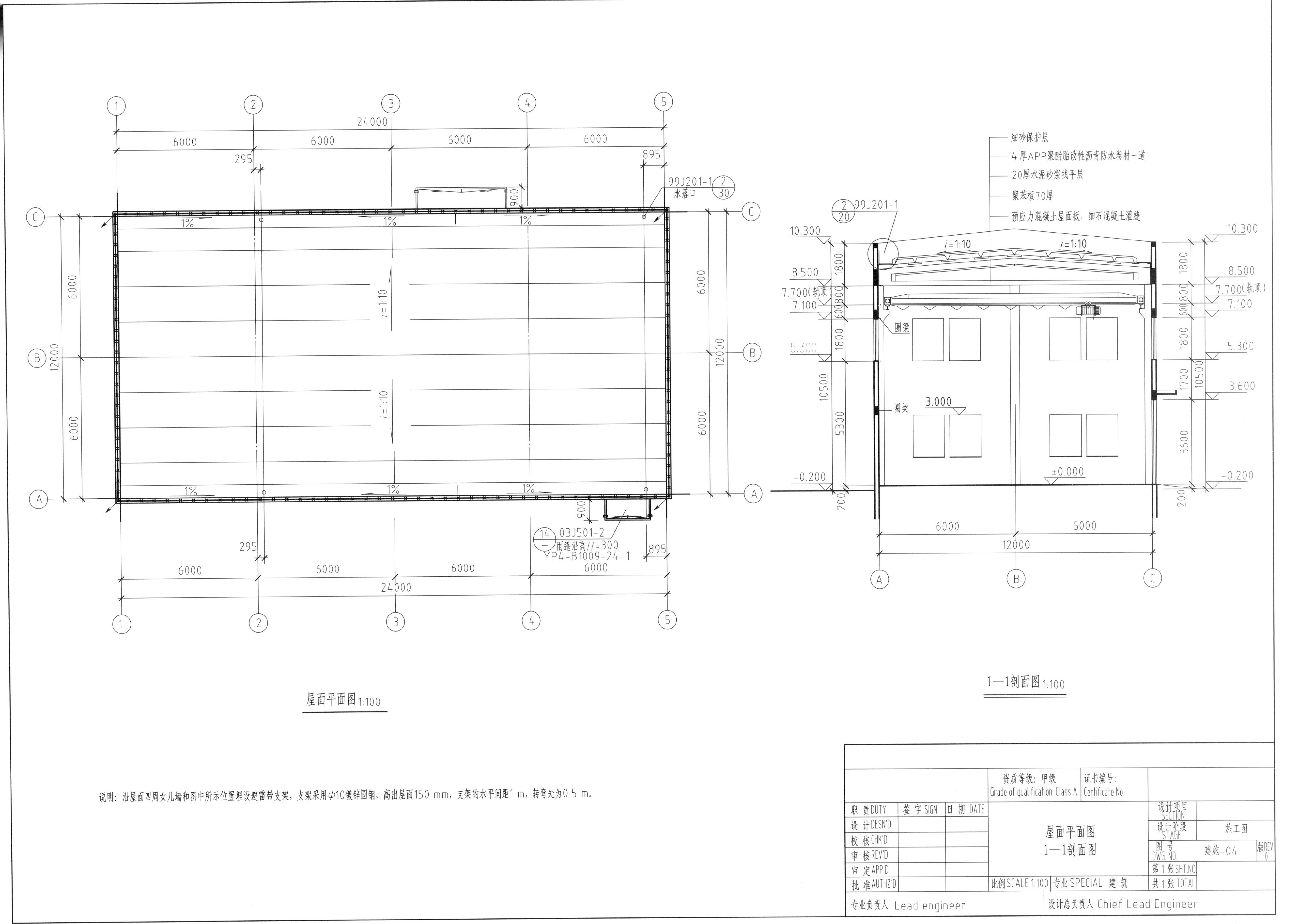

屋面平面图 1:100
1—1剖面图 1:100
24000
6000
295
895
12000
900
1%
i=1:10
99J201-1 2/30 水落口
14/— 03J501-2 雨篷沿高H=300
YP4-B1009-24-1
细砂保护层
4厚APP聚酯胎改性沥青防水卷材一道
20厚水泥砂浆找平层
聚苯板70厚
预应力混凝土屋面板，细石混凝土灌缝
2/20 99J201-1
10.300
8.500
7.700(轨顶)
7.100
5.300
3.600
3.000
±0.000
-0.200
1800
800
600
1700
3600
5300
10500
200
圈梁
说明：沿屋面四周女儿墙和图中所示位置埋设避雷带支架，支架采用Φ10镀锌圆钢，高出屋面150 mm，支架的水平间距1 m，转弯处为0.5 m。
资质等级：甲级 Grade of qualification: Class A
证书编号：Certificate No.
职 责DUTY
签 字 SIGN.
日 期 DATE
设 计DESN'D
校 核CHK'D
审 核REV'D
审 定APP'D
批 准AUTHZ'D
屋面平面图
1—1剖面图
设计项目 SECTION
设计阶段 STAGE
施工图
图 号 DWG.NO.
建施-04
版REV 0
第1张SHT.NO
共1张TOTAL
比例SCALE 1:100
专业SPECIAL 建 筑
专业负责人 Lead engineer
设计总负责人 Chief Lead Engineer

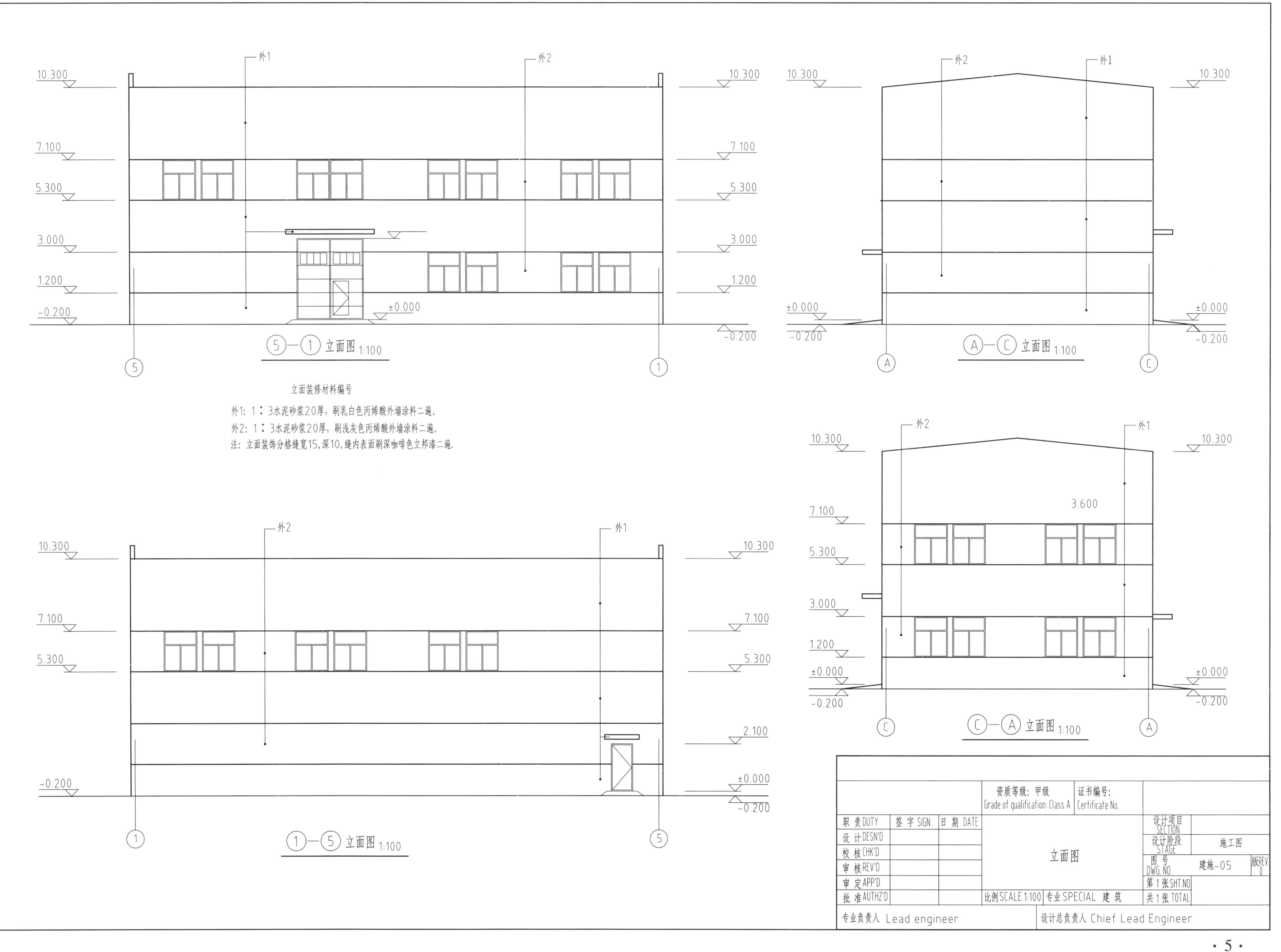
外1
外2
10.300
7.100
5.300
3.000
1.200
-0.200
±0.000
5—1 立面图 1:100
A—C 立面图 1:100
立面装修材料编号
外1: 1∶3水泥砂浆20厚，刷乳白色丙烯酸外墙涂料二遍。
外2: 1∶3水泥砂浆20厚，刷浅灰色丙烯酸外墙涂料二遍。
注：立面装饰分格缝宽15，深10，缝内表面刷深咖啡色立邦漆二遍.
3.600
2.100
C—A 立面图 1:100
1—5 立面图 1:100
资质等级：甲级
Grade of qualification: Class A
证书编号：
Certificate No.
职 责DUTY
签 字 SIGN.
日 期 DATE
设 计DESN'D
校 核CHK'D
审 核REV'D
审 定APP'D
批 准AUTHZ'D
立面图
比例SCALE 1:100
专业SPECIAL 建 筑
设计项目 SECTION
设计阶段 STAGE
施工图
图 号 DWG.NO.
建施-05
版REV. 0
第1张SHT.NO
共1张TOTAL
专业负责人 Lead engineer
设计总负责人 Chief Lead Engineer

# 设 计 说 明

一、总则

1. 本项目为2100#制冷站结构施工图，±0.000相当于绝对标高 6.100。
2. 图中所有尺寸标注单位为毫米（mm），标高标注单位为米（m）。
3. 本图施工时应与建筑、电气、水道及其他工艺相关专业图纸配合，发现问题请及时通知设计院处理。

二、设计基础资料

1. 设计依据

1.1 由×××勘察院勘察，×××公司提供的《岩土工程勘察报告》（详勘）。

1.2 规程及规范

1.2.1 《建筑结构荷载规范》 GB 50009—2001

1.2.2 《混凝土结构设计规范》 GB 50010—2002

1.2.3 《建筑地基基础设计规范》 GB 50007—2002

1.2.4 《建筑抗震设计规范》 GB 50011—2001

1.2.5 《钢结构设计规范》 GB 50017—2003

1.3 相关专业提供的设计条件。

1.4 工程采用的标准图集

1.4.1 《先张法预应力混凝土管桩》 2002浙 G22

1.4.2 《钢筋混凝土结构用预埋件》 04G362

1.4.3 《钢筋混凝土屋面梁》 04G353-5

1.4.4 《6 m后张法预应力混凝土吊车梁》 04G426

1.4.5 《1.5 m×6.0 m预应力混凝土屋面板》 G410-1～2

1.4.6 《吊车轨道联结及车挡》 04G325

1.4.7 《混凝土结构施工图平面整体表示方法制图规则和构造详图 03G101-1

2. 设计基本数据

2.1 基本风压：$w_0$=0.45 kN/m$^2$（重现期为 50年）； 地面粗糙度：B类。

2.2 基本雪压： $S_0$=0.50 kN/m$^2$（重现期为 50年）。

2.3 抗震设防烈度：6度，设计基本地震加速度值为 0.05$g$，设计地震分组为第一组。

2.4 混凝土结构环境类别：二(a)类。

2.5 混凝土结构抗震等级：三级。

2.6 建筑结构的安全等级：二级；结构重要性系数：1.0。

2.7 地基基础设计等级：丙级。

2.8 设计使用年限：50年。

三、结构用材料

1. 水泥：强度等级不低于42.5普通硅酸盐水泥。
2. 混凝土：梁（含圈梁）、柱（含构造柱）及设备基础等现场浇筑混凝土采用 C30，预制构件按图集要求。
3. 钢筋：HPB235(Φ)及 HRB335(Φ)级。

四、相关技术要求

1. 设备基础应待设备到货并经核对无误后方可施工，如需要提前施工，必须认真核对，保证到货尺寸与设计尺寸或样本尺寸无误，并经监理与业主同意后方可施工。
2. 受力钢筋混凝土保护层：基础及基础梁为40 mm，梁、柱为30 mm。
3. 钢筋接头要求：
   本工程所有受力钢筋的接头形式为焊接，并优先采用闪光对焊，不得采用搭接方式。钢筋接头的位置应避开受力较大位置，同一连接区段内的接头百分率应符合《混凝土结构工程质量验收规范》中相关条款的要求。
4. 本设计梁、柱配筋采用平面表示法，构造要求详见《混凝土结构施工图平面整体表示方法制图规则和构造详图》(03G101-1)中二级框架要求选用。
5. 箍筋末端应做成 135°弯钩，其端头直段长度不应小于10倍的箍筋直径。
6. 应采取可靠的施工措施保证各种预埋件的平整度和位置的准确性，保证预埋地脚螺栓位置的准确性，其允许偏差不得超过“质量验收规范”的要求。
7. 混凝土的水灰比不得大于 0.55，所有混凝土均不得掺入氯化物等对钢筋有腐蚀作用的添加剂。
8. 设备及管道安装时，不得以任何方式损坏结构承重构件。
9. 柱中主筋与承台钢筋之间、承台钢筋与基础梁主筋之间，承台钢筋与桩主筋之间应可靠焊接连通，以供防雷接地之用。
10. 所有外露铁件均涂氯磺化聚乙烯底漆二道，氯磺化聚乙烯磁漆二道。
11. 其他详细设计要求见各分页图纸。

五、除本工程设计要求外，尚应严格遵守国家及地方其他现行有关规范、标准的要求。

| | | | 资质等级：甲级<br>Grade of qualification: Class A | 证书编号：<br>Certificate No. | | | |
|---|---|---|---|---|---|---|---|
| 职 责DUTY | 签 字 SIGN. | 日 期 DATE | 首 页 图 | | 设计项目<br>SECTION | | |
| 设 计DESN'D | | | | | 设计阶段<br>STAGE | 施工图 | |
| 校 核CHK'D | | | | | 图 号<br>DWG. NO. | 结施-01 | 版REV<br>0 |
| 审 核REV'D | | | | | | | |
| 审 定APP'D | | | 比例SCALE | 专业SPECIAL 结 构 | 第1张 of 共1张 | | |

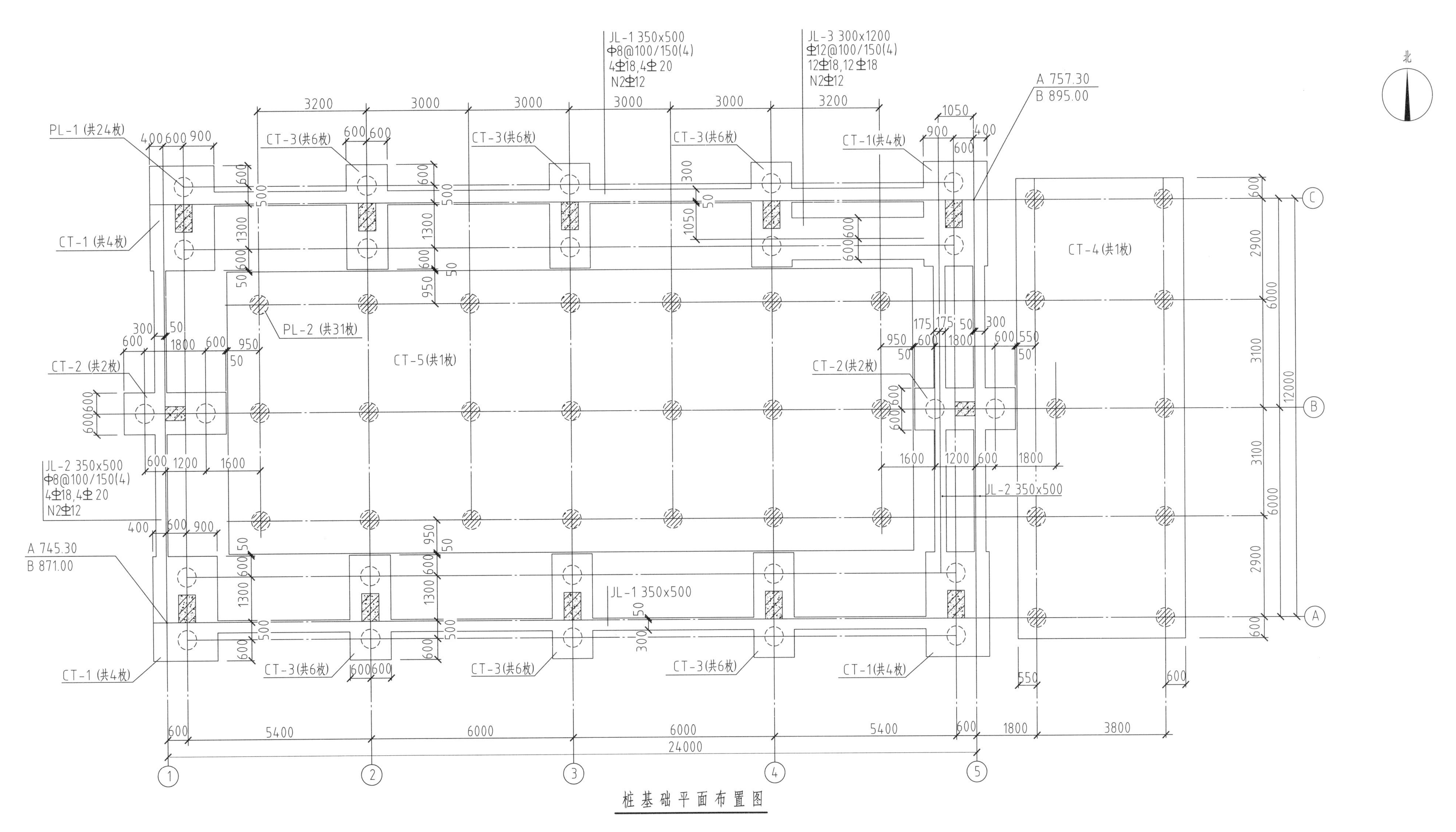


## 桩基础平面布置图

## 结构构件一览表

| 序号 | 构件代号 | 数量 | 施工图号 | 序号 | 构件代号 | 数量 | 施工图号 |
|---|---|---|---|---|---|---|---|
| 1 | CT-1 | 4 | NC170.174.E62.00-04 | 8 | JL-3 | 1 | 本图 |
| 2 | CT-2 | 2 | NC170.174.E62.00-04 | 9 | | | |
| 3 | CT-3 | 6 | NC170.174.E62.00-04 | 10 | | | |
| 4 | CT-4 | 1 | NC170.174.E62.00-04 | 11 | | | |
| 5 | CT-5 | 1 | NC170.174.E62.00-04 | | | | |
| 6 | JL-1 | 2 | 本图 | | | | |
| 7 | JL-2 | 2 | 本图 | | | | |

说明:

1. 本图为制冷站桩基布置图，±0.000相当于绝对标高6.100，桩顶标高为-1.200。
2. 桩采用先张法预应力薄壁管桩，选自《先张法预应力混凝土管桩》(2002浙G22)；
   PL-1(图中以〇表示)采用PTC-550(70)-12、12、12、12、6a型；
   PL-2(图中以⊘表示)采用PTC-400(60)-12、12、12、12a型。
3. 单桩承载力特征值的取用:
   PL-1为900 kN，PL-2为580 kN。
4. 管桩采用静压沉桩法施工，采用压桩力和标高双控制，并以压桩力控制为主。
5. 关于桩基检测的相关要求:
   (1) 对桩基进行低应变检测，以确保桩身完整性符合规范要求。
   检测数量为：不少于25枚，发现不合格桩应对余下桩进行100%检测。
   (2) 对桩基进行静载荷试验，确保单桩承载力符合设计要求；
   检测数量为：桩总数的1%，且不少于3枚，桩位选择由现场(业主方会同施工及监理人员)根据沉桩施工情况进行选择，并以压桩力不满足要求者为优先。
   (3) 桩基检测结果异常时应及时通知设计单位进行处理。
6. JL-1, JL-2梁顶标高为-0.450。
7. 承台及基础梁上需预留构造柱插筋，构造柱的配筋及位置见NC170.174.E62.00-05图。

| | | | 资质等级：甲级<br>Grade of qualification: Class A | 证书编号:<br>Certificate No. | | |
|---|---|---|---|---|---|---|
| 职 责 DUTY | 签 字 SIGN. | 日 期 DATE | 桩基础平面布置图 | | 设计项目 SECTION | |
| 设 计 DESN'D | | | | | 设计阶段 STAGE | 施工图 |
| 校 核 CHK'D | | | | | 图 号 DWG. NO. | 结施-02 版REV. 0 |
| 审 核 REV'D | | | | | 第 1 张 SHT.NO | |
| 审 定 APP'D | | | | | | |
| 批 准 AUTHZ'D | | | 比例SCALE | 专业SPECIAL 结构 | 共 1 张 TOTAL | |

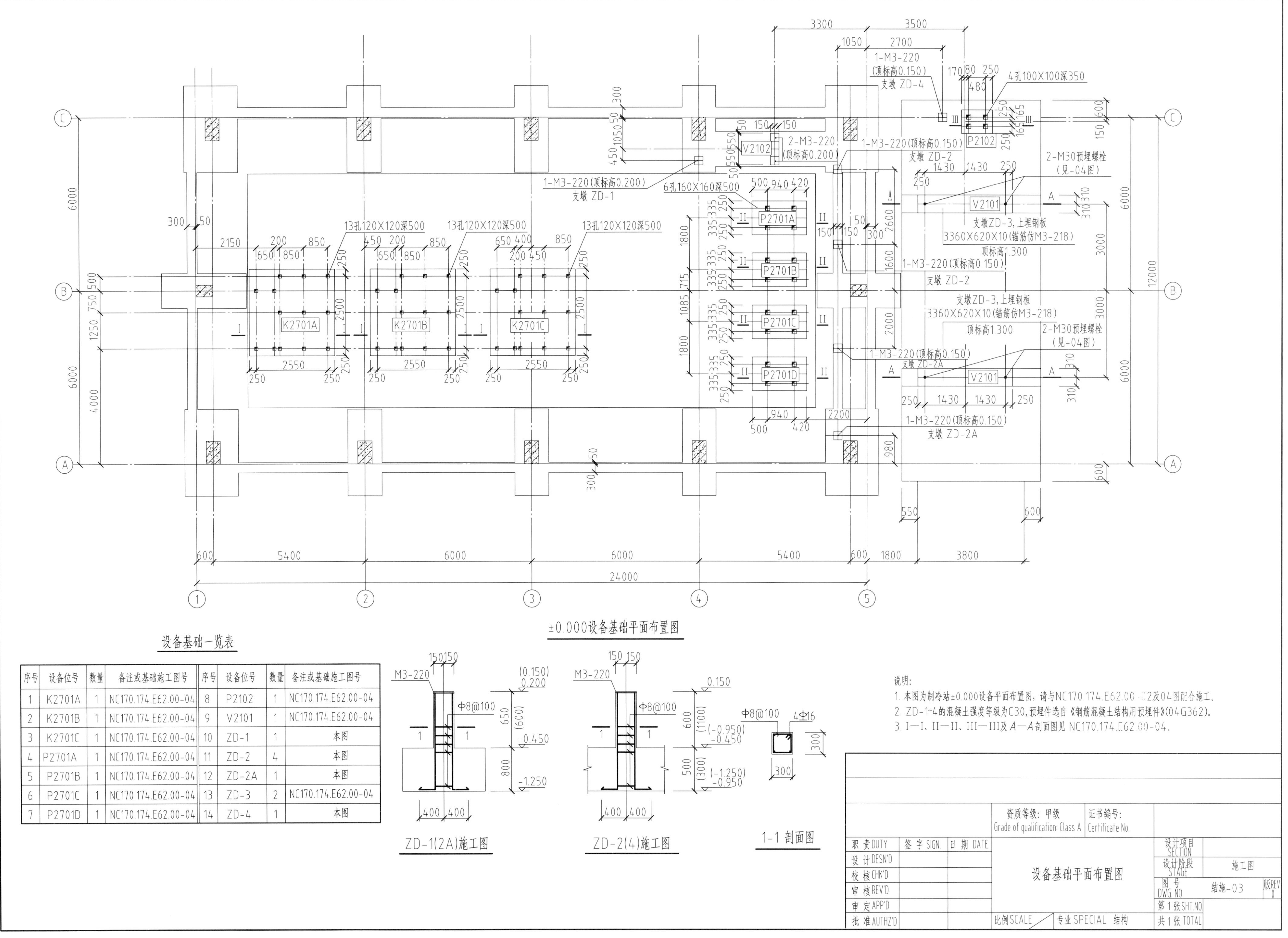


## 设备基础一览表

| 序号 | 设备位号 | 数量 | 备注或基础施工图号 | 序号 | 设备位号 | 数量 | 备注或基础施工图号 |
|---|---|---|---|---|---|---|---|
| 1 | K2701A | 1 | NC170.174.E62.00-04 | 8 | P2102 | 1 | NC170.174.E62.00-04 |
| 2 | K2701B | 1 | NC170.174.E62.00-04 | 9 | V2101 | 1 | NC170.174.E62.00-04 |
| 3 | K2701C | 1 | NC170.174.E62.00-04 | 10 | ZD-1 | 1 | 本图 |
| 4 | P2701A | 1 | NC170.174.E62.00-04 | 11 | ZD-2 | 4 | 本图 |
| 5 | P2701B | 1 | NC170.174.E62.00-04 | 12 | ZD-2A | 1 | 本图 |
| 6 | P2701C | 1 | NC170.174.E62.00-04 | 13 | ZD-3 | 2 | NC170.174.E62.00-04 |
| 7 | P2701D | 1 | NC170.174.E62.00-04 | 14 | ZD-4 | 1 | 本图 |

说明:
1. 本图为制冷站±0.000设备平面布置图，请与NC170.174.E62.00-02及04图配合施工。
2. ZD-1~4的混凝土强度等级为C30，预埋件选自《钢筋混凝土结构用预埋件》(04G362)。
3. I—I、II—II、III—III及A—A剖面图见NC170.174.E62.00-04。

| | | | |
|---|---|---|---|
| 资质等级：甲级 Grade of qualification: Class A | 证书编号：Certificate No. | | |
| 职 责DUTY | 签 字SIGN. | 日 期DATE | |
| 设 计DESN'D | | | 设计项目 SECTION |
| 校 核CHK'D | | 设备基础平面布置图 | 设计阶段 STAGE：施工图 |
| 审 核REV'D | | | 图号 DWG.NO.：结施-03　版REV 0 |
| 审 定APP'D | | | 第1张SHT.NO |
| 批 准AUTHZ'D | | 比例SCALE　专业SPECIAL 结构 | 共1张TOTAL |

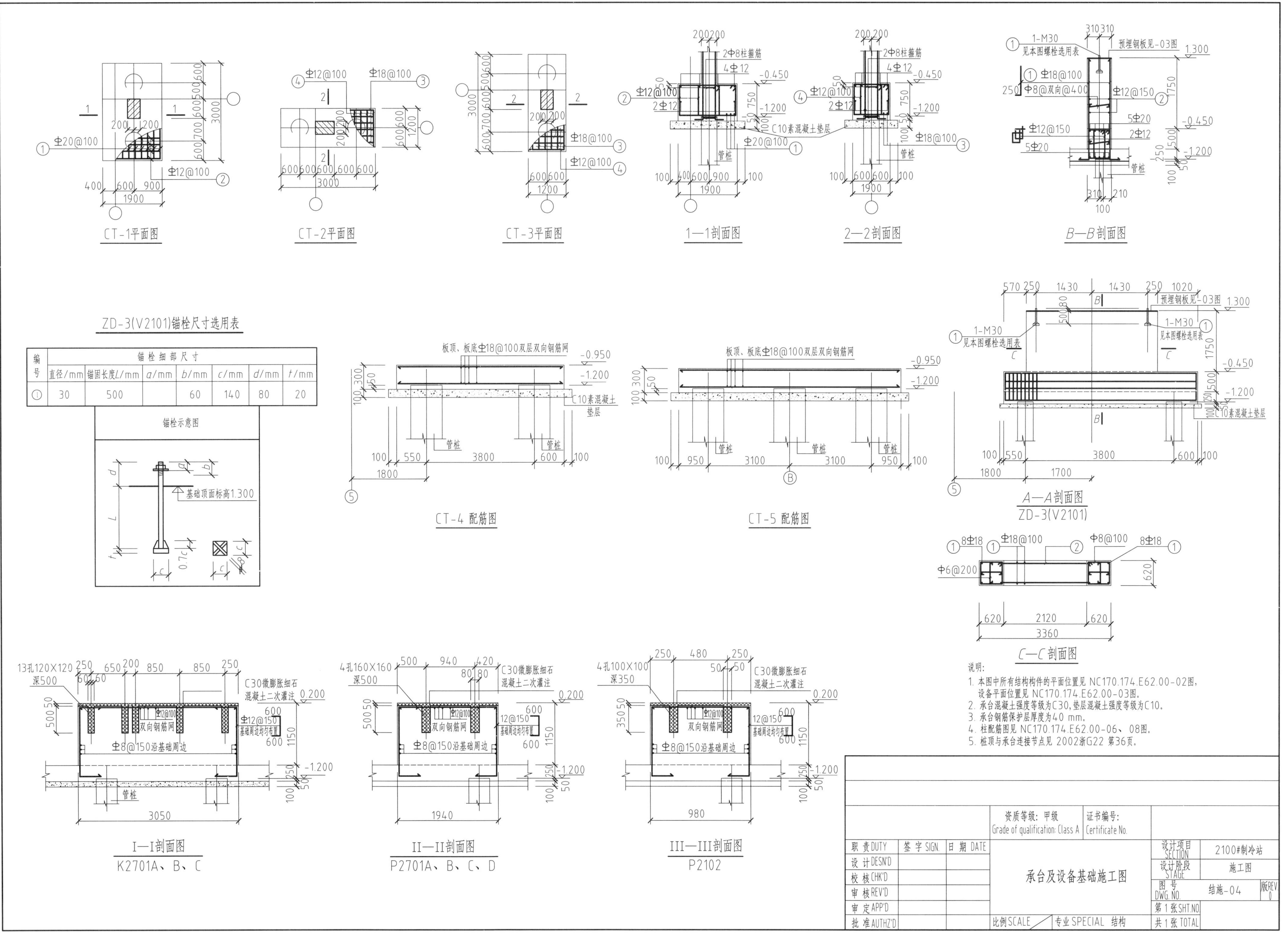

CT-1平面图
CT-2平面图
CT-3平面图
1—1剖面图
2—2剖面图
B—B剖面图
ZD-3(V2101)锚栓尺寸选用表
编号
锚栓细部尺寸
直径/mm
锚固长度L/mm
a/mm
b/mm
c/mm
d/mm
t/mm
30
500
60
140
80
20
锚栓示意图
基础顶面标高1.300
板顶、板底Φ18@100双层双向钢筋网
C10素混凝土垫层
管桩
CT-4 配筋图
CT-5 配筋图
A—A剖面图
ZD-3(V2101)
预埋钢板见-03图
见本图螺栓选用表
C—C剖面图
13孔120X120 深500
4孔160X160 深500
4孔100X100 深350
C30微膨胀细石混凝土二次灌注
双向钢筋网
Φ8@150沿基础周边
基础周边均匀布置
I—I剖面图
K2701A、B、C
II—II剖面图
P2701A、B、C、D
III—III剖面图
P2102
说明:
1. 本图中所有结构构件的平面位置见 NC170.174.E62.00-02图,设备平面位置见 NC170.174.E62.00-03图。
2. 承台混凝土强度等级为C30,垫层混凝土强度等级为C10。
3. 承台钢筋保护层厚度为40 mm。
4. 柱配筋图见 NC170.174.E62.00-06、08图。
5. 桩顶与承台连接节点见 2002浙G22 第36页。
资质等级: 甲级
Grade of qualification: Class A
证书编号:
Certificate No.
职 责DUTY
签 字SIGN.
日 期DATE
设 计DESN'D
校 核CHK'D
审 核REV'D
审 定APP'D
批 准AUTHZ'D
承台及设备基础施工图
设计项目 SECTION
2100#制冷站
设计阶段 STAGE
施工图
图 号 DWG.NO.
结施-04
版REV 0
第1张SHT.NO
共1张TOTAL
比例SCALE
专业SPECIAL 结构

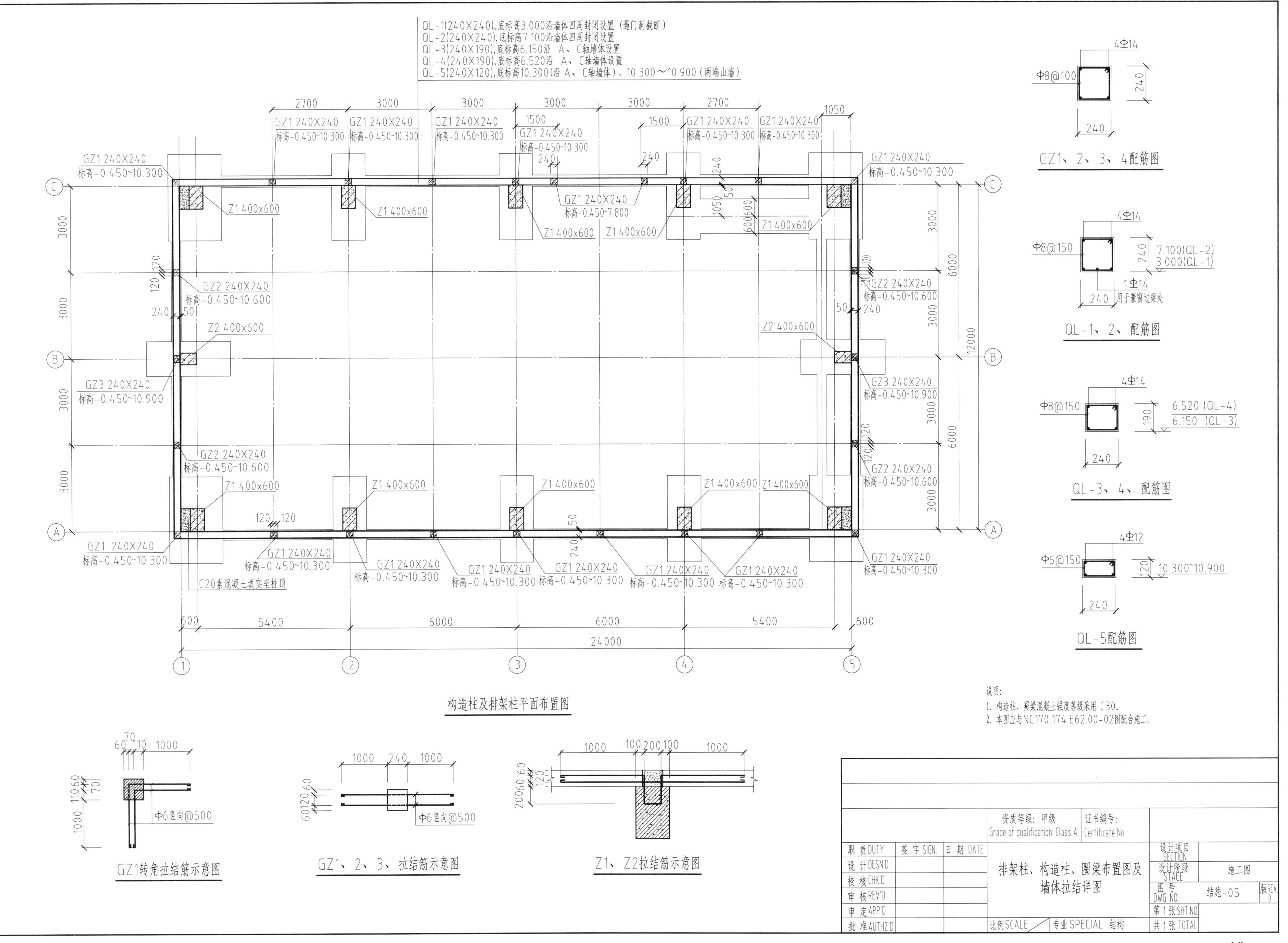

QL-1(240X240),底标高3.000沿墙体四周封闭设置（遇门洞截断）
QL-2(240X240),底标高7.100沿墙体四周封闭设置
QL-3(240X190),底标高6.150沿 A、C轴墙体设置
QL-4(240X190),底标高6.520沿 A、C轴墙体设置
QL-5(240X120),底标高10.300(沿 A、C轴墙体)，10.300～10.900（两端山墙）
GZ1 240X240 标高-0.450~10.300
GZ2 240X240 标高-0.450~10.600
GZ3 240X240 标高-0.450~10.900
GZ1 240X240 标高-0.450~7.800
Z1 400x600
Z2 400x600
C20素混凝土填实至柱顶
构造柱及排架柱平面布置图
GZ1、2、3、4配筋图
QL-1、2、配筋图
用于兼窗过梁处
QL-3、4、配筋图
QL-5配筋图
GZ1转角拉结筋示意图
Φ6竖向@500
GZ1、2、3、拉结筋示意图
Z1、Z2拉结筋示意图
说明：
1. 构造柱、圈梁混凝土强度等级采用 C30。
2. 本图应与NC170.174.E62.00-02图配合施工。
资质等级：甲级 Grade of qualification: Class A
证书编号: Certificate No.
职 责DUTY 签 字SIGN 日 期 DATE
设 计DESN'D
校 核CHK'D
审 核REV'D
审 定APP'D
批 准AUTHZ'D
排架柱、构造柱、圈梁布置图及墙体拉结详图
设计项目 SECTION
设计阶段 STAGE 施工图
图 号 DWG NO 结施-05
版REV 0
第 1 张SHT.NO
共 1 张 TOTAL
比例SCALE
专业SPECIAL 结构

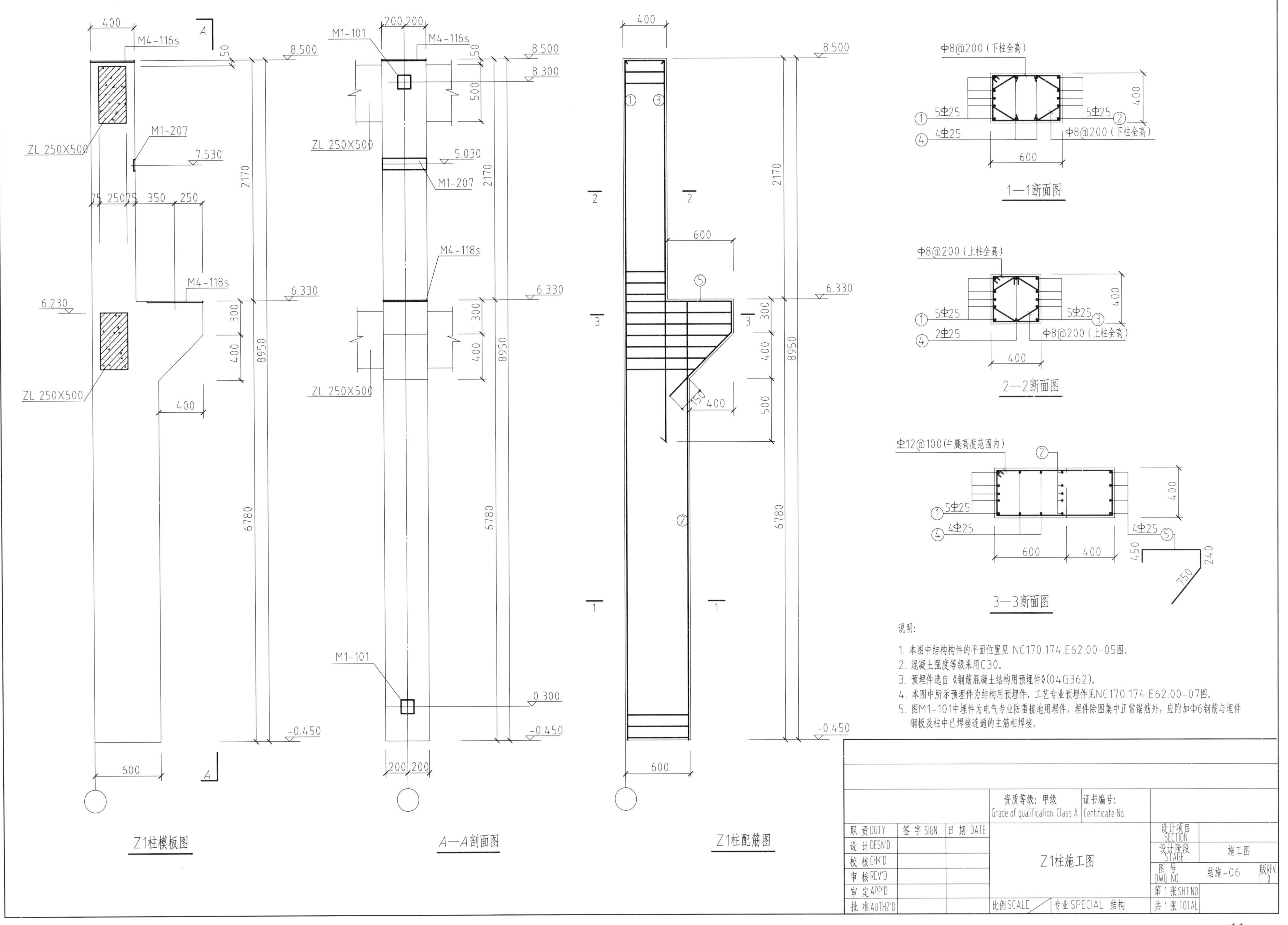
Z1柱模板图
A—A剖面图
Z1柱配筋图
1—1断面图
2—2断面图
3—3断面图
ZL 250X500
M4-116s
M1-207
M4-118s
M1-101
Φ8@200（下柱全高）
Φ8@200（上柱全高）
Φ12@100（牛腿高度范围内）
5Φ25
4Φ25
2Φ25
8.500
8.300
7.530
6.330
6.230
5.030
0.300
-0.450
说明:
1. 本图中结构构件的平面位置见 NC170.174.E62.00-05图。
2. 混凝土强度等级采用C30。
3. 预埋件选自《钢筋混凝土结构用预埋件》(04G362)。
4. 本图中所示预埋件为结构用预埋件，工艺专业预埋件见NC170.174.E62.00-07图。
5. 图M1-101中埋件为电气专业防雷接地用埋件，埋件除图集中正常锚筋外，应附加Φ6钢筋与埋件钢板及柱中已焊接连通的主筋相焊接。
资质等级：甲级
Grade of qualification: Class A
证书编号:
Certificate No.
职 责DUTY
签 字SIGN.
日 期 DATE
设 计DESN'D
校 核CHK'D
审 核REV'D
审 定APP'D
批 准AUTHZ'D
Z1柱施工图
比例SCALE
专业SPECIAL 结构
设计项目 SECTION
设计阶段 STAGE
施工图
图 号 DWG NO.
结施-06
版REV 0
第 1 张SHT NO
共 1 张 TOTAL

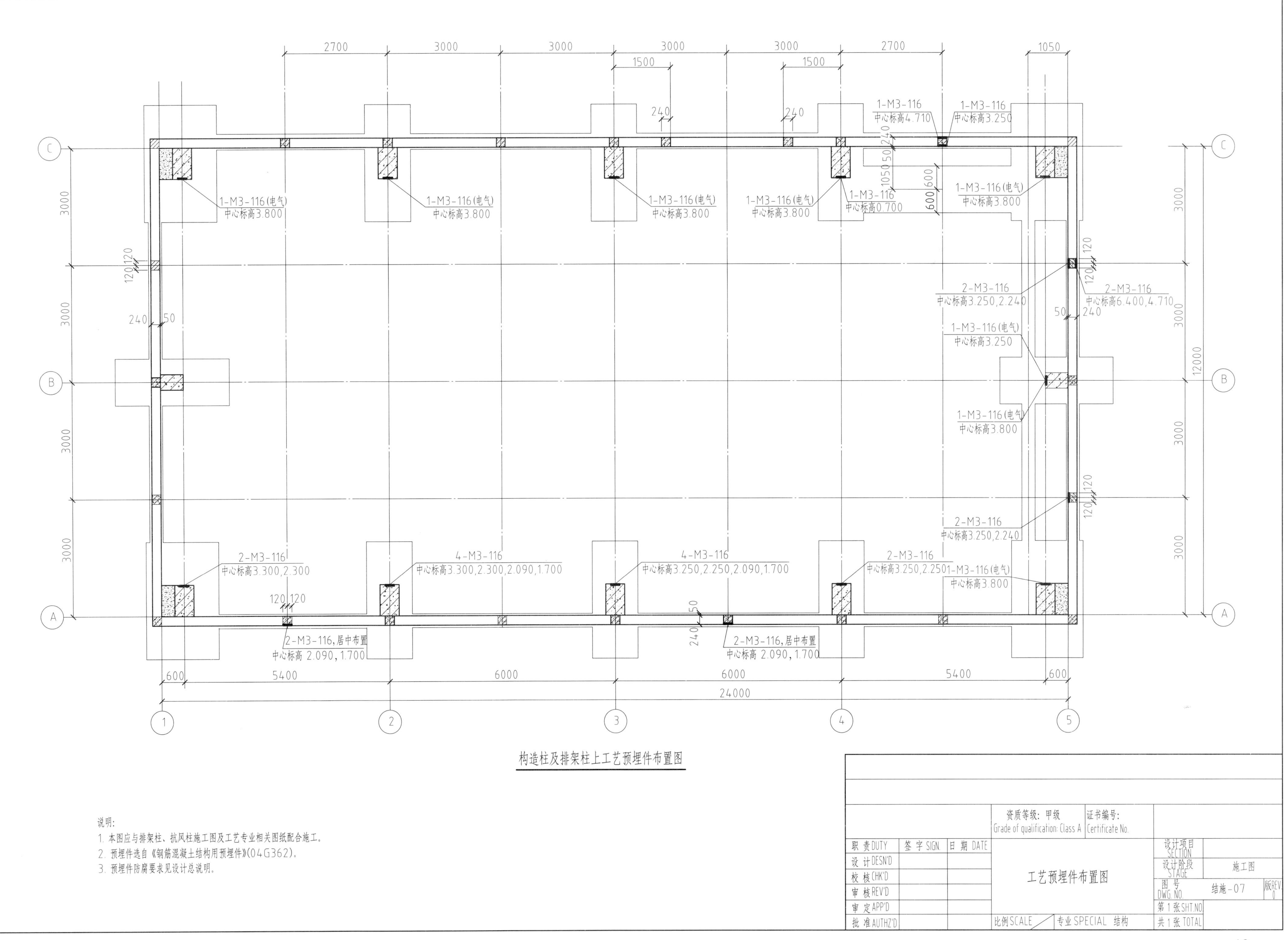

2700
3000
3000
3000
3000
2700
1050
1500
1500
240
240
1-M3-116
中心标高4.710
1-M3-116
中心标高3.250
1-M3-116(电气)
中心标高3.800
1-M3-116(电气)
中心标高3.800
1-M3-116(电气)
中心标高3.800
1-M3-116(电气)
中心标高3.800
1-M3-116
中心标高0.700
1-M3-116(电气)
中心标高3.800
2-M3-116
中心标高3.250,2.240
2-M3-116
中心标高6.400,4.710
1-M3-116(电气)
中心标高3.250
1-M3-116(电气)
中心标高3.800
2-M3-116
中心标高3.250,2.240
2-M3-116
中心标高3.300,2.300
4-M3-116
中心标高3.300,2.300,2.090,1.700
4-M3-116
中心标高3.250,2.250,2.090,1.700
2-M3-116
中心标高3.250,2.250
1-M3-116(电气)
中心标高3.800
2-M3-116,居中布置
中心标高 2.090,1.700
2-M3-116,居中布置
中心标高 2.090,1.700
600
5400
6000
6000
5400
600
24000
12000
A
B
C
1
2
3
4
5
构造柱及排架柱上工艺预埋件布置图
说明:
1. 本图应与排架柱、抗风柱施工图及工艺专业相关图纸配合施工。
2. 预埋件选自《钢筋混凝土结构用预埋件》(04G362)。
3. 预埋件防腐要求见设计总说明。
资质等级:甲级
Grade of qualification: Class A
证书编号:
Certificate No.
职 责DUTY
签 字SIGN
日 期 DATE
设 计DESN'D
校 核CHK'D
审 核REV'D
审 定APP'D
批 准AUTHZ'D
工艺预埋件布置图
比例SCALE
专业SPECIAL 结构
设计项目 SECTION
设计阶段 STAGE
施工图
图 号 DWG.NO.
结施-07
版REV. 0
第 1 张SHT.NO
共 1 张TOTAL

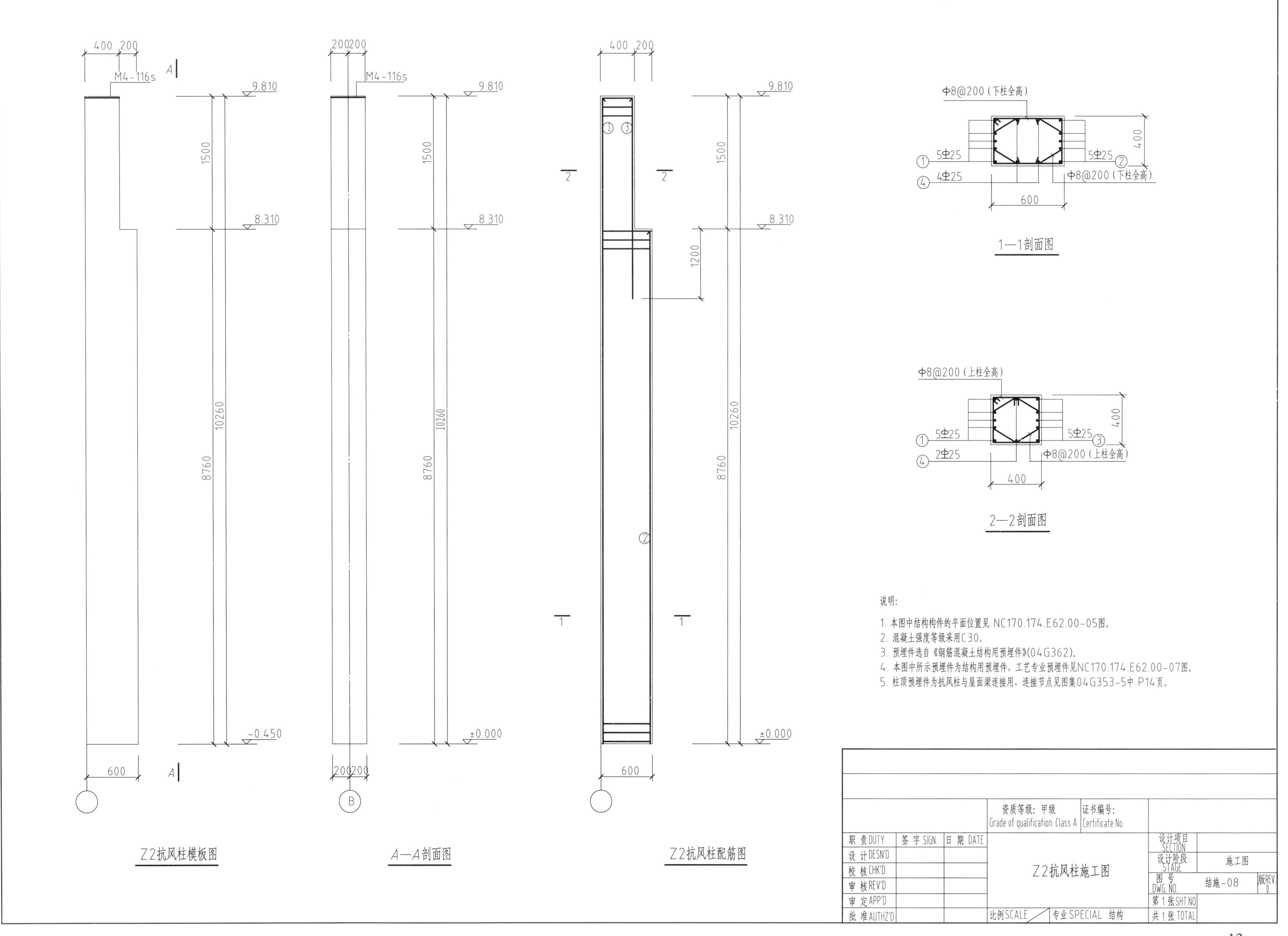

Z2抗风柱模板图
A—A剖面图
Z2抗风柱配筋图
1—1剖面图
2—2剖面图
M4-116s
9.810
8.310
-0.450
±0.000
1500
8760
10260
1200
400 200
600
Φ8@200（下柱全高）
Φ8@200（上柱全高）
5Φ25
4Φ25
2Φ25
说明:
1. 本图中结构构件的平面位置见 NC170.174.E62.00-05图。
2. 混凝土强度等级采用C30。
3. 预埋件选自《钢筋混凝土结构用预埋件》(04G362)。
4. 本图中所示预埋件为结构用预埋件，工艺专业预埋件见NC170.174.E62.00-07图。
5. 柱顶预埋件为抗风柱与屋面梁连接用，连接节点见图集04G353-5中 P14页。
资质等级：甲级
Grade of qualification: Class A
证书编号:
Certificate No.
职 责DUTY
签 字 SIGN.
日 期 DATE
设 计DESN'D
校 核CHK'D
审 核REV'D
审 定APP'D
批 准AUTHZ'D
Z2抗风柱施工图
设计项目 SECTION
设计阶段 STAGE
施工图
图 号 DWG. NO.
结施-08
版REV. 0
第 1 张SHT.NO
共 1 张 TOTAL
比例SCALE
专业SPECIAL 结构

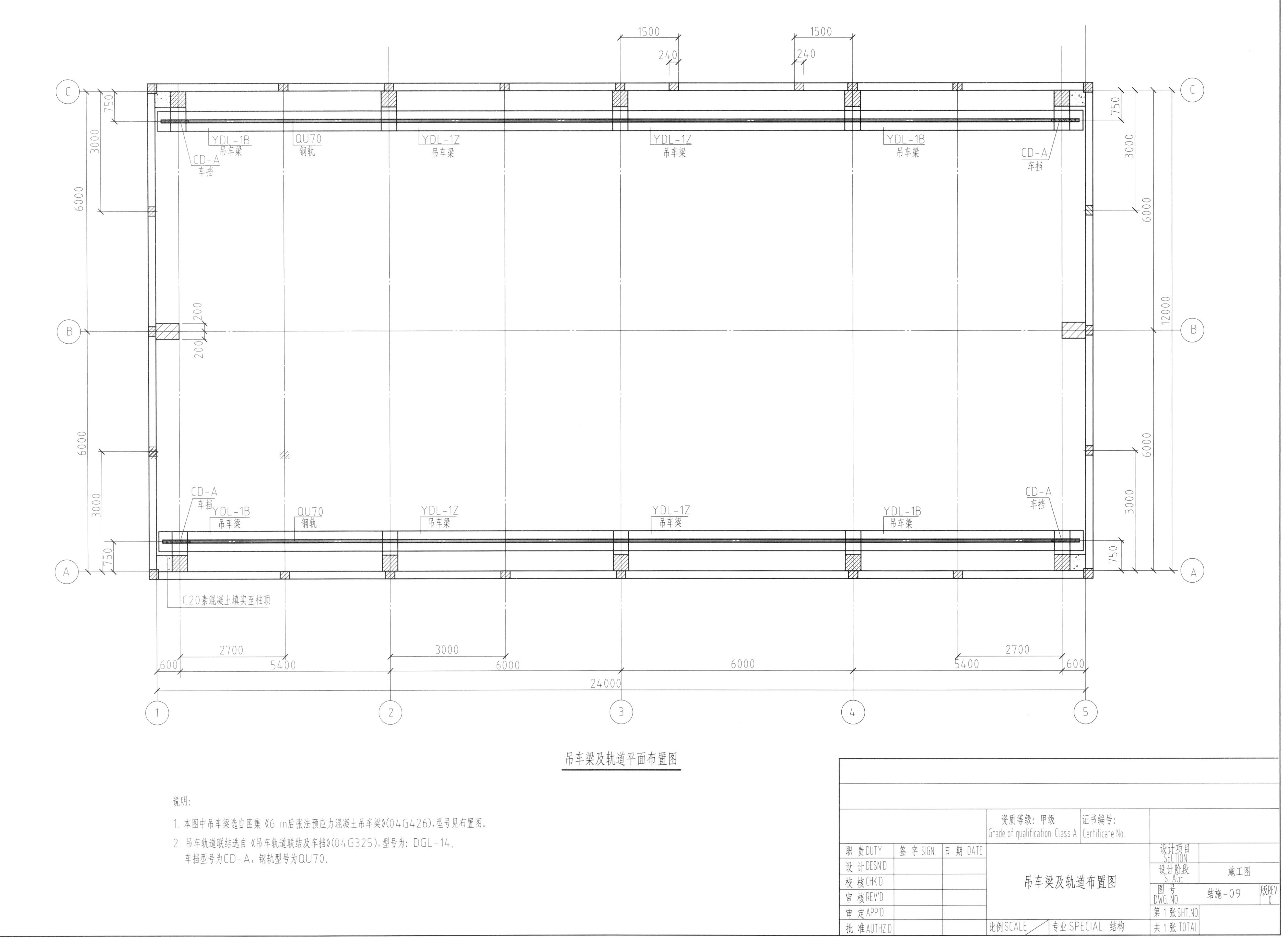

YDL-1B
吊车梁
QU70
钢轨
YDL-1Z
吊车梁
CD-A
车挡
C20素混凝土填实至柱顶
1500
240
750
3000
6000
12000
200
2700
600
5400
24000
1
2
3
4
5
A
B
C
吊车梁及轨道平面布置图
说明:
1. 本图中吊车梁选自图集《6 m后张法预应力混凝土吊车梁》(04G426)，型号见布置图。
2. 吊车轨道联结选自《吊车轨道联结及车挡》(04G325)，型号为：DGL-14，
车挡型号为CD-A，钢轨型号为QU70。
资质等级：甲级
Grade of qualification: Class A
证书编号：
Certificate No.
职 责 DUTY
签 字 SIGN
日 期 DATE
设 计 DESN'D
校 核 CHK'D
审 核 REV'D
审 定 APP'D
批 准 AUTHZ'D
吊车梁及轨道布置图
设计项目 SECTION
设计阶段 STAGE
施工图
图 号 DWG NO.
结施-09
版 REV 0
第 1 张 SHT NO
共 1 张 TOTAL
比例 SCALE
专业 SPECIAL
结构

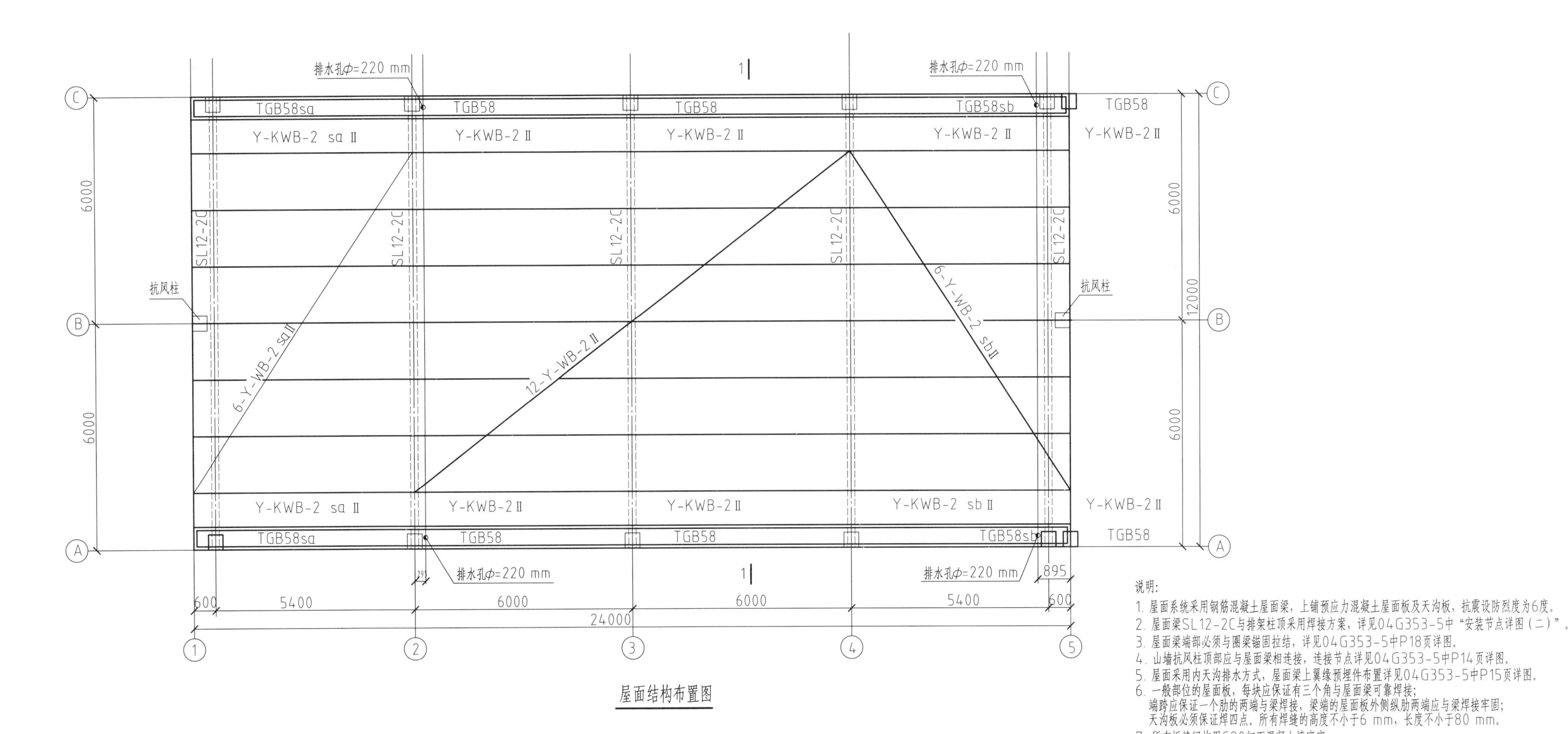


屋面结构布置图

说明：
1. 屋面系统采用钢筋混凝土屋面梁，上铺预应力混凝土屋面板及天沟板，抗震设防烈度为6度。
2. 屋面梁SL12-2C与排架柱顶采用焊接方案，详见04G353-5中"安装节点详图（二）"。
3. 屋面梁端部必须与圈梁锚固拉结，详见04G353-5中P18页详图。
4. 山墙抗风柱顶部应与屋面梁相连接，连接节点详见04G353-5中P14页详图。
5. 屋面采用内天沟排水方式，屋面梁上翼缘预埋件布置详见04G353-5中P15页详图。
6. 一般部位的屋面板，每块应保证有三个角与屋面梁可靠焊接；
端跨应保证一个肋的两端与梁焊接，梁端的屋面板外侧纵肋两端应与梁焊接牢固；
天沟板必须保证焊四点。所有焊缝的高度不小于6 mm，长度不小于80 mm。
7. 所有板缝间均用C20细石混凝土填密实。
8. 屋面梁上屋面板吊装宜对称进行。
9. 其他未尽事宜参见各图集中"总说明"。

TGB58　Y-WB-2Ⅱ　Y-KWB-2Ⅱ　8.500　25　排架柱　SL12-2C　400　6000　12000　A　B　C

1—1剖面图

屋面结构构件一览表

| 序号 | 构件代号 | 数量 | 施工图号或图集号 |
|---|---|---|---|
| 1 | Y-WB-2Ⅱ sa | 2 | 《1.5 m×6.0 m预应力混凝土屋面板》G410-1 |
| 2 | Y-WB-2Ⅱ sb | 2 | 《1.5 m×6.0 m预应力混凝土屋面板》G410-1 |
| 3 | Y-WB-2Ⅱ | 12 | 《1.5 m×6.0 m预应力混凝土屋面板》G410-1 |
| 4 | Y-KWB-2Ⅱ sa | 2 | 《1.5 m×6.0 m预应力混凝土屋面板》G410-1 |
| 5 | Y-KWB-2Ⅱ sb | 2 | 《1.5 m×6.0 m预应力混凝土屋面板》G410-1 |
| 6 | Y-KWB-2Ⅱ | 4 | 《1.5 m×6.0 m预应力混凝土屋面板》G410-1 |
| 7 | TGB58sa | 2 | 《1.5 m×6.0 m预应力混凝土屋面板》G410-2 |
| 8 | TGB58sb | 2 | 《1.5 m×6.0 m预应力混凝土屋面板》G410-2 |
| 9 | TGB58 | 4 | 《1.5 m×6.0 m预应力混凝土屋面板》G410-2 |
| 10 | SL12-2C | 5 | 《钢筋混凝土屋面梁》04G353-5 |

| 资质等级：甲级 Grade of qualification: Class A | 证书编号：Certificate No. | | |
|---|---|---|---|
| 职责 DUTY | 签字 SIGN | 日期 DATE | |
| 设计 DESN'D | | | 屋面结构施工图 |
| 校核 CHK'D | | | |
| 审核 REV'D | | | |
| 审定 APP'D | | | |
| 批准 AUTHZ'D | | | 比例 SCALE　专业 SPECIAL 结构 |

| 设计项目 SECTION | |
|---|---|
| 设计阶段 STAGE | 施工图 |
| 图号 DWG NO. | 结施-10　版 REV 0 |
| 第1张 SHT.NO | |
| 共1张 TOTAL | |

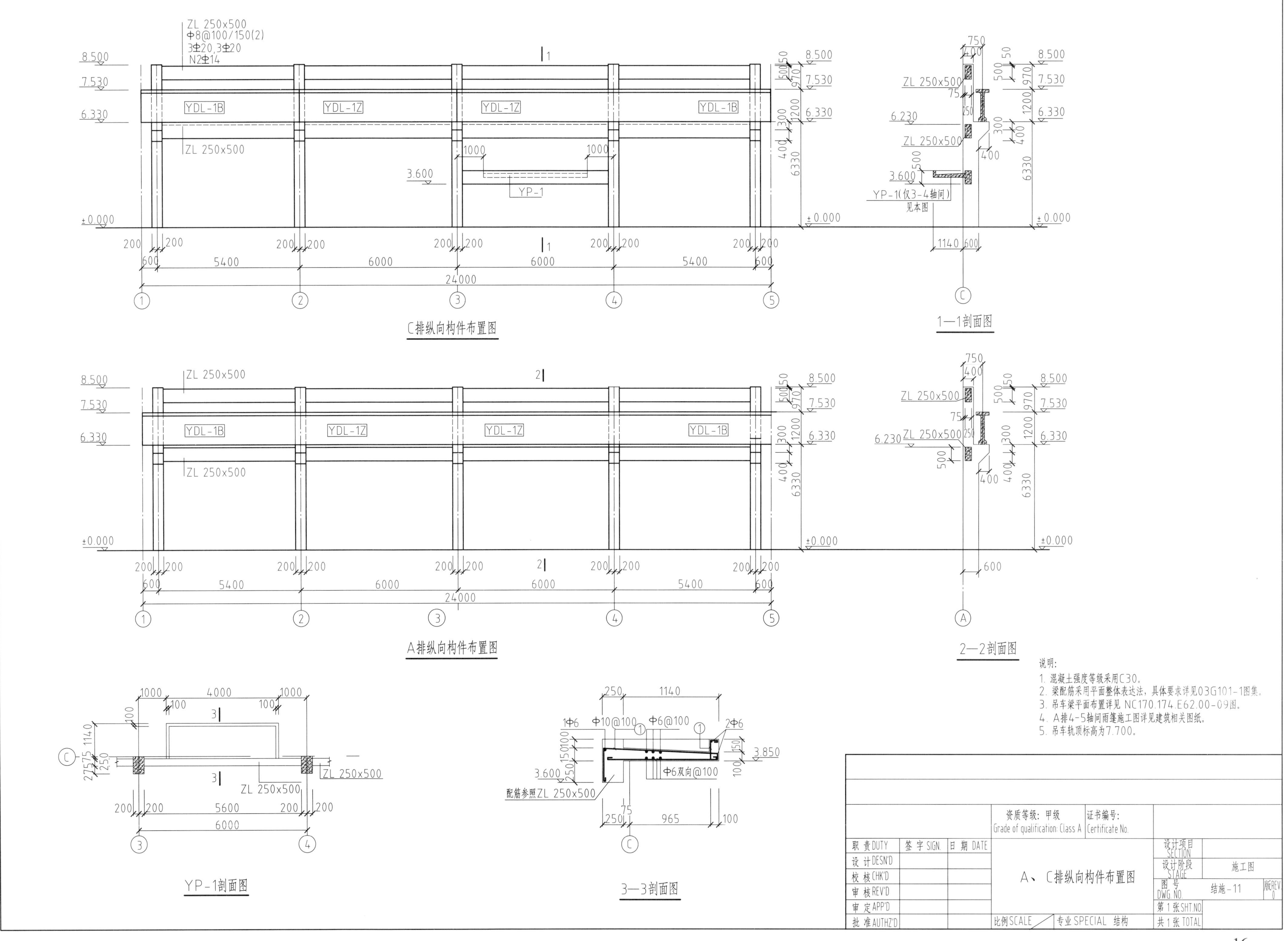
C排纵向构件布置图
1—1剖面图
A排纵向构件布置图
2—2剖面图
YP-1剖面图
3—3剖面图
ZL 250x500
Φ8@100/150(2)
3Φ20,3Φ20
N2Φ14
YDL-1B
YDL-1Z
YP-1
YP-1(仅3-4轴间)
见本图
配筋参照ZL 250x500
Φ6双向@100
8.500
7.530
6.330
6.230
3.600
3.850
±0.000
24000
5400
6000
说明：
1. 混凝土强度等级采用C30。
2. 梁配筋采用平面整体表达法，具体要求详见03G101-1图集。
3. 吊车梁平面布置详见 NC170.174.E62.00-09图。
4. A排4-5轴间雨篷施工图详见建筑相关图纸。
5. 吊车轨顶标高为7.700。
资质等级：甲级
Grade of qualification: Class A
证书编号：
Certificate No.
职 责DUTY
签 字SIGN
日 期 DATE
设 计DESN'D
校 核CHK'D
审 核REV'D
审 定APP'D
批 准AUTHZ'D
A、C排纵向构件布置图
设计项目 SECTION
设计阶段 STAGE
施工图
图 号 DWG NO.
结施-11
版REV 0
第 1 张SHT.NO.
共 1 张TOTAL
比例SCALE
专业SPECIAL 结构

# 建筑施工图设计总说明（一）

一、工程概况

1.1 工程名称：后勤临时办公用房项目

1.2 建设地点：××市××区×××××大学校区内

1.3 建设单位：×××××大学

1.4 建筑性质：临时办公建筑

1.5 设计规模：地上2层，总建筑面积1052.8m²，最大建筑高度7.35m。

1.6 建筑等级：三级

1.7 建筑耐火等级：一、二级

1.8 人防工程等级：无

1.9 抗震设防烈度：7度

1.10 设计使用年限：50年

1.11 主要结构类型：框架结构

1.12 所属气候分区：夏热冬冷地区

1.13 其余详工程技术经济指标总表

二、设计依据

2.2 建设单位提供的用地红线图及坐标图

2.3 建设单位提供的项目周边道路及市政管线资料

2.4 设计合同及建设单位提供的相关要求、说明以及有关技术资料

2.6.1 现行的国家、行业、所在省市的设计规范、规程、规定、标准、措施；

主要的规范包括但不限于：

2.6.2 主要建筑设计规范

《中华人民共和国工程建设标准强制性条文》(2013年版)

《民用建筑设计通则》(GB 50352—2005)

《建筑设计防火规范》(GB 50016—2014)

《办公建筑设计规范》(JGJ 67—2006)

《宿舍建筑设计规范》(JGJ 36—2016)

《建筑内部装修设计防火规范》(GB 50222—2017)

《铝合金门窗工程技术规范》(JGJ 214—2010)

《民用建筑热工设计规范》(GB 50176—2016)

《屋面工程技术规范》(GB 50345—2012)

《屋面工程质量验收规范》(GB 50207—2012)

《民用建筑隔声设计规范》(GB 50118—2010)

《墙体材料应用统一技术规范》(GB 50574—2010)

《蒸压加气混凝土砌块》(GB 11968—2006)

《建筑防烟排烟系统技术标准》(GB 51251—2017)

《建筑安全玻璃管理规定》发改运行[2003]2116号

《建筑玻璃应用技术规程》(JGJ 113—2015)

《建筑外门窗气密、水密、抗风压性能分级及检测方法》(GB/T 7106—2008)

《建筑外门窗保温性能分级及检测方法》(GB/T 8484—2008)

《建筑门窗空气隔声性能分级及检测方法》(GB/T 8485—2008)

《金属与石材幕墙工程技术规范》(JGJ 133—2001)

《铝合金门窗》(GB/T 8478—2008)

《建筑工程设计文件编制深度规定》(2016年版)

《浙江省消防技术规范难点问题操作技术指南》(浙公通字〔2017〕89号文件)

《民用建筑工程室内环境污染控制规范》(GB 50325-2010)(2013年修订版)

三、工程技术经济指标

3.1 工程技术经济指标总表（详见总平面图）

3.2 单体楼栋建筑指标表

| 楼宇名称 | 建筑面积/m² | | 基底面积/m² | 规划建筑高度/m | 消防建筑高度/m | 层数 | | 耐火等级 | 结构体系 | ±0.000相当于绝对标高 |
|---|---|---|---|---|---|---|---|---|---|---|
| | 地上 | 地下 | | | | 地上 | 地下 | | | |
| 临时办公楼 | 1052.8 | — | 526.4 | 7.35 | 6.85 | 2 | — | 地上二级 | 框架 | 3.15 |

四、基本说明

4.1 本施工图所注各种标高,除特别注明者外,其余为建筑完成面标高。

4.2 本施工图所注尺寸除标高及总平面图以米(m)为单位外，其他均以毫米(mm)为单位。

4.3 本工程高程为1985国家高程，坐标为宁波市2000坐标系。

4.4 本工程±0.000标高相对于绝对标高，具体详总平面图。

4.5 本施工图设计范围：用地红线以内的建筑物、构筑物及室外工程。（以设计合同为准）

4.6 图纸修改：局部性的设计修改将以设计变更通知单的形式完成。

五、总图关系

5.1 周边环境及道路情况：具体详总平面设计图。

5.2 后退用地红线关系：建筑退红线详总平面设计图。

5.3 用地主要出入口位置及关系:详总平面设计图。

5.4 场地内交通组织及竖向设计：详总平面竖向设计图。

5.5 施工场地安排由施工单位进行施工组织设计,各工种室外管线分别根据各工种要求铺设，注意已有的城市各种管线的走向与位置，避免对现有城市管线的损坏。

5.6 本次总平面图为总平面定位图，只作为建筑定位放线用。管道综合布置、道路、广场、挡土墙、护坡、绿化等另详其他专业总平面。

六、建筑主要用材及构造要求

本工程所有砂浆一律采用预拌砂浆(干拌砂浆或湿拌砂浆)，禁止使用施工现场搅拌砂浆，不得使用海沙。

6.1 墙体工程

6.1.1 墙体的基础部分详见结施图。

6.1.2 承重钢筋混凝土墙体详见结施图，砌体结构的承重砌体详见结施图。

6.1.3 非承重的外围护墙：采用240厚加气混凝土砌块(B07)，强度级别为A5.0，专用砂浆砌筑，砂浆强度为Ma5.0。外墙与阳台、露台、屋面、线脚等室外楼板交接处做300高（从相邻房间楼板结构面算起）C20素混凝土导墙宽同墙厚且与梁板一起浇筑，其余部位可采用墙底设置200高混凝土实心砖导墙，强度级别为MU15，水泥砂浆砌筑，砂浆强度为DM10。

6.1.4 内隔墙：采用200厚局部100厚(具体详各楼单体设计)非黏土烧结多孔砖，强度级别为MU10，混合砂浆砌筑，砂浆强度为DM7.5。盥洗室、卫生间、厨房隔墙底做300高（从相邻房间楼板结构面算起）C20素混凝土导墙宽同墙厚且与梁板一起浇筑。

6.1.7 ±0.00以下的基础墙体：采用混凝土实心砖，强度级别为MU25，水泥砂浆砌筑，砂浆强度为DM10。

6.1.10 墙身防潮层：在室内地坪下约60处做20厚聚合物水泥防水砂浆的墙身防潮层（在此标高为钢筋混凝土构造时可不做），室内地坪标高变化处应重复搭接，并在有高低差埋土一侧的墙身做20厚聚合物水泥砂浆垂直防潮层，如埋土一侧为室外，还应作防水或防潮处理。

6.1.11 门、窗、配电箱、消火栓等洞口边形成独立柱宽度小于240，钢筋混凝土柱边及剪力墙边门垛尺寸小于240，窗间墙小于360时，应采用混凝土与柱或剪力墙整体浇筑。

6.1.12 墙体留洞及封堵：钢筋混凝土墙留洞见结施和设备图；砌筑墙预留洞详见建施及设备图；混凝土墙留洞的封堵详见结施，其余砌筑墙留洞待管道设备安装后，用C20细石混凝土填实；变形缝处双墙留洞的封堵，应在双墙分别增设套管；凡墙上预留有设备箱、柜等与墙体等宽时，在粉刷前加铺一层热镀锌钢丝网，网宽250，丝径0.65，孔径15×15，用射钉与基层锚固；在门窗洞口边300内砌体应选用实心砌块或C20细石混凝土填实；对外墙门窗洞口应用聚合物水泥砂浆加耐碱纤维网布增强。（放置配电箱、弱电箱的墙体厚度不应小于150，低于180，其箱体后应挂热镀锌钢丝网抹灰，网宽250，丝径0.65，孔径15×15）

6.1.13 凡发电机房烟道需以耐火砖、耐火水泥砂浆砌筑，竖井内壁砌筑灰缝需饱满，并随砌随原浆抹平;厨房烟道当采用成品时应由专业公司提供并对其安全负责。

6.1.14 墙体砂浆：砌筑砂浆、抹灰中的打底砂浆，其强度等级不应小于砌块强度等级。专用砌筑砂浆，其粘结强度应大于0.2MPa。

6.1.15 墙体定位如未注明，轴线均与墙中或与墙一侧重合。

6.1.16 未注明的墙垛:门墙垛为100，外墙长度≤240者，均用C20混凝土现浇（具体详结施图）。

6.1.17 未注明的门洞高度为2400，其上方设置钢筋混凝土圈梁（具体详结施图）。

6.1.18 砌体墙上的门窗洞口过梁、圈梁、窗台压顶、砌体女儿墙压顶、砌体墙转角处的构造做法以及砌体墙内的构造柱、圈梁的设置要求详见结施图。压顶两端伸入墙体各不小于600，不足600时，贯通至混凝土柱结束。

6.1.19 砌块墙的构造柱，洞口加强和设置的过梁均按结构总说明施工，隔墙均砌至梁底或板底，并应埋设门窗的锚固件。

6.1.20 填充墙之技术细则须遵照《墙体材料应用统一技术规范》(GB 50574—2010)、《蒸压加气混凝土砌块》(GB 11968—2006)、《陶粒加气混凝土砌块》(JG/T 504—2016)、《非黏土烧结多孔砖墙体建筑构造》(2015浙J01)。

6.1.21 凡非承重砌块墙体必须遵照地方主管部门的有关规定严格执行。

6.1.22 砌块墙的构造柱，洞口加强和设置的过梁均按结构总说明施工，隔墙均砌至梁底或板底，并应埋设门窗的锚固件。

6.1.23 找平层每层抹灰厚度不大于10mm，抹灰厚度大于35mm时，应有20mm×20mm×1.0mm的热镀锌钢丝网固定以防裂防空鼓。

6.2 楼地面

6.2.1 本工程楼地面做法详见《工程做法表一》。

6.2.2 结构与建筑完成面关系详见单体。

6.2.3 楼地面局部结构板面降低范围、标高与建筑设计面层有高差处，找坡找平填料均采用LC7.5轻骨料混凝土回填。

6.2.4 凡室内设有地漏的房间地面均应设不小于1%的坡度坡向地漏。

6.2.5 凡大面积结构降板回填混凝土地面均沿柱（或6m×6m）纵横用割机做分缝处理，缝宽20，深40,并用密封膏填塞。

6.2.6 水井、电井、空调井板钢筋预留，待管道安装完毕后，用C25混凝土封堵，具体做法详结施。

6.2.7 本工程地面基层为素土夯实时应分层夯实，机械夯实每层不超过300mm厚，人工夯实每层不超过200mm厚,压实系数≥6.3，屋面0.94。

6.3.1 本工程屋面分为上人屋面和不上人屋面,屋面防水、保温做法详见《工程做法表二》。

6.3.2 基层与凸出屋面结构（女儿墙、立墙、天窗壁、变形缝、烟囱、管道、上人孔等）的交接处，以及基层的转角处（水落管、天沟、檐口、檐沟、屋脊等），均应做成圆弧。

6.3.3 屋面找坡坡向雨水口，在雨水口部周围做成略低的凹坑形成积水区。

6.3.4 细石混凝土面层与山墙、女儿墙以及突出屋面结构的交接处应留缝隙，并应做柔性密封处理。

6.3.5 细石混凝土面层应设分格缝，缝内嵌填密封材料；分格缝应设在屋面板的支承端、屋面转折处、防水层与突出屋面结构的交接处，并应与板缝对齐。

6.3.6 高屋面雨水排至低屋面时，若低屋面为普通水泥砂浆面层，应在雨水管下方屋面嵌设一块400×400×30细石混凝土滴水板或成品水簸箕保护，四周找平，纯水泥浆擦缝。

6.3.7 凡大面积细石混凝土地面均沿柱（或3m×3m）纵横用割机做分缝处理，缝宽、深20，并用聚氨酯密封胶填塞。

6.3.8 现浇钢筋混凝土屋面，出屋面和露台的墙体，出屋面管道井壁、女儿墙底部设置不低于350高（从屋面结构面开始算起）的钢筋混凝土反槛，且与梁板同时浇筑，反槛厚度与墙体厚度相同，配筋详结构图纸和说明。

6.3.9 凡管道穿屋面、屋面留孔洞位置等，须检查核实后再做防水材料，避免做防水材料后再凿洞。

6.3.10 所有反梁过水孔必须用钢套管预埋，管底与楼面（屋面）建筑完成面齐平。

6.3.11 倒置式屋面保温材料的性能应符合《倒置式屋面工程技术规程》（JGJ 230—2010）的相关规定。

6.4 室外装修

6.4.1 本工程外立面装修用材及色彩详见立面图，具体装修做法详材料作法表，材质、颜色、规格应在外墙施工前提供样板，局部构架由专业厂家二次设计，由建设单位和设计单位认可。

6.4.2 外墙从基体表面至饰面层应留分隔缝，间隔按立面，可预留或后切，金属网、找平层、防水层、饰面层应在相同位置留缝，缝宽按设计，切缝后嵌填聚氨酯密封胶。

6.4.3 所有室外挑板、阳台底板、窗框顶、窗台、雨棚板、挑檐等均需做滴水线。

6.4.4 外墙找平层中的水泥砂浆，其强度等级不应小于砌块强度等级且不低于M7.5级，与基层墙体的粘结强度不得小于0.6MPa。

6.4.5 外墙门窗洞口四周100mm范围内应采用厚度不小于1.5厚JS聚合物水泥基防水涂料做防水增强层。

6.4.6 空调预留套管，穿砌体时采用PVC-U套管，穿混凝土结构墙时，采用钢套管。

6.4.7 凡贴面砖的外墙,均应采用专用胶粘剂粘贴，并应在现场进行抗拉拔试验，面砖的粘结强度不得小于0.4MPa。

6.4.8 建筑装饰装修工程所用材料应符合国家有关建筑装饰装修材料有害物质限量标准的规定。

6.4.9 外墙材料、构造、施工应遵照《金属与石材幕墙工程技术规程》(JGJ 133—2001)、《建筑装饰装修工程质量验收规范》(GB 50210—2011)执行。

6.4.10 所有立面管口与外墙交接周圈做摸圆，表面喷涂与墙面颜色及质感一致的涂料。

6.4.11 出地面风井外装修结合地上建筑周边材料。

6.4.12 凡室外离地高度低于900的通风防雨百叶窗，内加热镀锌钢丝网，网孔不大于10×10，窗框整体抗水平推力不小于1kN/m。

6.4.13 依附于主楼的围护结构和非结构构件，应采取与主体结构可靠的连接或锚固措施，并应满足安全性和适用性要求。

6.4.16 不同材料的交接处应在找平层中附加玻纤网或热镀锌钢丝网，网宽250，丝径0.9，孔径12.7×12.7用射钉与基层锚固。水泥砂浆不得抹在石灰砂浆层上；所有抹面腻子不得使用石灰膏，应用专用腻子粉。

6.5 室内装修

6.5.1 本工程设计只进行建筑一般装修，详见《工程做法表一》及有关节点详图,其余由二次装修设计。装修所用材料应采用对人体健康无毒无害的环保型材料，同时符合《民用建筑工程室内环境污染控制规范(2013年版)》(GB 50325—2010)的规定，并应在施工前提供样板，经建设单位和设计单位认可后方可施工。

6.5.2 室内精装修另详二次装修设计图。二次装修设计应满足消防安全、使用功能、节能等要求，同时不得影响结构安全和损害水、电、暖通等设施。用户装修时，其套内污水立管、透气管、雨水管、阳台排水管、空调冷凝水管、燃气管及排风道的位置不得移动。且严禁将燃气热水器的排烟道接入排风道内。

6.5.4 所有抹灰墙面的阳角均须先作DP20水泥砂浆护角，护角高2000mm，两侧宽50mm。轻钢龙骨石膏墙基板材顶棚阳角处均应先作金属护角，然后再进行面层施工。顶棚的抹灰层与基层之间及各抹灰层之间必须粘结牢固。

6.5.5 不同材料的交接处,应在找平层中附加玻纤网或热镀锌钢丝网,网宽250，丝径0.65，孔径15×15,用射钉与基层锚固。水泥砂浆不得抹在石灰砂浆层上；所有抹面腻子不得使用石灰膏，应用专用腻子粉。

6.5.9 卫生间地面地漏水封比相应地面标高低50mm，应在该房间最低处；地漏、管道周围与找平层间应预留10mm×7mm凹槽并应嵌填密封沥青膏。

6.5.10 凡木砖或木材与砌体接触部位均应涂防腐油；凡金属铁件均应先除锈，后涂防锈漆一道，面层再油调和漆二道。

6.5.12 落地窗、玻璃门、玻璃隔断等易受到人体或物体碰撞的部位，应设置护栏或在视线高度设醒目标志。

6.5.15 本工程所有建筑材料和设备均应符合管理部门的环保规定和质量标准及节约能源的要求。

6.5.16 本工程所选用的装修材料必须符合《民用建筑工程室内环境污染控制规范（2013年版）》（GB 50325—2010）的规定，材料中有害物质含量应符合《室内装饰装修材料有害物质限量》的规定，其放射性应符合《建筑材料放射性核素限量》（GB 6566）比活度的A级要求。工程中所使用的能释放氨的阻燃剂，混凝土外加剂，氨的释放量不应大于0.1％，测定方法应符合现行国家标准《混凝土外加剂中释放氨的限量》(GB 18588）的规定。能释放甲醛的混凝土外加剂，其游离甲醛含量不应大于0.5g／kg，测定方法应符合国家标准《室内装饰装修材料内墙涂料中有害物质限量》(GB 18582—2008)附录B的规定。

6.5.17 本工程室内装修必须符合《建筑内部装修设计防火规范》（GB 50222—2017）的要求。

1）地上建筑的水平疏散走道和安全出口的门厅，其墙面及顶棚装饰材料应采用A级装修材料，其他部位应采用不低于B1级的装修材料

2）建筑内部装修不应遮挡消防设施和疏散指示标志及出口，并且不应妨碍消防设施和疏散走道的正常使用。

3) 建筑内部装修不应减少安全出口、疏散出口和疏散走道的净宽度和数量设计应满足消防设计规范要求。

6.5.18 所有材料、构造、施工应遵照《建筑装饰装修工程质量验收规范》(GB 50210—2011)、《住宅室内装饰装修工程质量验收规范》（JGJ/T 304—2013）执行。

6.5.19 所有穿过防水层的预埋件、紧固件应采用高性能密封材料密封,地漏中心离墙面净距不宜小于80mm。

6.6 门窗和幕墙

普通外门窗采用：断热铝合金型材，6+12+6普通中空玻璃,性能如下：

1）普通外门窗抗风压性能分级为：不低于4级

2）气密性能分级为：不低于6级

3）水密性能分级为：不低于3级

4）门窗空气声隔声性能分级不低于3级(30≤Rw+Ctr<35);

6.6.1 门窗和幕墙的立面形式、数量、尺寸、色彩、开启方式、型材、玻璃等详见门窗表和门窗幕墙立面图。

6.6.2 本工程所注门窗和幕墙的尺寸均为洞口尺寸，立面为外视立面，制作时应扣除洞口周边预留安装缝隙。门窗安装预留缝隙：

| 饰面材料 | 金属板 | 清水墙 | 涂　料 | 面　砖 | 石　材 |
|---|---|---|---|---|---|
| 预留缝(mm)隙 | 5 | 15 | 20 | 25 | 50 |

6.6.3 门窗和幕墙型材的规格尺寸及玻璃(或石材、金属板)的厚度应由具有幕墙专业计算确定,性能指标应分别符合《建筑幕墙》(GB/T 21086—2007)、《建筑外门窗气密、水密、抗风压性能分级及检测方法》(GB/T 7106—2008)、《建筑门窗空气隔声性能分级及检测方法》(GB/T 8485—2008)、《建筑外门窗保温性能分级及检测方法》(GB/T 8484—2008)的要求。专业公司对门窗、幕墙的安全、质量、性能负责。铝门窗主型材壁厚不应低于以下数值：门结构型材2.0mm，窗结构型材1.4mm,框料表面要求光滑平整。

6.6.5 门窗立樘位置:外门窗立樘位置居中(除图中注明外)；内门窗立樘位置除图中注明外，双向平开门、推拉门立樘居墙中，单向平开门立樘与开启方向墙面平；卫生间的门扇宜高出楼地面20mm；管道井检修门与外侧墙面取平，并应高出楼地面150mm（首层为250），做C20混凝土门槛，宽同墙厚。

6.6.6 凡推拉门、外平开窗或推拉窗均应加设防窗扇脱落的限位装置、防脱落装置以及防从外面拆卸的安全装置。

6.6.7 与铝门窗框扇型材连接用的紧固件应采用不锈钢件，不得采用铝及铝合金抽芯铆钉做门窗构件受力连接紧固件。

6.6.8 外窗的安装必须牢固可靠，在砌体上安装时，严禁用射钉固定。

6.6.9 无室外阳台的外窗台距室内地面装修完成面(或窗台完成面)高度小于900mm时，必须采用可靠的防护措施,做法详见墙身详图。

6.6.10 铝合金门窗、塑料门窗、幕墙的设计、制作和安装应符合现行的国家、行业、所在省市的设计规范、规程、规定、标准、措施的要求。

6.6.11 凡防火门窗、防火卷帘均应采用当消防部门认可的合格产品。

6.6.12 防火墙和公共走廊上疏散用的平开防火门应设闭门器，双扇平开防火门安装闭门器和顺序器，常开防火门须安装信号控制关闭和反馈装置。

6.6.13 防火卷帘应安装在建筑的承重构件上，卷帘上部如不到顶，上部空间应用与墙体耐火极限相同的防火材料封闭，并应满足《门和卷帘的耐火试验方法》（GB/T 7633—2008）有关耐火完整性和耐火隔热性的判定条件；防火卷帘应具有火灾时靠自重自动关闭功能。

6.6.15 与门窗相关的金属材料、铝合金型材、五金件、紧固件、密封材料等均应符合有关材料的国家或行业标准的规定。选用材料除不锈钢外，应经防腐处理，不允许与铝合金发生接触腐蚀。门窗由厂家提供样品和构造大样，交甲方与建筑师共同审定。

6.6.16 玻璃门窗、玻璃隔断、玻璃栏板、天窗、橱窗等的设计、制作和安装应遵照《建筑玻璃应用技术规范》(JGJ 113—2015)、《建筑安全玻璃管理规定》（发改运行号[2003]2116）执行。下列部位的玻璃必须使用安全玻璃：

(1) 7层及7层以上建筑物外开窗；

(2) 面积大于1.5m²的窗玻璃或玻璃底边离最终装饰面(含可踏面）小于900mm的窗玻璃；

(3) 幕墙(全玻幕除外)；

(4) 倾斜装配窗、各类天棚（含天窗、采光顶）、吊顶、雨篷；

(5) 观光电梯及其外围护；

(6) 室内隔断、浴室围护和屏风、玻璃门；

(7) 楼梯、阳台、平台走廊的栏板和中庭内栏板；

(8) 用于承受行人行走的地面板；

(9) 公共建筑物的出入口、门厅等部位；

(10) 易遭受撞击、冲击而造成人体伤害的其他部位；

6.6.17 门窗的防雷设计：应符合国家标准《建筑物防雷设计规范》（GB 50057—2010）的规定。

6.6.18 窗活动扇应设限位装置。

6.6.19 门窗的防渗漏设计：

1）外窗下框宜有泄水结构，如无时应做如下处理：推拉窗、导轨在靠两个边框处铣8mm宽的泄水口；平开窗在靠框中挺位置每个扇洞铣一个8mm宽的泄水口。

2）窗外周边留宽6mm深6mm槽，防水胶嵌缝。

3）安装所用的螺丝为铜螺丝或不锈钢螺丝，钉口应做好防渗处理。

4）每条窗边框与墙体的连接固定点不得少于2处，间距不得>500mm，边框端部的第一固定点距端部的距离≤200mm。

5）外门窗框安装前，将窗框与洞口间的缠绕保护膜撕去、清理缝隙内浮浆、垃圾杂物，并浇水湿润；门窗框与墙体安装缝隙应用干硬性防水水泥砂浆或发泡胶，塞缝必须饱满密实，不允许出现裂缝、透光、空鼓现象；第一次收口须确保外窗框与洞口之间的间隙为25mm+5mm；窗框凹槽塞缝完成后应在24h内安装门窗框并立即进行第二次塞缝工序施工；门窗框与墙体接缝处密闭材料为中性硅酮密封胶，密封胶应饱满、匀称；窗口侧壁保温应用反包网固定牢固。

6.6.20 外门窗的相关性能指标应符合下列标准：

6.6.21 门窗订货时应区分正反方向，门的开启方向按建筑平面图，窗的开启方向按窗立面详图。

门窗、幕墙、百页的代号如下：

| 普通窗 | 固定窗 | 钢板门 | 门连窗 | 转角窗 | 凸窗 | 玻璃门 | 铝合金百叶 | 防火门 | 木夹板门 | 特级防火卷帘 | 防火防盗门 |
|---|---|---|---|---|---|---|---|---|---|---|---|
| C | GC | GM | LMC | ZJC | TC | LM | BC | FM | M | FJ | FHDM |

| 会签栏 | | | |
|---|---|---|---|
| 建筑 | | 暖通 | |
| 结构 | | 电气 | |
| 给排水 | | 智能化 | |

附注：

工程设计出图专用章

注册章

| 审定 | | |
|---|---|---|
| 审核 | | |
| 工程负责人 | | |
| 专业负责人 | | |
| 校对 | | |
| 设计 | | |
| 制图 | | |

| 建设单位 | | | |
|---|---|---|---|
| 工程名称 | 后勤临时办公用房 | | |
| 图名 | 建筑施工图设计总说明（一） | | |
| 阶段 | 施工图 | 工程号 | |
| 专业 | 建筑 | 图号 | 建施-01 |
| 比例 | | 日期 | 2018.12 |

# 建筑施工图设计总说明（二）

6.7 防水工程

所有防水工程均应按《地下工程防水技术规范》(GB 50108—2008)、《屋面工程技术规范》（GB 50345—2012)、《种植屋面工程技术规程》(JGJ 155—2013)、《倒置式屋面工程技术规程》（JGJ 230—2010）、《屋面工程质量验收规范》(GB 50207—2012)、《地下建筑防水构造》（10J301）及地方主管部门的有关规定，防水材料均应采用非焦油型；防水卷材宜采用冷粘贴工艺施工。防水施工时基层含水率不应大于9%，且在雨天及4级风以上天气不得施工。防水工程必须由经当地主管部门批准具有相应资质的施工单位施工。防水工程所使用的防水材料，应有产品的合格证书和性能检测报告，材料的品种、规格、性能等应符合现行国家产品标准和设计要求。

6.7.1 屋面防水

(1) 本工程屋面防水等级为I级。

(2) 防水层次为两道设防，普通屋面采用一道柔性防水卷材和一道防水涂料，再加一道刚性细石混凝土保护层。具体构造做法详见《工程做法表二》。

(3) 设防要求：所有防水材料的四周均卷至屋面完成面或种植土以上300mm；屋面竖井、女儿墙阴阳转角处、天沟、檐沟应附加一层防水材料。

(4) 凡穿屋面的管道或泛水以上的外墙穿管，等安装完后采用细石混凝土封严，管根周围应嵌填防水胶与防水层闭合。

(5) 地下室顶板屋面的非种植区回填土夯实层的碾压密实度>95%（环刀取样）。屋面种植土、铺地、台阶、绿化景观、小品等见二次设计。

(6) 屋面上的设施基座与结构层相连时，防水层应包裹设施基座的上部，并在地脚螺栓周围做密封处理；在防水层上设置设施时，设施下部的防水层应做卷材增强层，必要时应在其上浇筑细石混凝土，其厚度不应小于50mm；需经常维护的设施周围和屋面出入口至设施之间的人行道应铺设刚性保护层。

(7) 出屋面楼梯间、电梯机房、屋面设备间、管井、烟道砌体墙根根部设置350高（从屋面结构面开始算起）的钢筋混凝土反槛，且与梁板一起浇注,宽度与上部墙体同；不同材料交接处加铺垫一层热镀锌钢丝网(丝径0.9mm，孔径12.7×12.7)周边宽出250，涂刷防水涂膜1.5mm厚，沿根部结构面刷高500。

(8) 屋面雨水口汇水区直径宜大于500mm，坡度宜大于5%。

(9) 倒置式屋面建筑找坡≥2%，倒置式屋面的檐沟、水落口等部位，应采用现浇混凝土或砖砌堵头，并应做好保温层排水处理；天沟排水沟坡度1%。

6.7.2 卫生间、室外平台、花池防水：

(1) 卫生间、室外平台、花池砌块隔墙根部加300高（从相邻房间楼板结构面算起）C20混凝土基带，宽度与上部墙体同。

(2) 防水层次：地面：a. 卫生间地面要做防水；b. 室外平台地面要做防水。

(3) 设防要求：地面应向地漏找坡，坡度应≥1%，地漏口标高应低于地面20mm，以地漏为中心半径250mm范围内，排水坡度≥3%，地漏、管道周围与找平层间预留10mm×7mm凹槽并应嵌填密封沥青膏；卫生间、室外平台所有楼面防水材料的四周均卷至楼面完成面以上300mm；设备、门框、预埋管件等沿墙周边交界处，应采用高性能的密封材料封堵。

6.7.3 外墙防水

(1) 防水材料及防水做法详见《工程做法表二》。

(2) 外墙腰线、檐板等上部应做2%排水坡,普通外窗窗台、滴水完成面的坡度≥20%,飘窗窗台、滴水完成面的坡度≥5%；与立墙面交角处应做R30圆角，外墙变形缝必须做防水处理。

(3) 外墙砌体填充墙及门窗洞口四周应严格按有关规程规定砌筑施工：安装在外墙上的构配件、各类孔洞、管道、螺栓等均应预埋，预埋件位于砌块墙体时并应在预埋件四周嵌以聚合物水泥砂浆；墙面分隔缝内嵌密封材料。

(4) 加气混凝土砌块墙与钢筋混凝土构件水平缝、垂直缝做法：缝隙填满聚合物水泥砂浆，刷10厚建筑密封膏，满挂镀锌钢丝网。

(5) 安装在外墙上的构配件，各种孔洞直径大于80、管道、螺栓等均应预埋，以免锤打穿孔。

(6) 女儿墙顶应做5%向屋面方向排水坡。

(7) 外墙采用节点构造防水措施，具体详见节点详图。

6.8 安全防范设计

6.12.1 阳台、外廊、室内回廊、内天井及上人屋面临空处防护栏杆高度*H*应符合下列规定：

(1) 多层和低层建筑物：$H$≥1.05m(阳台、外廊、室内回廊、内天井)；$H$≥1.20m(上人屋面，具体高度详立面)；

(2) 高层建筑物：$H$≥1.10m(阳台、外廊、室内回廊、内天井)；$H$≥1.20m(上人屋面，具体高度详立面)；

注：以上高度指施工完成后的净高度，高度从阳台面或屋面算起，如底部有宽度大于或等于0.22m，且高度低于或等于0.45m的可踏部位，应从可踏部位顶面起计算。

6.12.3 扶手高度*H*应符合下列规定：

(1) 室内楼梯扶手高度自踏步前缘线量起不宜小于0.9m；靠楼梯井一侧水平扶手长度超过0.5m时，其高度不应小于1.05m；

(2) 其他建筑室外楼梯扶手$H$≥1.10m；

以上高度均指施工完成后的净高度，自踏步前缘线量起。

6.12.4 不锈钢：主要受力杆件壁厚不应小于1.5mm，一般杆件不宜小于1.2mm；型钢：主要受力杆件壁厚不应小于3.5mm，一般杆件不宜小于2.0mm；铝合金：主要受力杆件壁厚不应小于3.0mm，一般杆件不宜小于2.0mm。栏杆安装完成后，栏杆顶部的水平荷载应取1.0kN/m。

6.12.5 台阶高度超过0.70m并侧面临空时，应有防护设施。

外装饰工程做法表

| 屋面 | 做法 | 外墙 | 做法 | 其他工程 | 做法 |
|---|---|---|---|---|---|
| 平屋面1 | 1. 刚性层：50厚C20细石混凝土随捣随抹，（内配筋Φ4@100双向钢丝网片） | 外墙1 | 1. 高级外墙仿石涂料 | 室外台阶、坡道 | 1. 和花岗岩面层 |
| | | （高级外墙仿石涂料 | 2. 外墙腻子2道 | 无障碍坡道、门廊 | 2. 20厚DS20干硬性水泥砂浆结合层 |
| （保温倒置式混凝土屋面，I级防水） | 2. LC7.5轻骨料混凝土找坡2%，最薄处30厚 | 外墙） | 3. 20厚DP20水泥砂浆（掺水重比5%防水剂）分批抹平 | | 3. a. 100厚C15混凝土 |
| 用于主体屋面 | 3. 保温层：80厚挤塑聚苯板 | | 4. 外墙基层处理 | | b. 80厚1：3：6石灰，砂，碎石三合土 |
| | 4. 3厚SBS改性沥青防水卷材 | | | | c. 素土夯实 |
| | 5. 2厚非固化橡胶沥青防水涂料 | | | | |
| | 6. 现浇钢筋混凝土防水屋面，基层处理 | | | | |
| 平屋面2 | 1. DS20水泥砂浆找坡，最薄处20厚，坡向雨水口或外侧 | | | | |
| （屋面，II级防水） | 2. 2厚II型JS防水涂料，上反300 | | | | |
| 用于雨篷 | 3. 现浇钢筋混凝土结构板，基层处理 | | | | |

基层处理通用做法

| | | |
|---|---|---|
| 楼地面基层处理 | □ 下无结构板 | 1. 120厚C15混凝土配筋Φ8@200双向钢筋，随捣随抹(结构梁预留300长钢筋连接,避免沉降) |
| | | 2. 100厚碎石垫层 |
| | | 3. 素土夯实，压实系数≥0.94 |
| | □ 下有结构板（有回填） | 1. LC7.5轻骨料混凝土回填压实 |
| | | 2. 钢筋混凝土结构顶板（上部为卫生间时,增设1厚水泥基渗透结晶型防水涂料） |
| | □ 下有结构板（无回填） | 1. 界面剂或素水泥浆一道 |
| | | 2. 钢筋混凝土结构顶板（上部为卫生间时,增设1厚水泥基渗透结晶型防水涂料） |
| 内墙基层处理 | 1. | □ a. 当墙体采用加气混凝土砌块等轻质砌体时，需满铺耐碱玻纤网格布一道（130g/m²） |
| | | □ b. 当墙体采用烧结多孔砖等非轻质砌体时，仅在墙体不同材料交接处加铺耐碱玻纤网格布一道（130g/m²），沿缝中距300宽 |
| | | 2. 混凝土墙面刷混凝土专用界面剂一道，砌体墙面刷素水泥浆一道（掺6%水重界面胶） |
| | | 3. 砌体墙或混凝土墙 |
| 外墙基层处理 | 室外侧 | 1. 墙体不同材料交接处加铺热镀锌钢丝网（12.7×12.7×0.7），沿缝中距300宽 |
| | | 2. 混凝土墙面刷混凝土专用界面剂一道，砌体墙面刷素水泥浆一道（掺6%水重界面胶） |
| | | 3. 加气混凝土砌体墙或混凝土墙 |
| | 室内侧 | 1. 需满铺耐碱玻纤网格布一道（130g/m2） |
| | | 2. 混凝土墙面刷混凝土专用界面剂一道，砌体墙面刷素水泥浆一道（掺6%水重界面胶） |
| | | 3. 加气混凝土砌体墙或混凝土墙 |

商品砂浆与传统砂浆分类对应表

| 种类 | 商品砂浆 | 传统砂浆 | |
|---|---|---|---|
| 砌筑砂浆 | WM5.0、DM5.0 | M5.0混合砂浆、M5.0水泥砂浆 | 《预拌砂浆应用技术规程》(DG/T J08—502—2012) |
| | WM7.5、DM7.5 | M7.5混合砂浆、M7.5水泥砂浆 | |
| | WM10、DM10 | M10混合砂浆、M10水泥砂浆 | |
| | WM15、DM15 | M15水泥砂浆 | |
| 抹灰砂浆 | WP5.0、DP5.0 | 116混合砂浆 | |
| | WP10、DP10 | 114混合砂浆 | |
| | WP15、DP15 | 1：3水泥砂浆 | |
| | WP20、DP20 | 1：2、1：25水泥砂浆、112混合砂浆 | |
| 地面砂浆 | WS20、DS20 | 1：2水泥砂浆 | |

内装饰工程做法表

| | 部位 | 楼地面 | | 砌体墙面 | | 顶棚 | | 踢脚 |
|---|---|---|---|---|---|---|---|---|
| 地上功能用房 | 除以下部位外 | 楼地面1 | 1. 防滑地砖（聚合物水泥砂浆铺砌） | 内墙1 | 1. 乳胶漆饰面一底两度 | 顶棚1 | 1. 白色乳胶漆罩面一底两度 | 100高花岗岩踢脚 |
| | | （地砖楼地面） | 2. 5厚聚合物水泥砂浆结合层 | (乳胶漆墙面） | 2. 内墙腻子两度 | （乳胶漆顶棚） | 2. 白色腻子两度 | |
| | | | 3. 20厚DS20水泥砂浆找平层 | | 3. 20厚DP10混合砂浆打底、压实、找平 | | 3. 混凝土楼板基层处理 | |
| | | | 4. 楼地面基层处理 | | 4. 内墙基层处理 | | | |
| | 卫生间、盥洗室厨房、餐厅 | 楼地面2（地砖防水楼地面） | 1. 防滑地砖（聚合物水泥砂浆铺砌） | 内墙2 | 1. 面砖贴至高于吊顶100处 | 顶棚2 | 1. 轻钢龙骨铝扣板吊顶 | 踢脚同墙面 |
| | | | 2. 5厚聚合物水泥砂浆结合层 | （面砖墙面） | 2. 20厚DP20水泥砂浆打底、压实、找平（内掺5%防水剂） | （防水装修顶棚） | 2. 防水腻子两遍,下方100mm | |
| | | | 3. 1.5厚II型JS防水涂料（高出楼地面300） | | 3. 内墙基层处理 | | 3. 混凝土楼板基层处理 | |
| | | | 4. DS20水泥砂浆找坡兼找平层（最薄处20，地漏1米范围内以1%找坡） | | | | | |
| | | | 5. 楼地面基层处理 | | | | | |
| | 楼梯、公共走道 | 楼地面3 | 1. 防滑地砖（聚合物水泥砂浆铺砌，面层带防滑槽） | 内墙1 | 做法同上 | 顶棚1 | 做法同上 | 100高花岗岩踢脚 |
| | | （地砖楼地面） | 2. 5厚聚合物水泥砂浆结合层 | (乳胶漆墙面） | | （乳胶漆顶棚） | | |
| | | | 3. 20厚DS20水泥砂浆找平层 | | | | | |
| | | | 4. 楼地面基层处理 | | | | | |

| 会签栏 | | | |
|---|---|---|---|
| 建筑 | | 暖通 | |
| 结构 | | 电气 | |
| 给排水 | | 智能化 | |

附注：

工程设计出图专用章

注册章

| | | |
|---|---|---|
| 审定 | | |
| 审核 | | |
| 工程负责人 | | |
| 专业负责人 | | |
| 校对 | | |
| 设计 | | |
| 制图 | | |

| | | | |
|---|---|---|---|
| 建设单位 | | | |
| 工程名称 | 后勤临时办公用房 | | |
| 图名 | 建筑施工图设计总说明（二） | | |
| 阶段 | 施工图 | 工程号 | |
| 专业 | 建筑 | 图号 | 建施-02 |
| 比例 | | 日期 | 2018.12 |

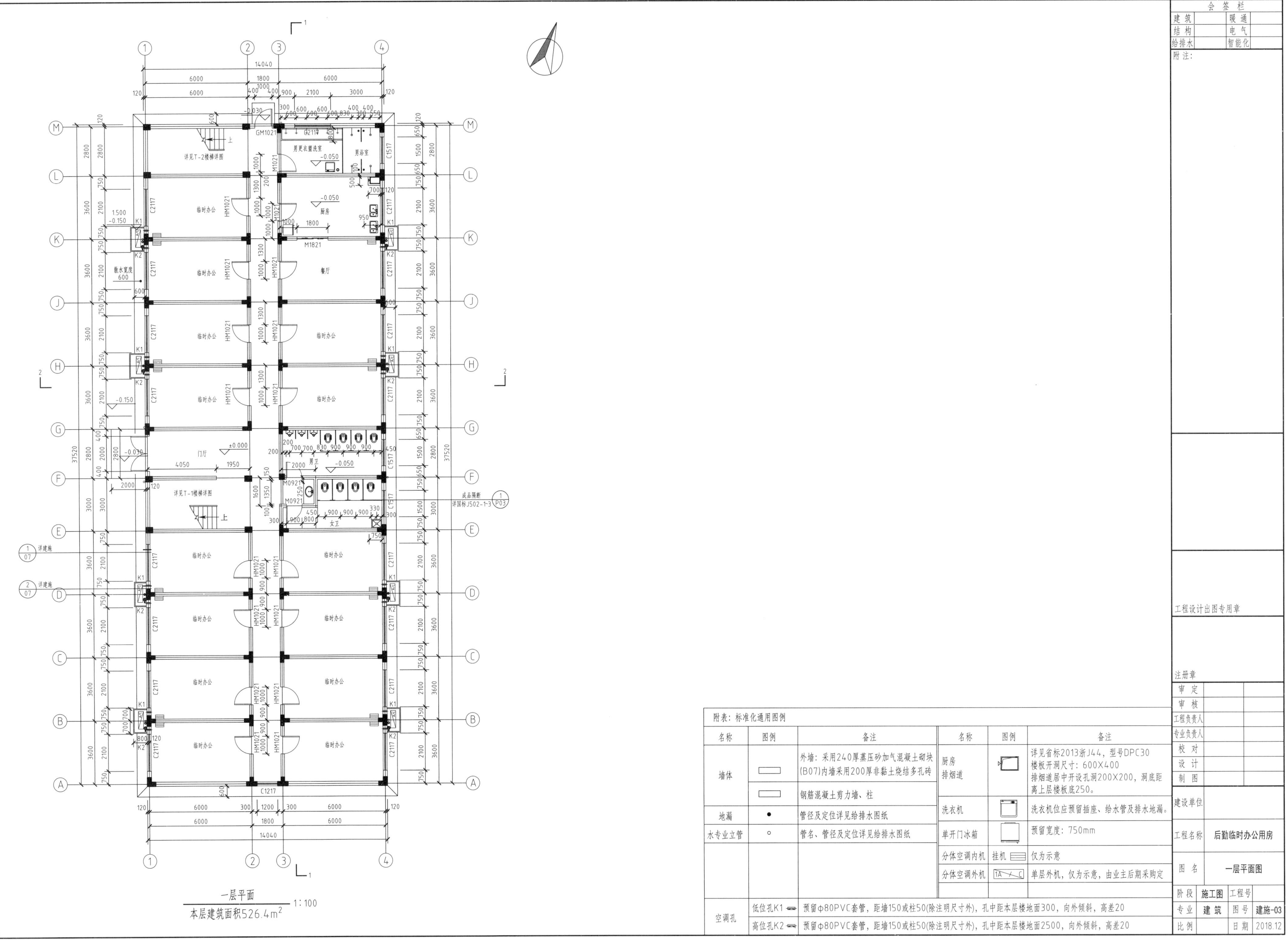
会签栏
建筑
暖通
结构
电气
给排水
智能化
附注:
工程设计出图专用章
注册章
审定
审核
工程负责人
专业负责人
校对
设计
制图
建设单位
工程名称
后勤临时办公用房
图名
一层平面图
阶段
施工图
工程号
专业
建筑
图号
建施-03
比例
日期
2018.12
附表:标准化通用图例
名称
图例
备注
墙体
外墙:采用240厚蒸压砂加气混凝土砌块(B07)内墙采用200厚非黏土烧结多孔砖
钢筋混凝土剪力墙、柱
地漏
管径及定位详见给排水图纸
水专业立管
管名、管径及定位详见给排水图纸
厨房排烟道
详见省标2013浙J44,型号DPC30
楼板开洞尺寸:600X400
排烟道居中开设孔洞200X200,洞底距离上层楼板底250。
洗衣机
洗衣机位应预留插座、给水管及排水地漏。
单开门冰箱
预留宽度:750mm
分体空调内机
挂机
仅为示意
分体空调外机
单层外机,仅为示意,由业主后期采购定
空调孔
低位孔K1
预留φ80PVC套管,距墙150或柱50(除注明尺寸外),孔中距本层楼地面300,向外倾斜,高差20
高位孔K2
预留φ80PVC套管,距墙150或柱50(除注明尺寸外),孔中距本层楼地面2500,向外倾斜,高差20
一层平面 1:100
本层建筑面积526.4m²
临时办公
厨房
餐厅
门厅
男更衣盥洗室
男浴室
男卫
女卫
详见T-2楼梯详图
详见T-1楼梯详图
散水宽度 600
成品隔断 详国标J502-1-3
14040
37520

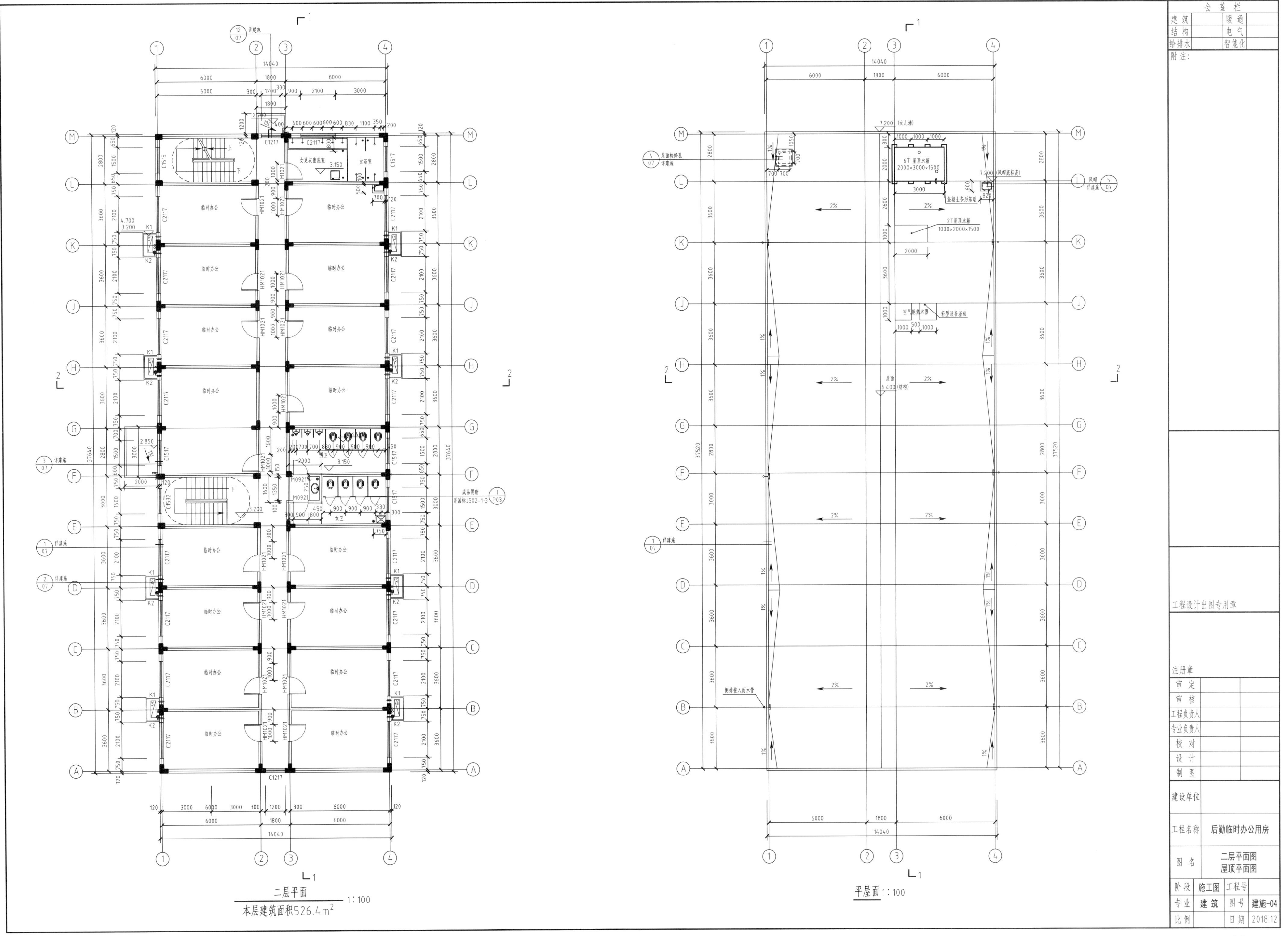
会签栏
建筑
暖通
结构
电气
给排水
智能化
附注:
工程设计出图专用章
注册章
审定
审核
工程负责人
专业负责人
校对
设计
制图
建设单位
工程名称
后勤临时办公用房
图名
二层平面图
屋顶平面图
阶段
施工图
工程号
专业
建筑
图号
建施-04
比例
日期
2018.12
临时办公
女更衣盥洗室
女浴室
男卫
女卫
二层平面 1:100
本层建筑面积526.4m2
6T 屋顶水箱
2000×3000×1500
2T屋顶水箱
1000×2000×1500
空气源热水器
屋面 6.400(结构)
平屋面 1:100

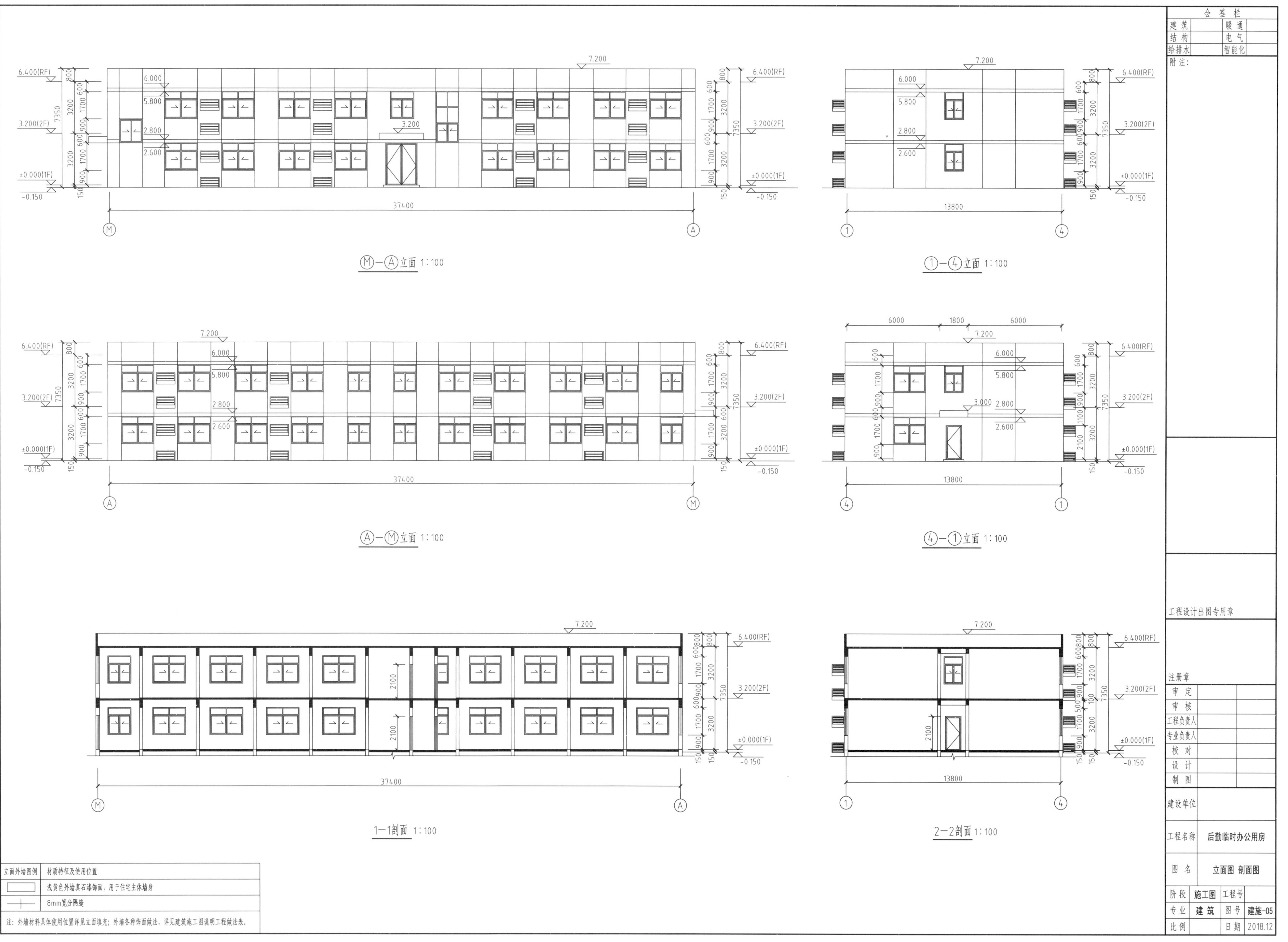

Ⓜ—Ⓐ立面 1:100
①—④立面 1:100
Ⓐ—Ⓜ立面 1:100
④—①立面 1:100
1—1剖面 1:100
2—2剖面 1:100
6.400(RF)
3.200(2F)
±0.000(1F)
-0.150
7.200
37400
13800
会签栏
建筑
暖通
结构
电气
给排水
智能化
附注:
工程设计出图专用章
注册章
审定
审核
工程负责人
专业负责人
校对
设计
制图
建设单位
工程名称
后勤临时办公用房
图名
立面图 剖面图
阶段
施工图
工程号
专业
建筑
图号
建施-05
比例
日期
2018.12
立面外墙图例
材质特征及使用位置
浅黄色外墙真石漆饰面，用于住宅主体墙身
8mm宽分隔缝
注：外墙材料具体使用位置详见立面填充；外墙各种饰面做法，详见建筑施工图说明工程做法表。

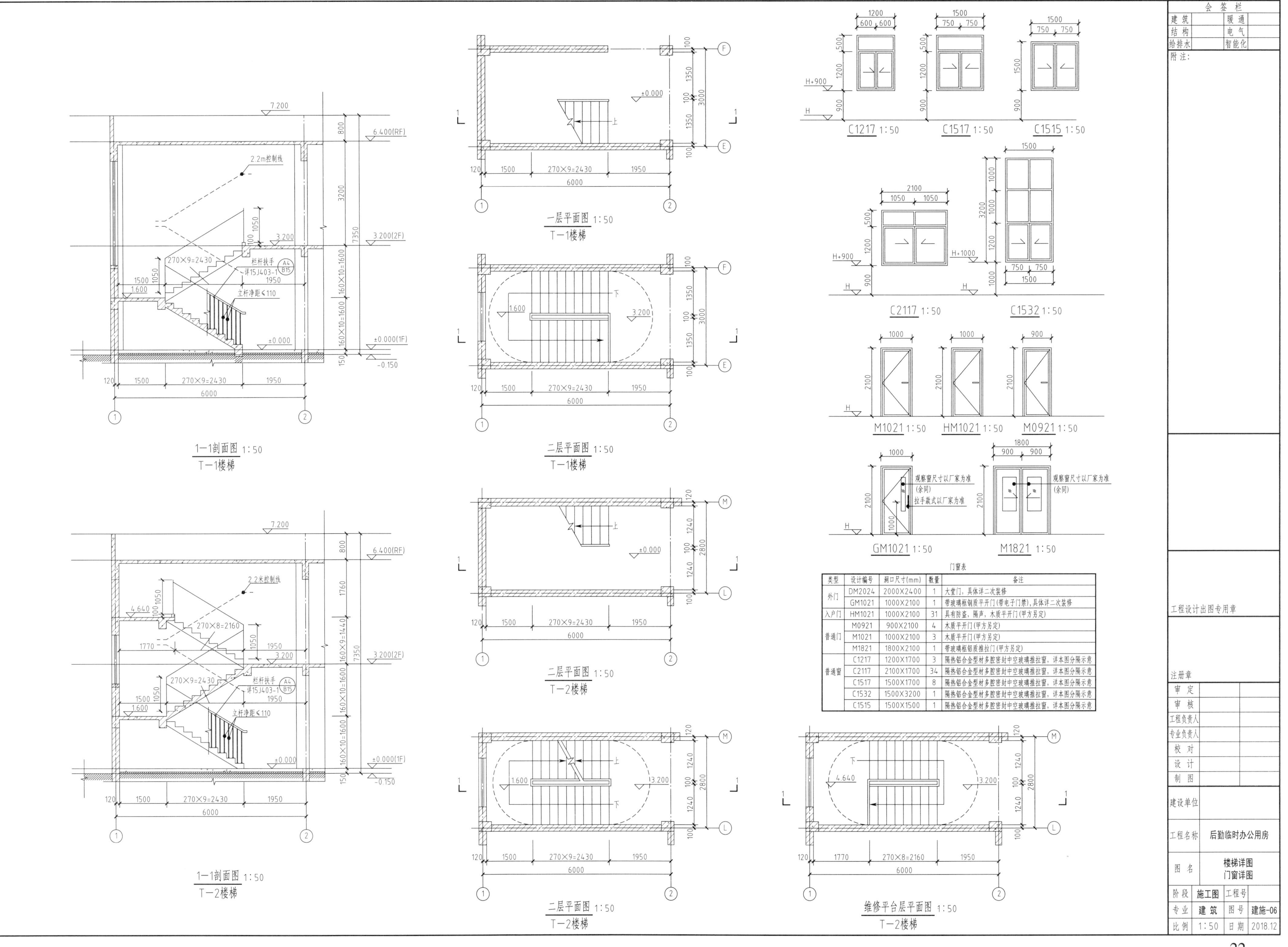


门窗表

| 类型 | 设计编号 | 洞口尺寸(mm) | 数量 | 备注 |
|---|---|---|---|---|
| 外门 | DM2024 | 2000X2400 | 1 | 大堂门，具体详二次装修 |
| | GM1021 | 1000X2100 | 1 | 带玻璃框钢质平开门(带电子门禁)，具体详二次装修 |
| 入户门 | HM1021 | 1000X2100 | 31 | 具有防盗，隔声，木质平开门(甲方另定) |
| 普通门 | M0921 | 900X2100 | 4 | 木质平开门(甲方另定) |
| | M1021 | 1000X2100 | 3 | 木质平开门(甲方另定) |
| | M1821 | 1800X2100 | 1 | 带玻璃框铝质推拉门(甲方另定) |
| 普通窗 | C1217 | 1200X1700 | 3 | 隔热铝合金型材多腔密封中空玻璃推拉窗，详本图分隔示意 |
| | C2117 | 2100X1700 | 34 | 隔热铝合金型材多腔密封中空玻璃推拉窗，详本图分隔示意 |
| | C1517 | 1500X1700 | 8 | 隔热铝合金型材多腔密封中空玻璃推拉窗，详本图分隔示意 |
| | C1532 | 1500X3200 | 1 | 隔热铝合金型材多腔密封中空玻璃推拉窗，详本图分隔示意 |
| | C1515 | 1500X1500 | 1 | 隔热铝合金型材多腔密封中空玻璃推拉窗，详本图分隔示意 |

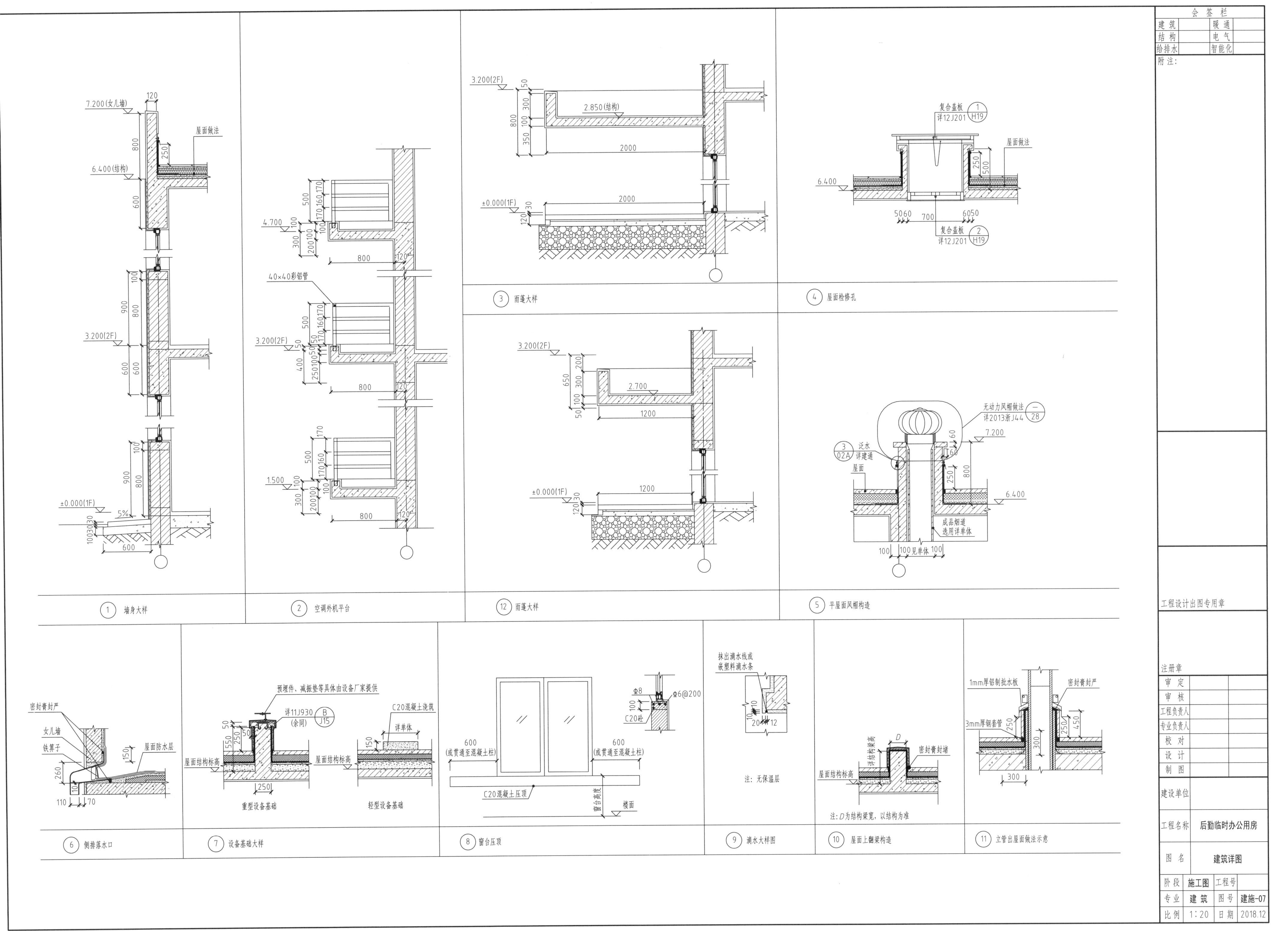
会签栏
建筑
暖通
结构
电气
给排水
智能化
附注:
工程设计出图专用章
注册章
审定
审核
工程负责人
专业负责人
校对
设计
制图
建设单位
工程名称
后勤临时办公用房
图名
建筑详图
阶段
施工图
工程号
专业
建筑
图号
建施-07
比例
1:20
日期
2018.12
1 墙身大样
2 空调外机平台
12 雨蓬大样
5 平屋面风帽构造
3 雨蓬大样
4 屋面检修孔
6 侧排落水口
7 设备基础大样
8 窗台压顶
9 滴水大样图
10 屋面上翻梁构造
11 立管出屋面做法示意
屋面做法
40×40彩铝管
复合盖板
详12J201
无动力风帽做法
详2013浙J44
成品烟道
选用详单体
密封膏封严
女儿墙
铁箅子
屋面防水层
预埋件、减振垫等具体由设备厂家提供
C20混凝土浇筑
屋面结构标高
重型设备基础
轻型设备基础
C20混凝土压顶
抹出滴水线或
嵌塑料滴水条
注：无保温层
注：D为结构梁宽，以结构为准
密封膏封堵
1mm厚铝制批水板
3mm厚钢套管

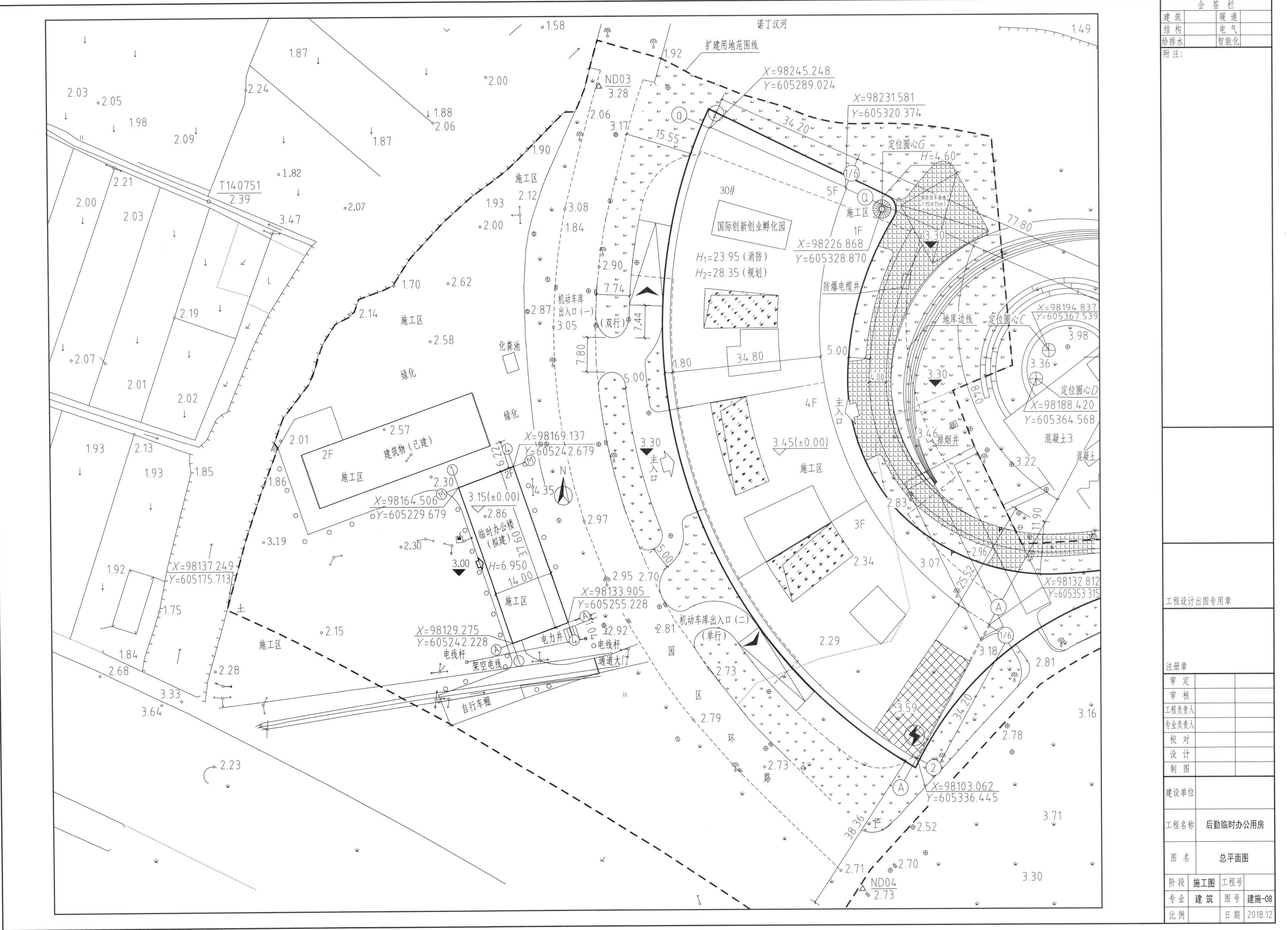

会签栏
建筑
暖通
结构
电气
给排水
智能化
附注：
工程设计出图专用章
注册章
审定
审核
工程负责人
专业负责人
校对
设计
制图
建设单位
工程名称
后勤临时办公用房
图名
总平面图
阶段
施工图
工程号
专业
建筑
图号
建施-08
比例
日期
2018.12
诺丁汉河
扩建用地范围线
30#
国际创新创业孵化园
H1=23.95（消防）
H2=28.35（规划）
5F
4F
3F
1F
防爆电缆井
地库边线
定位圆心G
定位圆心C
定位圆心D
排烟井
混凝土3
机动车库出入口（一）
（双行）
机动车库出入口（二）
（单行）
主入口
化粪池
绿化
施工区
建筑物（已建）
临时办公楼（拟建）
H=6.950
电力井
电线杆
架空电线
通道大门
自行车棚
园区环路
X=98245.248
Y=605289.024
X=98231.581
Y=605320.374
X=98226.868
Y=605328.870
X=98194.837
Y=605367.539
X=98188.420
Y=605364.568
X=98132.812
Y=605353.315
X=98103.062
Y=605336.445
X=98169.137
Y=605242.679
X=98164.506
Y=605229.679
X=98137.249
Y=605175.713
X=98133.905
Y=605255.228
X=98129.275
Y=605242.228
ND03
3.28
ND04
2.73
T140751
2.39
3.45(±0.00)
3.15(±0.00)

# 结构设计总说明

一、工程概况

1. 本工程为一栋地上两层后勤临时办公用房，采用钢筋混凝土框架结构，框架抗震等级为三级。
2. 本工程±0.000对应绝对标高见建筑总图。
3. 本工程施工时，必须与总图、建筑、给排水、暖通、电气等专业图纸密切配合施工，与各工种设计图纸如有矛盾时，请及时与设计院联系。

二、抗震设计及防火要求

1. 本设计采用盈建科建筑结构设计软件系统V2016-1.9.2.0进行设计。
2. 本工程所在地区抗震基本烈度为7度，设计采用设防烈度为7度，建筑抗震设防类别为丙类。
3. 本工程建筑物耐火等级见建筑设计总说明；建筑结构安全等级为二级。
4. 本工程建筑物结构的设计使用年限为 50年。
5. 本工程混凝土结构环境类别：地下室顶板、底板、外墙、水池及室内潮湿处（如卫生间、屋面）为二a类，其余为一类。

三、主要设计规范依据

1.《建筑结构荷载规范》（GB 50009—2012）
2.《混凝土结构设计规范（2015年版）》（GB 50010—2010）
3.《建筑地基基础设计规范》（GB 50007—2011）
4.《建筑桩基技术规范》（JGJ 94—2008）
5.《建筑抗震设计规范(2016年版)》（GB 50011—2010）
6.《砌体结构设计规范》（GB 50003—2011）
7.《宁波市蒸压加气混凝土砌块应用技术实施细则》（2013甬SS-01）
8.《混凝土异形柱结构技术规程》（JGJ 149—2017）

四、本工程的施工及验收均应严格按照国家及地方现行的建筑安装施工及验收规范进行。主要验收规范如下：

1.《建筑地基处理技术规范》（JGJ 79—2012）
2.《建筑地基基础工程施工质量及验收规范》（GB 50202—2002）
3.《混凝土结构工程施工质量及验收规范》（GB 50204—2015）
4.《建筑基桩检测技术规范》（JGJ 106—2014/J256—2014）
5.《钢筋焊接及验收规程》（JGJ 18—2013）
6.《钢筋机械连接通用技术规程》（JGJ 107—2016）
7.《砌体工程施工质量及验收规范》（GB 50203—2011）

五、本工程设计采用的主要荷载如下

1. 风荷载 0.50kN/m²，地面粗糙度B类。
2. 雪荷载 0.30kN/m²。
3. 各类房间的活荷载标准值取值如下：

办公、物业用房：2.0kN/m²　走廊、大厅：3.5kN/m²　卫生间：2.5kN/m²
消防楼梯：3.5kN/m²　会议室、物业值班、宿舍：2.0kN/m²
上人屋面：2.0kN/m²　不上人屋面：0.5kN/m²

六、地下室及地基基础部分

1. 本工程基础设计参照临近建筑的岩土工程勘察报告。
2. 本工程所处建筑场地类别为Ⅳ类。
3. 本工程采用柱下独立基础。
4. 基础梁纵向钢筋的接头应按受拉构件的要求考虑，基础梁箍筋应做成 135° 弯钩，弯钩段长度≥10d。
5. 基础施工时若发现地质实际情况与设计要求不符，须通知设计人员及地质勘察工程师共同研究处理。
6. 基础底混凝土为密实抗渗混凝土，抗渗等级为P6。

七、钢筋混凝土结构部分

1. 现浇结构各部件设计用料（Φ表示 HPB300钢筋，Φ表示 HRB400）
2. 承台、基础、剪力墙、梁、板、柱混凝土强度等级除注明外见单体说明。

注：1. 构造柱、过梁、窗台压顶等非结构构件混凝土强度等级为C25。
2. 吊钩一律采用HPB300钢制作，严禁使用冷加工钢。
3. 钢筋的强度标准值应具有不小于 95%的保证率。
4. 抗震等级为一二三级的框架和斜撑构件（含梯段），其纵向受力钢筋采用普通钢筋时，钢筋的抗拉强度实测值与屈服强度实测值的比值不应小于1.25；钢筋的屈服强度实测值与屈服强度标准值的比值不应大于1.3，且钢筋在最大拉力的总伸长率实测值不应小于9%。

3. 混凝土保护层厚度（仅用于设计使用年限为 50年的结构）
① 表1中混凝土保护层厚度指最外层钢筋外边缘至混凝土表面的距离。
② 构件中受力钢筋的保护层厚度不应小于钢筋的公称直径，且应符合表1的规定。

混凝土保护层的最小厚度　表1

| 环境类别 | 板、墙、壳 | 梁、柱、杆 |
|---|---|---|
| 一 | 15 | 20 |
| 二a | 20 | 25 |
| 二b | 25 | 35 |
| 三a | 30 | 40 |
| 三b | 40 | 50 |

③ 混凝土强度等级不大于C25时，表1中保护层厚度数值应增加5mm。
④ 基础底面钢筋的保护层厚度中纵向受力钢筋的混凝土保护层厚度，有混凝土垫层时应从垫层顶面算起，且不应小于40mm。
⑤ 对有防火要求建筑物，其混凝土保护层厚度尚应符合国家现行有关标准的要求。
⑥ 地下室外墙外侧及底板迎水面的保护层厚度为50mm。
⑦ 桩承台钢筋的保护层厚度同桩嵌入承台的深度。

4. 设计使用年限为50年的混凝土结构，其混凝土材料宜符合表2的规定。

结构混凝土材料的耐久性基本要求　表2

| 环境等级 | 最大水胶比 | 最低强度等级 | 最大氯离子含量/% | 最大碱含量/(kg/mL) |
|---|---|---|---|---|
| 一 | 0.60 | C20 | 0.30 | 不限制 |
| 二a | 0.55 | C25 | 0.20 | 3.0 |
| 二b | 0.50(0.55) | C30(C25) | 0.15 | |
| 三a | 0.45(0.50) | C35(C30) | 0.15 | |
| 三b | 0.40 | C40 | 0.10 | |

注：1. 氯离子含量系指其占胶凝材料总量的百分比；
2. 预应力构件混凝土中的最大氯离子含量为0.06%其最低混凝土强度等级宜按表中的规定提高两个等级；
3. 素混凝土构件的水胶比及最低强度等级的要求可适当放松；
4. 有可靠工程经验时，二类环境中的最低混凝土强度等级可降低一个等级；
5. 处于严寒和寒冷地区二b、三a类环境中的混凝土应使用引气剂，并可采用括号中的有关参数；
6. 当使用非碱活性骨料时，对混凝土中的碱含量可不作限制。

5. 钢筋的锚固和搭接。
① 受拉钢筋的锚固长度应按表3～表5取值。

受拉钢筋的基本锚固长度（$l_{ab}$、$l_{abE}$）　表3

| 抗震等级 | 钢筋种类＼混凝土等级 | C25 | C30 | C35 | C40 | C45 |
|---|---|---|---|---|---|---|
| 一级、二级（$l_{abE}$） | HPB300 | 39d | 35d | 32d | 29d | 28d |
| | HRB335 | 38d | 33d | 31d | 29d | 26d |
| | HRB400 | 46d | 40d | 37d | 33d | 32d |
| 三级（$l_{abE}$） | HPB300 | 36d | 32d | 29d | 26d | 25d |
| | HRB335 | 35d | 31d | 28d | 26d | 24d |
| | HRB400 | 42d | 37d | 34d | 30d | 29d |
| 四级（$l_{abE}$）非抗震（$l_{ab}$） | HPB300 | 34d | 30d | 28d | 25d | 24d |
| | HRB335 | 33d | 29d | 27d | 25d | 23d |
| | HRB400 | 40d | 35d | 32d | 29d | 28d |

受拉钢筋锚固长度$l_a$、抗震锚固长度$l_{aE}$　表4

| 非抗震 | 抗震 | 注： |
|---|---|---|
| $l_a=\zeta_a l_{ab}$ | $l_{aE}=\zeta_{aE} l_a$ | 1. $l_a$不应小于200。<br>2. 锚固长度修正系数$\zeta_a$按表5取用，当多于一项时，可按连乘计算，但不应小于0.6。<br>3. $\zeta_{aE}$为抗震锚固长度修正系数，对一二级抗震等级取1.15，对三级抗震等级取1.05，对四级抗震等级取1.00。 |

受拉钢筋锚固长度修正系数$\zeta_a$　表5

| 锚固条件 | | $\zeta_a$ | |
|---|---|---|---|
| 带肋钢筋的公称直径大于25 | | 1.10 | — |
| 环氧树脂涂层带肋钢筋 | | 1.25 | |
| 施工过程中易受扰动的钢筋 | | 1.10 | |
| 锚固区保护层厚度 | 3d | 0.80 | 注：中间时按内插值度。d为锚固钢筋直径。 |
| | 5d | 0.70 | |

注：1. HPB300级钢筋末端应作180°弯钩，弯后平直段长度不应小于3d，但作受压钢筋时可不做弯钩。
2. 当锚固钢筋的保护层厚度不大于5d时，锚固钢筋长度范围内应设置横向构造钢筋，其直径不应小于d/4(d为锚固钢筋的最大直径)；对梁、柱等构件间距不应大于5d，对板、墙等构件间距不应大于10d，且均不应大于100(d为锚固钢筋的最小直径)

② 受压钢筋的锚固长度不应小于按表4计算所得值的0.7倍，且不应小于250mm。
③ 纵向受拉钢筋绑扎搭接接头的搭接长度应根据位于同一连接区段内的钢筋搭接接头的面积百分率按下列公式计算，并不小于300mm。

$$l_{lE}=\zeta l_{aE}$$

ζ——纵向受拉钢筋搭接长度修正系数，按表6取值。

纵向受拉钢筋搭接长度修正系数ζ　表6

| 纵向受拉钢筋搭接接头面积百分率 | ≤25 | 50 | 100 |
|---|---|---|---|
| ζ | 1.2 | 1.4 | 1.6 |

④ 纵向受压钢筋绑扎搭接接头的搭接长度不应小于按③条计算所得的0.7倍，且不应小于200mm。
⑤ 位于同一区段内的受拉钢筋搭接接头面积百分率：对梁类、板类及墙类构件不宜大于25%；对柱类构件不宜大于50%。

6. 楼板
① 单向板底筋的分布筋及单向板、双向板支座负筋的分布筋（结构平面图中注明外）均为Φ8@200。
② 双向板之底筋，其短向筋放在下层，长向筋放在短向筋之上。
③ 配有双层钢筋的一般楼板，均应加设支撑钢筋。支撑钢筋型式可用，Φ8钢筋制成，每平方米设置一个。
④ 跨度大于4m的板，要求板跨中起拱L/400。
⑤ 开洞楼板除注明做法外，当洞宽小于300时不设附加筋，板筋绕过洞边，不需切断。
⑥ 上下水管道及设备孔洞均需按有关专业平面图所示位置及大小预留，不得后凿。
⑦ 凡屋面板上翻时，需安排水方向预埋Φ75钢套管，不得后凿。梁腹有管线穿过时，均应预埋钢套管。
⑧ 本工程浇板上部钢筋标明的尺寸为至梁中的水平长度。
⑨ 结构板图中标有(温)的板内配置温度钢筋，做法见结施-02。
⑩ 除特殊注明外板上有隔墙而板下无梁支承时，需在板底另加钢筋4Φ14，并锚入支座（梁、柱等）；如隔墙横过支座，则该处支座面筋应加密一倍（在1000范围内）。
⑪ 板内有预埋管线通过时，管外径应≤板厚的1/3，交叉管线应妥善处理，管壁至板上下边缘净距应≥25mm，并应在其上下各铺设Φ6@200钢筋网片，宽度500。

7. 梁
① 跨度L≥4m的支承梁及L≥2m的悬臂梁，应按施工规范要求起拱。
② 设备管线需要在梁侧开洞或埋设件时，应严格按设计图纸要求设置。在浇灌混凝土之前经检查符合设计要求后方可施工，孔洞不得后凿。
③ 填充墙应沿框架柱、构造柱、混凝土墙体全高每隔500设2Φ6（墙厚大于240时为3Φ6）拉结钢筋，拉结钢筋伸入墙内的长度：对于高层结构：应沿墙全长贯通。对于多层结构：6、7度时每边伸入墙内尺寸不小于1000mm，8、9度时应全长贯通。
④ 砌体结构中的钢筋混凝土构造柱 GZ位置详结构平面图，构造柱须先砌墙后浇柱，砌墙时墙与构造柱连接处要砌成马牙槎，示意图详见结施-02。
⑤ 当框架梁、柱混凝土强度等级相差超过5MPa时，其节点区的混凝土强度等级应按其中较高级别者施工。
⑥ 当梁主筋在墙支座内直段锚固长度不足时，主筋末端采用机械锚固措施。
⑦ 梁、柱中心线之间的偏向距大于该方向柱宽的1/4时，可采取增设梁的水平加腋措施，见结施-02。
⑧ 当施工图中仅画出梁断面而未注明梁端箍的处理时，则其上、下钢筋均应按规定锚入支座。
⑨ 主次梁相交处，次梁宽度范围内，主梁中的箍筋必须设置。
⑩ 未尽事宜，梁的构造详见《平法规则及构造详图(现浇混凝土框架)》(16G101-1)。

8. 柱
① 楼梯平台梁支柱 LTZ位置配筋详见楼梯结构图，主筋锚入承托梁或基础内，详见楼梯结构详图。
② 框架柱及柱断面变化等的钢筋构造要求分别见图集16G101-1。
③ 柱相邻纵筋连接接头应相互错开，在同一截面内钢筋接头面积百分率率应≤50%；当层高小于纵二批搭接所需高度及柱偏心受拉（施工图中注明）时，应改用机械连接或焊接。
④ 纵筋接头最低点宜在楼面柱端非连接区以上；当接头无法避开箍筋加密区时，宜采用机械连接；当纵筋直径>22时，优先采用机械连接，当纵筋的直径>25或为偏拉柱（施工图中注明）时，应采用机械连接。
⑤ 纵筋应均匀设置，不应并列，其水平净距应≥50。
⑥ 纵筋不应与箍筋、拉筋及予埋件等焊接。
⑦ 在柱纵筋连接区，箍筋间距应≤100。
⑧ 在箍筋加密区及非加密区的箍筋直径、间距及肢距等详见设计标注。当箍筋加密区箍筋肢距未满足要求时（一级≤200，二、三级≤250，四级≤300），可另加单肢或双肢箍；此外，柱纵筋每隔一根在二个方向均须有箍筋或拉筋约束。
⑨ 一，二级框架的角柱、框支柱、柱净高与截面长边之比≤4的柱，以及因设置填充墙等形成的柱净高与截面长边之比≤4的柱，柱箍间距应全高加密，箍筋加密间距同上条。
⑩ 未尽事宜，柱的构造详见图集16G101-1。

9. 钢筋混凝土剪力墙
① 钢筋混凝土剪力墙钢筋的构造要求详见图集16G101-1。
② 本工程剪力墙底部加强区详见施工图。
③ 剪力墙开洞时应按照图集16G101-1第 83页所示图例加固。
④ 对于墙肢长度≤8倍（特别是≤5倍）墙厚的独立矩形截面短肢剪力墙应加强，其配筋等详见施工图，其全部纵筋的配筋率在底部加强区应≥1.2%，其它部位应≥1.0%。墙纵筋每隔一根在两个方向均须有箍筋或拉筋约束；箍筋间距应全高≤100，箍筋肢距应≤200(一级)，≤250(二、三级)。
⑤ 剪力墙之间的连梁（或框架连梁）的构造要求见图集16G101－1第78页， 配筋详见施工图；并按下列要求设置：
1) 剪力墙之间与墙等厚的连梁，其腰筋应将混凝土墙水平分布筋拉通连续配置；当连梁高度>700时，每侧应配置直径不应小于8mm间距≤200的腰筋；当连梁的跨高比($L_0/h$)≤2.5时，腰筋的面积配筋率应≥0.3%。
2) 剪力墙之间的框架连梁(包括与沿剪力墙方向相连的框架梁)，当其跨高比($L_0/h$)<5时，除满足16G101-1第78页的构造要求外，尚应满足相应抗震等级框架梁的各构造要求。当连梁(包括框架连梁)的跨高比($L_0/h$)≥5时，可按框架梁要求构造。
3) 独立墙柱之间的框架连梁(包括与沿剪力墙方向相连的框架梁)，当其跨高比($L_0/h$)<5时，除满足16G101-1第78页的构造要求外（剪力墙水平分布钢筋为Φ10@200），尚应满足相应抗震等级框架梁的各构造要求，当连梁(包括框架连梁)的跨高比($L_0/h$)≥5时，可按框架梁要求构造。
⑥ 当剪力墙墙肢与其平面外的梁连接而需设置墙身暗柱时，做法可按结通-01b设置，并在施工图中注明。
⑦ 当剪力墙在楼、屋面暗梁做法见单体；暗梁纵筋在门洞处应与连梁纵筋搭接≥$L_{aE}$。

八、砌体部分

1. 见建筑说明
2. 砌体填充墙的水平长度大于5m或超过层高2倍时，居中设置钢筋混凝土构造柱，构造柱截面宽度比墙体两侧各凹10mm，高度为250mm，主筋配4Φ12，箍筋配Φ6@200。墙厚为100mm且墙体净高大于3m，或墙厚为200mm且墙体净高超过 4m时，在墙体半高或门窗洞顶设置与柱连接的沿墙全长贯通的混凝土圈梁，圈梁宽度比墙体两侧各凹10mm，高度为240mm，主筋配4Φ12，箍筋配Φ6@200。
3. 门窗及洞顶未及结构梁底时，按表7设置过梁。过梁混凝土强度等级为C25，仅有下部纵筋时采用分布筋，有上部纵筋时采用箍筋。梁长为洞口宽加两边各250。当门窗洞口紧靠柱边时，钢筋应预埋在柱内。

表 7

| 墙厚/mm | 洞口宽度/mm | 截面尺寸/mm | 下部纵筋 | 上部纵筋 | 箍筋或分布筋 |
|---|---|---|---|---|---|
| 200(240) | ≥900 | 200(240)×60 | 2Φ8 | ／ | Φ6@200 |
| | ≥1500 | 200(240)×120 | 2Φ12 | 2Φ6 | Φ6@200 |
| | ≥2100 | 200(240)×180 | 2Φ16 | 2Φ8 | Φ6@200 |
| | ≥3000 | 200(240)×240 | 3Φ16 | 2Φ10 | Φ6@150 |
| | ≥4800 | 200(240)×300 | 3Φ16 | 2Φ16 | Φ6@150 |
| 120 | ≥900 | 120×60 | 2Φ8 | ／ | Φ6@200 |
| | ≥1500 | 120×120 | 2Φ10 | 2Φ6 | Φ6@200 |
| | ≥2100 | 120×180 | 2Φ14 | 2Φ8 | Φ6@200 |

4. 屋面女儿墙墙顶无梁或压顶时设 YDL-1，截面为 $b\times h$=200×250，主筋上下各配 2Φ12，箍筋配Φ6@200，两端均锚入柱内。
5. 对于外墙填充墙，除沿混凝土柱相应部位设置墙身拉结筋外，在墙面粉刷前，在填充墙与混凝土构件内外应固定设置镀锌钢筋网片或网格布，具体见建筑总说明墙体做法。
6. 当用砖砌筑屋面女儿墙时，应在女儿墙中设置构造柱，其间距应≤4m，构造柱的纵筋，底部应锚入梁、柱中，顶部应锚入女儿墙压顶中；构造柱与女儿墙的拉结筋做法同一般楼层；当用钢筋混凝土作屋面女儿墙时，宜≤12m设置一道伸缩缝，缝宽≥20，缝隙宜用油膏或其他防渗漏措施处理。
7. 混凝土构造柱施工时，应先砌墙后浇柱，并在其所处的梁面及梁底予留钢筋。
8. 当混凝土柱边的填充墙长度<300时，可改用后浇的混凝土（C25）填充墙（见结施-02）。
9. 砌体施工质量控制等级为B级。
10. 混凝土构造柱除在施工图中注明外，尚应在墙体转角、不同材料墙体交接处、不同厚度墙体交接处、较大洞口(≥2000)及120左右厚轻质隔墙门框的二侧、悬臂墙端部设置构造柱，构造柱混凝土强度等级为C25。
11. 楼梯间和人流通道的填充墙，应采用钢丝网（12.7×12.7×0.7热镀锌钢丝网）砂浆面层加强。

九、施工缝

肋形楼盖应沿着次梁的方向浇灌混凝土，其施工缝应留置在次梁跨中的1/3区段内；如浇灌平板楼盖，施工缝应平行于板的短边。

十、其他

1. 沉降观测：建筑物的四周角点、转角处及中间沿建筑物每隔25m左右设置沉降观测点，每幢不少于6点。沉降观测需在观测点设置后及时进行，以后每上一层观测一次，直至结构沉降稳定为止；沉降观测应由有相应资质的单位承担。
2. 本工程施工图表示方法及梁柱配筋连接构造详见《混凝土结构施工图平面整体表示方法制图规则和构造详图》(16G101-1)。梁腹板高度$h_w$≥450时，在梁的两个侧面应沿高度配置纵向构造钢筋；纵向构造钢筋间距≤200，除图中注明外，纵向构造钢筋为2Φ12；梁上柱柱底主梁内设吊筋，除图中注明外为2Φ16，且箍筋加密每边3根间距50，直径同主梁箍筋。本工程主次梁相交处主梁、等高度梁相交时每道梁两侧按16G101-1设置附加箍筋，均设附加箍筋4根间距50，直径同主梁箍筋（图中示意3根未包括梁内基本箍筋）。
3. 填充墙上的预埋件，应先做成混凝土块，后砌入砖墙中，不得挖洞埋板后浇。
4. 厨房、卫生间四周（除门洞外）均用素混凝土向上翻起高度按建筑说明，宽度同墙厚。
5. 电梯井道施工请配合电梯工艺要求。电梯四角设构造柱，有框架柱时取消，有埋件位置设混凝土圈梁，电梯井道预埋件及墙体圈梁的要求详见电梯样本的要求。
6. 后浇带做法见结施-02，后浇带混凝土采用早强、补偿收缩混凝土浇筑，其混凝土强度等级应比相应结构部位提高一级，后浇带封闭前，其两侧的楼（屋）面梁板应设支撑，确保施工阶段的结构稳定，后浇带封闭时间，收缩后浇带60天，沉降后浇带应在主体结顶后，且沉降稳定后方可封闭。后浇混凝土12h内应表面覆盖保湿养护，浇水养护不小于14d。
7. 结构施工时必须同建筑及设备工种密切配合与协调，对各工种所要求的预埋件、预留洞等，例幕墙、电梯、楼梯、阳台栏杆等埋件及卫生间的预留洞、避雷接地做法等，均应按有关工种所提供的图纸预埋预留且核对无误并落实后，方可浇筑混凝土。
8. 水电管道井待设备洞口确认后明确做法，与楼板同时浇筑。板厚100mm，配筋Φ8@200双层双向。
9. 当施工图中对本说明的要求未注明或未满足时，应按本说明的要求设置，或参见有关规范、规程及套用图集，并满足其中有关的技术规定和构造要求；有矛盾时应与设计联系。
10. 当框架梁在柱或墙内的水平段锚固长度不满足 0.4$L_{aE}$时，应采取机械锚固措施，具体做法需详见图集16G101-1。
11. 当需要以强度等级较高的钢筋替代原设计中的纵向受力钢筋时，应按照钢筋承载力设计值相等的原则换算，并应满足最小配筋率、抗裂验算等要求。
12. 工程质量通病控制措施补充说明：
1) 砌筑砂浆应采用中、粗砂，砌块砌筑应采用配套专用粘结剂；粉煤灰砖、加气混凝土砌块的出釜停放期不应小于28d。
2) 现浇钢筋混凝土板带应一次浇筑完成，砌体结构砌筑完成后不应少于28d再抹灰，每天砌筑高度宜控制在1.8m以下。
3) 砌体应按设计要求与钢筋混凝土墙柱可靠连接，并优先采用拉结筋连接。
4) 填充墙砌至接近梁底、板底时，砌块墙应留有20~30mm的空隙，并留置不少于7d的间歇期，用发泡剂等柔性材料填嵌密实；砖填充墙应留有150mm的空隙，并留置不少于7d的间歇期，可采用斜砖补砌，角度宜为60°，并沿墙方向对称塞砌，两侧和中部三角空隙应用干硬性膨胀砂浆填塞、补砌紧密。
5) 砌体墙体开凿应在砂浆强度达到设计要求后采用机械切割，开槽深度不宜超过墙厚的1/3，导管敷设后，应采用细石混凝土或干硬性砂浆填封密实牢固。
6) 混凝土采用减水率高、分散性好、对混凝土收缩影响较小的外加剂，其减水率不应低于12%。掺用矿物掺合料的质量应符合相关标准规定，掺量应根据试验确定。现浇板的混凝土应采用中、粗砂。
7) 现浇板浇筑时，在混凝土初凝前应进行二次振捣，在混凝土终凝前进行两次压抹。
8) 现浇板养护期间，当混凝土强度小于1.2MPa时，不应进行后续施工。当混凝土强度小于10MPa时，不应在现浇板上吊运、堆放重物。吊运、堆放重物时应采取减轻对现浇板冲击的措施。
9) 预埋导管应布置在上下层钢筋网片中间，若跨中没有上排钢筋，则沿导管方向在上表面应采取抗裂措施，可采用增设Φ6@200宽500mm的钢筋网片，多根导管并排时，增设钢筋网片的宽度应超出导管每边250mm。
10) 外墙阳角处设置上层放射状钢筋7Φ8，长度1500mm。
13. 梁中间有次梁搁置时次梁两侧增设附加箍筋各3道，规格同梁箍筋。
14. 地下室基坑围护应有专项设计及施工方案。

十一、未经技术鉴定或设计许可，不得改变结构的用途和使用环境。

十二、绿色节能篇

1. 本工程采用现浇钢筋混凝土框架结构，砌体用料见第八条。
2. 本工程采用预拌混凝土，各项性能指标与相应技术措施应符合《预拌混凝土》(GB/T 14902—2012)及《宁波市预拌混凝土管理规定》的要求。建筑用砂质量指标应符合宁波市住建委甬建发【2012】76号文件要求，氯离子浓度小于0.002%，贝壳含量≤1%，含泥量≤3%，不得使用海砂。
3. 填充墙砌块和砂浆、成品墙板强度等级如下表；砂浆应采用预拌砂浆，预拌砂浆各项性能指标与相应技术措施应符合《预拌砂浆应用技术规程》（JGJ/T 223—2010）不得使用海砂及其制品。根据宁波市住房和城乡建设委员会甬建发[2014]113号文件《宁波市促进预拌砂浆发展和应用管理实施细则》，本工程应采用预拌砂浆，预拌砂浆生产企业应当使用散装水泥和合格建设用砂，使用的建设用砂应达到国家有关标准要求，并符合我市建设用砂技术指标规定（氯离子含量<0.0020%，贝壳含量≤1%）。
4. 结构受力钢筋中不低于400MP级的热轧带热钢筋应用范围：承台、地梁、墙柱、梁板、构造柱。结构受力钢筋中不低于400MP级的热轧带热钢筋占受力钢筋总量的比例≥85%

十三、备注：

所有建筑单体中虚线墙体均为轻质隔墙，墙体（包括粉刷）荷载不得大于1.7kN/m²。

十四、抗腐蚀要求

处于干湿交替情况的弱腐蚀环境下时，结构混凝土防腐蚀基本要求：保护层厚度应满足：

| 项目 | 要求 |
|---|---|
| 最低混凝土强度等级 | C30 |
| 最小水泥用量/(kg/m³) | 300 |
| 最大水灰比 | 0.50 |
| 最大氯离子含量 | 0.1 |

| 构件类别 | 保护层厚度 |
|---|---|
| 板、墙 | 30 |
| 梁、柱 | 35 |
| 基础 | 50 |
| 地下室外墙、底板 | 50 |

| 会签栏 | | | |
|---|---|---|---|
| 建筑 | | 暖通 | |
| 结构 | | 电气 | |
| 给排水 | | 智能化 | |

附注：

工程设计出图专用章

注册章

| 审定 | |
|---|---|
| 审核 | |
| 工程负责人 | |
| 专业负责人 | |
| 校对 | |
| 设计 | |
| 制图 | |

| 建设单位 | |
|---|---|
| 工程名称 | 后勤临时办公用房 |
| 图名 | 结构设计总说明 |

| 阶段 | 施工图 | 工程号 | |
|---|---|---|---|
| 专业 | 结构 | 图号 | 结施-01 |
| 比例 | | 日期 | 2018.12 |

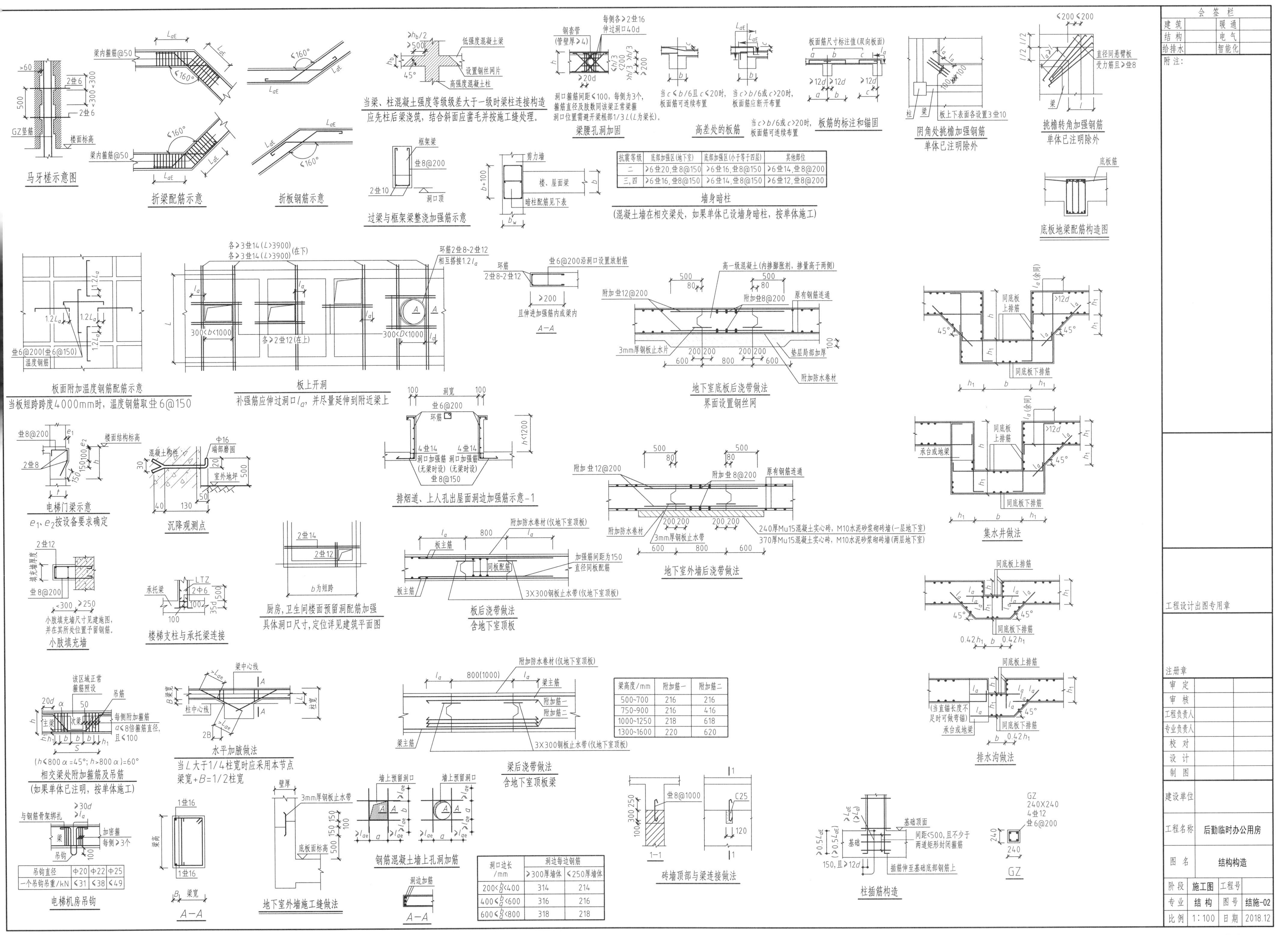


| 抗震等级 | 底部加强区(地下室) | 底部加强区(小于等于四层) | 其他部位 |
|---|---|---|---|
| 二 | ≥6⌀20,⌀8@150 | ≥6⌀16,⌀8@150 | ≥6⌀14,⌀8@200 |
| 三,四 | ≥6⌀16,⌀8@150 | ≥6⌀14,⌀8@150 | ≥6⌀12,⌀8@200 |

| 梁高度/mm | 附加筋一 | 附加筋二 |
|---|---|---|
| 500~700 | 2⌀16 | 2⌀16 |
| 750~900 | 2⌀16 | 4⌀16 |
| 1000~1250 | 2⌀18 | 6⌀18 |
| 1300~1600 | 2⌀20 | 6⌀20 |

| 吊钩直径 | ⌀20 | ⌀22 | ⌀25 |
|---|---|---|---|
| 一个吊钩吊重/kN | ≤31 | ≤38 | ≤49 |

| 洞口边长/mm | 洞边每边钢筋 >300厚墙体 | ≤250厚墙体 |
|---|---|---|
| 200<b/a<400 | 3⌀14 | 2⌀14 |
| 400<b/a<600 | 3⌀16 | 2⌀16 |
| 600<b/a<800 | 3⌀18 | 2⌀18 |

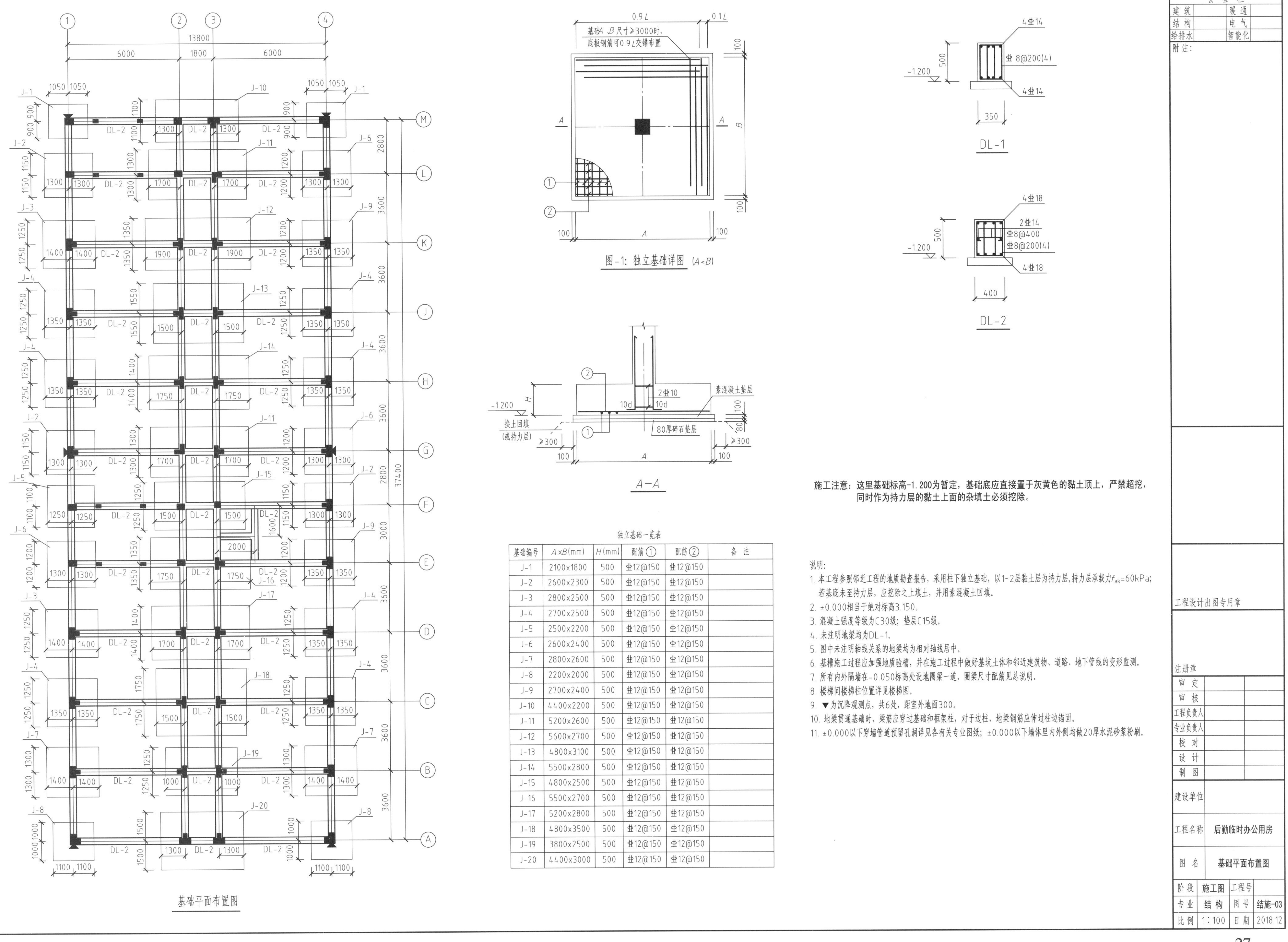


独立基础一览表

| 基础编号 | A xB(mm) | H(mm) | 配筋① | 配筋② | 备 注 |
|---|---|---|---|---|---|
| J-1 | 2100x1800 | 500 | ⌀12@150 | ⌀12@150 | |
| J-2 | 2600x2300 | 500 | ⌀12@150 | ⌀12@150 | |
| J-3 | 2800x2500 | 500 | ⌀12@150 | ⌀12@150 | |
| J-4 | 2700x2500 | 500 | ⌀12@150 | ⌀12@150 | |
| J-5 | 2500x2200 | 500 | ⌀12@150 | ⌀12@150 | |
| J-6 | 2600x2400 | 500 | ⌀12@150 | ⌀12@150 | |
| J-7 | 2800x2600 | 500 | ⌀12@150 | ⌀12@150 | |
| J-8 | 2200x2000 | 500 | ⌀12@150 | ⌀12@150 | |
| J-9 | 2700x2400 | 500 | ⌀12@150 | ⌀12@150 | |
| J-10 | 4400x2200 | 500 | ⌀12@150 | ⌀12@150 | |
| J-11 | 5200x2600 | 500 | ⌀12@150 | ⌀12@150 | |
| J-12 | 5600x2700 | 500 | ⌀12@150 | ⌀12@150 | |
| J-13 | 4800x3100 | 500 | ⌀12@150 | ⌀12@150 | |
| J-14 | 5500x2800 | 500 | ⌀12@150 | ⌀12@150 | |
| J-15 | 4800x2500 | 500 | ⌀12@150 | ⌀12@150 | |
| J-16 | 5500x2700 | 500 | ⌀12@150 | ⌀12@150 | |
| J-17 | 5200x2800 | 500 | ⌀12@150 | ⌀12@150 | |
| J-18 | 4800x3500 | 500 | ⌀12@150 | ⌀12@150 | |
| J-19 | 3800x2500 | 500 | ⌀12@150 | ⌀12@150 | |
| J-20 | 4400x3000 | 500 | ⌀12@150 | ⌀12@150 | |

说明：

1. 本工程参照邻近工程的地质勘查报告，采用柱下独立基础，以1~2层黏土层为持力层，持力层承载力$f_{ak}$=60kPa；若基底未至持力层，应挖除之上填土，并用素混凝土回填。
2. ±0.000相当于绝对标高3.150。
3. 混凝土强度等级为C30级；垫层C15级。
4. 未注明地梁均为DL-1。
5. 图中未注明轴线关系的地梁均为相对轴线居中。
6. 基槽施工过程应加强地质验槽，并在施工过程中做好基坑土体和邻近建筑物、道路、地下管线的变形监测。
7. 所有内外隔墙在-0.050标高处设地圈梁一道，圈梁尺寸配筋见总说明。
8. 楼梯间楼梯柱位置详见楼梯图。
9. ▼为沉降观测点，共6处，距室外地面300。
10. 地梁贯通基础时，梁筋应穿过基础和框架柱，对于边柱，地梁钢筋应伸过柱边锚固。
11. ±0.000以下穿墙管道预留孔洞详见各有关专业图纸；±0.000以下墙体里内外侧均做20厚水泥砂浆粉刷。

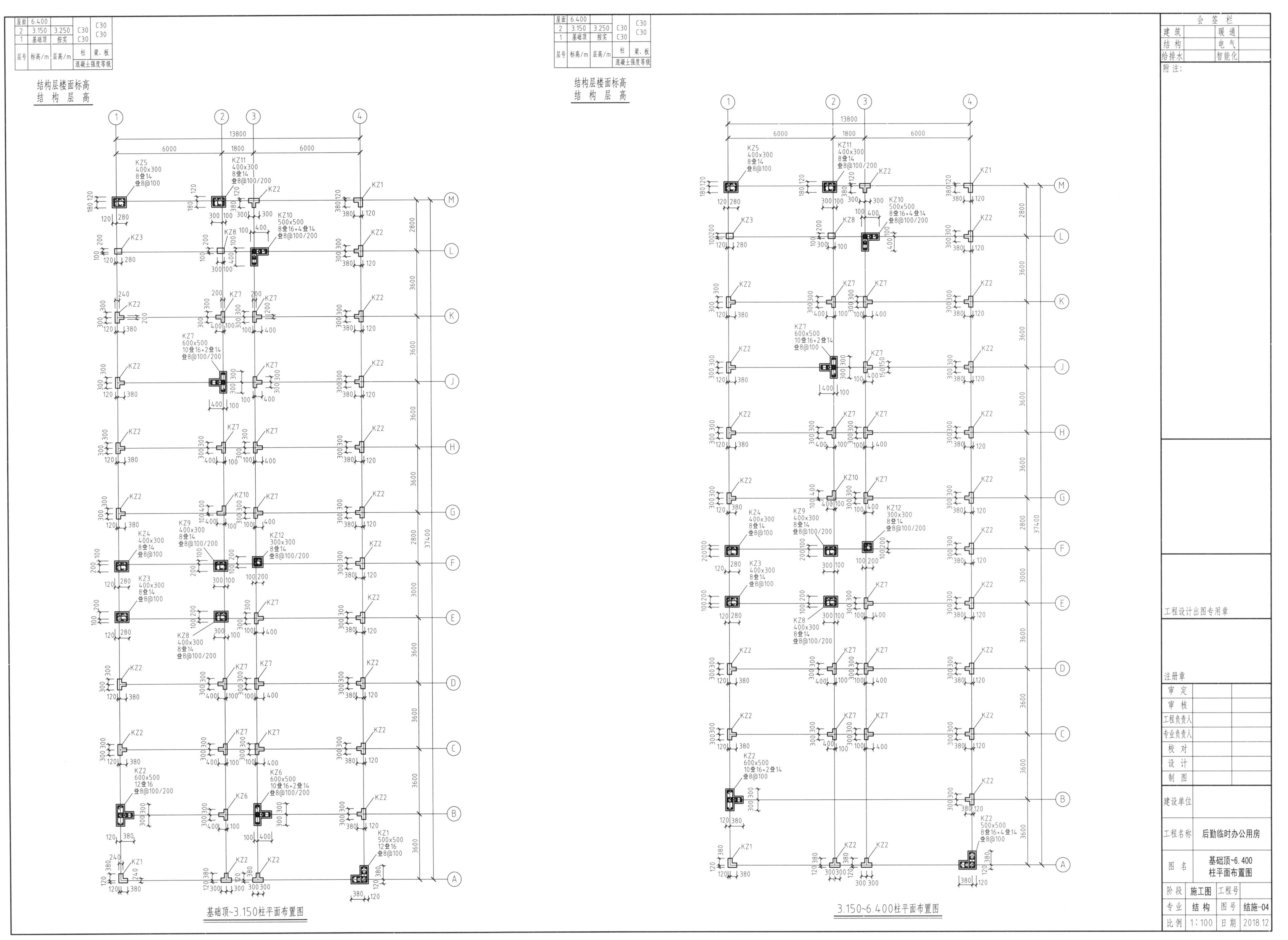
屋面 6.400
2 3.150 3.250 C30 C30
1 基础顶 按实 C30
层号 标高/m 层高/m 柱 梁、板
混凝土强度等级
结构层楼面标高
结构层高
13800
6000 1800 6000
KZ5 400x300 8⌀14 ⌀8@100
KZ11 400x300 8⌀14 ⌀8@100/200
KZ10 500x500 8⌀16+4⌀14 ⌀8@100/200
KZ7 600x500 10⌀16+2⌀14 ⌀8@100/200
KZ4 400x300 8⌀14 ⌀8@100
KZ3 400x300 8⌀14 ⌀8@100
KZ9 400x300 8⌀14 ⌀8@100/200
KZ12 300x300 8⌀14 ⌀8@100/200
KZ8 400x300 8⌀14 ⌀8@100/200
KZ2 600x500 12⌀16 ⌀8@100/200
KZ6 600x500 10⌀16+2⌀14 ⌀8@100/200
KZ1 500x500 12⌀16 ⌀8@100
KZ2 600x500 10⌀16+2⌀14 ⌀8@100
KZ2 500x500 8⌀16+4⌀14 ⌀8@100
37400
基础顶~3.150柱平面布置图
3.150~6.400柱平面布置图
会签栏
建筑 暖通
结构 电气
给排水 智能化
附注:
工程设计出图专用章
注册章
审定
审核
工程负责人
专业负责人
校对
设计
制图
建设单位
工程名称 后勤临时办公用房
图名 基础顶~6.400 柱平面布置图
阶段 施工图 工程号
专业 结构 图号 结施-04
比例 1:100 日期 2018.12

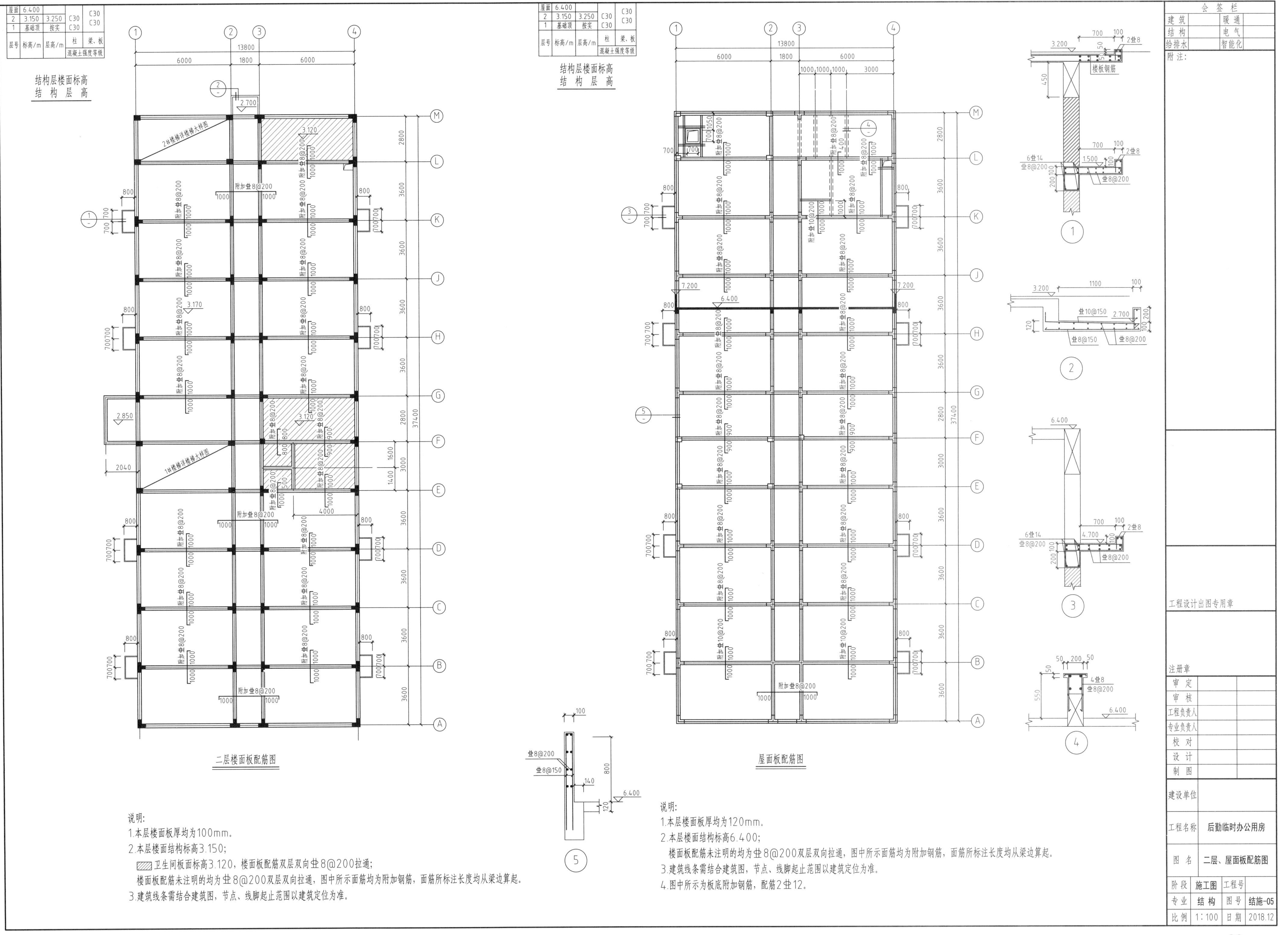

结构层楼面标高
结构层高
屋面 6.400
2 3.150 3.250 C30 C30
1 基础顶 按实 C30
层号 标高/m 层高/m 柱 梁、板
混凝土强度等级
2#楼梯详楼梯大样图
1#楼梯详楼梯大样图
附加⌀8@200
二层楼面板配筋图
屋面板配筋图
楼板钢筋
说明:
1.本层楼面板厚均为100mm。
2.本层楼面结构标高3.150;
卫生间板面标高3.120，楼面板配筋双层双向⌀8@200拉通;
楼面板配筋未注明的均为⌀8@200双层双向拉通，图中所示面筋均为附加钢筋，面筋所标注长度均从梁边算起。
3.建筑线条需结合建筑图，节点、线脚起止范围以建筑定位为准。
说明:
1.本层楼面板厚均为120mm。
2.本层楼面结构标高6.400;
楼面板配筋未注明的均为⌀8@200双层双向拉通，图中所示面筋均为附加钢筋，面筋所标注长度均从梁边算起。
3.建筑线条需结合建筑图，节点、线脚起止范围以建筑定位为准。
4.图中所示为板底附加钢筋，配筋2⌀12。
会签栏
建筑 暖通
结构 电气
给排水 智能化
附注:
工程设计出图专用章
注册章
审定
审核
工程负责人
专业负责人
校对
设计
制图
建设单位
工程名称 后勤临时办公用房
图名 二层、屋面板配筋图
阶段 施工图 工程号
专业 结构 图号 结施-05
比例 1:100 日期 2018.12

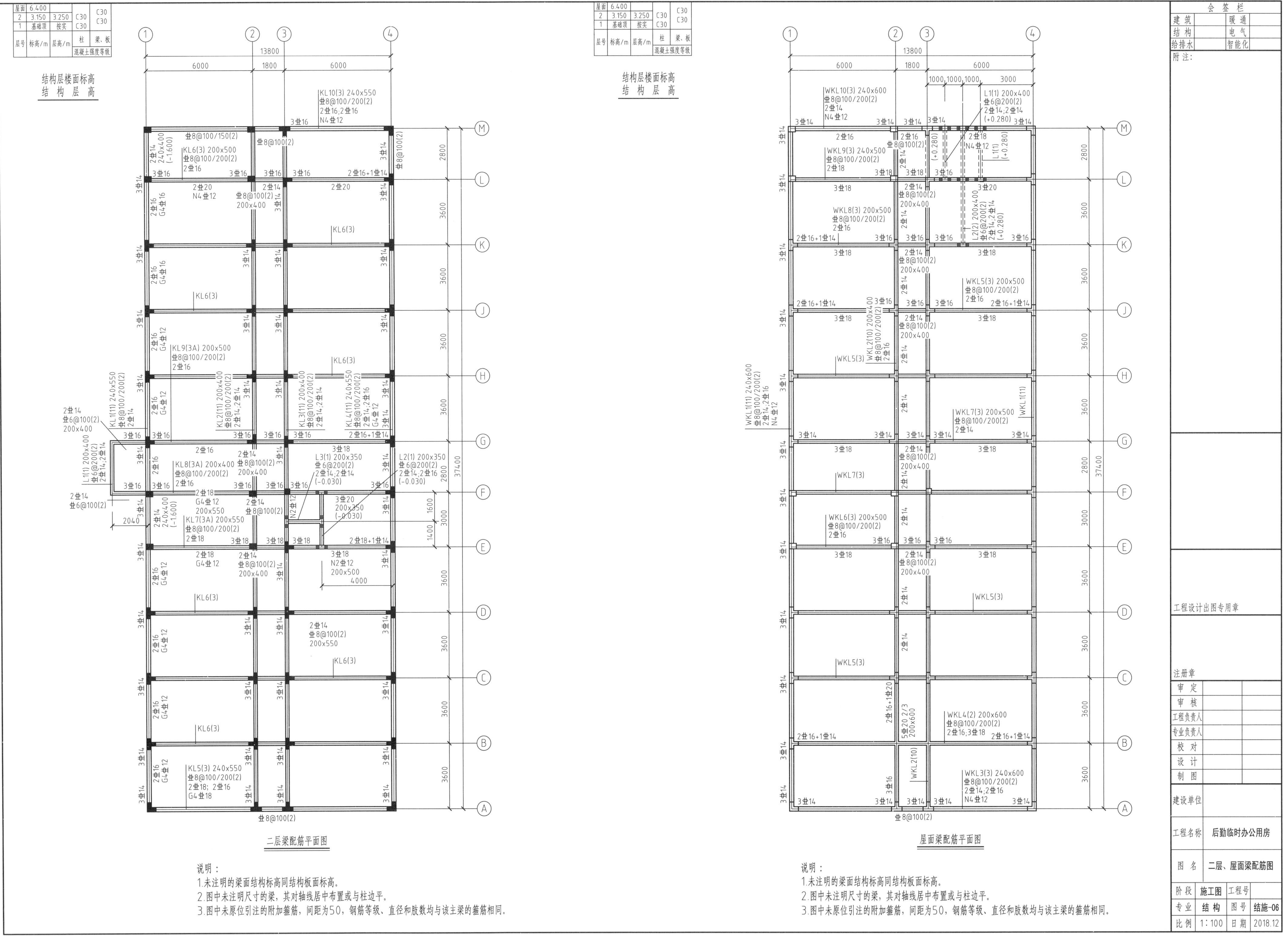

屋面 6.400
2 3.150 3.250 C30 C30
1 基础顶 按实 C30
层号 标高/m 层高/m 柱 梁、板
混凝土强度等级
结构层楼面标高
结构层高
13800
6000 1800 6000
KL10(3) 240x550
KL6(3) 200x500
KL9(3A) 200x500
KL8(3A) 200x400
KL7(3A) 200x550
KL5(3) 240x550
KL6(3)
KL1(11) 240x550
KL2(11) 200x400
KL3(11) 200x400
KL4(11) 240x550
L1(1) 200x400
L2(1) 200x350
L3(1) 200x350
37400
二层梁配筋平面图
说明：
1.未注明的梁面结构标高同结构板面标高。
2.图中未注明尺寸的梁，其对轴线居中布置或与柱边平。
3.图中未原位引注的附加箍筋，间距为50，钢筋等级、直径和肢数均与该主梁的箍筋相同。
WKL10(3) 240x600
WKL9(3) 240x500
WKL8(3) 200x500
WKL7(3) 200x500
WKL6(3) 200x500
WKL5(3) 200x500
WKL4(2) 200x600
WKL3(3) 240x600
WKL1(11) 240x600
WKL2(10) 200x400
L1(1) 200x400
L2(2) 200x400
屋面梁配筋平面图
说明：
1.未注明的梁面结构标高同结构板面标高。
2.图中未注明尺寸的梁，其对轴线居中布置或与柱边平。
3.图中未原位引注的附加箍筋，间距为50，钢筋等级、直径和肢数均与该主梁的箍筋相同。
会签栏
建筑 暖通
结构 电气
给排水 智能化
附注：
工程设计出图专用章
注册章
审定
审核
工程负责人
专业负责人
校对
设计
制图
建设单位
工程名称 后勤临时办公用房
图名 二层、屋面梁配筋图
阶段 施工图 工程号
专业 结构 图号 结施-06
比例 1:100 日期 2018.12

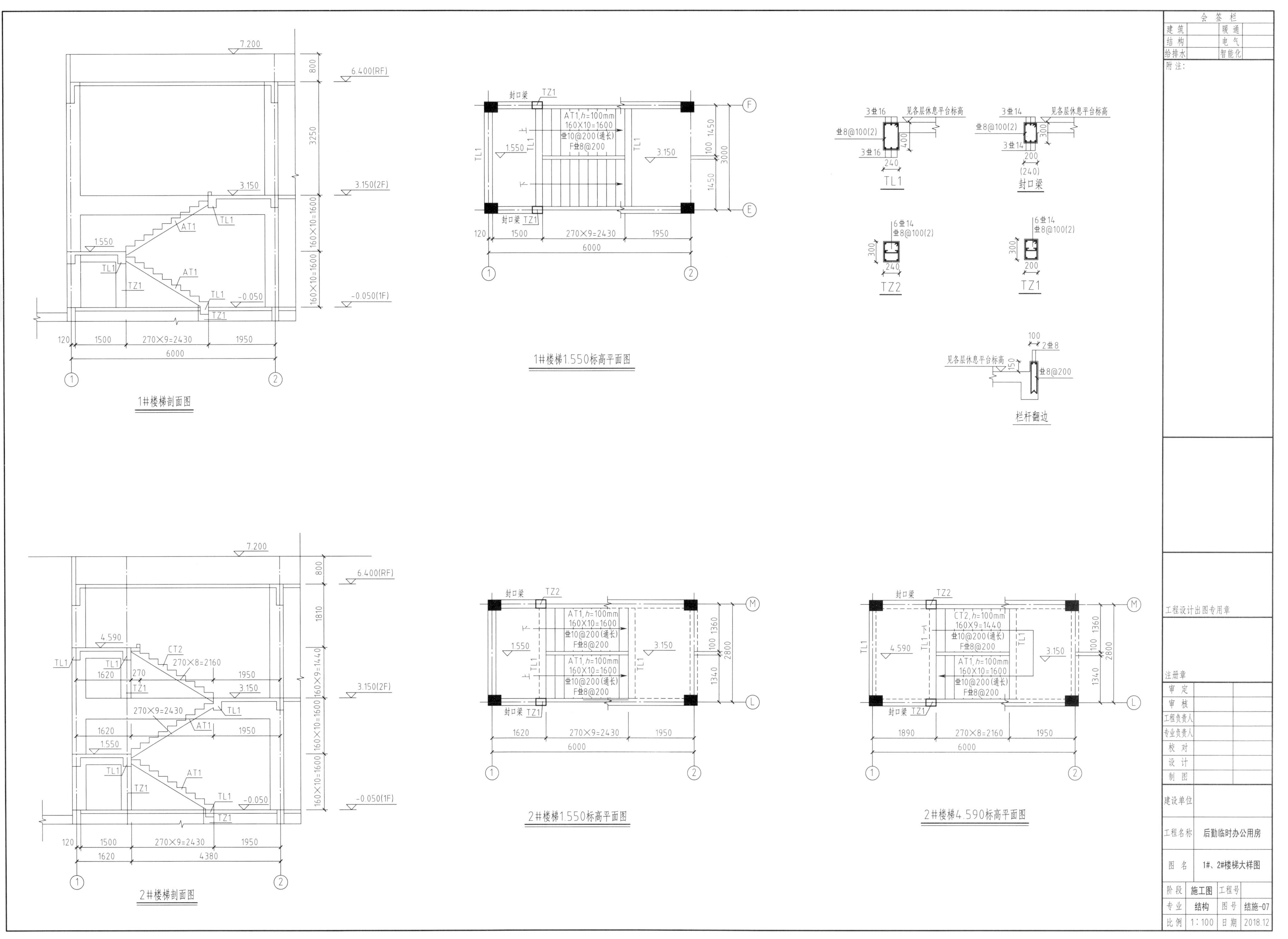

会签栏
建筑
暖通
结构
电气
给排水
智能化
附注:
1#楼梯剖面图
1#楼梯1.550标高平面图
AT1,h=100mm
160X10=1600
⌀10@200(通长)
F⌀8@200
封口梁
TZ1
TL1
1.550
3.150
120
1500
270×9=2430
1950
6000
7.200
6.400(RF)
3.150(2F)
-0.050(1F)
-0.050
800
3250
160×10=1600
AT1
见各层休息平台标高
3⌀16
⌀8@100(2)
3⌀14
6⌀14
240
200
(240)
300
400
TZ2
100
2⌀8
150
⌀8@200
栏杆翻边
2#楼梯剖面图
2#楼梯1.550标高平面图
2#楼梯4.590标高平面图
4.590
CT2
270×8=2160
CT2,h=100mm
160X9=1440
160×9=1440
1810
1620
1890
4380
1360
1340
2800
1450
3000
270
工程设计出图专用章
注册章
审定
审核
工程负责人
专业负责人
校对
设计
制图
建设单位
工程名称
后勤临时办公用房
图名
1#、2#楼梯大样图
阶段
施工图
工程号
专业
结构
图号
结施-07
比例
1:100
日期
2018.12